岩土工程研究生教育系列丛书

基础工程原理

Principles of Foundation Engineering

龚晓南 ◎ 主 编

ZHEJIANG UNIVERSITY PRESS
浙江大学出版社
·杭州·

图书在版编目（CIP）数据

基础工程原理 / 龚晓南主编. —杭州：浙江大学
出版社，2023.5
ISBN 978-7-308-23710-9

Ⅰ．①基… Ⅱ．①龚… Ⅲ．①地基－基础(工程)
Ⅳ．①TU47

中国国家版本馆 CIP 数据核字（2023）第 071838 号

内容提要

《基础工程原理》比较全面地介绍了基础工程的基础理论、设计原则、设计计算方法，相关的工程勘察和土的工程性质，土质改良和地基处理技术，基础抗震与隔震，基坑工程，既有建筑地基基础加固与纠倾技术和既有建筑迁移技术等。全书共 12 章，分别为绪论、基础工程设计原则、工程勘察和土的工程性质、土质改良与地基处理、浅基础、复合地基、桩基础、特殊土地基基础工程、基础抗震与隔震、基坑工程、既有建筑地基基础加固与纠倾技术、既有建筑迁移技术。

《基础工程原理》可用于岩土工程研究生教育，也可供广大土木工程师生学习参考。

基础工程原理
JICHU GONGCHENG YUANLI

龚晓南　主编

责任编辑	王　波
文字编辑	沈巧华
责任校对	汪荣丽
封面设计	春天书装
出版发行	浙江大学出版社
	（杭州市天目山路 148 号　邮政编码 310007）
	（网址：http://www.zjupress.com）
排　　版	杭州好友排版工作室
印　　刷	杭州宏雅印刷有限公司
开　　本	787mm×1092mm　1/16
印　　张	22.75
字　　数	568 千
版 印 次	2023 年 5 月第 1 版　2023 年 5 月第 1 次印刷
书　　号	ISBN 978-7-308-23710-9
定　　价	69.00 元

版权所有　侵权必究　印装差错　负责调换

浙江大学出版社市场运营中心联系方式：(0571) 88925591；http://zjdxcbs.tmall.com

序

　　20 世纪 60 年代末至 70 年代,人们将土力学及基础工程学、工程地质学、岩体力学应用于工程建设和灾害治理而形成的新学科统一称为岩土工程。岩土工程包括工程勘察、地基处理及土质改良、地质灾害治理、基础工程、地下工程、海洋岩土工程、地震工程等。社会的发展,特别是现代土木工程的发展有力促进了岩土工程理论、技术和工程实践的发展。岩和土是自然和历史的产物。岩土的工程性质十分复杂,与岩土体的矿物成分、形成过程、应力历史和环境条件等因素有关;岩土体不均匀性强,初始应力场复杂且难以测定;土是多相体,一般由固相、液相和气相三相组成。土体中的三相很难区分,不同状态的土相互之间可以转化;土中水的状态十分复杂,导致岩土体的本构关系很难体现岩土体的真实特性,而且反映其强度、变形和渗透特性的参数的精确测定比较困难。因此,在岩土工程计算分析中,计算信息的不完全性和不确知性,计算参数的不确定性和参数测试方法的多样性,使得岩土工程计算分析需要定性分析和定量分析相结合,需要工程师进行综合工程判断,单纯依靠力学计算很难解决实际问题。太沙基(Terzaghi)曾经指出"岩土工程是一门应用科学,更是一门艺术"。我理解这里的"艺术"(art)不同于一般绘画、书法等艺术。岩土工程分析在很大程度上取决于工程师的判断,具有很高的艺术性。岩土工程分析应将艺术和技术美妙地结合起来。这就需要岩土工程师不断夯实和拓宽理论基础,不断学习积累工程经验,不断提高自己的岩土工程综合判断能力。

　　自 1981 年我国实行学位条例以来,岩土工程研究生教育培养工作发展很快。浙江大学岩土工程学科非常重视研究生教育培养工作,不断完善岩土工程研究生培养计划和课程体系。为了进一步改善岩土工程研究生教育培养条件,广开思路,博采众长,浙江大学滨海和城市岩土工程研究中心会同浙江大学出版社组织编写了这套岩土工程研究生教育系列丛书。丛书的作者为长期从事研究生教学和指导工作的教师,或在某一领域有突出贡献的年轻学者。丛书的参编者很多来自兄弟院校和科研单位。希望这套岩土工程研究生教育系列丛书的出版能得到广大岩土工程研究生和从事岩土工程研究生教育工作的教师的欢迎,也希望能得到广大岩土工程师的欢迎,进一步提高我国岩土工程技术水平。

中国工程院院士、浙江大学滨海和城市岩土工程研究中心教授

龚晓南

2022 年 7 月 9 日

前　　言

现代基础工程技术是社会发展的需要,改革开放以后,随着我国土木工程建设的飞速发展,基础工程技术发展也很快。城市化建设的推进、地下空间的开发利用、高速公路的发展、跨海大桥的建设等极大地推动了我国基础工程的发展,我国基础工程技术水平得到不断提高。

学习、总结国内外基础工程技术方面的经验教训,掌握基础工程技术,对于土木工程师特别重要。搞好基础工程对保证工程质量、加快工程建设速度、节省工程建设投资具有特别重要的意义。为了满足岩土工程研究生教育和广大土木工程师生进修学习的需要,我们组织编写了《基础工程原理》。

《基础工程原理》由浙江大学龚晓南主编,全书共 12 章。第 1 章绪论,编写人为浙江大学龚晓南;第 2 章基础工程设计原则,编写人为浙江大学龚晓南;第 3 章工程勘察和土的工程性质,编写人为杭州市勘测设计研究院有限公司岑仰润;第 4 章土质改良与地基处理,编写人为浙江科技学院陶燕丽;第 5 章浅基础,编写人为厦门大学陈东霞;第 6 章复合地基,编写人为浙江大学龚晓南;第 7 章桩基础,编写人为浙江大学周佳锦;第 8 章特殊土地基基础工程,编写人为东南大学童小东;第 9 章基础抗震与隔震,编写人为浙江工业大学王哲;第 10 章基坑工程,编写人为浙江大学俞建霖;第 11 章既有建筑地基基础加固与纠倾技术,编写人为广州大学宋金良;第 12 章既有建筑迁移技术,编写人为浙江理工大学刘念武。

在编写过程中,我们参考和引用了许多高校、科研和工程单位的研究成果和工程实例,在此一并表示衷心的感谢。

限于作者水平,书中难免有不当和错误之处,敬请读者批评指正。

龚晓南

2022 年 10 月 12 日于杭州景湖苑

目　　录

1

第1章 绪 论

1.1 基础工程的重要性及建(构)筑物对地基基础的要求

各类民用和工业建筑、道路、桥梁等不同类型的建(构)筑物都要坐落在地基基础上。任何建(构)筑物的自重及作用在结构上的所有荷载都要通过基础传递给地基。为了保证坐落在地基上的建筑物和构筑物结构的安全,满足使用要求,地基基础应具有足够的承载能力。在使用过程中不能因为地基基础原因影响其使用,更不能产生破坏,并应根据其重要性而具有相应的安全储备;地基在建(构)筑物荷载作用下产生的变形也不能超过容许值。

一般情况下,一个建(构)筑物由上部结构、基础和地基三部分组成,三者构成一个整体。建(构)筑物采用的基础形式很多,按埋置深度可分为浅埋基础、深埋基础和明置基础。按采用的基础变形特性可分为柔性基础和刚性基础。按基础形式可分为独立基础、联合基础、条形基础、筏板基础、桩基础、箱形基础等多种形式。不仅建(构)筑物采用的基础形式很多,而且建(构)筑物基础所处的场地地基差异很大,有岩石地基、软土地基、特种土地基等。地基土体是自然历史的产物,其物理力学性质十分复杂。有时对一个建(构)筑物的上部结构、基础和地基三部分进行严格区分会遇到困难。在基础工程设计和施工过程中,应将一个建(构)筑物的上部结构、基础和地基三部分作为一个整体来考虑。

基础工程的研究对象是建(构)筑物的基础和地基。建(构)筑物基础所处的场地地基承载力不仅与场地地基土层分布和土的物理力学性质有关,而且与采用的基础的特性有关。地基变形不仅与荷载大小、地基土体的物理力学性质有关,而且与采用的基础的特性有关。基础工程一般是隐蔽工程。在土木工程建设领域中,与上部结构比较,基础工程的不确定的因素多、问题复杂、难度大。若基础工程问题处理不好,则后果严重。据调查统计,在世界各国发生的土木工程的工程事故中,源自基础工程问题的工程事故占多数。能否处理好基础工程问题,不仅关系所建工程是否安全可靠,而且关系所建工程建设投资大小。基础工程的重要性是很明显的。

为了满足建(构)筑物对地基基础的要求,应根据建(构)筑物所处的场地的工程地质和水文地质条件、环境条件,建(构)筑物上部结构情况,以及变形控制要求,合理选用建(构)筑物的地基基础形式,进行精心设计、精心施工,达到安全及变形控制要求。

1.2　基础工程的发展概况

基础工程在我国的发展可以追溯到很早以前,我们的祖先第一次使用灰土垫层和木桩的日期估计已难以考证。在人类历史发展过程中,随着土木工程的发展,基础工程技术也不断发展。

18 世纪欧洲工业革命开始以后,随着工业化的发展,建筑工程、道路工程和桥梁工程的建设规模不断扩大,促使人们重视基础工程的研究。库仑(Coulomb)于 1773 年提出并后来由摩尔(Mohr)发展形成的著名的摩尔-库仑抗剪强度理论,为土体稳定分析奠定了基础;1857 年兰金(Rankine)提出了土体极限平衡理论;1885 年波希尼斯克(Boussinesq)提出了在均质各向同性半无限空间表面上作用一竖向集中力,求解形成的应力场和位移场的方法;1920 年普朗特(Prandtl)提出了条形基础极限承载力公式;1923 年太沙基(Terzaghi)提出一维固结理论,1925 年出版《建立在土的物理学基础的土力学》一书,标志着土力学学科的诞生。1936 年在哈佛大学召开了第一届国际土力学及基础工程大会,并成立了国际土力学及基础工程协会。随着土力学知识的不断普及和提高,理论得到不断发展。1942 年太沙基出版专著《理论土力学》,1948 年太沙基与他的学生佩克(Peck)合著了《工程实用土力学》,进一步完善了经典土力学理论。土力学的发展有力促进了现代基础工程技术的发展。

现代基础工程技术是社会发展的需要,是伴随现代化工程建设发展而发展的。改革开放以来,我国土木工程建设得到了飞速发展,基础工程技术也相应得到很快发展。城市化建设的推进、地下空间的开发利用、高速公路的发展、跨海大桥的建设等极大地推动了我国基础工程的发展。

需求促进发展,实践发展理论。在工程建设的推动下,近些年来我国基础工程技术发展很快,基础工程技术水平得到不断提高。学习、总结国内外基础工程技术方面的经验教训,掌握基础工程技术,对于土木工程师特别重要。搞好基础工程对保证工程质量、加快工程建设速度、节省工程建设投资具有特别重要的意义。

1.3　基础工程分类

前面曾提到基础工程的研究对象是建(构)筑物的基础和地基,各类建(构)筑物采用的基础形式很多,这里不是简单地以建(构)筑物采用的基础形式来分类的。前面曾强调一个建(构)筑物的上部结构、基础和地基三者是一个整体,建(构)筑物的各类荷载是通过基础传递给地基的。根据建(构)筑物的荷载传递路线可以将常用的地基基础形式分为三种,即浅基础、复合地基和桩基础,如图 1.1 所示。简言之,对浅基础而言,建(构)筑物的各类荷载通过基础直接传递给地基土体;对桩基础而言,建(构)筑物的各类荷载先通过基础传递给桩体,再由桩体传递给地基土体;对桩体复合地基而言,建(构)筑物的各类荷载通过基础同时传递给复合地基中的桩体和桩间土体,传递给复合地基中的桩体的部分再由桩体传递给地基土体,而传递给复合地基中桩间土体的部分直接由基础传递给地基土体。各自的荷载传

图 1.1 浅基础、复合地基和桩基础

递路线是上述三种地基基础形式的基本特征。

浅基础、桩基础和复合地基已成为土木工程中常用的三种地基基础形式。在上述三种地基基础形式中,最终承担荷载的地基土体可以是天然地基土体,也可以是经过土质改良的人工地基土体。建(构)筑物采用的基础形式也可以多种多样,如独立基础、联合基础、条形基础、筏板基础、箱形基础等。

可以从不同角度对基础工程进行分类,这里根据荷载传递路线将常用的地基基础形式分为浅基础、桩基础和复合地基。荷载传递路线不同,地基基础受力性状不同。其他基础工程形式也可根据其荷载传递路线加入上述三种类别,如沉井基础可与桩基础归为同一类。从其他不同的角度对基础工程进行分类在这里就不展开了,在各章中会有一些分析。

1.4 基础工程原理内容和学习方法

本书包括 12 章,分别为绪论、基础工程设计原则、工程勘察和土的工程性质、土质改良与地基处理、浅基础、复合地基、桩基础、特殊土地基基础工程、基础抗震与隔震、基坑工程、既有建筑地基基础加固与纠倾技术、既有建筑迁移技术。

从章的设置可以看出笔者认为基础工程的研究对象是建(构)筑物的基础和地基,并应将上部结构、基础和地基视为一个整体。根据荷载传递路线将常用的地基基础形式分为浅基础、桩基础和复合地基三大类。应该说明的是,这里的浅基础并不是指基础埋置深度浅的基础,而是指通过基础将荷载直接传递给地基的基础,与埋置深度无关。还应该说明的是,这里的基础并不包括桩和沉井等构件。

从章的设置还可看出笔者认为基础工程的研究对象是建(构)筑物的基础和地基,应重视处理好工程勘察、场地土的特性、特殊土地基、地基处理、基坑工程等与基础工程的关系,强调基础工程设计原则的重要性。

基础工程是一门实践性很强的学科,随着土木工程建设的发展,基础工程技术发展很快。在学习基础工程时,一定要紧密结合工程实际,重视基础工程新技术的发展。上部结构、基础和地基是一个整体,要综合考虑。在学习某一基础形式时,首先要搞清楚荷载的传递路线、传递规律,也就是力的传递和力的平衡;然后要弄清楚相应的地基承载能力和地基可能产生的变形。荷载的传递规律往往比较复杂,要学会抓主要矛盾。基础工程设计应考虑如何保证在荷载传递过程中建筑物和构筑物使用安全、可靠,而且经济。

建(构)筑物的地基基础形式多种多样,工程地质条件复杂多变,因此基础工程内容很广,重要的是要掌握基础工程原理。学习基础工程原理需要有理论力学、材料力学、土力学、工程地质学以及结构分析等学科知识。

1.5 发展展望

展望岩土工程技术的发展需要考虑下述三方面的影响：一是社会发展、工程建设对岩土工程技术发展的要求；二是相关学科发展对岩土工程发展的影响；三是岩土工程研究对象岩土的特性。展望基础工程的发展也是如此。

城市化、交通现代化、地下空间开发利用、海洋土木工程建设以及不良、复杂工程地质地区的工程建设的发展对基础工程提出了很多新的要求。各类工程建设中要求基础承担的荷载愈来愈大，基础埋置深度愈来愈深，基础体量愈来愈大，对基础工后沉降要求愈来愈高，特别是严格要求控制基础工程施工过程中可能对周围环境产生不良的影响。工程建设发展对基础工程的要求是基础工程技术不断发展的动力。

笔者认为展望基础工程的发展应重视下述几个方面。

(1)重视研制和引进基础工程施工新机械，不断提高各种基础工程的施工能力。在土木工程建设中，目前我国与国外差距较大的是施工机械能力，而基础工程领域的差距更大。近几年我国基础工程施工能力发展很快，随着综合国力的提高，基础工程施工能力会有更大的发展。笔者认为不仅要重视引进国外先进施工机械，还要重视研制国产先进施工机械。只有不断提高基础工程施工能力，才能满足我国工程建设发展对基础工程技术发展的要求，不断提高我国基础工程技术水平。

(2)加强基础工程基础理论研究，不断提高基础工程理论水平。加强基础工程基础理论研究既要加强一般理论研究，如复合地基计算理论、优化设计理论、按沉降控制设计理论等的研究，也要加强各种基础工程荷载传递规律、承载机理以及设计计算方法的研究。这里特别要强调优化设计理论研究，基础工程优化设计包括两个层面：首先是基础工程形式的合理选用；其次是基础工程优化设计。目前在这两个层面都存在较大的差距。许多基础工程设计停留在能够解决工程问题，而不能做到合理选用基础工程形式，并进行基础工程优化设计。基础工程优化设计发展潜力很大。

(3)重视发展基础工程按沉降控制设计理论。按沉降控制设计理论近年得到重视和发展，但还不能满足工程建设需要。需要不断发展基础工程沉降计算理论和方法，提高沉降计算精度，进一步发展、完善按沉降控制设计理论。

(4)重视发展基础工程智慧监管技术。基础工程智慧监管技术主要包括基础工程智能监测技术和智慧管理系统两个领域。发展、提高基础工程智能监测技术需要进一步发展基础工程监测手段，提高智能监测水平，实现全过程智能监测。通过不断发展、完善智慧管理系统，实现基础工程全过程智慧监管。

1.6 关于地基承载力表达形式的说明

我国在不同时期、不同行业的与地基基础有关的规范中，对地基承载力的表达采用了不同的形式和不同的测定方法。因此，在已发表的论文、工程案例、出版的著作和已完成的设计文件中对地基承载力也采用了多种不同的表达形式。对地基承载力的表达形式主要有：地基极限承载力、地基容许承载力、地基承载力特征值、地基承载力标准值、地基承载力基本值以及地基承载力设计值等。在介绍上述不同表述的地基承载力概念前，先介绍土塑性力学中关于条形基础普朗特(Prandtl)极限承载力解的基本概念。

条形基础普朗特极限承载力解的极限状态示意图如图 1.2 所示。

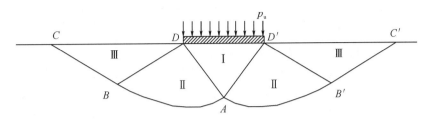

图 1.2 普朗特解示意图

设条形基础作用在地基上的压力均匀分布，基础底面光滑。地基为均质半无限体，地基土体应力应变关系服从刚塑性模型假设，即当土体中应力小于屈服应力时，土体表现为刚体，不产生变形；当土体中应力达到屈服应力时，土体处于塑性流动状态。土体的抗剪强度指标为 c、φ。在求解中不考虑土体的自重。根据土塑性力学理论，当条形基础上荷载处于极限状态时，地基中产生的塑性流动区如图 1.2 所示。图中 I 和 III 区为等腰三角形，II 区为楔形，其中 AB 和 AB' 为对数螺线。图 1.2 中 $\angle ADD'$ 和 $\angle AD'D$ 为 $\frac{\pi}{4}+\frac{\varphi}{2}$，$\angle BCD$ 和 $B'C'D'$ 为 $\frac{\pi}{4}-\frac{\varphi}{2}$，$\angle ADB$ 和 $\angle AD'B'$ 为 $\frac{\pi}{2}$。

根据极限分析理论或滑移线场理论，可得到条形基础极限荷载 p_u 的表达式为：

$$p_u = c\cot\varphi\left[\frac{1+\sin\varphi}{1-\sin\varphi}\exp(\pi\tan\varphi)-1\right] \tag{1.6.1}$$

式中，c 为土体黏聚力(kPa)；φ 为内摩擦角(°)。

当 $\varphi=0$ 时，式(1.6.1)蜕化成

$$p_u = (2+\pi)c \tag{1.6.2}$$

土力学及基础工程中的太沙基地基承载力解等表达形式均源自该普朗特解，可根据一定的条件，通过对式(1.6.1)进行修正获得。

地基极限承载力是地基处于极限状态时所能承担的最大荷载，或者说地基产生失稳破坏前所能承担的最大荷载。

地基极限承载力也可通过荷载试验确定。在荷载试验过程中，通常取地基处于失稳破坏前所能承担的最大荷载为极限承载力值。

对某一地基而言，一般说来地基极限承载力值是唯一的。或者说对某一地基，地基极限承载力值是一个确定值。

地基容许承载力是通过地基极限承载力除以安全系数得到的。影响安全系数取值的因素很多，如安全系数取值大小与建筑物的重要性、建筑物的基础类型、采用的设计计算方法以及设计计算水平等因素有关，还与国家的综合实力、生活水平以及建设业主的实力等因素有关。因此，一般说来对某一地基而言其地基容许承载力值不是唯一的。

在工程设计中安全系数取值不同,地基容许承载力值也就不同。安全系数取值大,该工程的安全储备也大;安全系数取值小,该工程的安全储备也小。

在工程设计中,地基容许承载力是设计人员能采用的最大地基承载力值,或者说在工程设计中,地基承载力取值不能超过地基容许承载力值。

地基极限承载力和地基容许承载力是国内外基础工程设计中最常用的概念。

地基承载力特征值、地基承载力标准值、地基承载力基本值、地基承载力设计值等都是与相应的规范规程配套使用的地基承载力表达形式。

现行《建筑地基基础设计规范》(GB 50007—2011)采用的地基承载力表达形式是地基承载力特征值,对应的荷载效应为标准组合。在条文说明中对地基承载力特征值的解释为"用以表示正常使用极限状态计算时采用的地基承载力值,其含义即为在发挥正常使用功能时所允许采用的抗力设计值"。规范中还对地基承载力特征值的试验测定做出了具体规定。

《建筑地基基础设计规范》(GBJ 7—1989)采用地基承载力标准值、地基承载力基本值和地基承载力设计值等表达形式。地基承载力标准值是按该规范规定的标准试验方法经规范规定的方法统计处理后确定的地基承载力值。也可以根据土的物理和力学性质指标,根据规范提供的表确定地基承载力基本值,再经规范规定的方法进行折算后得到地基承载力标准值。对地基承载力标准值,经规范规定的方法进行基础深度、宽度等修正后可得到地基承载力设计值,对应的荷载效应为基本组合。这里的地基承载力设计值应理解为工程设计时可利用的最大地基承载力取值。

在某种意义上可以将上述规范中所述的地基承载力特征值和地基承载力设计值理解为地基容许承载力值,而地基承载力标准值和地基承载力基本值是为了获得上述地基承载力设计值的中间过程取值。

笔者认为学生掌握了地基极限承载力、地基容许承载力以及安全系数这些最基本的概念,就不难在此基础上理解各行业现行及各个时期的规范内容,并能够使用现行规范进行工程设计。

除采用极限承载力和容许承载力概念外,为配合现行《建筑地基基础设计规范》(GB 50007—2011),本教材也采用地基承载力特征值的概念。

参考文献

[1] 龚晓南.复合地基理论及工程应用[M].3版.北京:中国建筑工业出版社,2018.

[2] 龚晓南.海洋土木工程概论[M].北京:中国建筑工业出版社,2018.

[3] 龚晓南.桩基工程手册[M].2版.北京:中国建筑工业出版社,2016.

[4] 龚晓南,侯伟生.深基坑工程设计施工手册[M].2版.北京:中国建筑工业出版社,2018.

[5] 龚晓南,谢康和.基础工程[M].北京:中国建筑工业出版社,2015.

[6] 龚晓南,杨仲轩.岩土工程变形控制设计理论与实践[M].北京:中国建筑工业出版社,2018.

第2章　基础工程设计原则

2.1　概　述

在建(构)筑物的全寿命过程中,建(构)筑物的所有荷载都要通过基础传递给地基,并在荷载传递过程中,需要保证建(构)筑物的稳定安全,控制其变形在合理范围,实现建(构)筑物的各种功能。因此,基础工程在建(构)筑物工程中具有非常重要的位置。可靠的基础工程是确保建(构)筑物稳定安全的前提,俗话说,"基础不牢,地动山摇"。大量土木工程事故原因调查分析资料表明,世界各国发生的土木工程的工程事故中,源自基础工程问题的工程事故占多数。基础工程不仅对建(构)筑物的稳定安全非常重要,而且对建(构)筑物工程的工程造价影响也不小。一个好的基础工程既要安全可靠,也要经济合理。

任何一个建(构)筑物的基础都要坐落在所在场地的地基上,基础工程主要涉及建(构)筑物的基础和所在场地的地基,影响因素比较多。建(构)筑物的上部结构、基础和地基是一个整体,相互关联,相互影响。住宅和公共建筑、桥梁等各类建(构)筑物的上部结构千姿百态,各类建(构)筑物的基础多种多样,各类建(构)筑物所处的场地工程地质条件和水文地质条件差异很大。基础工程建设在建(构)筑物建设过程中不仅重要,而且难度往往比较大,需要特别重视。要把基础工程建设好,做好基础工程设计是前提,也是关键。基础工程设计要做到保证质量、保护环境、安全适用、节约能源、经济合理、技术先进。

要做好基础工程设计,首先要详细掌握工程建设场地的工程地质条件和水文地质条件、工程建设场地的环境条件,要了解可能采用的几类地基基础形式的优缺点,然后通过比较分析,合理选用基础形式。

在基础工程设计中最重要的是要满足稳定性要求和变形控制要求。在建筑工程中,满足稳定性和变形控制的要求常采用满足地基承载力和沉降要求来表达。在上一章中已经提到我国在不同时期、不同行业的与地基基础有关的规范中,对地基承载力的表达采用了不同的形式和不同的测定方法。对地基承载力的表达形式主要有下述几种:地基极限承载力、地基容许承载力、地基承载力特征值、地基承载力标准值、地基承载力基本值以及地基承载力设计值等。应该说上述只有地基极限承载力值与由地基稳定性确定的地基极限承载能力值相同。地基极限承载力与地基变形无关,它反映地基在荷载作用下产生破坏前的极限承载能力。上述其他地基承载力概念不仅与地基稳定性有关,而且与变形要求有关。在基础工程设计中要全面理解地基承载力概念。

岩土工程稳定性问题是指在建(构)筑物荷载(包括静、动荷载的各种组合)及自重作用下,岩土工程能否保持稳定。岩土工程稳定性问题主要与岩土体的抗剪强度有关,也与基础形式、基础尺寸大小等有关。上述论述也适用于基础工程。基础工程中的地基承载力概念不同于上述的稳定性概念,地基承载力不仅与地基稳定性有关,而且与变形量控制有关,主要与沉降量控制有关。测定地基承载力的试验往往由沉降量控制。

岩土工程变形问题是指在建(构)筑物的荷载(包括静、动荷载的各种组合)及自重作用下,岩土工程产生的变形(包括沉降、水平位移,特别是不均匀沉降)是否超过相应的允许值。岩土工程变形问题主要与荷载大小和地基土体的变形特性有关,也与基础形式、基础尺寸大小等有关。上述论述也适用于基础工程。在基础工程设计中我们关注较多的是控制地基基础的竖向变形量,有些工程中也有水平向变形量控制的要求。

在基础工程设计中我们常常会觉得地基基础沉降量难以正确计算,设计计算时得到的沉降值往往与实际发生的沉降值相差比较大。产生上述情况的原因比较多,如地基土层分布复杂,土体的工程力学性质离散,工程勘察报告提供的计算参数很难准确反映地基土体的实际性状,计算理论欠完善等均影响正确预估沉降量。除了上述因素的影响外,还要重视所需要预估的沉降量和实际计算得到的沉降量是否有同一含义。在基础工程设计计算中要理清各种沉降量的不同的概念和计算方法。下面以计算软黏土地基在荷载作用下产生的地基沉降为例作简要讨论。

分析饱和软黏土地基在荷载作用下产生的地基沉降量时,理论上常常把地基沉降分为三部分:瞬时沉降、固结沉降和次固结沉降。三部分沉降产生的机理分析和沉降量计算理论都是比较成熟的,叠加三部分沉降量可得到地基的总沉降。而在基础工程设计中重要的往往是要求控制工后沉降量,而且是在工后一定时间内产生的工后沉降量。因此,地基基础的沉降又可分为施工期沉降和工后沉降两部分。工后沉降又可用竣工后一定时间内的沉降和竣工后总沉降来表述。人们主要关心的往往是竣工后一定时间内的沉降量。施工期沉降和工后沉降之和是否等于瞬时沉降、固结沉降和次固结沉降三者之和呢?看来也不一定,需要针对具体工程作具体分析。

对深厚软黏土地基上基础工程的沉降预估更为困难。在时间上区分瞬时沉降、固结沉降和次固结沉降是很困难的。瞬时沉降并不是荷载作用下瞬时产生的沉降量,瞬时沉降是指饱和软黏土地基在荷载作用下,不考虑地基土体固结引起的沉降,只考虑地基土体侧向位移引起的沉降。地基土体次固结沉降产生初期往往与地基土体固结沉降重叠在一起,并不是地基土体固结沉降完成后再产生地基土体次固结沉降。施工期沉降和工后沉降各占多少,不仅与施工期长短有关,而且与地基土层的渗透性有关。渗透系数很小的深厚软黏土地基在荷载作用下固结沉降全部完成可能需要很长时间,几年,甚至几十年。基础工程产生沉降的影响因素很多,正确理解各类沉降的正确含义,针对具体工程作具体分析,才能比较好地预估工后沉降量。

还有在基础工程设计中应考虑上部结构、基础和地基三者协同作用的影响,应重视基础工程环境效应及防治对策。

2.2　合理选用基础形式

在基础工程设计中最为重要的是合理选用基础形式,基础形式选用不合理,重则容易引发工程事故,轻则增加工程建设费用。

前面已经提到常用的地基基础形式有三类:浅基础、复合地基和桩基础。各类地基基础各有优缺点,而且都有多种具体形式,相互之间差异也很大。各类地基基础的承载能力都与场地工程地质条件有关。若天然地基承载能力能满足工程设计要求,可在天然地基上直接采用浅基础。在天然地基上直接采用浅基础建设费用往往最低。若天然地基承载能力不能满足工程设计要求,可对天然地基进行地基处理,或直接采用桩基础。采用桩基础,承载能力大,沉降小,但基础工程部分建设费用可能比较高;对天然地基进行地基处理,经地基处理后形成的地基基础主要有两类,一类是天然地基经处理后再在其上采用浅基础,另一类是复合地基。由于复合地基能比较充分地发挥地基土体的承载能力,与采用桩基础比,经济性好,但比采用桩基础承载能力提高幅度小,沉降量要大一些。通过调节复合地基的置换率和复合地基增强体的长度可有效控制复合地基沉降量,可调节不均匀沉降。各类地基基础的具体内容在后面有关章节中再详细介绍,这里不展开了。

如何才能合理选用基础形式?

首先,要对合理选用基础形式的重要性要有足够的认识,合理的基础形式是基础工程安全可靠的前提,采用合理的基础形式有助于节约建设工程费用。

其次,要对建设场地工程地质和水文地质条件有全面和详细的了解。需要了解建设场地的地质成因、岩土层分布,通过工程地质勘察报告,结合工程经验,合理选用反映土的工程性质的各层土的物理力学参数。建设场地各层土的工程性质确定了地基承载力和变形特性。基础工程事故原因统计分析表明,因工程设计人员未能全面和详细掌握场地工程地质和水文地质条件而造成基础工程事故的比例比较高。

再次,要了解各类各种基础形式的优缺点,特别是适用范围。各类各种基础形式的优缺点和适用范围将在以后各章中详细介绍。场地工程地质条件和环境条件都会对一种基础形式的优缺点产生影响。在选用基础形式时需要进行综合分析,有时还要考虑施工条件及施工对周围环境的影响。

最后,根据建(构)筑物对地基基础的要求、场地工程地质和水文地质条件、各类各种基础形式的优缺点和适用范围、施工条件,通过比较分析,合理选用基础形式。确定基础形式后,再进行优化设计。通过精心设计,做到保证质量、保护环境、安全适用、节约能源、经济合理和技术先进。

2.3　基础工程环境效应及防治对策

在基础工程设计时要重视基础工程环境效应及防治对策,特别是基础工程施工可能会对周围环境产生的不良影响。对周围环境产生的不良影响主要有以下几个方面:基础工程施工引起周围土体及已有建(构)筑物位移,如挤土桩施工过程中对周围地基土体产生挤压位移,钻孔灌注桩施工成孔过程中周围地基土体因侧向应力减小产生土体位移,强夯法加固地基产生侧向挤压位移等;基础工程施工形成的渣土、泥浆对周围环境产生影响,如钻孔灌注桩施工形成的渣土、泥浆处理等问题;基础工程施工可能产生噪声影响,如强夯法加固、锤击法桩基础施工等;在采用固化物对地基进行土质改良,或采用固化物灌注加固地基时一定不能采用对地下水和地基土体有不良影响的固化物;在基础工程施工中,在周围地基中残留其他有害物体,如基坑支护工程采用锚索加固时,支护功能完成后如不能进行回收,将锚索残留在地基中,则会影响周围地基中需要进行的其他基础工程施工。隧道工程采用盾构法施工时,地基中残留锚索是非常麻烦的问题。在选用基础工程形式过程中,一定要详细分析计划采用的基础工程施工可能对周围环境产生的不良影响,以及减小对环境产生不良影响的措施。

基础工程施工对周围环境的影响大小、影响形态,与场地工程地质条件有较大关系。如软黏土地基中预制管桩静压施工过程中对周围地基土体产生挤压位移,当软黏土地基的硬壳表层比较薄比较弱时,挤压位移主要表现为向上隆起和侧向位移,浅层土体可能以向上隆起位移为主;当软黏土地基的硬壳表层比较厚比较硬时,软土层中土体挤压位移主要表现为侧向位移。预制管桩在软黏土地基中静压施工过程中对周围地基土体产生的挤压位移影响范围,后者要比前者大得多,而地面隆起位移后者要比前者小得多。又如采用强夯法加固地基时,震动的影响范围与场地地基土的性质关系也很大。若地基土体在强夯锤击作用下,土体容易产生压缩,侧向挤压小,则影响范围小,否则影响范围大。在浙江沿海一早期填海造地工程中,在淤泥土层上填了 4～6m 厚的山石土层,用于建设 5～6 层建筑住宅小区,采用强夯法加固地基。在采用强夯法加固过程中,强夯震动在淤泥土层中传递范围很大,对周围几百米外的已有建筑也有较大影响。为了减小震动对周围已建建筑的影响,采用隔震沟隔震,取得了很好效果。隔震沟深度稍大于所填山石土层厚度即可,通过在隔震沟处释放强夯震动传递的能量,强夯震动传递就被隔断了。

基础工程施工对周围环境的影响大小除与场地工程地质条件有较大关系外,还与基础工程施工采用的施工设备、施工工艺、施工顺序和施工速度等有关。

基础工程设计一定要重视计划采用的地基基础形式和基础工程采用的施工方法可能产生的不良环境影响,还要了解可以减小环境影响的措施。通过比较分析,采用合理的地基基础形式和相应的基础工程施工方法。

2.4　按变形控制设计理论

任何一个基础工程设计都要满足稳定和变形控制要求。基础工程可以采用按稳定控制设计理论,或采用按变形控制设计理论进行设计。近年来,按变形控制设计理论不断得到重视,理论及应用发展比较快。下面简要分析基础工程按稳定控制设计和基础工程按变形控制设计两者的主要区别。

在基础工程设计中,按稳定控制设计通常称为按承载力控制设计,按变形控制设计通常称为按沉降控制设计。目前建筑基础工程设计中的常规思路是按承载力控制设计。按承载力控制设计中,首先按建造建筑物对地基承载力要求进行设计。如果天然地基的承载力不能满足要求,则要求对场地地基进行处理,使形成的人工地基的承载力满足要求。然后验算地基沉降量是否满足要求,满足要求则完成设计,如沉降量超过允许沉降量,则需要采取措施进一步提高人工地基的承载力,然后再验算其沉降量是否满足要求,如满足则完成设计;如还不满足,则需要进一步修改设计,采取措施一直到沉降量不超过允许沉降量,满足要求为止。按沉降控制设计的思路与按承载力控制设计的思路不同。按沉降控制设计中,首先按建造建筑物对地基沉降量控制要求进行设计。如果采用天然地基建筑物沉降量控制不能满足要求,则要求对场地地基进行处理。通过地基处理形成的人工地基上的建筑物沉降量控制满足要求。然后验算人工地基承载力是否满足要求。一般情况下,沉降量控制能满足要求,承载力一般也能满足要求。如承载力不能满足要求,则需进一步采取加强措施,直至满足要求。从以上分析可以看到:无论是按承载力控制设计,还是按沉降控制设计,基础工程设计都要满足地基承载力和地基沉降量控制的要求;按承载力控制设计和按沉降控制设计两者的设计思路和设计过程是不一样的,前者从承载力入手,后者从沉降控制入手;前者侧重控制承载力要求,后者侧重控制沉降要求。

上面简要分析了什么是按稳定控制设计,什么是按变形控制设计,按变形控制设计和按稳定控制设计两者的区别。下面简要介绍基础工程变形控制设计的发展态势。

稳定和变形控制是每项基础工程必须考虑的两个基本问题。稳定是最基本的要求,失去稳定意味着破坏。制约基础工程变形控制的因素很多,主要有各类荷载的作用和地基刚度。荷载作用大,地基变形量大;地基刚度小,地基变形量大。基础工程变形控制量还受使用要求、上部结构形式和综合工程投资能力的影响和制约。以建筑工程为例,随着人们生活质量的提高、国家综合国力的增强,对变形控制要求也不断提高。高层建筑比低层建筑对变形控制量的要求要高。改革开放以来,土木工程建设发展很快,城市化发展迅速,高层建筑、高速公路、高速铁路、机场等工程建设迅猛发展,对变形控制要求愈来愈高。特别是在地下空间开发利用过程中,对地基基础工程变形控制要求更高。工程建设中的需求有力促进了基础工程变形控制设计理论的发展。

近年来,人们对岩土体的应力应变关系有了进一步的认识,建立了一些岩土体的工程实用本构模型,土工计算机分析能力得到很大提高,岩土工程变形计算能力有了长足的进步,为基础工程变形控制设计理论快速发展提供了技术支撑。

下面以基坑工程围护设计为例,说明在设计中如何考虑是采用按稳定控制设计,还是采用按变形控制设计。当基坑工程场地开阔,周边没有建(构)筑物和市政设施时,可以允许围护结构及周边地基发生较大的变形。在这种情况下,可采用按稳定控制设计,围护体系设计满足稳定性要求即可。当基坑周边有建(构)筑物和市政设施时,应评估其重要性,分析其对地基变形的适应能力,并提出基坑围护结构变形和地面沉降的允许值。在这种情况下,围护体系设计不仅要满足稳定性要求,还要满足变形控制要求。围护体系应采用按变形控制要求进行设计。由于作用在围护结构上的土压力值与位移有关,按稳定控制设计或按变形控制设计时,作为荷载的土压力设计取值是不同的。在选用基坑围护形式时应明确是按稳定控制设计,还是按变形控制设计。当可以采用按稳定控制设计时,采用按变形控制设计的方案会增加较多的工程投资,造成浪费;当应该采用按变形控制设计时,采用按稳定控制设计的方案则可能对环境造成不良影响,甚至酿成事故。

发展基础工程按变形控制设计理论是工程建设发展的需要,愈来愈多的工程要求按变形控制设计。按变形控制设计有利于控制工后沉降,有助于控制基础工程施工对周围环境的影响。基础工程按变形控制设计理论的发展促进了岩土工程设计水平的不断提高。发展基础工程按变形控制设计理论对岩土工程变形计算理论和方法提出了更高的要求。

近年来愈来愈多的土木工程技术人员探索采用按变形控制设计理论进行基础工程设计,努力发展基础工程按变形控制设计理论和设计计算方法,并取得了不小的进展。虽然发展较快,但远不能满足工程建设发展的需要。基础工程按变形控制设计理论还处于发展之中,尚未形成系统的理论,缺乏较成熟的基础工程按变形控制设计理论计算方法。

提高岩土工程变形计算能力是进一步发展基础工程按变形控制设计理论的基础。众所周知,基础工程变形控制要比基础工程稳定控制困难得多,基础工程变形计算精度有待提高。基础工程变形计算精度是制约基础工程按变形控制设计理论发展的瓶颈。只有加强基础工程变形计算理论和方法的研究,提高基础工程变形计算水平,才能促进基础工程按变形控制设计理论和设计计算能力的不断提高。

2.5 考虑上部结构、基础和地基三者协同作用

在基础工程设计中要重视考虑上部结构、基础和地基三者协同作用对地基承载力和地基沉降性状的影响。基础工程所处的场地地基承载力主要与场地地基土的抗剪强度有关,但也与基础形式、基础尺寸大小等有关。在荷载作用下基础工程的沉降量主要与荷载大小和地基土体的变形特性有关,也与基础形式、基础尺寸大小等有关。例如,对同一场地地基,采用独立基础,或条形基础,或筏板基础,采用不同的基础形式的地基提供的承载力是不同的,在相同荷载作用下三者的沉降量也是不同的。

在基础工程设计中考虑上部结构、基础和地基三者协同作用对地基承载力和地基沉降性状的影响,可以较好发挥场地地基的承载能力,有效控制沉降量。在基础工程设计中考虑上部结构、基础和地基三者协同作用对地基承载力和地基沉降性状的影响,有助于采用比较合理的基础形式。

上部结构、基础和地基三者是一个整体,相互影响,相互作用。处在同一场地上的两栋结构类似的建筑物,上部结构整体刚度大的要比整体刚度小的不易产生不均匀沉降,或者上部结构整体刚度大的比整体刚度小的产生的不均匀沉降要小一些。地基基础产生不均匀沉降,或进一步发展,会引起上部结构内力产生变化,严重的会引起上部结构产生裂缝,甚至发生结构破坏。在整个工程设计中都要重视考虑上部结构、基础和地基三者协同作用。

土木工程有限元计算理论和工程应用的发展为在工程设计中考虑上部结构、基础和地基三者协同作用提供了技术支撑。在工程设计中要重视考虑上部结构、基础和地基三者协同作用的影响,不断努力提高考虑上部结构、基础和地基三者协同作用的工程设计能力,促进考虑上部结构、基础和地基三者协同作用工程设计技术水平的不断提高。

参考文献

[1] 龚晓南.地基处理手册[M].3 版.北京:中国建筑工业出版社,2008.

[2] 龚晓南.复合地基理论及工程应用[M].3 版.北京:中国建筑工业出版社,2018.

[3] 龚晓南.桩基工程手册[M].2 版.北京:中国建筑工业出版社,2016.

[4] 龚晓南,侯伟生.深基坑工程设计施工手册[M].2 版.北京:中国建筑工业出版社,2018.

[5] 龚晓南,杨仲轩.岩土工程变形控制设计理论与实践[M].北京:中国建筑工业出版社,2018.

第3章 工程勘察和土的工程性质

3.1 工程勘察的基本要求

岩土工程勘察是根据建设工程的要求,查明、分析、评价建设场地的地质、环境特征和岩土工程条件,编制勘察文件的活动。各项建设工程在设计和施工之前,应按基本工程建设程序进行岩土工程勘察。建设工程类型多样,包括房屋建筑和构筑物、地下洞室、岸边工程、管道和架空线路工程、废弃物处理工程、核电厂、交通工程、水利电力工程等。勘察前应根据建设工程的要求,收集资料,在与结构工程师等相关方充分沟通的基础上,制定各阶段勘察纲要。

岩土工程勘察为建设项目基础工程设计提供基础资料和初步评价建议,是工程设计的一个重要环节,也为后续施工及可能遇到的地基基础问题提供技术咨询服务。从了解建设工程要求开始,通过收集资料、室内外勘察试验工作,提出分析评价建议,工程勘察工作需要工程师开展认真细致的现场和室内试验工作,具备相应的岩土工程分析能力,服务于工程建设的全过程,而不仅仅是提供一个成果报告,完成一项简单的流程。实际工程中,存在岩土工程勘察工作不足导致的基础工程设计施工事故,也存在部分工程勘察单位无序竞争,为压低成本缩减工作量,同时为了保证安全,有意压低设计参数,导致基础工程浪费的情况。

相较于一般的上部结构,地基土的差异性要大很多,了解地基土的特性、选择合适的设计方案和选用合理的土工参数对基础工程和基坑工程具有重要意义,越来越被建设单位和相关工程师所重视。

3.1.1 岩土工程勘察分级

按照现行国家标准《岩土工程勘察规范(2009年版)》(GB 50021—2001)规定,根据工程的规模和特征,以及因岩土工程问题而造成工程破坏或影响正常使用的后果,可分为三个工程重要性等级;根据场地的复杂程度,可分为三个场地等级;根据地基的复杂程度,可分为三个地基等级,如表3.1.1至表3.1.3所示。

表3.1.1 工程重要性等级分类

工程重要性等级	工程规模及破坏后果
一级工程	重要工程,后果很严重
二级工程	一般工程,后果严重
三级工程	次要工程,后果不严重

13

表3.1.2 场地等级分类

场地等级	判别标准
一级场地 (复杂场地)	符合下列条件之一: 对建筑抗震危险的地段; 不良地质作用强烈发育; 地质环境已经或可能受到强烈破坏; 地形地貌复杂; 有影响工程的多层地下水、岩溶裂隙水或其他水文地质条件复杂,需专门研究的场地
二级场地 (中等复杂场地)	符合下列条件之一: 对建筑抗震不利的地段; 不良地质作用一般发育; 地质环境已经或可能受到一般破坏; 地形地貌较复杂; 基础位于地下水位以下的场地
三级场地 (简单场地)	符合下列条件: 抗震设防烈度等于或小于6度,或对建筑抗震有利的地段; 不良地质作用不发育; 地质环境基本未受破坏; 地形地貌简单; 地下水对工程无影响

表3.1.3 地基等级分类

地基等级	判别标准
一级地基 (复杂地基)	符合下列条件之一: 岩土种类多,很不均匀,性质变化大,需特殊处理; 严重湿陷、膨胀、盐渍、污染的特殊性岩土,以及其他情况复杂,需专门处理的岩土
二级地基 (中等复杂地基)	符合下列条件之一: 岩土种类较多,不均匀,性质变化较大; 除上述以外的一般特殊性岩土
三级地基 (简单地基)	符合下列条件: 岩土种类单一,均匀,性质变化不大; 无特殊性岩土

根据工程重要性等级、场地等级和地基等级,划分岩土工程勘察等级,如表3.1.4所示。

表 3.1.4　岩土工程勘察等级分类

勘察等级	判别标准
甲级	在工程重要性、场地复杂程度和地基复杂程度等级中,有一项或多项为一级
乙级	除勘察等级为甲级和丙级以外的勘察项目
丙级	工程重要性、场地复杂程度和地基复杂程度等级均为三级

注:建筑在岩质地基上的一级工程,当场地复杂程度等级和地基复杂程度等级均为三级时,岩土工程勘察等级可定为乙级。

3.1.2　勘察阶段的划分和专项勘察

由于建设工程类型多样,规模不一,场地的情况也不相同,岩土工程勘察的要求和组织实施也不相同。按照勘察的目的,总体上可以将勘察归纳为四个阶段:可行性研究勘察、初步设计勘察(初勘)、施工图设计勘察(详勘)和施工勘察。各勘察阶段的勘察目的、要求和主要工作方法如表 3.1.5 所示。在实际工作中,并不是所有工程都要按照四个阶段进行勘察,对建筑方案比较明确,场地范围一定,地质情况不十分复杂的一般工民建项目,往往只进行一次性详勘。对大型复杂项目,才需要根据实际情况分阶段勘察。

表 3.1.5　各勘察阶段的勘察目的、要求和主要工作方法

勘察阶段	勘察目的	主要工作方法
可行性研究勘察	对拟选场址的稳定性和适宜性做出评价	收集分析已有资料,进行场地踏勘,必要时进行一些勘探和工程地质测绘工作
初步设计勘察(初勘)	初步查明场地岩土条件	调查、测绘、物探、钻探、试验
施工图设计勘察(详勘)	查明场地岩土条件,提出设计、施工所需参数,针对性进行岩土工程分析和评价	勘探和室内外测试、试验
施工勘察	解决施工过程中出现的岩土工程问题	施工验槽,钻探和原位测试

当拟建工程较为复杂时,对某些岩土、水文地质问题需要专门研究,如情况复杂的重要工程的抗浮设防水位的确定、场地水文地质条件复杂的深大基坑的降水和截排水问题等;当拟建工程场地或其附近存在对工程安全有影响的不良地质作用和地质灾害时,如岩溶、滑坡、危岩和崩塌、泥石流、采空区、地面沉降等,应根据不良地质作用和地质灾害类型及建设工程类型要求,进行专项勘察。

专项勘察可根据工程需要在不同勘察阶段实施,对于可能存在不良地质作用和地质灾害的场地,应在可行性研究勘察阶段予以重视,通过收集资料和必要的勘察手段进行分析评价,尽量避开此类场地。若需在存在不良地质作用和地质灾害的场地进行建设,应根据场地情况和拟建建筑的要求,在后续工作中进行专门的不良地质作用和地质灾害的勘察。专项

勘察内容可在工程勘察成果报告中专篇论述,也可单独出具专项勘察成果报告,如隧道水文地质专项勘察报告、岩溶专项勘察报告、滑坡专项勘察报告、采空区专项勘察报告等。

3.2 岩石、土的分类和特殊性岩土

3.2.1 岩石、土的分类和鉴定

1. 岩石的分类和鉴定

岩石的工程性质极为多样,差别很大,勘察时对其分类十分必要。岩石的分类可以分为地质分类和工程分类。地质分类主要根据地质成因、矿物成分、结构构造和风化程度,可以用地质名称(即岩石学名称)加风化程度表达,如强风化花岗岩、微风化砂岩等。工程分类主要根据岩体的工程性状,以使工程师建立明确的工程特性概念。地质分类是一种基本分类,工程分类是在地质分类的基础上进行岩石坚硬程度、岩体完整程度和岩体基本质量等级的划分,目的是较好地概括岩石工程性质,便于进行工程评价。相应的划分标准如表 3.2.1 至表 3.2.3 所示。

表 3.2.1 岩石坚硬程度分类

指标	坚硬岩	较硬岩	较软岩	软岩	极软岩
饱和单轴抗压强度/MPa	>60	>30～60	>15～30	>5～15	≤5

注:1. 当无法取得饱和单轴抗压强度数据时,可用点荷载试验强度换算,换算方法按现行国家标准《工程岩体分级标准》(GB/T 50218—2014)执行。

2. 当岩体完整程度为极破碎时,可不进行坚硬程度分类。

表 3.2.2 岩体完整程度分类

指标	完整	较完整	较破碎	破碎	极破碎
完整性指数	>0.75	0.75～0.55	0.55～0.35	0.35～0.15	<0.15

注:完整性指数为岩体压缩波速度与岩块压缩波速度之比的平方,选定岩体和岩块测定波速时,应注意其代表性。

表 3.2.3 岩体基本质量等级分类

坚硬程度	完整程度				
	完整	较完整	较破碎	破碎	极破碎
坚硬岩	I	II	III	IV	V
较硬岩	II	III	IV	IV	V
较软岩	III	IV	IV	V	V
软岩	IV	IV	V	V	V
极软岩	V	V	V	V	V

当缺乏有关试验数据时,可根据表 3.2.4 和表 3.2.5 划分岩石的坚硬程度和岩体的完

整程度。岩石风化程度的划分可按表 3.2.6 执行。

表 3.2.4　岩石坚硬程度等级的定性分类

坚硬程度等级		定性鉴定	代表性岩石
硬质岩	坚硬岩	锤击声清脆,有回弹,震手,难击碎,基本无吸水反应	未风化~微风化的花岗岩、闪长岩、辉绿岩、玄武岩、安山岩、片麻岩、石英岩、石英砂岩、硅质砾岩、硅质石灰岩等
	较硬岩	锤击声较清脆,有轻微回弹,稍震手,较难击碎,有轻微吸水反应	微风化的坚硬岩; 未风化~微风化的大理岩、板岩、石灰岩、白云岩、钙质砂岩等
软质岩	较软岩	锤击声不清脆,无回弹,较易击碎,浸水后指甲可刻出印痕	中等风化~强风化的坚硬岩或较硬岩; 未风化~微风化的凝灰岩、千枚岩、泥灰岩、砂质泥岩等
	软岩	锤击声哑,无回弹,有凹痕,易击碎,浸水后手可掰开	强风化的坚硬岩或较硬岩; 中等风化~强风化的较软岩; 未风化~微风化的页岩、泥岩、泥质砂岩等
极软岩		锤击声哑,无回弹,有较深凹痕,手可捏碎,浸水后可捏成团	全风化的各种岩石; 各种半成岩

表 3.2.5　岩体完整程度的定性分类

完整程度	结构面发育程度		主要结构面的结合程度	主要结构面类型	相应结构类型
	组数	平均间距/m			
完整	1~2	>1.0	结合好或结合一般	裂隙、层面	整体状或巨厚层状结构
较完整	1~2	>1.0	结合差	裂隙、层面	块状或厚层状结构
	2~3	1.0~0.4	结合好或结合一般		块状结构
较破碎	2~3	1.0~0.4	结合差	裂隙、层面、小断层	裂隙块状或中厚层状结构
	≥3	0.4~0.2	结合好		镶嵌碎裂结构
			结合一般		中、薄层状结构
破碎	≥3	0.4~0.2	结合差	各种类型结构面	裂隙块状结构
		≤0.2	结合一般或结合差		碎裂状结构
极破碎	无序		结合很差		散体状结构

注:平均间距指主要结构面(1~2 组)间距的平均值。

表 3.2.6　岩石按风化程度分类

风化程度	野外特征	风化程度参数指标	
		波速比 K_v	风化系数 K_f
未风化	岩质新鲜,偶见风化痕迹	0.9～1.0	0.9～1.0
微风化	结构基本未变,仅节理面有渲染或略有变色,有少量风化裂隙	0.8～0.9	0.8～0.9
中等风化	结构部分破坏,沿节理面有次生矿物,风化裂隙发育,岩体被切割成岩块。用镐难挖,岩芯钻方可钻进	0.6～0.8	0.4～0.8
强风化	结构大部分破坏,矿物成分显著变化,风化裂隙很发育,岩体破碎,用镐可挖,干钻不易钻进	0.4～0.6	<0.4
全风化	结构基本破坏,但尚可辨认,有残余结构强度,可用镐挖,干钻可钻进	0.2～0.4	—
残积土	组织结构全部破坏,已风化成土状,锹镐易挖掘,干钻易钻进,具可塑性	<0.2	—

注:1. 波速比 K_v 为风化岩石与新鲜岩石压缩波速度之比。

2. 风化系数 K_f 为风化岩石与新鲜岩石饱和单轴抗压强度之比。

3. 岩石风化程度,除按表列野外特征和定量指标划分外,也可根据当地经验划分。

4. 花岗岩类岩石,可采用标准贯入试验划分,$N \geqslant 50$ 为强风化,$50 > N \geqslant 30$ 为全风化,$N < 30$ 为残积土。

5. 泥岩和半成岩,可不进行风化程度划分。

2. 土的分类和鉴定

土的类别和工程性质同样十分多样。土按沉积年代可分为老沉积土(第四纪晚更新世 Q_3 及其以前沉积的土,一般具有较高的强度和较低的压缩性)和新近沉积土(第四纪全新世中近期沉积的土,一般强度较低,压缩性较高)。土按地质成因可划分为残积土、坡积土、洪积土、冲击土、淤积土、冰积土和风积土等。

土按颗粒级配和塑性指数可分为碎石土、砂土、粉土和黏性土。粒径大于 2mm 的颗粒质量超过总质量 50% 的土,应定名为碎石土,并按表 3.2.7 进一步分类。

表 3.2.7　碎石土分类

土的名称	颗粒形状	颗粒级配
漂石	圆形及亚圆形为主	粒径大于 200mm 的颗粒质量超过总质量的 50%
块石	棱角形为主	
卵石	圆形及亚圆形为主	粒径大于 20mm 的颗粒质量超过总质量的 50%
碎石	棱角形为主	
圆砾	圆形及亚圆形为主	粒径大于 2mm 的颗粒质量超过总质量的 50%
角砾	棱角形为主	

注:定名时,应根据颗粒级配由大到小以最先符合者确定。

粒径大于 2mm 的颗粒质量不超过总质量的 50%,粒径大于 0.075mm 的颗粒质量超过总质量 50% 的土,应定名为砂土,并按表 3.2.8 进一步分类。

表 3.2.8　砂土分类

土的名称	颗粒级配
砾砂	粒径大于 2mm 的颗粒质量占总质量的 25%～50%
粗砂	粒径大于 0.5mm 的颗粒质量超过总质量的 50%
中砂	粒径大于 0.25mm 的颗粒质量超过总质量的 50%
细砂	粒径大于 0.075mm 的颗粒质量超过总质量的 85%
粉砂	粒径大于 0.075mm 的颗粒质量超过总质量的 50%

注:定名时,应根据颗粒级配由大到小以最先符合者确定。

粒径大于 0.075mm 的颗粒质量不超过总质量的 50%,且塑性指数等于或小于 10 的土,应定名为粉土;塑性指数大于 10 且小于或等于 17 的土,应定名为粉质黏土;塑性指数大于 17 的土,应定名为黏土。土根据有机质含量,可按表 3.2.9 分为无机土、有机质土、泥炭质土和泥炭。

表 3.2.9　土按有机质含量分类

分类名称	有机质含量 W_u/%	现场鉴别特征	说明
无机土	$W_u < 5$		
有机质土	$5 \leqslant W_u \leqslant 10$	深灰色,有光泽,味臭,除腐殖质外尚含少量未完全分解的动植物体,浸水后水面出现气泡,干燥后体积收缩	如现场能鉴别或有地区经验,则可不做有机质含量测定;当 $\omega > \omega_L$,$1.0 \leqslant e < 1.5$ 时称淤泥质土;当 $\omega > \omega_L$,$e \geqslant 1.5$ 时称淤泥
泥炭质土	$10 < W_u \leqslant 60$	深灰或黑色,有腥臭味,能看到未完全分解的植物结构,浸水体胀,易崩解,有植物残渣浮于水中,干缩现象明显	可根据地区特点和需要按 W_u 细分为:弱泥炭质土($10 < W_u \leqslant 25$);中泥炭质土($25 < W_u \leqslant 40$);强泥炭质土($40 < W_u \leqslant 60$)
泥炭	$W_u > 60$	除有泥炭质土特征外,结构松散,土质很轻,暗无光泽,干缩现象极为明显	

注:1. 有机质含量 W_u 按灼失量试验确定。

　　2. ω 为天然含水量,ω_L 为液限,e 为天然孔隙比。

3.2.2　特殊性岩土

1. 湿陷性土

我国湿陷性黄土主要分布在山西、陕西、甘肃的大部分地区,河南西部和宁夏、青海、河北的部分地区。湿陷性黄土是一种非饱和的欠亚密土,具有大孔和垂直节理,在天然湿度下,其压缩性较低,强度较高,但遇水浸湿时,土的强度显著降低,在附加压力或在附加压力与土的自重压力下引起的湿陷变形,是一种下沉量大、下沉速度快的失稳性变形,对建筑物危害大。对湿陷性黄土的勘察按现行国家标准《湿陷性黄土地区建筑标准》(GB 50025—

2018)执行。黄土的湿陷性,应按室内浸水(饱和)压缩试验,在一定压力下测定的湿陷系数 δ_s 进行判定,并应符合下列规定:当湿陷系数 $\delta_s<0.015$ 时,应定为非湿陷性黄土;当湿陷系数 $\delta_s\geqslant0.015$ 时,应定为湿陷性黄土。当 $0.015\leqslant\delta_s\leqslant0.030$ 时,湿陷性轻微;当 $0.030<\delta_s\leqslant0.070$ 时,湿陷性中等;当 $\delta_s>0.070$ 时,湿陷性强烈。

除常见的湿陷性黄土外,在我国干旱和半干旱地区,特别是在山前洪、坡积扇(裙)中常有湿陷性碎石土、湿陷性砂土等。这种土在一定压力下浸水也常呈现强烈的湿陷性。一般采用现场载荷试验确定湿陷性。在 200kPa 压力下浸水载荷试验的附加湿陷量与承压板宽度之比大于等于 0.023 的土,应判定为湿陷性土。

在湿陷性土地区进行建设,应根据湿陷性土的特点、湿陷等级、工程要求,结合当地建筑经验,因地制宜,采取以地基处理为主的综合措施,防止地基湿陷。

2. 红黏土

红黏土是我国红土的一个亚类,是一种母岩为碳酸盐岩系(包括间夹其间的非碳酸盐岩类岩石),经湿热条件下的红土化作用形成的特殊土类。颜色为棕红或褐黄,液限大于或等于 50% 的高塑性黏土,应判定为原生红黏土。原生红黏土经搬运、沉积后仍保留其基本特征,且其液限大于 45% 的黏土,可判定为次生红黏土。我国红黏土主要分布在南方,以贵州、云南和广西最为典型和广泛。

红黏土作为特殊性土,有别于其他土类的主要特征是:上硬下软、表面收缩、裂隙发育。地基是否均匀也是红黏土分布区的重要问题,地基压缩层范围均为红黏土,则为均匀地基;否则,上覆硬塑红黏土较薄,红黏土与岩石组成的土岩组合地基,是很严重的不均匀地基。

3. 软土

天然孔隙比大于等于 1.0,且天然含水量大于液限的细粒土应判定为软土,包括淤泥、淤泥质土、泥炭、泥炭质土等。其中淤泥天然孔隙比大于等于 1.5。泥炭和泥炭质土中含有大量未分解的腐殖质,有机质含量大于 60% 的为泥炭;有机质含量为 10%~60% 的是泥炭质土。软土按成因可分为滨海沉积、湖泊沉积、河滩沉积和沼泽沉积等类型。我国软土主要分布在沿海地区,如东海、黄海、渤海、南海等的沿海地区。

软土的工程性质特点是具有触变性、流变性、高压缩性、低强度、低透水性和不均匀性。由于软土的这些特性,在软土地基上进行建设或开挖基坑,容易产生基础沉降变形或支护结构隆起失稳等问题,需要特别重视。

4. 混合土

由细粒土和粗粒土混杂且缺乏中间粒径的土应定名为混合土。当碎石土中粒径小于 0.075mm 的细粒土质量超过总质量的 25% 时,应定名为粗粒混合土;当粉土或黏性土中粒径大于 2mm 的粗粒土质量超过总质量的 25% 时,应定名为细粒混合土。混合土在颗粒分布曲线形态上呈不连续状。混合土主要成因有坡积、洪积、冰水沉积。

混合土的承载力应采用载荷试验、动力触探试验并结合当地经验确定。混合土边坡的容许坡度值可根据现场调查和当地经验确定。对重要工程应进行专门试验研究。

5. 填土

填土根据物质组成和堆填方式,可分为下列四类:素填土,由碎石土、砂土、粉土和黏性土等一种或几种材料组成,不含杂物或含杂物很少;杂填土,含有大量建筑垃圾、工业废料或生活垃圾等杂物;冲填土,由水力冲填泥沙形成;压实填土,按一定标准控制材料成分、密度、含水量,分层压实或夯实而成。

填土的勘察,应针对不同的物质组成,采用不同的手段。轻型动力触探适用于黏性土、粉土素填土,静力触探适用于冲填土和黏性土素填土,动力触探适用于粗粒填土。杂填土成分复杂,均匀性差,单纯依靠钻探难以查明,应有一定数量的探井。

一般来说,填土的成分比较复杂,具有不均匀性、湿陷性、自重压密性及低强度、高压缩性等特性,厚度变化大。因此,除了控制质量的压实填土外,利用填土作为天然地基应持慎重态度。

6. 冻土

冻土是指具有负温或零温度并含有冰的土(岩)。按冻结持续时间,分为多年冻土、隔年冻土和季节冻土。含有固态水,且冻结状态持续两年或两年以上的土,应判定为多年冻土。在我国,多年冻土主要分布在青藏高原,西部高山(包括祁连山、阿尔泰山、天山等),东北的大、小兴安岭等地。

多年冻土对工程的主要危害因素是其融沉性(或称融陷性),根据融化下沉系数的大小分为不融沉、弱融沉、融沉、强融沉和融陷五级。多年冻土的设计原则有"保持冻结状态的设计""逐渐融化状态的设计""预先融化状态的设计"。不同的设计原则对勘察的要求是不同的。在多年冻土勘察中,多年冻土上限深度及其变化值,是各项工程设计的主要参数。影响上限深度及其变化的因素很多,如季节融化层的导热性能、气温及其变化、地表受日照和反射热的条件,多年地温等。确定上限深度可通过野外直接测定,也可用有关参数或经验方法计算。

7. 膨胀岩土

含有大量亲水矿物,湿度变化时有较大体积变化,变形受约束时产生较大内应力的岩土,应判定为膨胀岩土。具有下列特征的土可初判为膨胀土:

(1)多分布在二级或二级以上阶地、山前丘陵和盆地边缘;

(2)地形平缓,无明显自然陡坎;

(3)常见浅层滑坡、地裂,新开挖的路堑、边坡、基槽易发生坍塌;

(4)裂缝发育,方向不规则,常有光滑面和擦痕,裂缝中常充填灰白、灰绿色黏土;

(5)干时坚硬,遇水软化,自然条件下呈坚硬或硬塑状态;

(6)自由膨胀率一般大于40%;

(7)未经处理的建筑物成群破坏,低层较多层严重,刚性结构较柔性结构严重;

(8)建筑物开裂多发生在旱季,裂缝宽度随季节变化。

对初判为膨胀土的地区,应计算土的膨胀变形量、收缩变形量和胀缩变形量,并划分胀缩等级。计算和划分方法应符合现行国家标准《膨胀土地区建筑技术规范》(GB 50112—2013)的规定。有地区经验时,亦可根据地区经验分级。当拟建场地或其邻近有膨胀岩土损坏的工程时,应判定为膨胀岩土,并进行详细调查,分析膨胀岩土对工程的破坏机制,估计膨胀力的大小和胀缩等级。

8. 盐渍岩土

岩土中易溶盐含量大于0.3%,并具有溶陷、盐胀、腐蚀等工程特性时,应判定为盐渍岩土。盐渍岩按主要含盐矿物成分可分为石膏盐渍岩、芒硝盐渍岩等。盐渍土按所含盐类的性质可分为氯盐类盐渍土、硫酸盐类盐渍土和碳酸盐类盐渍土三类。盐渍土按含盐量可分为弱盐渍土、中盐渍土、强盐渍土和超盐渍土。盐渍土的工程特性受含盐化学成分和含盐量影响:氯盐类的溶解度随温度变化甚微,吸湿保水性强,使土体软化;硫酸盐类则随温度的变化而胀缩,使土体变软;碳酸盐类的水溶液有强碱性反应,使黏土胶体颗粒分散,引起土体膨胀。

盐渍岩土的工程评价包括盐渍土的溶陷性评价、盐胀性评价、腐蚀性评价和盐渍岩土的承载力评价等内容。盐渍岩土由于含盐性质及含盐量不同,土的工程特性各异,地域性强,目前尚不具备以土工试验指标与载荷试验参数建立关系的条件,故载荷试验是获取盐渍土地基承载力的基本方法。

9. 风化岩和残积土

岩石在风化营力作用下,其结构、成分和性质已产生不同程度的变异,应定名为风化岩。已完全风化成土而未经搬运的应定名为残积土。不同的气候条件和不同的岩类具有不同的风化特征,湿润气候以化学风化为主,干燥气候以物理风化为主。花岗岩类多沿节理风化,风化厚度大,且以球状风化为主。层状岩,多受岩性控制,硅质比黏土质不易风化,风化后层理尚较清晰,风化厚度较小。可溶岩以溶蚀为主,有岩溶现象,不具完整的风化带,风化岩保持原岩结构和构造,而残积土则已全部风化成土,矿物结晶、结构、构造不易辨认,成碎屑状的松散体。

风化岩和残积土勘察的重点为:母岩地质年代和岩石名称;岩石的风化程度;岩脉和风化花岗岩中球状风化体(孤石)的分布;岩土的均匀性、破碎带和软弱夹层的分布;地下水赋存条件等。

10. 污染土

由于致污物质的侵入,成分、结构和性质发生显著变异的土,应判定为污染土。污染土的定名可在原分类名称前冠以“污染”二字。一般污染土包括工业生产废水废渣污染、尾矿堆积污染、垃圾填埋场渗滤液污染等。人类活动所致的地基土污染一般在地表下一定深度范围内分布,部分地区地下潜水位高,地基土和地下水同时污染。因此在具体工程勘察时,污染土和地下水的调查应同步进行。

污染土勘察包括对建筑材料的腐蚀性评价、污染对土的工程特性指标的影响程度评价以及污染土对环境的影响程度评价等内容。污染土和水对环境影响的评价应结合工程具体要求进行,无明确要求时可按现行国家标准《土壤环境质量建设用地土壤污染风险管控标准(试行)》(GB 36600—2018)、《地下水质量标准》(GB/T 14848—2017)、《地表水环境质量标准》(GB 3838—2002)进行评价。

污染土的处置与修复应根据污染程度、分布范围、土的性质、修复标准、处理工期和处理成本等综合考虑。污染土修复方法包括物理方法(换土、过滤、隔离、电处理)、化学方法(酸碱中和、氧化还原、加热分解)和生物方法(微生物、植物)。

3.3 工程勘察的主要方法

3.3.1 工程地质测绘和调查

岩石出露或地貌、地质条件较复杂的场地应进行工程地质测绘。对地质条件简单的场地,可用调查代替工程地质测绘。工程地质测绘和调查一般在可行性勘察和初步勘察阶段进行,也可在详细勘察阶段对某些专门地质问题(如滑坡、断裂等)做补充调查。

工程地质测绘前的准备工作包括资料的收集和研究、现场踏勘和编制测绘纲要。测绘方法有像片成图法、实地测绘法等。工程地质测绘和调查的范围应包括场地及其附近地段。测绘的比例尺和精度应符合下列要求:

(1)测绘的比例尺,可行性研究勘察可选用 1:5000~1:50000,初步勘察可选用 1:2000~1:10000,详细勘察可选用 1:500~1:2000,条件复杂时比例尺可适当放大;

(2)对工程有重要影响的地质单元体(滑坡、断层、软弱夹层、洞穴等),可采用扩大比例尺表示;

(3)地质界线和地质观测点的测绘精度,在图上不应低于 3mm。

地质观测点的布置是否合理,是否具有代表性,对于成图的质量至关重要。地质观测点宜布置在地质构造线、地层接触线、岩性分界线、不整合面和不同地貌单元、微地貌单元的分界线和不良地质作用分布的地段。同时,地质观测点应充分利用天然和已有的人工露头,例如采石场、路堑、井、泉等。当天然露头不足时,应根据场地的具体情况布置一定数量的勘探工作。条件适宜时,还可配合进行物探工作,探测地层、岩性、构造、不良地质作用等问题。地质观测点的定位标测,对成图的质量影响很大,常采用目测法、半仪器法、仪器法和卫星定位系统法等。

工程地质测绘和调查,宜包括下列内容:

(1)查明地形、地貌特征及其与地层、构造、不良地质作用的关系,划分地貌单元;

(2)查明岩土的年代、成因、性质、厚度和分布,对岩层应鉴定其风化程度,对土层应区分新近沉积土、各种特殊性土;

(3)查明岩体结构类型,各类结构面(尤其是软弱结构面)的产状和性质,岩、土接触面和软弱夹层的特性等,新构造活动的形迹及其与地震活动的关系;

(4)查明地下水的类型、补给来源、排泄条件,井泉位置,含水层的岩性特征、埋藏深度、水位变化、污染情况及其与地表水体的关系;

(5)搜集气象、水文、植被、土的标准冻结深度等资料,调查最高洪水位及其发生时间、淹没范围;

(6)查明岩溶、土洞、滑坡、崩塌、泥石流、冲沟、地面沉降、断裂、地震震害、地裂缝、岸边冲刷等不良地质作用的形成、分布、形态、规模、发育程度及其对工程建设的影响;

(7)调查人类活动对场地稳定性的影响,包括人工洞穴、地下采空、大挖大填、抽水排水和水库诱发地震等;

(8)调查建筑物的变形和工程经验。

工程地质测绘和调查的成果资料宜包括实际材料图、综合工程地质图、工程地质分区图、综合工程地质柱状图、工程地质剖面图以及各种素描图、照片和文字说明等。

3.3.2 勘探取样

勘探方法的选取应符合勘察目的和岩土的特性,为查明岩土的性质和分布,钻探是最常用的勘探手段,钻探方法可根据岩土类别和勘察要求按表 3.3.1 选用。勘探浅部土层可采用简易钻探方法:小口径麻花钻(或提土钻)钻进、小口径勺形钻钻进、洛阳铲钻进等。当用钻探方法难以准确查明地下情况时,可采用探井、探槽进行勘探。在坝址、地下工程、大型边坡等勘察中,当需详细查明深部岩层性质、构造特征时,可采用竖井或平洞。

表 3.3.1　钻探方法的适用范围

钻探方法		钻进地层					勘察要求	
		黏性土	粉土	砂土	碎石土	岩石	直观鉴别、采取不扰动试样	直观鉴别、采取扰动试样
回转	螺旋钻探	++	+	+	−	−	++	++
	无岩芯钻探	++	++	++	+	++	−	−
	岩芯钻探	++	++	++	+	++	++	++
冲击	冲击钻探	−	+	++	++			−
	锤击钻探	++	++	++	+		++	++
振动钻探		++	++	++	+		+	++
冲洗钻探		+	++					

注:++表示适用;+表示部分适用;−表示不适用。

不同等级土试样的取样工具和方法如表 3.3.2 所示。土试样质量可根据扰动程度分为四个等级:不扰动(Ⅰ)、轻微扰动(Ⅱ)、显著扰动(Ⅲ)和完全扰动(Ⅳ)。不同质量的土试样适用于相应的室内试验内容。岩石试样可利用钻探岩芯制作或在探井、探槽、竖井和平洞中刻取。

表 3.3.2　不同等级土试样的取样工具和方法

土试样质量等级	取样工具和方法		适用土类										
			黏性土					粉土	砂土				砾砂、碎石土、软岩
			流塑	软塑	可塑	硬塑	坚硬		粉砂	细砂	中砂	粗砂	
Ⅰ	薄壁取土器	固定活塞	++	++	+	−	−	+	+	−	−	−	−
		水压固定活塞	++	++	+	−	−	+	+	−	−	−	−
		自由活塞	−	+	++	−	−	+	+	−	−	−	−
		敞口	+	+	+	−	−	+	+	−	−	−	−
	回转取土器	单动三重管	−	+	++	++	+	++	++	++	−	−	−
		双动三重管	−	−	−	+	++	−	−	−	++	++	+
	探井(槽)中刻取块状土样		++	++	++	++	++	++	++	++	++	++	++
Ⅱ	薄壁取土器	水压固定活塞	++	++	+			+					
		自由活塞	+	++	++	−	−	+					
		敞口	++	++	+	−	−	+					
	回转取土器	单动三重管	−	+	++	++	+	++	++	++	−	−	−
		双动三重管	−	−	−	+	++	−	−	−	++	++	++
	厚壁敞口取土器		+	++	++	++	++	++	++				−

续表

土试样质量等级	取样工具和方法	适用土类										
		黏性土					粉土	砂土				砾砂、碎石土、软岩
		流塑	软塑	可塑	硬塑	坚硬		粉砂	细砂	中砂	粗砂	
Ⅲ	厚壁敞口取土器	++	++	++	++	++	++	++	++	++	+	-
	标准贯入器	++	++	++	++	++	++	++	++	++	++	-
	螺纹钻头	++	++	++	++	++	+	-	-	-	-	-
	岩芯钻头	++	++	++	++	++	+	+	+	+	+	+
Ⅳ	标准贯入器	++	++	++	++	++	++	++	++	++	++	-
	螺纹钻头	++	++	++	++	++	+	-	-	-	-	-
	岩芯钻头	++	++	++	++	++	++	++	++	++	++	++

注:1. ++表示适用;+表示部分适用;-表示不适用。

　　2. 采取砂土试样应有防止试样失落的补充措施。

　　3. 有经验时,可用束节式取土器代替薄壁取土器。

3.3.3　原位测试

岩土工程原位测试技术是在岩土现场原有的位置,测试基本保持天然原状的岩土体的工程性质的各种技术的总称。广义上讲,所有在现场进行岩土体工程性质测试的技术都可以归类为原位测试技术。通常意义上的岩土工程原位测试技术指的是岩土工程勘察中常用的以地基土、岩为主要测试对象的原位测试技术,包括载荷试验、静力触探试验、圆锥动力触探试验、标准贯入试验、十字板剪切试验、旁压试验、扁铲侧胀试验、现场直接剪切试验、波速测试、岩体原位应力测试、激振法测试等。

原位测试在岩土工程勘察中应用广泛,是获得岩土工程参数十分重要的手段,在探测地层分布、测定岩土特性、确定地基承载力等方面,有突出的优点。原位测试方法应根据岩土条件、设计对参数的要求、地区经验和测试方法的适用性等因素选用。根据原位测试成果,利用地区性经验估算岩土工程特性参数和对岩土工程问题做出评价时,应与室内试验和工程反算参数做对比,检验其可靠性。

1. 载荷试验

载荷试验是确定各类地基土承载力和变形特性参数的综合性测试手段,可分为平板载荷试验和螺旋板载荷试验。平板载荷试验是在岩土体原位,用一定尺寸的承压板,施加竖向荷载,同时观测承压板沉降,测定岩土体承载力和变形特性;螺旋板载荷试验是将螺旋板旋入地下预定深度,通过传力杆向螺旋板施加竖向荷载,同时量测螺旋板沉降,测定土的承载力和变形特性。

载荷试验可用于测定承压板下应力主要影响范围内岩土的承载力和变形模量。浅层平板载荷试验适用于浅层地基土;深层平板载荷试验适用于深层地基土和大直径桩的桩端土;螺旋板载荷试验适用于深层地基土或地下水位以下的地基土。深层平板载荷试验的试验深度不应小于 5m。

2. 静力触探试验

静力触探试验是用静力匀速将标准规格的探头压入土中,同时量测探头阻力,测定土的力学性质,具有勘探和测试双重功能。孔压静力触探试验除静力触探原有功能外,在探头上附加孔隙水压力量测装置,用于量测孔隙水压力的增长与消散。

静力触探试验适用于软土、一般黏性土、粉土、砂土和含少量碎石的土。静力触探可根据工程需要采用单桥探头、双桥探头或带孔隙水压力量测的单、双桥探头,可测定比贯入阻力 p_s、锥尖阻力 q_c、侧壁摩阻力 f_s 和贯入时的孔隙水压力 u。

根据静力触探资料,利用地区经验,可进行力学分层,估算土的塑性状态或密实度、强度、压缩性、地基承载力、单桩承载力、沉桩阻力,进行液化判别等。根据孔压消散曲线可估算土的固结系数和渗透系数。

3. 圆锥动力触探试验

圆锥动力触探试验是用一定质量的重锤,以一定高度的自由落距,将标准规格的圆锥形探头贯入土中,根据打入土中一定距离所需的锤击数,判定土的力学性质,具有勘探和测试双重功能。圆锥动力触探试验的类型有轻型、重型和超重型三种。其规格和适用土类应符合表 3.3.3 的规定。

表 3.3.3　圆锥动力触探类型

项目		轻型	重型	超重型
落锤	锤的质量/kg	10	63.5	120
	落距/cm	50	76	100
探头	直径/mm	40	74	74
	锥角/(°)	60	60	60
探杆直径/mm		25	42	50~60
指标		贯入30cm的读数 N_{10}	贯入10cm的读数 $N_{63.5}$	贯入10cm的读数 N_{120}
主要适用岩土		浅部的填土、砂土、粉土、黏性土	砂土、中密以下的碎石土、极软岩	密实和很密的碎石土、软岩、极软岩

根据圆锥动力触探试验指标和地区经验,可进行力学分层,评定土的均匀性和物理性质(状态、密实度)、强度、变形参数、地基承载力、单桩承载力,查明土洞、滑动面、软硬土层界面,检测地基处理效果等。

4. 标准贯入试验

标准贯入试验是用质量为 63.5kg 的穿心锤,以 76cm 的落距,将标准规格的贯入器,自钻孔底预打 15cm,记录再打入 30cm 的锤击数,判定土的力学性质。标准贯入试验适用于砂土、粉土和一般黏性土。标准贯入试验的设备应符合表 3.3.4 的要求。

标准贯入试验锤击数 N 值,可对砂土、粉土、黏性土的物理状态,土的强度、变形参数、地基承载力、单桩承载力,砂土和粉土的液化,成桩的可能性等做出评价。

表 3.3.4　标准贯入试验设备规格

设备		规格	
落锤		锤的质量/kg	63.5
		落距/cm	76
贯入器	对开管	长度/mm	＞500
		外径/mm	51
		内径/mm	35
	管靴	长度/mm	50～76
		刃口角度/(°)	18～20
		刃口单刃厚度/mm	1.6
钻杆		直径/mm	42
		相对弯曲	＜1/1000

5. 十字板剪切试验

十字板剪切试验是用插入土中的标准十字板探头,以一定速率扭转,量测土破坏时的抵抗力矩,测定土的不排水抗剪强度。十字板剪切试验可用于测定饱和软黏性土($\varphi \approx 0$)的不排水抗剪强度和灵敏度。

十字板剪切试验成果可按地区经验,确定地基承载力、单桩承载力,计算边坡稳定性,判定软黏性土的固结历史。

6. 旁压试验

旁压试验是用可侧向膨胀的旁压器,对钻孔孔壁周围的土体施加径向压力的原位测试,根据压力和变形关系,计算土的模量和强度。旁压仪包括预钻式、自钻式和压入式三种。旁压试验适用于黏性土、粉土、砂土、碎石土、残积土、极软岩和软岩等。

根据初始压力、临塑压力、极限压力和旁压模量,结合地区经验可评定地基承载力和变形参数。根据自钻式旁压试验的旁压曲线,还可测求土的原位水平应力、静止侧压力系数、不排水抗剪强度等。

7. 扁铲侧胀试验

扁铲侧胀试验是将带有膜片的扁铲压入土中预定深度,充气使膜片向孔壁土中侧向扩张,根据压力与变形关系,测定土的模量及其他有关指标。扁铲侧胀试验适用于软土、一般黏性土、粉土、黄土和松散～中密的砂土。

根据扁铲侧胀试验指标和地区经验,可判别土类,确定黏性土的状态、静止侧压力系数、水平基床系数等。

8. 现场直接剪切试验

现场直接剪切试验可用于岩土体本身、岩土体沿软弱结构面和岩体与其他材料接触面的剪切,可分为岩土体试体在法向应力作用下沿剪切面剪切破坏的抗剪断试验、岩土体剪断后沿剪切面继续剪切的抗剪试验(摩擦试验)、法向应力为零时岩体剪切的抗切试验。

现场直接剪切试验可在试洞、试坑、探槽或大口径钻孔内进行。当剪切面水平或近于水平时,可采用平推法或斜推法;当剪切面较陡时,可采用楔形体法。

9. 波速测试

在地层介质中传播的弹性波,可分为体波和面波。体波又可分为压缩波(P波)和剪切波(S波)。剪切波的垂直分量为SV波,水平分量为SH波。在地层表面传播的面波可分瑞利波(Rayleigh波,R波)和勒夫波(Love波,L波)。它们在地层介质中传播的特征和速度各不相同,由此可用来测试反映岩土体的性质。波速测试目的就是根据弹性波在岩土体内的传播速度,间接测定岩土体在小应变条件下($10^{-4}\sim10^{-6}$)的动弹性模量,试验方法有跨孔法、单孔法(检层法)和面波法。三种测试方法的比较如表3.3.5所示。

单孔法根据震源不同可分为地面敲击法和孔中自激自收法。地面敲击法为在地面激振,检波器在一个垂直钻孔中接收,自上而下(或自下而上)按地层划分逐层进行检测,计算每一地层的P波或SH波的波速。该法采用不同激振方式可以检测地层的压缩波波速或剪切波波速。孔中自激自收法中,震源和检波器为一体,在垂直钻孔中自上而下(或自下而上)逐层进行检测,计算每一地层的P波或SV波的波速。

跨孔法是在两个以上垂直钻孔内,自上而下(或自下而上),按地层划分,在同一地层的水平方向上在一孔中激发,在另外钻孔中接收,逐层检测地层的直达SV波。

面波法根据激振方式不同可分为稳态法和瞬态法。稳态法是使用电磁激振器等装置产生单一频率的瑞利波,可以测得单一频率波的传播速度。瞬态法是在地面施加一瞬时冲击力,产生一定频率范围的瑞利波,不同频率的瑞利波叠加在一起以脉冲形式向前传播,由信号采集系统记录信号,通过频谱分析得到瑞利波波速和频率关系。

表3.3.5　三种波速测试方法的比较

测试方法	测试波形	钻孔数量	测试深度	激振形式	测试仪器	波速精确度	工作效率	测试成本
单孔法	P、S	1	深	地面孔内	较简单	平均值	较高	低
跨孔法	P、S	2	深	孔内	复杂	高	低	高
瑞利波法	R	—	较浅	地面	复杂	较高	高	低

波速测试在工程中的应用为:计算岩土动力参数、计算地基刚度和阻尼比、划分建筑场地抗震类别、计算建筑场地地基卓越周期、判定砂土地基液化、检验地基加固处理的效果等。

10. 岩体原位应力测试

岩体应力测试适用于无水、完整或较完整的岩体。可采用孔壁应变法、孔径变形法和孔底应变法测求岩体空间应力和平面应力。孔壁应变法测试采用孔壁应变计,量测套钻解除应力后钻孔孔壁的岩石应变;孔径变形法测试采用孔径变形计,量测套钻解除应力后的钻孔孔径的变化;孔底应变法测试采用孔底应变计,量测套钻解除应力后的钻孔孔底岩面应变。按弹性理论公式计算岩体内某点的应力。当需测求空间应力时,应采用三个钻孔交会法测试。岩体应力测试的设备、测试准备、仪器安装和测试过程按现行国家标准《工程岩体试验方法标准》(GB/T 50266—2013)执行。

11. 激振法测试

激振法测试可用于测定天然地基和人工地基的动力特性,为动力机器基础设计提供地基刚度、阻尼比和参振质量。激振法测试应采用强迫振动方法,有条件时宜同时采用强迫振动和自由振动两种测试方法。进行激振法测试时,应搜集机器性能、基础形式、基底标高、地基土性质和均匀性、地下构筑物和干扰振源等资料。仪器设备的精度、安装、测试方法和要求等,应符合现行国家标准《地基动力特性测试规范》(GB/T 50269—2015)的规定。

3.3.4 地球物理勘探

利用地球物理的方法来探测地层、岩性、构造等地质问题,称为地球物理勘探,简称物探。岩土工程勘察中可在下列方面采用地球物理勘探:作为钻探的先行手段,了解隐蔽的地质界线、界面或异常点;在钻孔之间增加地球物理勘探点,为钻探成果的内插、外推提供依据;作为原位测试手段,测定岩土体的波速、动弹性模量、动剪切模量、卓越周期、电阻率、放射性辐射参数、土对金属的腐蚀性等,如在原位测试中介绍的波速测试采用的就是一种物探方法。

应用地球物理勘探方法时,应具备下列条件:被探测对象与周围介质之间有明显的物理性质差异;被探测对象具有一定的埋藏深度和规模,且地球物理异常有足够的强度;能抑制干扰,区分有用信号和干扰信号;在有代表性地段进行方法的有效性实验。实际工程中应根据勘探目的、探测对象的埋深、规模及其与周围介质的物性差异,选择有效的方法。地球物理勘探成果判释时,应考虑其多解性,区分有用信息与干扰信号。需要时应采用多种方法探测,进行综合判释,并应有已知物探参数或一定数量的钻孔验证。

地球物理勘探发展很快,不断有新的技术方法出现,如近年来发展起来的瞬态多道面波法、地震 CT 法、电磁波 CT 法等。当前常用的工程物探方法详见表 3.3.6。

表 3.3.6 地球物理勘探方法及其适用范围

方法名称		适用范围
电法	自然电场法	1. 探测隐伏断层、破碎带; 2. 测定地下水流速、流向
	充电法	1. 探测地下洞穴; 2. 测定地下水流速、流向; 3. 探测地下或水下隐埋物体; 4. 探测地下管线
	电阻率测深	1. 测定基岩埋深,划分松散沉积层序和基岩风化带; 2. 探测隐伏断层、破碎带; 3. 探测地下洞穴; 4. 测定潜水面深度和含水层分布; 5. 探测地下或水下隐埋物体
	电阻率剖面法	1. 测定基岩埋深; 2. 探测隐伏断层、破碎带; 3. 探测地下洞穴; 4. 探测地下或水下隐埋物体

续表

方法名称		适用范围
电法	高密度电阻率法	1. 测定潜水面深度和含水层分布； 2. 探测地下或水下隐埋物体
	激发极化法	1. 探测隐伏断层、破碎带； 2. 探测地下洞穴； 3. 划分松散沉积层序； 4. 测定潜水面深度和含水层分布； 5. 探测地下或水下隐埋物体
电磁法	甚低频	1. 探测隐伏断层、破碎带； 2. 探测地下或水下隐埋物体； 3. 探测地下管线
	频率测深	1. 测定基岩埋深,划分松散沉积层序和基岩风化带； 2. 探测隐伏断层、破碎带； 3. 探测地下洞穴； 4. 探测河床水深及沉积泥沙厚度； 5. 探测地下或水下隐埋物体； 6. 探测地下管线
	电磁感应法	1. 测定基岩埋深； 2. 探测隐伏断层、破碎带； 3. 探测地下洞穴； 4. 探测地下或水下隐埋物体； 5. 探测地下管线
	地质雷达	1. 测定基岩埋深,划分松散沉积层序和基岩风化带； 2. 探测隐伏断层、破碎带； 3. 探测地下洞穴； 4. 测定潜水面深度和含水层分布； 5. 探测河床水深及沉积泥沙厚度； 6. 探测地下或水下隐埋物体； 7. 探测地下管线
	地下电磁波法 （无线电波透视法）	1. 探测隐伏断层、破碎带； 2. 探测地下洞穴； 3. 探测地下或水下隐埋物体； 4. 探测地下管线

续表

方法名称		适用范围
地震波法和声波法	折射波法	1. 测定基岩埋深,划分松散沉积层序和基岩风化带; 2. 测定潜水面深度和含水层分布; 3. 探测河床水深及沉积泥沙厚度
	反射波法	1. 测定基岩埋深,划分松散沉积层序和基岩风化带; 2. 探测隐伏断层、破碎带; 3. 探测地下洞穴; 4. 测定潜水面深度和含水层分布; 5. 探测河床水深及沉积泥沙厚度; 6. 探测地下或水下隐埋物体; 7. 探测地下管线
	直达波法 (单孔法和跨孔法)	划分松散沉积层序和基岩风化带
	瑞利波法	1. 测定基岩埋深,划分松散沉积层序和基岩风化带; 2. 探测隐伏断层、破碎带; 3. 探测地下洞穴; 4. 探测地下隐埋物体; 5. 探测地下管线
	声波法	1. 测定基岩埋深,划分松散沉积层序和基岩风化带; 2. 探测隐伏断层、破碎带; 3. 探测含水层; 4. 探测洞穴和地下或水下隐埋物体; 5. 探测地下管线; 6. 探测滑坡体的滑动面
	声纳浅层剖面法	1. 探测河床水深及沉积泥沙厚度; 2. 探测地下或水下隐埋物体
地球物理测井 (放射性测井、电测井、 电视测井)		1. 探测地下洞穴; 2. 划分松散沉积层序和基岩风化带; 3. 测定潜水面深度和含水层分布; 4. 探测地下或水下隐埋物体

3.3.5　室内试验

室内试验的试验项目和试验方法,应根据工程要求和岩土性质的特点确定。当需要时应考虑岩土的原位应力场和应力历史,工程活动引起的新应力场和新边界条件,使试验条件尽可能接近实际;并应注意岩土的非均匀性、非等向性和不连续性以及由此产生的岩土体与岩土试样在工程性状上的差别。岩土工程评价时所选用的参数值,宜与相应的原位测试成果或原型观测反分析成果比较,经修正后确定。

1. 土的物理性质试验

各类工程均应按表 3.3.7 要求,测定土的分类指标和物理性质指标。

表 3.3.7　土的分类指标和物理性质指标

土的类型	土的分类指标和物理性质指标
砂土	颗粒级配、比重、天然含水量、天然密度、最大和最小密度
粉土	颗粒级配、液限、塑限、比重、天然含水量、天然密度和有机质含量
黏性土	液限、塑限、比重、天然含水量、天然密度和有机质含量

注:1. 对砂土,如无法取得Ⅰ级、Ⅱ级、Ⅲ级土试样,则可只进行颗粒级配试验。

　　2. 目测鉴定不含有机质时,可不进行有机质含量试验。

当需进行渗流分析、基坑降水设计等要求提供土的透水性参数时,可进行渗透试验。常水头试验适用于砂土和碎石土;变水头试验适用于粉土和黏性土;对透水性很低的软土可通过固结试验测定固结系数、体积压缩系数,计算渗透系数。土的渗透系数取值应与野外抽水试验或注水试验的成果比较后确定。

当需对土方回填或填筑工程进行质量控制时,应进行击实试验,测定土的干密度与含水量关系,确定最大干密度和最优含水量。

2. 土的压缩-固结试验

土的压缩-固结试验的目的是测定试样在侧限与轴向排水条件下的变形和压力,或孔隙比和压力的关系、变形和时间的关系、以便计算土的压缩系数、压缩指数、回弹指数、压缩模量、固结系数及原状土的先期固结压力等。

当采用压缩模量进行沉降计算时,固结试验最大压力应大于土的有效自重压力与附加压力之和,试验成果可用 e-p 曲线整理,压缩系数和压缩模量的计算应取自土的有效自重压力至土的有效自重压力与附加压力之和的压力段。当考虑基坑开挖卸荷和再加荷影响时,应进行回弹试验,其压力的施加应模拟实际的加、卸荷状态。

3. 土的剪切试验

土在外力作用下在剪切面单位面积上所能承受的最大剪应力称为土的抗剪强度。土的抗剪强度是由颗粒间的内摩擦力以及由胶结物和水膜的分子引力所产生的黏聚力共同组成,其基本理论为摩尔库仑定律。

抗剪强度的试验方法按排水条件可分为快剪(不排水剪)、固结快剪(固结不排水剪)和慢剪(固结排水剪),如表 3.3.8 所示。按试验仪器可分为直接剪切试验和三轴剪切试验,如表 3.3.9 所示,两种试验方法均根据试验数据,按照库仑定律,求得抗剪强度参数。

表 3.3.8　按排水条件分的剪切试验方法

试验方法	试验介绍	参数应用范围
快剪 (不排水剪)	施加法向应力或周围压力后立即剪切,整个试验过程中不允许试样产生排水固结	排水条件差的地基、斜坡的稳定性分析、厚度很大的饱和黏土地基等

试验方法	试验介绍	参数应用范围
固结快剪 （固结不排水剪）	施加法向应力或周围压力后允许试样固结稳定，然后在不排水条件下进行剪切	一般建筑物地基的稳定性分析、施工期间具有一定的固结作用或经过预压固结的地基等
慢剪 （固结排水剪）	施加法向应力或周围压力后允许试样固结稳定，然后在排水条件下进行剪切	排水条件好、施工期长的工程，透水性好的低塑性土、在软弱饱和土层上的高填方分层控制填筑等

表 3.3.9　按试验仪器分的剪切试验方法

试验方法	试验介绍	优点	缺点
直接剪切试验	直接剪切试验是测定土的抗剪强度的一种常用方法。通常采用 4 个试样，分别在不同的垂直压力下，施加水平剪切力进行剪切，求得破坏时的剪应力	仪器结构简单，操作方便	1. 剪切面不一定是试样抗剪能力最弱的面 2. 剪切面上的应力分布不均匀，而且受剪面面积越来越小 3. 不能严格控制排水条件，测不出剪切过程中孔隙水压力的变化
三轴剪切试验	三轴剪切试验通常采用 3～4 个圆柱形试样，分别在不同的恒定围压力下，施加轴向压力，进行剪切直至破坏	1. 试验中能严格控制试样排水条件及测定孔隙水压力的变化； 2. 剪切面不固定； 3. 应力状态比较明确； 4. 除抗剪强度外，尚能测定其他指标	1. 操作复杂； 2. 所需试样较多； 3. 主应力方向固定不变，而且是在轴对称情况下进行的，与实际情况尚不能完全符合

4. 土的动力特性试验

土的动力特性试验测定动弹性模量、动剪切模量、阻尼比、动强度、抗液化强度和动孔隙水压力等，为场地、建构筑物进行动力稳定分析提供动力参数。土动力特性的室内试验方法包括动直剪试验、动三轴试验、动单剪试验、动扭剪试验、共振柱试验等，如表 3.3.10 所示。

表 3.3.10　土动力特性的室内试验方法

试验方法	试验简介
动三轴试验	将圆柱形试样在给定的轴向和侧向压应力作用下固结，然后施加激振力，使土样在剪切平面上的剪应力产生周期性的交变。振动三轴试验的目的是测定饱和土在动应力作用下的应力、应变和孔隙水压力的变化过程，从而确定其在动力作用下的破坏强度（包括液化）、应变大于 10^{-4} 时的动弹性模量和阻尼比等动力特性指标
共振柱试验	试验时在圆柱形试样一端施加纵向或扭转振动，改变其振动频率，可测得试样的共振频率。共振柱试验的目的是测定试样在周期荷载作用下，小应变（10^{-6}～10^{-4}）时的动剪切模量和阻尼比或动弹性模量和阻尼比

续表

试验方法	试验简介
动直剪试验	将类似于普通直剪试验的容器放在振动台上使垂直荷载和剪切荷载单独或同时交变作用
动单剪试验	在试样容器内制成一个封闭于橡皮膜内的方形试样,其上施加垂直压力,使容器的一对侧壁在交变剪力作用下做往复运动
动扭剪试验	试样为内外不等高的空心柱形,在一定的侧压力作用下对试样表面施加周期交变的扭矩。剪应力均匀,应力状态全部可控,能较好模拟现场应力条件
振动台试验	把装有饱和砂样的密闭砂箱放在振动台上,给予强制振动,振动频率和振幅根据要求进行调节,同时测出孔隙水压力和应力应变的变化

5. 岩石的物理力学试验

岩石的成分和物理性质试验可根据工程需要选定下列项目:岩矿鉴定、颗粒密度和块体密度试验、吸水率和饱和吸水率试验、耐崩解性试验、膨胀试验和冻融试验等。

岩石的抗压强度以岩石的极限抗压强度,也就是使样品破坏的极限轴向压力来表示,是岩石主要的力学性质。在天然含水量或风干状态下测得的极限抗压强度称为干极限抗压强度;在饱和浸水状态下测得的极限抗压强度称为饱和极限抗压强度。

岩石的软化性(软化系数)是指岩石耐风化、耐水浸的能力。软化系数为岩石饱和极限抗压强度和干极限抗压强度的比值,当软化系数小于等于 0.75 时称为软化岩石。几种岩石的软化系数参考值见表 3.3.11。

表 3.3.11 岩石的软化系数参考值

岩石名称及其特征	软化系数	岩石名称及其特征	软化系数
变质片状岩	0.69～0.84	侏罗系石英长石砂岩	0.68
石灰岩	0.70～0.90	微风化白垩系砂岩	0.50
软质变质岩	0.40～0.68	中等风化白垩系砂岩	0.40
泥质灰岩	0.44～0.54	中奥陶系砂岩	0.54
软质岩浆岩	0.16～0.50	新第三系红砂岩	0.33

岩石的极限抗拉、极限抗弯和极限抗剪强度均远小于极限抗压强度,可根据经验关系通过极限抗压强度估算。岩石的极限抗拉强度平均为抗压强度的 3%～5%,岩石的极限抗弯强度平均为抗压强度的7%～12%,岩石的极限抗剪强度等于或略小于极限抗弯强度。岩石的极限抗拉、极限抗剪和极限抗弯强度与极限抗压强度之间的经验关系见表 3.3.12。

表 3.3.12 岩石的极限抗拉强度、极限抗剪强度和极限抗弯强度与极限抗压强度之间的经验关系

岩石名称	极限抗拉强度/极限抗压强度	极限抗剪强度/极限抗压强度	极限抗弯强度/极限抗压强度
花岗岩	0.028	0.068～0.09	0.07～0.08
石灰岩	0.059	0.06～0.15	0.119
砂岩	0.029	0.06～0.078	0.09～0.095
斑岩	0.033	0.06～0.064	0.105

3.4　地下水

自然界岩土孔隙中赋存着各种形式的水,地下水对岩土性状影响很大,很多岩土工程问题和灾害都是由地下水引起的。在岩土工程的勘察、设计、施工过程中,地下水的影响始终是一个极为重要的问题,在工程勘察中应当对其作用进行分析、预测和评估,提出评价的结论和建议。

地下水的分类方法很多,根据地下水的埋藏条件,工程上一般可分为包气带水、潜水和承压水。岩土工程勘察应根据工程要求,通过收集资料和勘察工作,掌握下列水文地质条件:地下水的类型和赋存状态;主要含水层的分布规律;区域性气候资料,如年降水量、蒸发量及其变化和对地下水位的影响;地下水的补给排泄条件、地表水与地下水的补排关系及其对地下水位的影响;勘察时的地下水位、历史最高地下水位、近 3~5 年最高地下水位、水位变化趋势和主要影响因素;是否存在对地下水和地表水产生污染的污染源及其可能的污染程度。

对高层建筑或重大工程,当水文地质条件对地基评价、基础抗浮和工程降水有重大影响时,宜进行专门的水文地质勘察。专门的水文地质勘察应符合下列要求:查明含水层和隔水层的埋藏条件,地下水类型、流向、水位及其变化幅度,当场地有多层对工程有影响的地下水时,应分层量测地下水位,并查明互相之间的补给关系;查明场地地质条件对地下水赋存和渗流状态的影响;必要时应设置观测孔,或在不同深度处埋设孔隙水压力计,量测压力水头随深度的变化;通过现场试验,测定地层渗透系数等水文地质参数。

水文地质参数的测定方法应根据地层透水性能的大小和工程的重要性以及对参数的要求,按表 3.4.1 选择。

表 3.4.1　水文地质参数测定方法

参数	测定方法
水位	钻孔、探井或测压管观测
渗透系数、导水系数	抽水试验、注水试验、压水试验、室内渗透试验
给水度、释水系数	单孔抽水试验、非稳定流抽水试验、地下水位长期观测、室内试验
越流系数、越流因数	多孔抽水试验(稳定流或非稳定流)
单位吸水率	注水试验、压水试验
毛细水上升高度	试坑观测、室内试验

注:除水位外,当对数据精度要求不高时,可采用经验数值。

地下水对岩土体和建筑的作用,按其机制可以划分为两类:一类是力学作用;另一类是物理、化学作用。地下水对基础、地下结构物和挡土墙的上浮作用,地下水渗流对边坡稳定的影响,地下水位升降对地基变形的影响,地下水压力对支挡结构物的作用,地下水渗流管涌作用及验算等均属于力学作用。力学作用原则上是可以定量计算的,通过力学模型的建立和参数的测定,可以用解析法或数值法得到合理的评价结果。地下水对混凝土、金属材料的腐蚀性,对某些特殊性土的有害作用等属于物理、化学作用。由于岩土特性的复杂性,物理、化学作用一般难以定量计算,但可以通过分析,得出合理的评价。水、土对建筑材料的腐蚀危害是非常大的,因此除对有足够经验和充分资料的地区可以不进行水、土腐蚀性评价外,其他地区均应采取水、土试样,按现行国家标准《岩土工程勘察规范(2009年版)》(GB 50021—2001)进行腐蚀性分析。

工程上往往需要降水,应根据含水层渗透性和降深要求,参考表3.4.2选用适当的降水方法。当几种方法有互补性时,亦可组合使用。

表3.4.2 降低地下水位方法的适用范围

技术方法	适用地层	渗透系数/(m/d)	降水深度
明排法	黏性土、粉土、砂土	<0.5	<2m
真空井点	黏性土、粉土、砂土	0.1~20	单级<6m,多级<20m
电渗井点	黏性土、粉土	<0.1	按井的类型确定
引渗井	黏性土、粉土、砂土	0.1~20	根据含水层条件选用
管井	砂土、碎石土	1.0~200	>5m
大口井	砂土、碎石土	1.0~200	<20m

3.5 岩土工程分析评价与全过程服务

3.5.1 岩土工程分析评价

岩土工程分析评价应在工程地质测绘、勘探、测试和搜集已有资料的基础上,结合工程特点和要求进行。岩土工程分析评价要充分了解工程结构的类型、特点、荷载情况和变形控制要求;要掌握场地的地质背景,考虑岩土材料的非均匀性、各向异性及其随时间的变化,评估岩土参数的不确定性,确定最佳估值;要充分考虑当地经验和类似工程的经验,必要时采用现场模型试验或足尺试验取得实测数据进行分析评价。

岩土工程分析评价应在定性分析的基础上进行定量分析。岩土体的变形、强度和稳定性应定量分析;场地的适宜性、场地地质条件的稳定性,可仅做定性分析。岩土工程按承载能力极限状态计算,可用于评价岩土地基承载力和边坡、挡墙、地基稳定性等,可根据有关设计规范的规定,用分项系数或总安全系数方法计算,有经验时也可用隐含安全系数的抗力容许值进行计算;按正常使用极限状态要求进行验算控制,可用于评价岩土体的变形、动力反应、透水性和涌水量等。

岩土参数应根据工程特点和地质条件选用,并按下列内容评价其可靠性和适用性:取样方法和其他因素对试验结果的影响;采用的试验方法和取值标准;不同测试方法所得结果的分析比较;测试结果的离散程度;测试方法与计算模型的配套性。

岩土工程勘察报告应根据任务要求、勘察阶段、工程特点和地质条件等具体情况编写,应包括下列内容:勘察目的、任务要求和依据的技术标准;拟建工程概况;勘察方法和勘察工作布置;场地地形、地貌、地层、地质构造、岩土性质及其均匀性;各项岩土性质指标,岩土的强度参数、变形参数、地基承载力的建议值;地下水埋藏情况、类型、水位及其变化;土和水对建筑材料的腐蚀性;可能影响工程稳定性的不良地质作用的描述和对工程危害程度的评价;场地稳定性和适宜性的评价等。岩土工程勘察报告应对岩土利用、整治和改造的方案进行分析论证,提出建议;对工程施工和使用期间可能发生的岩土工程问题进行预测,提出监控和预防措施的建议。

成果报告应附下列图件:勘探点平面布置图、工程地质柱状图、工程地质剖面图、原位测试成果图表、室内试验成果图表。当需要时,尚可附综合工程地质图、综合地质柱状图、地下水等水位线图、素描、照片、综合分析图表以及岩土利用、整治和改造方案的有关图表、岩土工程计算简图及计算成果图表等。

有必要说明的是,我国勘察成果报告中一般都提供工程地质剖面图,由于工程地质剖面图划分地层比较直观,设计人员使用时比较方便。但工程地质剖面图有时也会让缺乏经验的设计人员产生认识上的误区,即地层就如工程地质剖面图这样分布,两个钻孔之间的地层分布就是一条直线。实际上,只有钻孔才是充分准确揭露地层分布的,而钻孔只能代表一个点,工程地质剖面在钻孔之间的连线和地层划分仅仅是一种相对的推测,并不是绝对准确的地层分布。在钻孔间距比较大、地质条件复杂、地层变化比较剧烈的场地,从勘察角度有必要加密钻孔,从地基基础设计角度,要充分考虑地层分布的复杂性,考虑钻孔之间有可能的地层变化,确保设计安全。

3.5.2　全过程服务

岩土工程勘察技术服务不是只要提交岩土工程勘察成果报告就完成了,还要为后续施工及可能遇到的地基基础问题提供全过程的岩土工程技术咨询。《建设工程勘察质量管理办法》第九条明确:"工程勘察企业应当向设计、施工和监理等单位进行勘察技术交底,参与施工验槽,及时解决工程设计和施工中与勘察工作有关的问题,按规定参加工程竣工验收。"第十条明确:"工程勘察企业应当参与建设工程质量事故的分析,并对因勘察原因造成的质量事故,提出相应的技术处理方案。"

上述全过程服务的要求实际上还仅限于岩土工程勘察,就岩土工程特点而言,其勘察、设计及有些施工过程是一个相对完整和独立的过程,如基坑工程勘察、基坑支护设计和施工,水文地质勘察、降水设计和施工,桩基工程勘察、桩基设计和施工等。在我国现有勘察设计施工体制下,不仅勘察设计与施工是分开的,而且勘察和设计也分成了两段。一方面,勘察单位作为建设、设计、施工、监理、勘察五方主体之一,承担着重要职责;另一方面,勘察仅仅承担提供信息职责,分析评价只是建议,最终的技术决策在设计。随着工程建设的发展,岩土工程设计、咨询的需求越来越多,在工程项目中的重要性日益显现。同时,岩土工程施工新技术、新工艺也越来越多,技术发展和应用十分活跃。因此,以岩土工程设计咨询为核心,整合前期的岩土工程勘察和后续的岩土工程专项施工,发展岩土工程全过程咨询、岩土工程总承包业务,是岩土工程勘察今后发展的方向。

参考文献

[1]《工程地质手册》编委会.工程地质手册[M].5版.北京:中国建筑工业出版社,2018.

[2] 国家环境保护总局,国家质量监督检验检疫总局.地表水环境质量标准:GB 3838—2002[S].北京:中国环境科学出版社,2002.

[3] 国家质量监督检验检疫总局,国家标准化管理委员会.地下水质量标准:GB/T 14848—2017[S].北京:中国标准出版社,2017.

[4] 建设部,国家质量监督检验检疫总局.岩土工程勘察规范(2009年版):GB 50021—2001[S].北京:中国建筑工业出版社,2009.

[5] 生态环境部,国家市场监督管理总局.土壤环境质量 建设用地土壤污染风险管控标准(试行):GB 36600—2018[S].北京:中国标准出版社,2018.

[6] 住房和城乡建设部,国家市场监督管理总局.湿陷性黄土地区建筑标准:GB 50025—2018[S].北京:中国建筑工业出版社,2018.

[7] 住房和城乡建设部,国家市场监督管理总局.土工试验方法标准:GB/T 50123—2019[S].北京:中国计划出版社,2019.

[8] 住房和城乡建设部,国家质量监督检验检疫总局.地基动力特性测试规范:GB/T 50269—2015[S].北京:中国计划出版社,2015.

[9] 住房和城乡建设部,国家质量监督检验检疫总局.工程岩体分级标准:GB/T 50218—2014[S].北京:中国计划出版社,2014.

[10] 住房和城乡建设部,国家质量监督检验检疫总局.工程岩体试验方法标准:GB/T 50266—2013[S].北京:中国计划出版社,2013.

[11] 住房和城乡建设部,国家质量监督检验检疫总局.建筑抗震设计规范(2016年版):GB 50011—2010[S].北京:中国建筑工业出版社,2016.

[12] 住房和城乡建设部,国家质量监督检验检疫总局.膨胀土地区建筑技术规范:GB 50112—2013[S].北京:中国建筑工业出版社,2012.

第4章 土质改良与地基处理

4.1 发展概况

地基处理与土质改良是指按照上部结构对地基的要求,对地基进行必要的加固或土质改良,提高地基承载力,保证地基稳定,减少上部结构的沉降或不均匀沉降,提高抗液化能力的方法。与上部结构比较,地基中不确定因素多、问题复杂、难度大。若地基问题处理不善,将会引起严重工程事故和重大经济损失。处理好地基问题,不仅关乎所建工程投资成本,也决定了工程建设的安全可靠。对于从事土木工程建设的土木工程师而言,学习、总结国内外地基处理方面的经验教训,掌握各种地基处理技术,对于提高我国地基处理整体水平,保证工程质量、加快工程建设速度、节省工程建设投资具有重大意义。

改革开放以来,我国国民经济实现迅速发展,土木工程建设也得到飞速发展。尤其是进入 21 世纪,围海造陆工程呈现蓬勃发展,城市地下空间资源得到大规模开发,交通运输工程呈现高速化发展,这些工程建设的成功与地基处理技术的合理应用密切相关,也对地基处理技术提出了更高要求,促使地基处理技术得到更大发展、更广普及,也使得地基处理队伍不断扩大,地基处理水平不断提高。表 4.1.1 为部分地基处理方法在我国得到应用的最早年份。从表 4.1.1 中可以看出多数地基处理方法是在改革开放以后才在工程建设中得到应用的。地基处理技术的发展主要有两类:一是从国外引进,如高压喷射注浆法、振冲法、强夯法、深层搅拌法、土工合成材料、强夯置换法、EPS(expanded polystyrene,聚苯乙烯)超轻质填料法、TRD 工法(trench cutting and remixing deep wall method,渠式切割水泥土连续墙工法)等许多地基处理技术均是从国外引进的,并在实践中得到改进和发展;二是自主研发,近三十年我国工程技术人员在工程实践中还发展了许多新的地基处理技术,如真空预压法、真空联合电渗法等。

表 4.1.1 部分地基处理方法在我国应用最早年份

地基处理方法	年份	地基处理方法	年份
普通砂井法	20 世纪 50 年代	土工合成材料	20 世纪 70 年代末
真空预压法	1980 年	强夯置换法	1988 年
袋装砂井法	20 世纪 70 年代	EPS 超轻质填料法	1995 年
塑料排水带法	1981 年	低强度桩复合地基法	1990 年
砂桩法	20 世纪 50 年代	刚性桩复合地基法	1981 年
土桩法	20 世纪 50 年代中	锚杆静压桩法	1982 年
灰土桩	20 世纪 60 年代中	掏土纠倾法	20 世纪 60 年代初

续表

地基处理方法	年份	地基处理方法	年份
振冲法	1977 年	顶升纠倾法	1986 年
强夯法	1978 年	树根桩法	1981 年
高压喷射注浆法	1972 年	沉管碎石桩法	1987 年
浆液深层搅拌法	1977 年	石灰桩法	1953 年
粉体深层搅拌法	1983 年		

改革开放以来,我国地基处理技术的发展主要反映在下述几个方面。

1. 地基处理技术得到很大发展

为了满足土木工程建设对地基处理的要求,我国引进和发展了多种地基处理新技术,例如,1978 年引进强夯法,1977 年引进深层搅拌法等,同时也引进了新机械设备、新材料和新施工工艺。各地还因地制宜发展了诸多地基处理技术,如低强度桩复合地基技术和孔内夯扩技术等,取得了良好的经济效益和社会效益。另外,近几年来地基处理发展的一个典型趋势就是在既有的地基处理方法基础上,不断发展新的地基处理方法,特别是将多种地基处理方法进行综合使用,形成了极富特色的复合加固技术。地基处理技术的理论研究也得到不断发展,尤其是在加固机理、施工机械和施工工艺、检验手段、处理效果、设计方法、计算理论等方面,取得了诸多成果,给地基处理技术的设计和施工提供了理论指导;计算机技术的发展也使得地基处理计算手段不断完善,计算精度也不断提高。目前,地下空间开发得到空前发展,对地基处理技术提出了更高要求,各种地基处理技术不断研发、应用、改进和发展,我国地基处理技术得到进一步提高。

2. 地基处理技术得到广泛普及

地基处理技术在得到很大的发展的同时,在我国得到极大的普及。在工程需求的推动下,随着地基处理相关著作和刊物的出版,各种形式的学术讨论会、地基处理技术培训班的举行,地基处理技术得到广泛普及,同时也促进了地基处理技术的提高。具体表现为,我国越来越多的土木工程技术人员了解和掌握了各种地基处理技术、地基处理设计方法、施工工艺、检测手段,并在实践中应用;与土木工程有关的高等院校、科研单位积极开展地基处理新技术的研究、开发、推广和应用;从事地基处理的专业施工队伍不断增多,从事地基处理的企业越来越重视地基处理新技术的研究、开发和应用。通过工程实践,人们对各种地基处理方法的优缺点有了进一步了解,对采用合理的地基处理规划程序有了较深刻的认识,在根据工程实际选用合理的地基处理方法方面降低了盲目性。多数单位能够根据工程实际情况,因地制宜,选用技术先进、经济合理的地基处理方案,并能注意综合应用各种地基处理技术,使方案选用更为合理。近年来地基处理技术应用水平提高很快,因地基处理方案选用不当而造成的浪费和工程事故呈减少趋势。

3. 地基处理队伍不断发展和壮大

地基处理技术发展还反映在地基处理队伍的不断扩大。首先,从事地基处理施工的专业队伍不断增加,保障了地基处理工程的顺利和安全实施。同时,需求促进发展,从事地基处理机械生产的企业不断出现和发展;我国在地基处理施工机械方面,研制了许多新产品,与国外的差距在逐步减小。另外,随着工程建设需求的提高,越来越多的土木工程技术人员了解和掌握了各种地基处理技术的设计方法、施工工艺、检测手段,并在实践中应用,有关高等院校、科研单位也积极开展地基处理技术的研究、开发、推广和应用。这些都使得我国地基处理队伍不断发展和壮大。

近年来地基处理技术与应用得到了持续、长足的发展,逐渐从单一加固技术向复合加固技术方向发展,从大量的人力、材料和费用投入向实现机械、经济的方向发展,从高能耗、高污染技术向新型低碳技术、人与自然的和谐发展的方向发展。已有的地基处理技术在实践中不断得到改进,新的地基处理技术也不断被研发应用。本章主要介绍换填法、排水固结法、强夯法和强夯置换法以及灌入固化物等四类地基处理技术。

4.2　换填法

换填法是将基础底面以下不太深的一定范围内的软弱土层挖去,然后以质地坚硬、强度较高、性能稳定、具有抗侵蚀性的砂、碎石、卵石、素土、灰土、粉煤灰、矿渣等材料以及土工合成材料分层充填,并同时以人工或机械方法分层压、夯、振动,使之达到要求的密实度,成为良好的人工地基。当地基软弱土层较薄,而且上部荷载不大时,也可直接以人工或机械方法(填料或不填料)进行表层压、夯、振动等密实处理,同样可取得换填加固地基的效果。经过换填法处理的人工地基或垫层,可以把上部荷载扩散传至下面的下卧层,以满足上部建筑所需的地基承载力和减小沉降量的要求;当垫层下面有较软土层时,也可加速下卧软弱土层的排水固结,促进其强度提高。

换填法包括换土垫层法、加筋垫层法、挤淤置换法和褥垫法等,本小结主要介绍换土垫层法和加筋土垫层法。

4.2.1　换土垫层法

1. 作用原理

目前,在软弱土地区经常采用的是换土垫层法,简称垫层法或换土法。垫层根据材料的不同分为砂垫层、砂卵石垫层、碎石垫层、灰土或素土垫层、粉煤灰垫层、矿渣垫层以及用其他性能稳定、无侵蚀性的材料做的垫层等。不同材料形成的垫层应力分布虽然有所差别,但试验所得其极限承载力较为接近,沉降观测也显示不同材料垫层上的建筑物沉降特点基本相似,所以各种材料的垫层都可近似地按砂垫层的计算方法进行计算,其主要作用机理也与砂垫层相同。

1)提高地基承载力

浅基础的地基承载力与基础下土层的抗剪强度有关。如果以抗剪强度较高的砂或其他填筑材料代替较软弱的土,就可提高地基的承载力,避免地基破坏。

2)减小地基沉降量

一般地基浅层部分的沉降量在总沉降量中所占的比例较大。以条形基础为例,在相当于基础宽度的深度范围内的沉降量约占总沉降量的 50%。如以密实砂或其他填筑材料代替上部软弱土层,可减小垫层部分沉降量。同时砂垫层或其他垫层的应力扩散作用会使作用在下卧层土上的压力减小,下卧层土的沉降量也会相应减小。

3)加速软弱土层排水固结

建筑物不透水基础直接与软弱土层接触时,在荷载的作用下,软弱土地基中的水被迫绕基础两侧排出,使得基底下软弱土不易固结,形成较大孔隙水压力,可能导致地基强度降低而产生塑性破坏的危险。砂垫层和砂石垫层等垫层材料透水性大,软弱土层受压后,垫层可作为良好排水面,使基底下孔隙水压力迅速消散,垫层下软弱土层加速固结、强度提高,避免地基土塑性破坏。

4)防止冻胀

因为粗颗粒的垫层材料孔隙大,不易产生毛细管现象,因此可以防止寒冷地区土中结冰所造成的冻胀。此时,砂垫层的底面应满足冻结深度的要求。

5)减小或消除土的胀缩作用

在膨胀土地基上采用换土垫层法时,一般可选用砂、碎石、块石、煤渣或灰土等作为垫层,可减小或消除膨胀土的胀缩作用。

6)消除湿陷性黄土的湿陷作用

采用素土、灰土或二灰土垫层处理湿陷性黄土,可用于消除 $1 \sim 3\text{m}$ 厚黄土层的湿陷性。

在各类工程中,垫层所起的主要作用有时也是不同的,如房屋建筑物基础下的砂垫层主要起换土的作用;而在路堤及土坝等工程中,主要利用砂垫层起排水固结作用。

2. 设计计算

垫层设计的主要内容是确定断面的合理厚度和宽度。对于垫层,既要求有足够的厚度来置换可能被剪切破坏的软弱土层,又要有足够的宽度以防止垫层向两侧挤出。对于排水垫层来说,除要求有一定的厚度和密度满足上述要求外,还要求形成一个排水面,促进软弱土层的固结,提高其强度,以满足上部荷载的要求。因此,换土垫层法的设计计算主要包括垫层厚度、宽度确定和沉降计算。

垫层铺设宽度应满足基础底面应力扩散的要求。对条形基础,垫层铺设宽度 B 可根据当地经验确定,也可按式 4.2.1 计算:

$$B \geqslant b + 2z\tan\theta \qquad (4.2.1)$$

式中,B 为垫层宽度(m);b 为基础底面宽度(m);z 为垫层厚度(m);θ 为压力扩散角(°),可按表 4.2.1 采用,当 $z/b < 0.25$ 时,仍采用表 4.2.1 中 $z/b = 0.25$ 的值。

整片垫层的铺设宽度可根据施工的要求适当加大。垫层顶面每边宜超出基础底边不小于 300mm,或从垫层底面两侧向上,按当地开挖基坑经验放坡。

表 4.2.1　压力扩散角 单位:(°)

z/b	换填材料		
	中砂、粗砂、砾砂圆砾、角砾、卵石、碎石、石屑、矿渣	粉质黏土、粉煤灰	灰土
0.25	20	6	28
≥0.50	30	23	

注:1. 当 $z/b < 0.25$ 时,除灰土取 $\theta = 28°$ 外,其余材料均取 $\theta = 0°$,必要时,宜由试验确定;

　　2. 当 $0.25 < z/b < 0.5$ 时,值 θ 可内插求得。

垫层铺设厚度根据需要置换的软弱土层的厚度确定,要求垫层底面处土的自重应力与荷载作用下产生的附加应力之和不大于同一标高处的地基承载力特征值,如图 4.2.1 所示。其表达式为:

$$p_z + p_{cz} \leqslant f_{az} \tag{4.2.2}$$

式中,p_z 为荷载作用下垫层底面处的附加应力(kPa);p_{cz} 为垫层底面处土的自重压力(kPa);f_{az} 为垫层底面处经深度修正后的地基承载力特征值(kPa)。

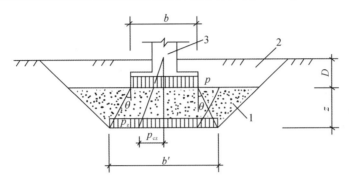

1—垫层;2—回填土;3—基础。

图 4.2.1　垫层内压力的分布

　　设计计算时,先根据垫层的地基承载力特征值确定基础宽度,再根据下卧层的承载力特征值确定垫层的厚度。一般情况下,垫层厚度应采用 0.5～3m。垫层效用并不随厚度线性增大,垫层太厚会增加成本和施工难度。

　　对条形基础和矩形基础分别按式(4.2.3)和式(4.2.4)计算垫层底面处的附加压力:

　　对于条形基础,

$$p_z = \frac{b(p_k - p_c)}{b + 2z\tan\theta} \tag{4.2.3}$$

　　对于矩形基础,

$$p_z = \frac{bl(p_k - p_c)}{(b + 2z\tan\theta)(l + 2z\tan\theta)} \tag{4.2.4}$$

式中,p_k 为荷载作用下,基础底面处的平均压力(kPa);p_c 为基础底面处土的自重压力(kPa);l、b 为基础底面的长度和宽度(m);z 为垫层的厚度(m);θ 为垫层的压力扩散角(°),可按表 4.2.1 采用。

　　垫层地基的承载力宜通过试验确定。采用垫层法加固地基可采用分层总和法计算沉降量,一般仅考虑下卧层的变形,但对沉降要求较严或垫层较厚的情况,还应计算垫层自身的变形。

4.2.2　加筋土垫层法

　　加筋土垫层法多应用于路堤软土地基加固,主要用于提高地基承载力,减小地基沉降。采用加筋土垫层加固地基如图 4.2.2 所示。加筋土垫层可采用的土工合成材料种类繁多,主要有土工织物、土工条带、土工格栅、土工格室、土工网等。土工格栅是一种以高密度聚乙烯或聚丙烯等塑料为原料加工形成的类似格栅状的产品,具有较大的网孔,主要材料包括塑料格栅、编织格栅和玻纤格栅等。在土工格栅加筋垫层中,土工格栅的网孔和土嵌锁在一起表现出较高的筋土界面摩阻力,使土工格栅表现出良好的加筋性能。

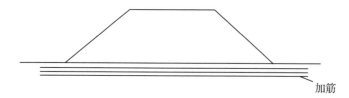

图 4.2.2　加筋土垫层

1. 作用原理

对于软弱土地基,在土体中放置筋材,形成土-筋材的复合体,在外力作用下,复合体产生体应变,引起筋材与周围土体之间相对位移趋势,但由于两者界面存在摩擦阻力(或咬合力),等效于施加于土体的侧向力,限制了土体侧向位移,使土体强度和承载力均有所提高。筋材一般被水平地铺在土中。当高抗拉强度、高抗拉模量的筋材和土的复合体在荷载下发生变形时,两者界面存在应力传递,主要应力传递方式有依靠表面摩擦的应力传递和依靠筋材横杆被动土抗力的应力传递,通过应力传递使土体产生相应的力学效应,从而提高土体承载力。

采用加筋土垫层法可减小路堤沉降。筋土垫层可使路堤荷载产生扩散,减小地基中附加应力强度。当路堤下软弱土层较薄时,采用加筋土垫层可有效减小沉降。当路堤下软弱土层很厚时,采用加筋土垫层的应力扩散作用可使浅层土体中的附加应力减小,但使地基土层压缩的影响深度加大,此时采用加筋土垫层对减小总沉降的作用不大。应用加筋土垫层加固地基主要是为了提高地基的稳定性。当路堤地基采用桩体复合地基加固时,在路堤和复合地基之间铺设加筋土垫层,既可有效提高地基承载力又可有效减小路堤的沉降。

2. 设计计算

采用加筋土垫层加固的路堤地基的破坏形式主要有四种类型:滑弧破坏、加筋体绷断破坏、地基塑性滑动破坏和薄层挤出。具体工程的主要破坏类型与工程地质条件、加筋材料性质、受力情况以及边界条件等因素有关,且由于土强度发挥和加筋体强度发挥的相互关系,路堤路基可能兼有多重破坏类型。可见,在荷载作用下,加筋土垫层的工作性状以及加筋体的作用、工作机理较为复杂。在加筋土地基设计中需验算上述四种破坏形式。对可能发生滑弧破坏的地基,可采用土坡稳定分析法验算其安全度。对可能发生加筋体绷断破坏的地基,要验算加筋体所能提供的抗拉力,如加筋体抗拉力不够,可增大加筋体断面尺寸,或加密铺设加筋体。加筋土地基塑性流动破坏的原因实质上是加筋土层下卧层不能满足承载力要求,应验算加筋土层下卧层承载力。

4.3　排水固结法

4.3.1　概述

排水固结法是处理软黏土的最常用方法之一,首先在土体内部与外部设置排水系统,然后通过加压系统对土体进行施压,使得土中的水排出。该方法通过改变土体应力体系使得土体孔隙水排出,达到土体固结变形、土体强度同步提高的目的。将土体的渗透性、变形和强度三大主要力学性质,通过有效应力原理联系在一起,是排水固结法的理论基础;排水系统用于增加排水通道、缩短排水路径,加压系统使土中的孔隙水产生超孔隙水压力而渗流排出(见图 4.3.1),是实现软黏土排水的必不可少的两大组成部分,是实现排水固结的实施手段。排水系统一般由水平向排水垫层和竖向排水通道组成。水平向排水垫层一般为砂垫层,也有由砂垫层加土工合成材料垫层复合形成的垫层。竖向排水通道常通过在地基中设置普通砂井、袋装砂井、塑料排水带等形成;若地基土体渗透系数较大,或在地基中有较多的水平砂层,也可不设人工竖向排水通道,只在地基表面铺设水平排水垫层。

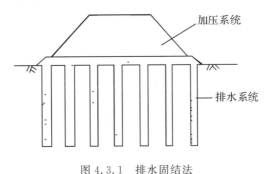

图 4.3.1　排水固结法

4.3.2　作用原理

采用排水固结法加固地基时,饱和黏性土地基在荷载作用下产生排水固结,土体孔隙比减小,压缩性减小,抗剪强度提高。因此,采用排水固结法加固地基可有效减小地基工后沉降和提高地基承载力。

饱和软黏土地基在荷载作用下,孔隙中的水被缓慢排出,孔隙体积逐渐减小,地基发生固结变形,同时,随着超静水压力逐渐消散,有效应力逐渐提高,地基土的强度逐渐增长。以图 4.3.2 土样在不同固结压力下的压缩、回弹和再压缩曲线为例说明排水固结法作用原理。当土样的天然固结压力为 σ_0' 时,其孔隙比为 e_0,在 e-σ_0' 坐标上其相应的点为 a 点。当压力增加 $\Delta\sigma'$,固结终了时,变为 c 点,孔隙比减小 Δe,曲线 abc 称为压缩曲线。如果从 c 点卸除压力 $\Delta\sigma'$,则土样发生膨胀,图中 cef 为卸荷膨胀曲线。若在 f 点再加压 $\Delta\sigma'$,则土样发生再压缩,沿虚线 fgc' 变化到 c',其相应的强度包线也沿虚线 fgc' 变化到 c'。从再压缩曲线 fgc' 可看出,经历卸荷回弹后,固结压力同样从 σ_0' 增加 $\Delta\sigma'$,而孔隙比减小值为 $\Delta e'$,显然 $\Delta e'$ 比

Δe 小得多。由此说明如果在场地先加一个和上部建筑物相同的压力进行预压,使土层固结(相当于压缩曲线上从 a 点变化到 c 点),然后卸除荷载(相当于在膨胀回弹曲线上由 c 点变化到 f 点),再建造建筑物(相当于再压曲线上从 f 点变化到 c' 点),这样,建筑物所引起的沉降即可显著减小。如果预压荷载大于建筑物荷载,即所谓超载预压,则效果更好,因为经过超载预压,当土层的固结压力大于使用荷载下的固结压力时,原来的正常固结黏土层将处于超固结状态,而使土层在使用荷载下的变形显著减小。

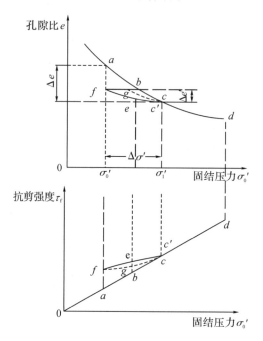

图 4.3.2   排水固结法加固地基原理

图 4.3.2 中,随着土体固结应力增大,其抗剪强度 τ_f 提高。土体经加载、排水固结再卸荷至初始应力状态,即图中土体应力从 a 点到 b 点,再回到 c 点,土体抗剪强度明显提高。可见,当土体有效应力大小相同时,处于超固结状态的土体抗剪强度要比处于正常固结状态时的抗剪强度高。

土层的排水固结效果和它的排水边界条件有关。如图 4.3.3(a)所示的天然地基的排水边界条件,当土层厚度相对荷载宽度来说比较小时,软黏土层中的孔隙水向上、下面透水层排出而使土层发生固结,称为竖向排水固结。根据太沙基一维固结理论,黏性土固结所需的时间和排水距离的平方成正比,土层越厚,固结延续的时间越长。为了加速土层的固结,最有效的方法是增加土层的排水途径,缩短排水距离。例如:在一维固结条件下,某地基最大排水距离为 10m 时,在某一荷载作用下,达到某一固结度的排水固结需要 10 年;当其他条件不变,最大排水距离由 10m 降至 1m 时,达到同一固结度的排水固结只需 1.2 个月。普通砂井、袋装砂井、塑料排水带等竖向排水井设置的目的即为缩短排水距离。如图 4.3.3(b)所示,土层中的孔隙水主要从水平方向砂井排出,部分从竖向排出;砂井缩短了排水距离,增加了地基的固结速率,这一点从理论上和工程实践上都已得到了证实。

按照固结理论,在荷载作用下,土层的固结过程就是超静孔隙水压力(简称孔隙水压力)

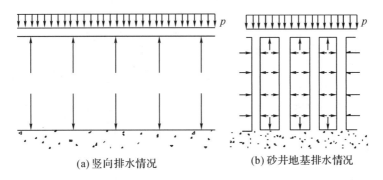

(a) 竖向排水情况　　　　　　　　(b) 砂井地基排水情况

图 4.3.3　竖向排水体的基本原理

消散和有效应力增加的过程。如地基内某点的总应力增量为 $\Delta\sigma$，有效应力增量为 $\Delta\sigma'$，孔隙水压力增量为 Δu，则三者满足以下关系：

$$\Delta\sigma = \Delta\sigma' + \Delta u \qquad (4.3.1)$$

用填土等外加荷载对地基进行预压，是通过增加总应力 $\Delta\sigma$ 并使孔隙水压力 Δu 消散而增加有效应力 $\Delta\sigma'$ 的方法。

值得注意的是，采用堆载预压法时，因大主应力增量大于小主应力增量，如果堆载速度过大，则易引起地基失稳破坏，因此需事先制订合理的加载计划。

4.3.3　排水固结理论

饱和土体排水固结理论是太沙基于 1925 年首先提出的，其建立在诸多简化假设基础上，如土骨架为线弹性变形材料，土孔隙中所含流体为不可压缩且按达西定律沿单方向流动引起单向压缩变形等，故这一理论常称为单向固结理论。后来，太沙基与伦杜立克(Redulic)假设固结过程中总应力为常量，建立了三向固结方程。比奥(Biot)进一步研究了三向变形材料与孔隙压力的相互作用，得出比较完善的三向固结方程，但由于比奥理论将变形与渗流结合起来考虑，使得固结方程的数学求解十分困难。土体排水固结理论的发展主要围绕不同土体本构模型，建立不同的物理方程，选用适当边界条件，获得固结理论解，但越来越复杂的模型与计算，反而增加了相应固结理论在工程中的应用困难。

目前工程中使用的排水固结法，是针对饱和软黏土地基，土体内部设置竖向排水通道(如砂井、塑料排水板等)，外部设置排水系统(砂垫层、水平滤管等)，然后通过加压系统对土体进行施压，使得土中的水排出，达到土体固结变形、土体强度同步提高的目的。针对此种饱和黏土排水固结方法，已发展了较为实用的竖向排水井轴对称固结理论，包含较为合理的逐渐加荷条件下固结度的计算，地基土强度增长的预计，沉降计算与沉降随时间发展的推算，以及根据现场观测资料进行反演等。

1. 简化处理

典型的排水固结法砂井地基如图 4.3.4(a)所示。砂井地基排水固结理论中涉及的简化处理有：

①塑料排水带简化。塑料排水带作用原理和设计计算方法与砂井相同，设计计算时，对截面宽度为 b、厚度为 δ 的塑料排水带，其当量换算直径 D_p，可按下式计算：

$$D_p = \alpha \frac{2(b+\delta)}{\pi} \tag{4.3.1}$$

②砂井等效作用面积简化。图 4.3.4(b)与(c)为排水井平面布置的两种形式,正方形和等边三角形。当排水井按正方形排列时,排水井的有效排水范围为正方形;而按等边三角形排列时则为正六边形,如图中虚线所示,并认为在该有效范围内的水系通过位于其中的排水井排出。在实际进行固结计算时,用上述多边形的边界条件求解很困难,巴隆(Barron,1948)建议将每个排水井的影响范围化作一个等面积的圆来求解,等效圆的直径 d_e 与排水井间距 l 的关系如下:

等边三角形布置时:

$$d_e = \sqrt{\frac{2\sqrt{3}}{\pi}} l = 1.05l \tag{4.3.2}$$

正方形布置:

$$d_e = \sqrt{\frac{4}{\pi}} l = 1.128l \tag{4.3.3}$$

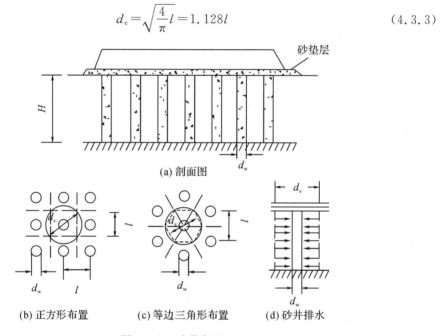

图 4.3.4 砂井布置

③假设砂垫层的透水性为无穷大,即柱体顶部为自由排水面,底部为不透水面(当底部为透水的砂层时,由对称性可取二分之一为研究对象,则底部也可视为不透水层)。

④竖向排水体的应力、变形和渗流都是空间轴对称的,如果采用反映土应力应变关系的本构模型,建立真三维固结控制方程,则求解很困难,所以使用竖向排水体的一维(竖向)变形、空间(轴对称)渗流简化处理。

通过以上简化处理和假设,使用竖向排水体的固结分析可以按轴对称固结理论来进行,其中有三个主要影响因素需要考虑:一是假设同一水平面上竖向应变相同;二是按照是否考虑排水体自身性质和施工扰动影响,可分为不考虑井阻和涂抹作用的理想井、考虑井阻或涂抹作用的非理想井,以及穿透整个加固土层的完整井和不穿透的不完整井;三是加荷方式可分为瞬时加荷和逐渐加荷。

在轴对称坐标体系中,建立只有孔隙水压力一个未知数的固结理论体系,孔隙水压力关于时间和空间的坐标函数为 $u = f(r, z, t)$,无法通过该函数直接得到地基的沉降量和强度增长,通常由某一时刻地基内各点的孔隙水压力 U 求得地基平均固结度来表示孔隙水压力的消散程度。然后,由各级荷载下不同时间的固结度推算地基土的强度增长,进一步进行各级荷载下地基的稳定性分析,并确定相应的加载计划。最终荷载下的地基沉降总量由已有的地基沉降计算方法求得,然后由预压期间某一时刻地基的平均固结度推算该时刻的沉降量,以确定预压完成时间。固结度的计算是竖向排水体处理地基设计计算中的一个重要内容,因而也是轴对称固结理论解的主要内容。

2. 理想井情况下的固结理论推导

理想井情况下的固结理论基本假设条件如下:

(1)等应变条件成立,即砂井地基中无侧向变形;

(2)土的压缩系数和渗透系数为常数;

(3)土体完全饱和,加载开始时,荷载引起的全部应力由孔隙水承担;

对一维固结可采用太沙基固结理论计算。太沙基一维固结方程为

$$\frac{\partial u}{\partial t} = C_v \frac{\partial^2 u}{\partial z^2} \tag{4.3.4}$$

式中,u 为土体中超孔隙水压力(kPa);C_v 为固结系数。

根据太沙基一维固结理论(见图 4.3.5),对最大排水距离为 H 的土层,当平均固结度大于等于 30% 时,地基竖向平均固结度 $\overline{U_z}$ 可采用下式计算:

$$\overline{U_z} = 1 - \frac{8}{\pi^2} e^{-\frac{\pi^2 T_v}{4}} \tag{4.3.5}$$

式中,T_v 为固结时间因子,$T_v = \dfrac{C_v t}{H^2}$;t 为固结时间(s)。

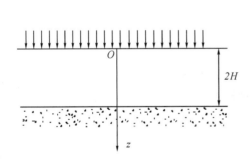
图 4.3.5　太沙基一维固结理论

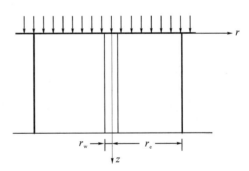
图 4.3.6　砂井地基固结理论

在地基中设置砂井作为竖向排水通道,如图 4.3.6 所示。在荷载作用下,地基土体既产生径向排水固结,又产生竖向排水固结,因而砂井地基排水固结属于三维问题,可采用太沙基-伦杜立克固结理论计算。轴对称条件下,太沙基-伦杜立克固结方程为

$$\frac{\partial u}{\partial t} = C_v \frac{\partial^2 u}{\partial z^2} + C_h \left(\frac{\partial^2 u}{\partial r^2} + \frac{1}{r} \frac{\partial u}{\partial r} \right) \tag{4.3.6}$$

式中,C_v,C_h 分别为竖向和径向固结系数。

式(4.3.6)可分解成式(4.3.4)所示的竖向固结方程和式(4.3.7)所示的径向固结方程

分别求解,径向固结方程为

$$\frac{\partial u}{\partial t}=C_{h}(\frac{\partial^{2} u}{\partial r^{2}}+\frac{1}{r}\frac{\partial u}{\partial r}) \tag{4.3.7}$$

根据巴隆在等应变假设条件下所得到的解,地基径向平均固结度 $\bar{U}_{r}$ 计算式为

$$\bar{U}_{r}=1-e^{-\frac{8T_{h}}{F_{n}}} \tag{4.3.8}$$

式中,T_{h} 为径向排水固结时间因子,其表达式为

$$T_{h}=\frac{C_{h}}{d_{e}^{2}}t \tag{4.3.9}$$

F_{n} 为参数,其表达式为

$$F_{n}=\frac{n^{2}}{n^{2}-1}\ln n-\frac{3n^{2}-1}{4n^{2}} \tag{4.3.10}$$

式中,n 为井径比,$n=\frac{r_{e}}{r_{w}}$;d_{e}、r_{e} 为砂井影响范围的直径和半径(m);r_{w} 为砂井半径(cm)。

砂井地基径向平均固结度记为 $\bar{U}_{r}$,竖向平均固结度记为 $\bar{U}_{z}$,则砂井地基总的平均固结度 $\bar{U}_{rz}$ 可按下式计算:

$$\bar{U}_{rz}=1-(1-\bar{U}_{z})(1-\bar{U}_{r}) \tag{4.3.11}$$

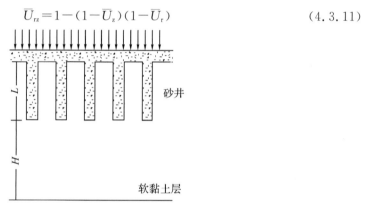

图 4.3.7 砂井未打穿软黏土土层情况

若软黏土层较厚,砂井未能打穿软土层,如图 4.3.7 所示。其中,砂井深度为 L,压缩层范围内软黏土层未设置砂井区厚度为 H,在荷载作用下,砂井区平均固结度 $\bar{U}_{rz}$ 可采用式(4.3.12)计算,未设砂井区平均固结度 $\bar{U}_{z}$ 采用一维固结理论计算,计算时将砂井底面视为排水面,整个软黏土层平均固结度 $\bar{U}$ 可采用下式计算:

$$\bar{U}=\lambda\bar{U}_{rz}+(1-\lambda)\bar{U}_{z} \tag{4.3.12}$$

式中,$\bar{U}_{rz}$ 为砂井区平均固结度(%);$\bar{U}_{z}$ 为未设置砂井区平均固结度(%);λ 为砂井深度与软土层总厚度之比值,其表达式为

$$\lambda=\frac{L}{L+H}$$

式中,L 为砂井深度(m);H 为未设置砂井区厚度(m)。

地基平均固结度表达式,如式(4.3.5)、式(4.3.8)、式(4.3.11)以及式(4.3.12)均是在瞬时加载条件下的解答。在实际工程中,预压荷载往往是分级逐渐施加的。图 4.3.8 为分级加载条件,其中第一级荷载为 Δp_{1},从 t_{0} 时刻开始加载,加载时间为 t_{1};第二级荷载为

Δp_2，从 t_2 时刻开始施加，加载时间为 $t_3 - t_2$。曾国熙(1975)建议分级加载条件下采用下述计算式计算地基固结度：

当 $0 < t < t_1$ 时，加载压力为 Δp，固结度为

$$\overline{U}_t = \frac{1}{t}\left[t - \frac{\alpha}{\beta}(1 - \mathrm{e}^{-\beta t})\right] \tag{4.3.13}$$

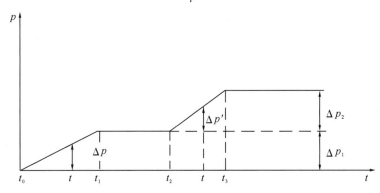

图 4.3.8　地基分级加载条件

Δp_1 对应的固结度为

$$\overline{U}_t = \frac{1}{t_1}\left[t - \frac{\alpha}{\beta}(1 - \mathrm{e}^{-\beta t})\right] \tag{4.3.14}$$

$\sum \Delta p_1$ 对应的固结度为

$$\overline{U}_t = \frac{\Delta p_1}{t_1 \sum \Delta p}\left[t - \frac{\alpha}{\beta}(1 - \mathrm{e}^{-\beta t})\right] \tag{4.3.15}$$

当 $t_1 < t < t_2$ 时，Δp_1 对应的固结度为

$$\overline{U}_t = 1 + \frac{\alpha}{\beta t_1}\left[\mathrm{e}^{-\beta t} - \mathrm{e}^{-\beta(t - t_1)}\right] \tag{4.3.16}$$

$\sum \Delta p$ 对应的固结度为

$$\overline{U}_t = \frac{\Delta p_1}{\sum \Delta p}\left\{1 + \frac{\alpha}{\beta t_1}\left[\mathrm{e}^{-\beta t} - \mathrm{e}^{-\beta(t - t_1)}\right]\right\} \tag{4.3.17}$$

当 $t_2 < t < t_3$ 时，$\sum \Delta p$ 对应的固结度为

$$\overline{U}_t = \frac{\Delta p_1}{t_1 \sum \Delta p}\left\{t_1 + \frac{\alpha}{\beta}\left[\mathrm{e}^{-\beta t} - \mathrm{e}^{-\beta(t - t_1)}\right]\right\} + \frac{\Delta p_2}{(t_3 - t_2)\sum \Delta p}\left\{(t - t_2) + \frac{\alpha}{\beta}\left[1 - \mathrm{e}^{-\beta(t - t_2)}\right]\right\}$$
$$\tag{4.3.18}$$

当 $t > t_3$ 时，$\sum \Delta p$ 对应的固结度为

$$\overline{U}_t = \frac{\Delta p_1}{t_1 \sum \Delta p}\left\{t_1 + \frac{\alpha}{\beta}\left[\mathrm{e}^{-\beta t} - \mathrm{e}^{-\beta(t - t_1)}\right]\right\} + \frac{\Delta p_2}{(t_3 - t_2)\sum \Delta p}\left\{(t_3 - t_2) + \frac{\alpha}{\beta}\left[\mathrm{e}^{-\beta(t - t_2)} - \mathrm{e}^{-\beta(t - t_3)}\right]\right\}$$
$$\tag{4.3.19}$$

多级等速加荷下修正后对 $\sum \Delta p$ 对应的固结度可归纳为下式：

$$\overline{U}_t = \sum \frac{q_n}{\sum \Delta p}\left[(t_n - t_{n-1}) - \frac{\alpha}{\beta}\mathrm{e}^{-\beta t}(\mathrm{e}^{\beta t_n} - \mathrm{e}^{\beta t_{n-1}})\right] \tag{4.3.20}$$

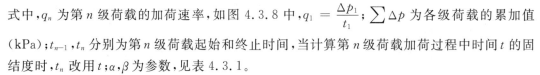

式中,q_n 为第 n 级荷载的加荷速率,如图 4.3.8 中,$q_1 = \dfrac{\Delta p_1}{t_1}$;$\sum \Delta p$ 为各级荷载的累加值 (kPa);t_{n-1},t_n 分别为第 n 级荷载起始和终止时间,当计算第 n 级荷载加荷过程中时间 t 的固结度时,t_n 改用 t;α,β 为参数,见表 4.3.1。

3. 非理想井情况下固结度计算

在地基中的竖向排水系统,无论是普通砂井,还是袋装砂井、塑料排水带,其本身透水性虽然大,但对渗流具有一定的阻力,并且在设置竖向排水系统过程中对地基土的扰动会降低砂井周围土体的渗透性。前者称为井阻,后者称为涂抹作用。近年来横断面积较小的袋装砂井和塑料排水带在工程中的应用日益广泛,使考虑井阻和涂抹作用的非理想井固结理论得到重视。Hansbo(1981)提出了考虑井阻和涂抹作用的饱和软黏土地基在深度 z 处径向排水平均固结度表达式

$$U_r = 1 - e^{-\frac{8T_h}{F}} \tag{4.3.21}$$

式中,T_h 为径向排水固结因子,$T_h = \dfrac{C_h}{d_e^2}t$;$F$ 为综合参数,其表达式为

$$F = F_n + F_s + F_r \tag{4.3.22}$$

式中,下标 n、s、r 分别表示井径比、涂抹作用、井阻作用的影响。F_n 计算式同式(4.3.10),当井径比 $n \geqslant 20$ 时,可简化为

$$F_n = \ln n - \frac{3}{4} \tag{4.3.23}$$

反映涂抹作用影响的参数 F_s 表达式为

$$F_s = \left(\frac{K_h}{K_s} - 1\right)\ln S \tag{4.3.24}$$

式中,K_h,K_s 分别为原状土和扰动土的水平向渗透系数;S 为扰动区半径 r_s 与砂井半径 r_w 之比,$S = \dfrac{r_s}{r_w}$。

具体计算时,可假设涂抹区直径为施工时成孔直径的 $2 \sim 3$ 倍。涂抹区渗透系数 k_s 介于原状土与重塑土之间,可采用重塑土的试验结果,但由此得到的计算结果偏于保守。

反映井阻作用影响的参数 F_r 表达式为

$$F_r = \pi z(2H - z)\frac{K_h}{q_w} \tag{4.3.25}$$

式中,H 为砂井贯穿土层最大排水距离(m);z 为竖向坐标(m);q_w 为竖向排水体(砂井)通水量(cm^2/s),其表达式为

$$q_w = K_w A_w = K_w \frac{\pi d_w^2}{4} \tag{4.3.26}$$

式中,K_w 为竖向排水体渗透系数(cm/s)。

Hansbo(1981)公式计算了某一深度处的平均固结度,因而可很方便地用来计算该深度土体因固结而增加的强度。

谢康和(1987)提出用井阻因子 G 来反映井阻影响:

$$F_r = \pi G \frac{K_h}{K_w}\left(\frac{H}{d_w}\right)^2 = \frac{\pi^2}{4}\frac{H^2}{d_w^2}\frac{K_h}{q_w} \tag{4.3.27}$$

式中,G 为井阻因子;H,d_w 分别为竖向排水体贯穿土层最大排水距离和排水体直径(m);K_h,K_w 分别为水平向排水体渗透系数和竖向排水体渗透系数(cm/s);q_w 为竖向排水体通水量(cm^2/s)。

已有分析表明,当 $G>0.07$ 时,考虑井阻和不考虑井阻作用得到的平均径向固结度相差 10% 以上;当 $G>10$ 时,固结度降低至无排水板地基情况;当 $G<0.1$ 时,井阻对固结度的影响很小,相当于无井阻的情况。目前,一般建议将井阻因子 $G=0.1$ 作为是否考虑井阻影响的界限值。根据非理想砂井固结理论,竖向排水体存在有效长度。竖向排水体超过有效长度后,有效长度之外的排水体加速固结的效果较差。

不同条件下平均固结度计算公式汇总见表 4.3.1。

表 4.3.1　不同条件下的固结度计算公式

加荷条件	条件	平均固结度计算公式	α	β	备注
瞬时加载	普遍表达式	$\overline{U}=1-\alpha e^{-\beta t}$			
	竖向排水固结 $\overline{U}_z>30\%$	$\overline{U}_z=1-\dfrac{8}{\pi^2}e^{-\frac{\pi^2 C_v}{4H^2}t}$	$\dfrac{8}{\pi^2}$	$\dfrac{\pi^2 C_v}{4H^2}$	太沙基解
	内径向排水固结	$\overline{U}_r=1-e^{-\frac{8C_h}{Fd_e^2}t}$	1	$\dfrac{8C_h}{Fd_e^2}$	
	竖向和内径向排水固结（砂井地基平均固结度）	$\overline{U}_{rz}=1-(1-\overline{U}_r)(1-\overline{U}_z)$ $=1-\dfrac{8}{\pi^2}e^{-\left(\frac{8C_h}{Fd_e^2}+\frac{\pi^2 C_v}{4H^2}\right)t}$	$\dfrac{8}{\pi^2}$	$\dfrac{8C_h}{Fd_e^2}+\dfrac{\pi^2 C_v}{4H^2}$	
瞬时加载	不完整井	$\overline{U}=\lambda \overline{U}_{rz}+(1-\lambda)\overline{U}_z$ $\approx 1-\dfrac{8\lambda}{\pi^2}e^{-\frac{8C_h}{Fd_e^2}t}$	$\dfrac{8}{\pi^2}\lambda$	$\dfrac{8C_h}{Fd_e^2}$	$\lambda=\dfrac{L}{L+H}$ L 为砂井长度;H 为砂井以下压缩土层厚度
	外径向排水固结（$\overline{U}_r>60\%$）	$\overline{U}=1-0.692e^{-\frac{5.78C_h}{R^2}}$	0.692	$\dfrac{5.78C_h}{R^2}$	R 为土桩体半径
逐级加载	普遍表达式	$\overline{U}_t=\sum\limits_{t=1}^{n}\dfrac{q_n}{\sum\Delta p}\left[(t_n-t_{n-1})-\dfrac{\alpha}{\beta}e^{-\beta t}(e^{\beta t_n}-e^{\beta t_{n-1}})\right]$			
	竖向排水固结 $\overline{U}_z>30\%$		$\dfrac{8}{\pi^2}$	$\dfrac{\pi^2 C_v}{4H^2}$	
	内径向排水固结		1	$\dfrac{8C_h}{Fd_e^2}$	
	竖向和内径向排水固结		$\dfrac{8}{\pi^2}$	$\dfrac{8C_h}{Fd_e^2}+\dfrac{\pi^2 C_v}{4H^2}$	
	不完整井		$\dfrac{8}{\pi^2}\lambda$	$\dfrac{8C_h}{Fd_e^2}$	$\lambda=\dfrac{L}{L+H}$ L 为砂井长度;H 为砂井以下压缩土层厚度

注:理想井情况下 F 采用公式(4.3.10)计算,非理想井情况下 F 采用公式(4.3.22)计算。

4. 土体抗剪强度计算

在荷载作用下地基土体产生排水固结,土体超孔隙水压力消散,有效应力增大,抗剪强度提高。同时,在荷载作用下,地基土体会产生蠕变,可能导致土体抗剪强度衰减。因此,在荷载作用下,地基中土体某时刻的抗剪强度 τ_f 可以表示为

$$\tau_f = \tau_{f0} + \Delta\tau_{fc} - \Delta\tau_{ft} \tag{4.3.28}$$

式中,τ_{f0} 为地基中某点初始抗剪强度(kPa);$\Delta\tau_{fc}$ 为因排水固结而增长的抗剪强度增量(kPa);$\Delta\tau_{ft}$ 为土体蠕变引起的抗剪强度减小量(kPa)。

考虑到由蠕变引起的抗剪强度减小量 $\Delta\tau_{ft}$ 尚难计算,曾国熙(1975)建议将式(4.3.28)改写为

$$\tau_f = \eta(\tau_{f0} + \Delta\tau_{fc}) \tag{4.3.29}$$

式中,η 为考虑土体蠕变及其他因素对土体抗剪强度的折减系数,建议在软黏土地基工程设计中取 $\eta = 0.75 \sim 0.90$。

对正常固结黏土,采用有效应力指标表示的抗剪强度表达式为

$$\tau_f = \sigma' \tan\varphi' \tag{4.3.30}$$

式中,φ' 为土体有效内摩擦角(°);σ' 为剪切面上法向有效应力(kPa)。

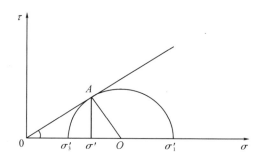

图 4.3.9 法向应力与切应力关系

图 4.3.9 表示土体单元法向应力与切应力的关系,由图 4.3.9 可以看到,剪切面上法向应力 σ' 可用最大有效主应力 σ_1' 表示,其关系式为

$$\sigma' = \frac{\cos^2\varphi'}{1+\sin\varphi'}\sigma_1' \tag{4.3.31}$$

由式(4.3.31)可以得到,土体固结对应的有效应力增量 $\Delta\sigma_1'$ 引起的土体抗剪强度增量表达式为

$$\Delta\tau_{fc} = \Delta\sigma' \tan\varphi' \tag{4.3.32}$$

结合式(4.3.31)和式(4.3.32),可得

$$\Delta\tau_{fc} = \frac{\cos^2\varphi'}{1+\sin\varphi'}\sigma_1' = K\Delta\sigma_1' \tag{4.3.33}$$

设在预压荷载作用下,地基中某点总主应力增量为 $\Delta\sigma_1$。当该点土体固结度为 U 时,土体中相应的有效主应力增量 $\Delta\sigma_1'$ 为

$$\Delta\sigma_1' = \Delta\sigma_1 - \Delta u = U\Delta\sigma_1 \tag{4.3.34}$$

式中,Δu 为土体中超孔隙水压力增量(kPa)。

结合式(4.3.29)、式(4.3.33)和式(4.3.34),可得

$$\tau_f = \eta[\tau_{f0} + K(\Delta\sigma_1 - \Delta u)] = \eta(\tau_{f0} + KU\Delta\sigma_1) \tag{4.3.35}$$

式中,K 为土体有效内摩擦角的函数,$K = \dfrac{\sin\varphi'\cos\varphi'}{1+\sin\varphi'}$;$U$ 为地基中某点固结度,为简化计算,常用平均固结度代替;$\Delta\sigma_1$ 为荷载引起的地基中某点最大主应力增量(kPa),可按弹性理论计算;Δu 为荷载引起的地基中某点超孔隙水压力增量(kPa)。

5. 地基沉降计算

对于土的压缩量(沉降)的计算,随着对土的应力应变关系理解的深化,从原先只考虑单向压缩变形,发展到考虑侧向变形,更将土的应力历史、应力路径等因素纳入计算方案,许多土的复杂的本构关系也被引入计算,例如在压缩变形计算中,除古典的土线性弹性模型外,已经逐渐引用其他各种模型,如双线弹性模型、弹塑性模型、双曲线模型以及剑桥模型等。有限单元法在固结计算中的应用,可以在一次分析中得到土体变形-荷重关系的全过程。以下介绍理论计算方法。

地基某时间的总沉降量 s_t,由三部分组成,即:

$$s_t = s_d + s_c + s_s \tag{4.3.36}$$

式中,s_d 为瞬时沉降量(mm);s_c 为固结沉降量(mm);s_s 为次固结沉降量(mm)。

次固结沉降大小与土的性质有关。泥炭土、高有机质含量或高塑性软黏土层,其次固结沉降占比大,而其他土则所占比例不大。次固结沉降可以忽略时,则最终总固结沉降 s_∞ 可按下式计算:

$$s_\infty = s_d + s_c \tag{4.3.37}$$

软黏土的瞬时沉降 s_d 一般按弹性理论公式计算,但由于参数难以准确测定,影响计算的精度。根据国内外的经验,可用下式计算最终总固结沉降 s_∞:

$$s_\infty = ms_c \tag{4.3.38}$$

式中,m 为考虑地基剪切变形及其他影响因素的综合经验系数,它与地基土的变形特性、荷载条件、加荷速率等因素有关。对于正常固结或稍超固结土,m 可取 $1.1\sim1.4$,荷载大或高压缩性饱和黏土取大值,反之取小值。

载荷作用下地基的沉降随时间的发展可用下式计算:

$$s_t = s_d + \overline{U}_t s_c \tag{4.3.39}$$

式中,$\overline{U}_t$ 为 t 时间地基的平均固结度(%)。

对于一次骤然加荷或一次等速加荷结束后任何时刻的地基沉降量,上式可改写为:

$$s_t = (m - 1 + \overline{U}_t)s_c \tag{4.3.40}$$

对于多级等速加荷的情况,应对 s_d 值作加荷修正,使其与修正的固结度 $\overline{U}_t$ 相适应,上式可写为:

$$s_t = \left[(m-1)\frac{p_t}{\sum \Delta p} + \overline{U}_t\right]s_c \tag{4.3.41}$$

式中,p_t 为 t 时刻的累计荷载(N);$\sum\Delta p$ 为总累计荷载(N)。

固结沉降 s_c 目前通常采用分层总和法计算,可采用 $e\text{-}\sigma_c'$ 或者 $e\text{-}\lg\sigma_c'$ 曲线计算。

4.3.4 堆载预压法

堆载预压法是排水固结法中的一种主要方法,是采用堆载加压方式,使软黏土地基中的孔隙水排出,在预压荷载下土体发生固结,土中孔隙体积减小,土体强度提高,以达到减少地基工后沉降和提高地基承载力的目的。最常用的堆载材料是土或砂石料,也可采用其他材料。有时也可利用建(构)筑物自重进行预压。堆载预压法可分为两种:当预压荷载小于或等于使用荷载时,称为一般堆载预压法,简称堆载预压法;当预压荷载大于使用荷载时,称为超载预压法。

堆载预压法作用机理、固结计算、抗剪强度计算和沉降计算参见 4.3.3 小节。

4.3.5 真空预压法

真空预压法通过在砂垫层和竖向排水体中形成负压区,在土体内部与排水体间形成压差,迫使地基土中的水排出,使地基土体产生固结。真空预压法加固软土技术最早由瑞典皇家地质学院的杰尔曼(Kjellman)教授于 1952 年提出,目前已成为加固软土地基的常规实用方法。

1. 作用原理

用真空预压法加固软土地基时,在地上施加的不是实际重物,而是把大气作为荷载。在抽气前,薄膜内外都受大气压力作用,土体孔隙中的气体与地下水面以上都处于大气压力下(见图 4.3.10);抽气后,薄膜内砂垫层中的气体首先被抽出,其压力逐渐下降至 p_n,薄膜内外形成一个压差 Δp,使薄膜紧贴于砂垫层上,这个压差称为"真空度"。砂垫层中形成的真空度,通过垂直排水通道逐渐向下延伸,同时真空度又由垂直排水通道向其四周的土体传递与扩展,引起土中孔隙水压力降低,形成负的超静孔隙水压力。所谓负的超静孔隙水压力是指孔隙中形成的孔隙水压力小于原大气状态下的孔隙水压力,其增量值是负的。从而使土体孔隙中的气和水发生由土体向垂直排水通道的渗流,最后由垂直排水通道汇至地表砂垫层中被泵抽出。在堆载预压法中,虽然也是土中孔隙的水向垂直排水通道汇集,然而两者引起土中水与气发生渗流的原因却有本质的不同。真空预压法是在不施加外荷的前提下,降低垂直排水通道中的孔隙水压力,使之小于土中原有的孔隙水压力,形成渗流所需的水力梯度;而堆载预压法却是通过施加外荷载,增加总应力,增加软土中孔隙水压力,并使之超过垂

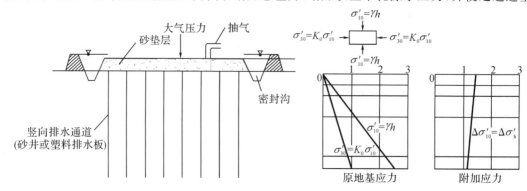

图 4.3.10 真空预压法

直排水通道中的孔隙水压力,使土中的水向垂直排水通道中汇流。

从太沙基的有效应力原理看,真空预压法加固过程中总应力没有增加,即 $\Delta\sigma=0$。加固中降低的孔隙水压力等于增加的有效应力,即

$$\Delta\sigma' = -\Delta u \tag{4.3.42}$$

或

$$\Delta\sigma = \Delta\sigma' + \Delta u = 0 \tag{4.3.43}$$

土体在该有效应力作用下得到固结。

从以上分析看出,垂直排水通道在真空预压中,不仅仅起着垂直排水、减小排水距离、加速土体固结的作用,而且起着传递真空度的作用。"预压荷载"通过垂直排水通道向土体施加,垂直排水通道起着双重作用。

从有效应力路径分析,加固前地基中原有的应力状态如图 4.3.11 中 D 圆所示,平均应力为

$$p_0' = \frac{1}{2}(\sigma_{10}' + \sigma_{30}') \tag{4.3.44}$$

加固中地基土体中增加的有效应力为 $\Delta\sigma'$,由于孔隙水压力是一个球应力,所以在各个方向均增加 $\Delta\sigma'$,因此

$$\sigma_3' = \sigma_{30}' + \Delta\sigma' \tag{4.3.45}$$
$$\sigma_1' = \sigma_{10}' + \Delta\sigma' \tag{4.3.46}$$

有效应力圆由 D 位置向右移到 D'(见图 4.3.11),平均应力增加到

$$p' = p_0' + \Delta\sigma' \tag{4.3.47}$$

但应力圆的半径保持不变。当加固结束、"荷载"卸除后,地基土的强度沿超固结包线退到 F 点,和原有强度相比增加了 $\Delta\tau$,所以加固后土体强度提高。

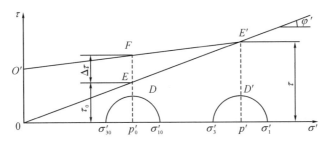

图 4.3.11　真空预压加固软土强度增长原理

真空预压法加固原理与堆载预压法加固机理存在区别。首先,堆载预压中,土体中总应力增加,而真空预压中总应力保持不变。其次,堆载预压中,土体孔隙中形成的孔隙水压力增量是正值,而真空预压中,土体孔隙水压力增量是负值,即小于静水压力值。再次,堆载预压法中土体有效应力的增长是通过正的超静水压力的消散来实现的,而且随着超静水压力逐步消散为零,有效应力增加达到最大值,真空预压法中土体有效应力的增长是靠形成负的超静孔隙水压力来实现的,随着负的超静水压力增大,有效应力也逐渐增大,一旦负的超静水压力发生"消散",有效应力就随之降低,当负的超静水压力"消散"为零时,土体中形成的有效应力亦降为零。最后,堆载预压法中,土体加固后形成的有效应力与上部施加的荷载大小有关,而且在垂直向和水平向上大小一般是不同的,当加固完成后,上部荷载没有移去,则

土体中有效应力的增加依然存在,土体总有效应力是增大的。真空预压法中土体有效应力的增加具有最大值,理论上最大为一个大气压,一般都低于此值。由于有效应力的增加是依赖于孔隙水压力的降低来实现的,所以,土体加固过程中同一深度有效应力增加值在垂直、水平及各个方向上具有相同值;并且随着加固过程的结束,"荷载"消失,加固过程中形成的有效应力亦随之消失,土体中总有效应力恢复到原有水平,所以经真空预压加固过的土体会处于超固结状态。

2. 计算理论

对于真空预压固结理论,近年来相关研究人员在传统固结理论的基础上进行了拓展深化研究,借鉴砂井排水固结理论提出抽真空作用下真空度的衰减经验公式,分别推导了空间轴对称模型的固结解和平面应变模型的固结解。实际应用中,真空预压下地基土体固结计算、抗剪强度计算可采用 4.3.3 小节的方法。

在真空预压法加固地基的沉降计算中,先计算加固前建筑物荷载下天然地基的沉降量 s_n,然后计算真空预压期间所能完成的沉降量 s_v,预压后在建筑物荷载下可能发生的沉降 s_s 为:

$$s_s = s_n - s_v \qquad\qquad (4.3.48)$$

预压期间的固结沉降可根据设计所要求达到的固结度推算加固区所增加的平均有效应力,从 $e\text{-}\sigma_c'$ 曲线上查出相应的孔隙比进行计算。和堆载预压不同,真空预压周围土产生指向预压区的侧向变形,因此,按单向压缩分层总和法计算所得的固结沉降应乘上一个小于 1 的经验系数方可得到最终的沉降值,该经验系数一般可取 0.8~0.9。

3. 特点和适用范围

真空预压法具有以下特点:

(1)真空预压法利用大气压差加固软土地基,和堆载预压法相比,不需要大量的预压材料,不需实物。

(2)真空预压法"荷载"可一次施加,可以一次快速施加到 80kPa 以上,可看作瞬时加荷工况,无须分级施加,不必担心加固过程中会出现地基失稳情况。

(3)真空预压法加固软土地基时,地基周围的土体是向着加固区内移动的,与堆载预压法相反,所以两者发生同样的垂直变形,真空预压法加固的土体密实度要高;另外,真空度在整个加固区范围内是均匀分布的,因此加固后的土体,其垂直变形在全区比堆载预压加固的要均匀,平均沉降量要大。

(4)真空预压法的强度增长是在等向固结过程中实现的,软土抗剪强度提高的同时不会伴随剪应力的增大,不会产生剪切蠕动现象,也不会导致抗剪强度的衰减,同样情况下采用真空预压法加固的地基抗剪强度增长率比采用堆载预压法的要大。

真空预压法适用于含水率高的软土,如淤泥、淤泥质土等。采用真空预压法加固地基时,能避免加固中地基发生失稳。真空预压与加固时间一般都比较长,常常需要半年以上才能取得较好的加固效果,不适用于工期紧的项目。另外,真空预压法需要加固区域的地层有良好的密封性、较小的渗透性;对渗透性太大的地层需要做密闭处理,尤其是地表下有较强透水层时一定要做隔断处理;一般当渗透系数大于 $5 \times 10^5 \mathrm{cm/s}$ 时,就要考虑处理,国内常用的方法是做淤泥搅拌墙,隔断加固区与外界的联系。

真空预压法可与其他方法联合使用,达到优势互补的效果。真空预压法能施加的最大预压荷载只有 100kPa。如要求再大,就需要与其他方法联合加固,或用其他方法来弥补。工程中常用真空预压法对其他方法进行补充,弥补原有加固方法的不足;如高速公路建设中常将真空荷载作为路堤自载预压方案中的超载,对控制路堤的工后沉降效果较好;在极软海淤土上先用真空预压对软土进行加固,之后再打预制桩,能很好地解决打入桩体造成的软土过度挤压的问题。目前真空预压法正越来越广泛地与其他加固方法联合使用,以解决工程中的一些特殊问题。在运用真空预压法与其他方法联合加固时,要考虑发挥真空预压法加荷快、加荷过程中无须担心地基会发生失稳现象的长处,以及能在超软弱地基上进行施工的特点。

4.3.6　真空-堆载联合预压法

若单纯采用真空预压法不能满足地基加固设计要求,则可采用真空预压和堆载预压结合的处理方法,通常称为真空-堆载联合预压法。真空预压与堆载预压同属于排水固结法,其加固原理基本相同,均是通过增加地基有效应力对软土地基实施加固的。孔隙水压力是中性应力,是一个标量,它是位置的函数,大小与某点的方向无关,所以因真空降低的孔隙压力(负超静水压力)与堆载增大的孔隙压力(正超静水压力)可叠加。从原理上看,可采用真空预压与堆载预压联合的方法来加固软土地基。

真空联合预压法中,可分别计算真空预压和堆载预压加固效果,然后将两者叠加就可得到真空联合预压法的加固效果,具体计算过程可参考 4.3.3 和 4.3.5 小节。

4.3.7　降低地下水位法

降低地下水位法通过降低地下水位增加地基中土体自重应力以改变地基中的应力场,达到加快排水固结加固地基的目的。降低地下水位法加固地基的原理如图 4.3.12 所示。

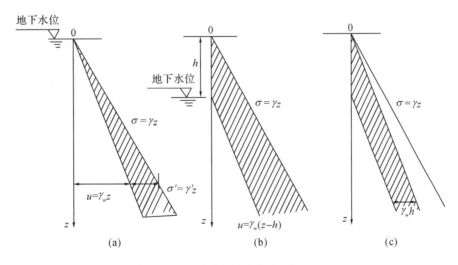

图 4.3.12　降低地下水位法加固地基

在图 4.3.12(a) 中,地下水位与地面齐平,地基土的重度为 γ,浮重度为 γ',水的重度为 γ_w,则地基中土体的总应力为:

$$\sigma = \gamma z \qquad (4.3.49)$$

地基土体中静水压力为：

$$u = \gamma_w z \qquad (4.3.50)$$

地基土体中有效应力为：

$$\sigma' = \sigma - u = (\gamma - \gamma_w)z = \gamma' z \qquad (4.3.51)$$

若地基中地下水位下降至深度 h，如图 4.3.12(b)所示，则地基土体中总应力保持不变，而静水压力和有效应力表达式为：

$$\begin{cases} u = 0 & (z < h) \\ u = r_w(z-h) & (z \geq h) \end{cases} \qquad (4.3.52)$$

$$\begin{cases} \sigma' = \gamma z & (z < h) \\ \sigma' = \gamma' z + \gamma_w z & (z \geq h) \end{cases} \qquad (4.3.53)$$

图 4.3.12(c)中阴影部分表示地下水位下降、地基土体固结完成后土体中有效应力增加的部分。渗透系数很小的软黏土地基，从图 4.3.12(a)表示的状态过渡到图 4.3.12(b)表示的状态需要较长的时间。对于渗透系数较大的土层，采用降低地下水位法可达到较好的排水固结效果。

4.3.8 电渗排水固结法

电渗排水固结法是通过在插入土体中的电极上施加直流电使得土体加速排水、固结，从而提高强度的一种地基处理方法。其历史可以追溯至 1809 年俄国学者罗伊斯(Reuss)在实验室内的首次发现，后来各国学者在其加固机理、固结理论以及应用方面开展了大量的研究工作。电渗过程中，电渗渗透系数是决定土体排水速率的关键因素之一，与常用的水力渗透系数与土壤类型息息相关的特性不同，电渗渗透系数受土颗粒大小影响较小，如不同的土壤类型，其水力渗透系数的变化范围为 $10^{-9} \sim 10^{-1}$ m/s，而电渗渗透系数的变化范围为 $10^{-9} \sim 10^{-8}$ m²/(s·V)。因而，电渗法被认为是在处理高含水量、低渗透性软黏土地基上很有发展前途的方法。

电渗加固软土地基具有以下优势：能快速加固细颗粒土；电渗法不会引起因软土承载力不足而发生的失稳现象，且其对土体的加固是永久的；安全性高，电渗法所需要的电压不高，一般为 30～160V，施工时可以划出安全隔离带，容易进行安全控制。

1939 年 Cassagrande 首次将电渗法成功应用于德国某铁路挖方边坡工程中，其后，Bjerrum(1967)报道了电渗法用于挪威超灵敏流黏土地基加固的实践。随后，电渗法一直被尝试用于各种领域，如地基、边坡和堤坝的加固，提高桩的承载力，电动注浆，减小灵敏黏土灵敏度，以及环境岩土中去除重金属离子等。随着近年来沿海吹填造陆、深厚软土加固处理、淤泥排水固结等工程的蓬勃发展，电渗法得到愈来愈多的关注并成为研究热点之一。

1. 作用原理

水分子的极性使其易和水中溶解的阳离子结合形成水化阳离子，在外界电场作用下产生定向排列，同时黏土颗粒表面带一定的负电荷，在表面电荷电场的作用下，靠近土颗粒表面的极性水分子和水化阳离子因受到较强的电场引力作用而被土颗粒牢牢吸附，形成固定层，即强结合水层，强结合水因受较强的吸附作用不易排出；在紧贴固定层外面，极性水分子和水化阳离子受到的静电引力较小,分子间的扩散运动相对明显,形成扩散层,也叫弱结合水层,这层中水分子及水化阳离子仍受到静电引力的影响,因此普通的堆载预压和真空预压法不易将其排出,电渗法因其在土体中施加电压而将原有的静电平衡打破,可以达到排出弱结合水的效果。具体来说,离子在电场作用下发生迁移运动,并且拖拽周围的极性水分子一起移动,黏土颗粒的负电性使得离子较多地聚集在双电层中,且阳离子浓度要高于阴离子浓度,这使得阳离子转移的水量高于阴离子的转移量,于是在阳离子迁移方向产生净渗流,即电渗(见图 4.3.13)。如果将汇聚于阴极的水排出,土中的水减少产生固结。

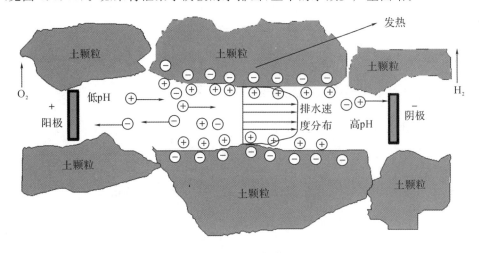

图 4.3.13 电渗原理

2. 电渗固结理论

已有电渗固结理论大多基于 Esrig(1968)一维固结理论,Esrig 理论基本假设条件为:

(1)土体均一且饱和;

(2)土体的物理化学性质均匀,且不随时间变化;

(3)不考虑土颗粒的电泳现象,且土颗粒不可压缩;

(4)电渗水流速度和电势梯度成正比;

(5)电势梯度均匀恒定,且施加的电势完全用于电渗;

(6)不考虑电极处的电化学反应;

(7)电场和水力梯度引起的水流可叠加。

与达西定律类似,电渗过程中电渗流与电势梯度存在以下关系:

$$q_e = k_e i_e = k_e \frac{\partial \varphi}{\partial x} \tag{4.3.54}$$

式中,q_e 为电渗流($\mathrm{cm^2/s}$),φ 为电势(V),k_e 为电渗渗透系数[$\mathrm{cm/(V \cdot s)}$],叠加水力流得到:

$$q = q_h + q_e = k_h i_h + k_e i_e = \frac{k_h}{\gamma_w} \frac{\partial u}{\partial x} + k_e \frac{\partial \varphi}{\partial x} \tag{4.3.55}$$

式中,q 为总水流($\mathrm{cm^2/s}$);q_h 为水力流($\mathrm{cm^2/s}$);k_h 为水力渗透系数($\mathrm{cm/s}$);u 为超孔隙水压力(kPa);γ_w 为水的重度($\mathrm{N/m^3}$)。由于孔隙水不可压缩,排出的水完全贡献于土体体积的减小,进一步推导得到以下控制方程:

$$\frac{\partial^2 u}{\partial x^2} + \frac{k_e \gamma_w}{k_h} \frac{\partial^2 \varphi}{\partial x^2} = \frac{m_v \gamma_w}{k_h} \frac{\partial u}{\partial t} \tag{4.3.56}$$

在阳极不透水、阴极排水的常规边界条件下，以及孔压 $u(x,0)=0$ 的初始条件下，其 Esrig 一维固结解为：

$$u(x,t) = -\frac{k_e \gamma_w}{k_h} \varphi(x) + \frac{8 k_e \gamma_w \varphi_m}{k_h \pi^2} \sum_{m=1}^{\infty} \frac{(-1)^m}{(2m-1)^2} \sin\frac{(2m-1)\pi x}{2L} \mathrm{e}^{-\left[(m-\frac{1}{2})\pi\right]^2 T_h} \tag{4.3.57}$$

式中，L 为阴极与阳极之间的距离（m）（见图 4.3.14）。基于应力的平均固结度为：

$$\overline{U} = 1 - \frac{16}{\pi^3} \sum_{k=1}^{\infty} \frac{(-1)^m}{(2m-1)^3} \mathrm{e}^{-\left[(m-\frac{1}{2})\pi\right]^2 T_h} \tag{4.3.58}$$

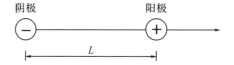

图 4.3.14　Esrig 一维电渗固结模型

式中，$\varphi(x)$ 为 x 处的电势（V），根据假设（5）知 $\varphi(x) = \frac{\varphi_m}{L}x$，$\varphi_m$ 为最大电势，T_h 为时间因子 $c_v t / L^2$。由公式（4.3.57）知，最大孔隙水压力为：

$$u_m = -\frac{k_e \gamma_w}{k_h} \varphi_m \tag{4.3.59}$$

则：

$$\frac{u(x,t)}{u_m} = \frac{x}{L} - \frac{8}{\pi^2} \sum_{k=1}^{\infty} \frac{(-1)^m}{(2m-1)^2} \sin\frac{(2m-1)\pi x}{2L} \mathrm{e}^{-\left[(m-\frac{1}{2})\pi\right]^2 T_h} \tag{4.3.60}$$

Esrig 的开创性工作为电渗固结理论的发展奠定了良好的基础。基于 Esrig 一维电渗固结理论，后续学者提出了不同条件下的电渗固结解析理论，包括考虑堆载和电极反转两种情况的固结度计算公式、竖向二维条件下电渗联合堆载的解析解、轴对称电渗固结理论、堆载-电渗联合作用下的一维非线性大变形固结理论以及考虑渗透系数变化的一维电渗固结理论等。这些基于 Esrig 理论的解析理论丰富和发展了电渗固结理论，但没有考虑电渗处理过程中土体性质变化以及电场的非均匀分布，且无法计算电渗过程中土体应力变形与电渗作用的耦合作用。一些学者试图通过考虑渗流场、电场、应力场和应变场的多场耦合作用来模拟电渗过程，取得了一系列创新性成果，这也是电渗理论研究方面的主要发展方向。

3. 发展趋势

1）新型电极材料

电极材料是影响电渗能耗和效果的关键因素之一。铁、铜、铝和石墨是较为常见和传统的电极材料，铁、铜、铝等金属电极存在腐蚀问题，而石墨电极力学强度较小，难以在大场地工程中广泛应用，使得传统电极材料在电渗中的表现不理想。为了克服传统电极材料的不利之处，新型电极材料不断被研发，其中电动土工合成材料（electrokinetic geosynthetic，EKG）被认为具有很大发展前途。EKG 概念最早由 Jones 等（1996）提出，是融合了过滤、排水、加筋和导电等诸多性能的合成材料；EKG 材料自诞生伊始就得到了大量关注和研究，英国纽卡斯尔大学和国内武汉大学在这方面均取得了一些创造性成果。

EKG 主要具有以下优点：金属电极腐蚀现象得以解决，提高电能利用率，降低成本；EKG 电极相对于金属电极，容易保持与土体的良好接触，避免了界面电阻过大的问题；EKG 电极综合了导电和排水两大功能，为电渗竖向排水提供了可能；EKG 电极既可作阳极，也可作阴极，因此可以方便地实现电极反转，以增加土体处理后的均匀性和导电的持久性。虽然 EKG 材料发展迅速，但是仍有问题：首先，EKG 材料导电塑料的电阻率要求不高于 $10^{-3}\,\Omega\cdot m$，满足该导电性要求的塑料力学性能较差，材料发脆，柔韧性也不好，在模具中难以成型；其次，EKG 材料在通电过程中潜在的碳迁移，导致材料导电性能下降，该问题被称为导电塑料的"腐蚀"；除此之外，EKG 电极材料在现场应用中电阻率偏大，导电性能不如金属材料，且在不同的环境下的性能发挥仍有诸多限制，如在海水中，EKG 的导电性能会急剧下降，因此 EKG 材料尚需进一步研究发展，以期适应更加复杂的工况。

除了电极材料本身的创新，不同材料组合形式上的创新也一直贯穿着电渗加固技术的发展历程，将铜丝插入塑料排水板后用作电极形成 EVD 或将金属棒或碳棒插入塑料排水板形成 PVD 均是有效的尝试。组合电极规避了单一电极形式的弊端，具备导电功能的同时自身能充当排水通道，有望成为未来电渗电极发展的主要形式之一。

2）电渗与其他技术联合应用

电渗联合堆载预压、真空预压或低能量强夯等处理方法，能有效缓解电渗法的不足之处（土体处理不均匀、加固深度有限、能耗高等），起到优势互补、扬长避短的功效，因而与传统工法联合使用被认为是电渗法工程应用的首要形式。其中，电渗联合堆载的结合不仅能够提高电渗排水效果，而且能改善电极与土体的接触性状，进而使得电渗效率升高。而土体经电渗排水达到最优含水量时若对其施加低能量强夯，会进一步密实土体，使土体由流塑状态快速转变为半固态或固态，达到所需承载力；因而，电渗法和强夯法的联合作用，亦有学者称之为"双控动力法"，能够使电渗降水和强夯加固两者优势互补、取长补短，达到更好的加固效果。对于电渗联合真空预压，国内学者展开了较多研究，有试验显示电渗法联合真空相比于单纯的真空预压加固法，可使土体强度提高 2～5 倍，加固效果显著，两者联合作用可实现对表层和深层土体的均匀加固；真空预压通过抽真空设备向土体施加真空压力，同时由排水通道（如塑料排水板、砂井等）向土体深部传递真空度，在土体内与排水通道之间形成水头差，使土体中的水排出而产生固结，结合电渗法后，真空预压中的被动排水有望变为主动排水，再附加电化学加固、水分蒸发作用以及离子沉积作用等，能充分排出土体中的自由水和部分结合水，大大提高加固效果，另外电渗因采用电场作用，理论上加固效果不随深度衰减，因此两者结合可以达到更好的地基处理效果。

注入化学溶液也可以促进电渗排水。研究结果表明，通过在土体中加入絮凝剂或缓冲剂可有效提高电渗效果，其中添加剂主要包括有机物和无机化学溶液，前者如表面活性剂和阴离子聚合物、丙烯酸甲酯聚阳离子溶液和生物表面活性剂槐糖脂等，后者如 $CaCl_2$ 溶液、$Al_2(SO_4)_3$ 溶液和 H_3PO_4 溶液等，均对电渗加固效果具有不同程度改善作用。

4.4 强夯法和强夯置换法

4.4.1 强夯法

强夯法在国际上称动力压实法或称动力固结法,这种方法是反复将夯锤提到高处使其自由落下,给地基以冲击和振动能量,将地基土夯实,从而提高地基的承载力,降低其压缩性,改善砂土的抗液化条件,消除湿陷性黄土的湿陷性。同时,夯击还可提高土层的均匀程度,减少将来可能出现的差异沉降。强夯法施工设备简单、效果显著、工效高且加固费用低,是应用最广泛的地基处理技术之一。

1. 作用原理

强夯法处理地基是高势能的夯锤自由下落,和地基土碰撞产生巨大的冲击波,这部分夯击能一部分以声波的形式向外传播,一部分由夯锤和土体摩擦而形成热传播,其余大部分冲击能以体波的形式由振源向地基深层传播,能量释放于可加固范围的地基中,使土体得到不同程度的压密加固。强大的冲击波使土体压缩和侧向挤压产生纵波(P波),纵波的质点振动方向和传播方向相同,所以也称为压缩波(P波),它对地基产生压缩作用。冲击波产生的剪切变形在地基中产生横波(S波),即剪切波,横波的振动方向和传播方向垂直,使地基表层产生松动出现扰动膨胀区,松动层以下因压缩波的作用而使土体得到加固,地基土为弹性体,在强力夯击下地基产生变形。其变形包括塑性及弹性两部分,总变形量除与单击能量大小有关以外,也因夯击次数而异。

强夯法对于饱和土和非饱和土的加固原理存在差异。

1)非饱和土的加固原理

采用强夯法加固非饱和土是基于动力压密的概念,即用冲击型动力荷载,使土体中的孔隙体积减小,土体变得更为密实,从而提高其强度。非饱和土的固相是由大小不等的颗粒组成的,按其粒径大小可分为砂粒、粉粒和黏粒。砂粒(粒径为 $0.074\sim2\text{mm}$)的形状可能是圆的(河砂),也可能是有棱角的(山砂);粉粒(粒径为 $0.005\sim0.074\text{mm}$)则大部分由石英和结晶硅酸盐细屑组成,它们的形状接近球形;非饱和土类中的黏粒(粒径小于 0.005mm)含量不大于 20%。在土体形成的漫长历史中,由于各种非常复杂的风化过程,各种土颗粒的表面通常包裹着一层矿物和有机物的多种新化合物或胶体物质的凝胶,使土颗粒形成一定大小的团粒,这种团料具有相对的水稳定性和一定的强度。而土颗粒粒周围的孔隙被空气和液体(例如水)所充满,即土体由固相、液相和气相三部分组成。在压缩波能量的作用下,土颗粒互相靠拢,因为气相的压缩性比固相和液相的压缩性大得多,所以气体部分首先被排出,颗粒进行重新排列,由天然的紊乱状态进入稳定状态,孔隙大量减少。就是这种体积变化和塑性变化使土体在外荷作用下达到新的稳定状态。当然,在波动能量作用下,土颗粒和其间的液体也因受力而可能变形,但这些变形相对颗粒间的移动、孔隙减少来说是较小的。这样我们可以认为非饱和土的夯实变形主要是颗粒的相对位移引起的。因此亦可以说,非饱和土的夯实过程,就是土中的气相被挤出的过程。

2)饱和土的加固原理

传统的太沙基固结理论认为,饱和软土在快速加荷条件下,由于孔隙水无法瞬时排出,所以是不可压缩的,因此用一个充满不可压缩液体的圆筒、一个用弹簧支承着活塞和供排出孔隙水的小孔所组成的模型来表示。梅那等(Mayne et al.,1984)则根据饱和土在强夯后瞬时能产生数十厘米的压缩这一事实,提出了新的模型,这两种模型的不同点如图 4.4.1 所示。

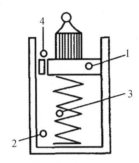

1—无摩擦的活塞；2—不可压缩的液体；
3—均质弹簧；4—固定直径的孔眼,受压液体排出通路。

(a) 太沙基模型

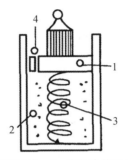

1—有摩擦的活塞；2—有气泡的可压缩液体；
3—非均质弹簧；4—可变直径的孔眼,受压液体排出通路。

(b) 梅那模型

图 4.4.1　强夯法加固原理

关于强夯加固饱和土的机理,梅那提出了以下几点:由于存在微小气泡,孔隙水具有压缩性;由于冲击力的反复作用,孔隙水压力上升,地基发生液化;由于裂隙以及土接近液化或处于液化状态,还由于细粒土的薄膜水一部分变为自由水,土的透水性增大;由于静置孔隙水压力降低,土的触变性得到恢复。动力固结法是加固饱和土(细粒土)的理论依据。

梅那等(Mayne et al.,1984)用饱和土的排水固结原理解释了强夯加固饱和土的可能性原理,详细描述可参见《地基处理手册》(第 3 版)。然而梅那没有对动力学原理做出令人满意的解释。有学者通过一系列试验现象,利用波动原理解释了强夯加固饱和土的机理,指出对于水位以下的饱和土,强夯的冲击波在水位以下取得了有利的传播条件;在液相介质中,只能传播纵波(压缩波),能量的损耗较少;在不同介质中,振动引起的频率、速度、能量不同,存在不同的振动效应,当两者的动力差大于土粒对水的吸附能力时,自由水、毛细水将从颗粒之间析出;在动力冲击持续作用下,自由水向低压区排泄,当动水压力超过上覆土自重压力时,自由水将喷出地面,经过一段触变土结构恢复,密度增大,强度提高。

强夯法加固地基至今还没有一套成熟的理论计算方法,通常通过经验和现场试验得到设计施工参数,强夯法加固理论需要在实践中总结和提高。采用强夯法加固地基过程中,振动、噪声等对周围环境产生的不良影响应引起足够的重视。

2. 强夯的加固深度

强夯有效加固深度是选择强夯施工能级(单击夯击能)的主要依据,也是表征强夯加固效果的关键指标。梅那等(Mayne et al.,1984)提出以下公式估算强夯加固影响深度 H:

$$H = \sqrt{Mh} \tag{4.4.1}$$

式中,M 为锤重(t);h 为落距(m)。

从上式可以看出,影响深度仅与锤重和落距有关。但实际上,影响强夯有效加固深度的因素很多,如地基土性质、不同土层的厚度和埋深顺序、地下水、夯击次数、锤底单位压力等,但梅那公式提供了一种探寻有效加固深度的途径,面对不同使用条件时,需要予以修正。自1980年以来,国内外学者从不同理论出发,对利用梅那公式确定有效加固深度提出各种方法和建议,其中较多的学者建议对梅那公式乘以小于1的修正系数,还有一些学者根据能量守恒原理提出了一些方法,但这些修正系数采用的依据不明确,修正系数的范围偏大,实际应用意义不大。

4.4.2 强夯置换法

强夯置换法是指利用强夯施工方法,边夯边填碎石,在地基中设置碎石墩,在碎石墩和墩间土上铺设碎石垫层形成复合地基以提高地基承载力和减小沉降的一种地基处理方法。碎石墩设置深度一般与夯击能和地基土性质有关,深厚软黏土地基中碎石墩深度一般可达5～8m。

强夯置换分整体式置换和墩柱式置换两种,如图4.4.2所示。

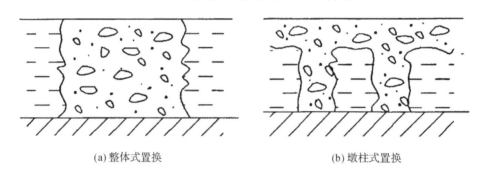

(a) 整体式置换   (b) 墩柱式置换

图 4.4.2 强夯置换形式

1. 整体式置换加固机理

整体式置换以密集的点夯形成线置换或面置换,通过强夯的冲击能将需置换的软弱土挤开,换以抗剪强度高、级配良好、透水性好的块石、碎石、石渣或建筑垃圾等坚硬材料,形成密实度高、压缩性低、应力扩散性能良好的垫层。整体式置换可用于3～5米厚的淤泥质软土地基,通过抛填石块,利用强大的冲击力挤开软土,将置换料下沉到硬土层上,形成强夯置换块石层。由于基础范围内软土几乎全部被置换成块石,且坐落在硬持力层上,所以整体式置换形成的地层承载力高,变形沉降小,同时大大增加了下卧层排水固结速度,提高强度。

2. 墩柱式置换加固机理

墩柱式置换利用强夯夯成的坑作为墩孔,向坑中不断填充散体材料并夯实形成墩柱体,墩体依靠周围土体的侧向压力及填料的内摩擦力维持稳定,并与周围混有填料的墩间土组成复合地基。强夯置换完成后,在被强夯置换的地基土上自上而下出现三个区域,如图4.4.3所示。第一个区域为墩柱置换区,这个区域由散体材料墩与土体共同组成复合地基,由于散体材料墩的直径一般比较大,置换率较高,能够大幅度地提高地基承载力,是墩柱式置换的主要加固区域。第二个区域为强夯挤密区,由于强夯作用,上部土体被挤入该区域形成冠形挤压区,如图4.4.3中虚线范围;该区域内土体孔隙被压缩,密度提高,成为置换体

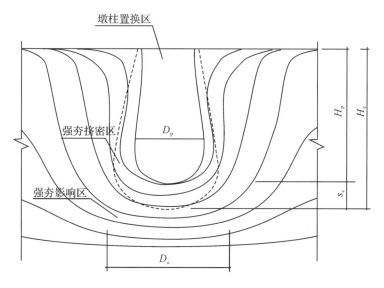

H_p—墩柱体置换的深度；s_c—挤密区深度；H_e—有效加固深度；

D_p—墩柱体置换直径；D_c—有效加固体直径。

图 4.4.3　墩柱式置换地层

的坚实持力层；该区域内土体主要被挤密，部分散体材料的挤入和散体材料形成的排水通道，加速了该区域土体的排水固结，其加固效果比普通强夯好得多。第三个区是强夯挤密区下的强夯影响区，这一区域内的土体受强夯振密的影响，随着时间的推移，孔隙水压力消散，土体强度不断提高。

砂石等散体材料墩的存在使土体中由强夯引起的超孔隙水压力得以迅速消散，土体得以固结，土体抗剪强度不断提高；同时也使得土体对置换墩体的约束不断增强，这样反过来又促进了置换墩承载力的提高。由于砂石等散体材料墩的置换、加筋作用，地基中应力便向刚度较大的墩体集中，墩体分担了大部分基底传来的荷载，有利于减小地基变形。由此可见，墩柱式置换法既具有散体材料墩的加筋、挤密、置换、排水特征，又具有强夯加固动力效应，强夯置换形成的墩体，与墩间土形成复合地基，在提高地基承载力与变形模量的同时，增强了排水能力，有助于墩间孔隙水压力消散，促进其强度的恢复和提高。

4.5　灌入固化物

灌入固化物是指在软弱地基中灌入水泥等固化剂，固化剂和地基土体间产生一系列物理、化学作用形成水泥土或其他固化土，固化土与原状土形成复合土体，达到加固地基的一类地基处理方法。该技术处理效果好、速度快、成本低，目前已广泛应用于工程建设中：一方面，通过搅拌的方式对河滩、地铁隧道、基坑的淤泥进行加固处理，固化后形成一种新的土工材料，主要用途是作为路基填料，既减少了淤泥对土地资源的占用和污染，又能变废为宝，降低建筑成本；另一方面采用深层搅拌桩对软土地基进行加固处理，形成桩土复合体提高地基承载力，满足工程建设要求，施工简单且成本低。在地基中灌入固化物是地基处理工程中常

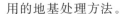

用的地基处理方法。

从固化剂材料上看,软土固化处理的主固化剂大多采用传统的硅酸盐水泥,而硅酸盐水泥在生产过程中会排放出大量的硫化物、氮化物和粉尘,消耗大量的矿石燃料,对环境产生巨大的影响,新型固化剂正在被不断研发并投入使用,补充和替代传统的硅酸盐水泥,且取得了不错的效果。因此,本小节第一部分介绍常见和新型固化剂。另外,从施工工艺上看,属于灌入固化物的地基处理方法主要有三类,即深层搅拌法、高压喷射注浆法和灌浆法,也将在本小节简单介绍。

4.5.1 固化剂

土固化剂是指常温下能够直接胶结土颗粒或能够与黏土矿物反应生成胶凝物质,从而改善和提高土体力学性能的材料。土固化剂的种类繁多,综合考虑化学成分及固化机理,土固化剂大致可分为无机化合物类固化剂、有机化合物类固化剂、离子土固化剂、复合类固化剂四大类。其中无机化合物类固化剂中较为常见的成分有石灰、水泥、粉煤灰、高炉矿渣、石膏等,有机化合物类固化剂中较为常见的成分有沥青、聚合物、生物酶等。离子土固化剂通常是由多种强离子组成的液态固化材料,在固化机理上明显异于前者。复合类固化剂指由两种及两种以上的固化材料按一定比例配合所形成的新型固化剂,在化学组成上通常具有主剂与助剂的区分。

1. 无机化合物类

无机化合物类土固化剂一般为粉末状,主要通过固化材料所含的钙质改善土体性质,多采用水泥、石灰、粉煤灰、高炉矿渣、硅粉、水玻璃、废石膏或其他工业废料配制而成。下面对无机化合物类固化剂的常见成分作相关介绍。

1)水泥

水泥是无机胶凝材料,它与土混合后能起固结土粒、填充孔隙的作用,从而改变土体工程性质,这与混凝土的硬化机理有所区别,前者水泥掺量较小,一般仅为土重的 7%~15%,水泥的水解与水化反应完全在以土为活性介质的环境中进行,而后者主要在粗填料(砂、石等活性较弱的介质)中进行物理化学作用,其凝结较快。

水泥的种类较多,用于土体固化的通常有硅酸盐水泥、普通硅酸盐水泥和矿渣硅酸盐水泥等。硅酸盐水泥是以石灰质与黏土质原料为主,按一定比例掺入铁粉,混合加工形成以硅酸钙为主要成分的熟料,再掺入石膏,经磨细而成的一种水硬性胶凝材料;硅酸盐水泥硬化快,抗冻性好,水化热大,耐蚀性差,通常不适用于以海水为介质的工程。凡由硅酸盐水泥熟料、少量混合材料和适量石膏磨细制成的水硬性胶凝材料,均称为普通硅酸盐水泥,它与硅酸盐水泥的差别仅在于其含有少量的混合材料,所以在组成、特性及使用范围等方面,基本与硅酸盐水泥相同;但由于混合材料的掺入,改变了硅酸盐水泥某些矿物成分的含量,强度调整幅度大。矿渣硅酸盐水泥是目前国产水泥中产量最大的一种,它与其他水泥的不同点主要是其熟料中掺入了 20%~70% 的粒化高炉矿渣,故也简称为矿渣水泥。矿渣水泥的比重一般为 2.8~3.0,较硅酸盐水泥略小。矿渣水泥硬化慢,早期强度低,水化热小,耐热、耐蚀性好,抗冻性差。用矿渣水泥配制的水泥土适用于地下水、海水中的工程,亦适用于受水压作用的工程。矿渣水泥配制的固化土最宜用蒸汽进行养护,不但可以获得较好的力学性能,而且能改善制品的抗裂和抗冻性能。一些新型的水泥材料不断得到研发和应用,如镁质水泥复合固化剂已广泛应用于淤泥加固及混凝土中,具有强度高、不易变形、抗冻耐寒等特点。

水泥与土拌和后,水泥矿物与土中的水分发生剧烈的水解和水化反应,各成分的反应过程如下:

硅酸三钙$(3CaO \cdot SiO_2)$水化反应生成水化硅酸钙和氢氧化钙,这是提高固化土强度的决定因素:

$$2(3CaO \cdot SiO_2) + 6H_2O = 3CaO \cdot 2SiO_2 \cdot 3H_2O + 3Ca(OH)_2 \qquad (4.5.1)$$

硅酸二钙$(2CaO \cdot SiO_2)$水化反应生成水化硅酸钙和氢氧化钙,主要形成固化土的后期强度:

$$2(2CaO \cdot SiO_2) + 4H_2O = 3CaO \cdot 2SiO_2 \cdot 3H_2O + Ca(OH)_2 \qquad (4.5.2)$$

铝酸三钙$(3CaO \cdot Al_2O_3)$,水化反应生成水化铝酸钙,其水化速度最快,能促进早凝:

$$3CaO \cdot Al_2O_3 + 6H_2O = 3CaO \cdot Al_2O_3 \cdot 6H_2O \qquad (4.5.3)$$

铁铝酸四钙$(4CaO \cdot Al_2O_3 \cdot Fe_2O_3)$,水化反应生成水化铝酸钙和水化铁酸钙,能提高固化土的早期强度:

$$4CaO \cdot Al_2O_3 \cdot Fe_2O_3 + 2Ca(OH)_2 + 10H_2O = 4CaO \cdot Al_2O_3 \cdot 6H_2O + 2CaO \cdot Fe_2O_3 \cdot 6H_2O$$
$$(4.5.4)$$

硫酸钙$(CaSO_4)$与铝酸三钙一起与水发生反应,生成水泥杆菌$(3CaO \cdot Al_2O_3 \cdot 3CaSO_4 \cdot 32H_2O)$,把大量的自由水以结晶水的形式固定下来:

$$3CaSO_4 + 3CaO \cdot Al_2O_3 + 3H_2O = 3CaO \cdot Al_2O_3 \cdot 3CaSO_4 \cdot 32H_2O \qquad (4.5.5)$$

当水泥的各种水化物生成后,有的继续硬化形成水泥石骨架,有的则与土相互作用,其作用形式可归纳为:

(1)离子交换及团粒化作用。在水泥水化后的胶体中$Ca(OH)_2$和Ca^{2+}、OH^-共存,而构成软土的矿物是以SiO_2为骨架而合成的板状或针状结晶,通常其表面会带Na^+、K^+等离子。析出的Ca^{2+}会与土中的Na^+、K^+进行当量吸附交换,使大量的土粒形成较大的土团。由于水泥水化生成物$Ca(OH)_2$具有强烈的吸附活性,这些较大的土团粒进一步结合起来,形成水泥土链条状结构,使土体逐渐密实稳定。

(2)硬凝反应。随着水泥水化反应的深入,溶液中析出大量的Ca^{2+}。当Ca^{2+}的数量超出上述离子交换的需要量后,则在碱性环境中与组成黏土矿物的SiO_2和Al_2O_3发生化学反应,生成不溶于水的CaO-Al_2O_3-H_2O系列稳定结晶矿物、CaO-SiO_2-H_2O系列硅酸石灰水化物和铝酸石灰水化物。

(3)碳酸化作用。水泥水化过程中游离的$Ca(OH)_2$不断吸收水和空气中的CO_2,反应生成$CaCO_3$。水泥固化土就是水泥石的骨架作用与$Ca(OH)_2$的物理化学作用共同作用的结果。后者使黏土微粒和微团粒形成稳定的团粒结构,而水泥石则把这些团粒包裹并连接成坚固的整体。

2)石灰

作为固化材料,石灰常见的类型有水化富钙石灰、水化白云石石灰、生石灰和白云石生石灰。石灰加入土后将发生一系列的物理化学反应,主要有离子交换反应、$Ca(OH)_2$结晶反应、碳酸化反应和火山灰反应。离子交换反应是指石灰加入土中后,在水的参与下离解成Ca^{2+}和OH^-离子,Ca^{2+}可与Na^+、K^+离子发生离子交换,使胶体吸附层变薄,黏土胶体絮凝,土的湿坍性得到改善。$Ca(OH)_2$的结晶反应使石灰吸收水分形成含水晶格

$Ca(OH)_2 \cdot nH_2O$。所形成的晶体相互结合,并与土粒结合形成共晶体,把土粒胶结成整体,使石灰土的水稳性得到提高。$Ca(OH)_2$碳酸化反应是$Ca(OH)_2$与空气中的CO_2起化学反应生成$CaCO_3$,该成分具有较高的强度和水稳性。火山灰反应是土中的活性硅、铝矿物在石灰的碱激发下离解,在水的参与下与$Ca(OH)_2$反应生成含水的硅酸钙和铝酸钙等胶结物。这些胶结物逐渐由凝胶状态向晶体状态转化,使石灰土强度不断增大。实际应用中,石灰土强度发展较为缓慢,影响施工进度。同时,石灰土的水稳性较差,对一些固化强度要求较高的工程,石灰土无法满足其要求。另外,石灰固化土的强度与石灰掺入比在一定范围内成正比,若掺量超出某一范围,则固化土的强度反而降低。

3)粉煤灰

粉煤灰又称飞灰,是一种颗粒非常细以致能在空气中流动的粉状物质。通常意义上的粉煤灰是指火力发电厂排放的一种废渣,粒径级配与粉土相当,密度低而孔隙比大,它的化学成分主要是SiO_2、Al_2O_3、Fe_2O_3。通过光学显微镜观察可知,粉煤灰由结晶和非晶相(主要为玻璃体)两大类物质组成。为了促使粉煤灰中的玻璃体进行水化反应并产生强度,常需要添加碱性激发剂,释放玻璃体内的活性成分,激发其火山灰活性。一旦火山灰活性得以激发,粉煤灰中的活性氧化硅和氧化铝就能与$Ca(OH)_2$发生反应,生成不溶于水的硅酸钙水化物和铝酸钙水化物,并和水泥一起产生硬凝作用,从而使土体具有较理想的水稳定性和强度。粉煤灰发生的火山灰作用化学方程式如下:

$$SiO_2 + Ca(OH)_2 + nH_2O = CaO \cdot SiO_2 \cdot (n+1)H_2O \qquad (4.5.6)$$
$$Al_2O_3 + Ca(OH)_2 + nH_2O = CaO \cdot Al_2O_3 \cdot (n+1)H_2O \qquad (4.5.7)$$

火山灰作用形成的大多数物质形态呈网络连接状和纤维管状,主要成分为水化硅酸钙、水化铝酸钙,在水泥土中这些物质把黏土颗粒连接为整体,从而提高固化土强度。激发粉煤灰的火山灰活性主要有机械磨细、高温活化和碱性激发三种方法。

4)高炉矿渣

高炉矿渣是冶炼生铁的辅助材料,是在高炉中受热分解产生的氧化钙与矿石中的废石杂质相熔合而形成的一种熔融液态的非金属产物,如石灰石、白云石等。高炉矿渣的化学组成与水泥熟料相似,主要是一些氧化物,其中CaO、SiO_2和Al_2O_3占总量的90%以上,还有少量MgO、FeO和一些硫化物,如CaS、MnS和FeS等。尽管高炉矿渣与水泥熟料有着相似的化学成分,但是各种氧化物所含比例不同,从而表现出与水泥熟料完全不同的性质。高炉矿渣经过急速冷却后,即具有潜在的活性,在少量激发剂的作用下可表现出胶凝性质。激发剂是加强矿渣中的活性CaO和活性Al_2O_3反应和加速矿渣与水的反应能力的促进剂,工程应用中应根据矿渣的具体成分来确定激发剂的用量。通常而言,碱性激发剂用量过少将使矿渣的铝酸盐溶解度下降,进而生成的硫铝酸钙和水化硅酸盐较少,强度提升不明显。反之,若激发剂用量过多,矿渣中不溶性高碱铝酸盐固体易反应生成过量的膨胀性钙矾石,对土体结构起破坏作用。

5)硅粉

硅粉是一种高活性的火山灰质材料,能与水泥的水化产物$Ca(OH)_2$发生反应,生成水化硅酸钙凝胶,降低$Ca(OH)_2$含量,提高净浆强度,并填充水泥颗粒间的孔隙,降低水灰比。同时硅粉还能与水泥生成的水化硅酸钙反应,生成新的水化硅酸钙凝胶。由于水泥土的结构主要是水化硅酸钙凝胶形成的骨架结构,所以硅粉的掺入可增强火山灰反应,使固化土强度大为提高。

6）水玻璃

水玻璃遇到黏土中的高价金属离子或 pH 值低于 9 的孔隙水通常会生成硅酸钙或硅胶颗粒，填塞黏土颗粒间的孔隙，从而提高土体强度。水玻璃与土之间除了生成沉淀填塞孔隙之外，还有水玻璃在黏土颗粒间的化学胶结作用。在反应中，水玻璃的胶体性质、高度的吸附能力、新生物质的水解以及反应演变过程中难以确定的其他因素，对反应的产物都有很大的影响。水玻璃加入土与水泥的混合溶液中后，易与水泥水解产生的氢氧化钙反应生成具有一定强度的水化硅酸钙凝胶体，化学方程式如下：

$$Ca(OH)_2 + Na_2O \cdot nSiO_2 + mH_2O = CaO \cdot nSiO_2 \cdot mH_2O + NaOH \qquad (4.5.8)$$

7）废石膏

在许多工业生产中常会产生废石膏，如磷石膏、氟石膏、钛石膏等。目前我国对这些废石膏利用率还较低，大量地堆放将造成环境污染。试验研究和工程实践表明：利用废石膏和水泥加固软黏土乃至泥炭，可大幅度提高被加固土的强度。废石膏的最佳掺量为水泥掺量的 $15\% \sim 30\%$，90 天龄期的强度可达单一水泥土的 $5 \sim 6$ 倍，并可节约水泥用量 30% 以上。在水泥中掺入石膏后，除发生与水泥相同的水化反应产生硅酸钙凝胶外，还会发生如下反应：

$$3CaSO_4 + 3Ca \cdot Al_2O_3 + 32H_2O = 3CaO \cdot Al_2O_3 \cdot 3CaSO_4 \cdot 32H_2O \qquad (4.5.9)$$

即石膏与水泥中的铝酸钙反应，吸水生成针状的钙矾石。这些钙矾石晶体相互交叉，不断填充孔隙，并改变固化土中孔径分布，使孔隙细化。通常而言，材料的孔隙量愈小则强度愈高。孔隙率相同时，平均孔径愈小，则材料的强度愈高。钙矾石的产生降低了固化土中的孔隙量，同时减小了平均孔径，从而使固化土强度提高。同时，所生成的钙矾石又与水化硅酸钙一起形成独特的空间网状结构，使固化土内的空间结构更为牢固。但在掺入石膏时，需要选择合适的掺入比，因为当石膏含量超过一定比例后，生成的钙矾石过多，土体将产生胀裂现象，固化土的强度反而下降。研究表明，固化土中起胶结作用的主要是水化硅酸钙，而钙矾石主要起填充和支撑孔隙的作用。为了获得最佳的固化效果，应使硅酸钙和钙矾石的生成速率具备一定的协调性。

2. 有机化合物类

有机化合物类固化剂多呈液态。与无机化合物类固化剂不同，有机化合物类固化剂通常并不改变黏土矿物的内层结构，在土体团粒表面产生强大的吸附作用，使土体颗粒集聚固化。下面对有机化合物类固化剂的常见成分作相关介绍。

1）沥青

沥青的化学成分为高分子碳氢化合物及其氧、硫、氮等非金属衍生物组成的复杂混合物，它能溶于二硫化碳等有机溶剂中，在常温下呈固体、半固体或黏性液体状态，颜色为褐色或黑褐色。诸多学者对沥青固化土进行工程应用并针对其特性开展了研究工作。在机理研究方面，物理及化学吸附作用被认为是沥青固化土强度形成的关键，特别是土颗粒表面的钙、镁等高价金属阳离子能与沥青中的沥青酸反应生成不溶于水的有机酸盐，在整个搅拌、压密与养护过程中使沥青固化土形成较好的凝聚结构。

2）聚合物

作为土固化剂的聚合物通常有树脂、聚丙烯苯胺、羧甲基纤维素等。这类固化材料一般以水溶液的形态与土体混合,通常掺量较小,运输方便,经济性较显著。另外,此类固化材料适用的土体类型较为丰富,加入催化聚合成分,通过形成空间结构包裹胶结土颗粒,或者直接使土体成分实现胶联,使土体的早期强度与长期强度满足工程需要。但聚合物类固化剂同样存在一些缺点,如聚合物固化土抗水性较差,遇水后往往强度下降明显。

3)生物酶

生物酶类固化材料由有机物质发酵而成,属蛋白质多酶基产品。多数生物酶类土固化剂为棕色浓缩液,有轻微的发酵味,无毒,不燃烧。其本身在反应中不被消耗,通常极小掺量就可大幅度发挥固化作用。在生物酶素的催化下,土体中的有机与无机成分通过化学作用发生强烈的硬化过程。通过对固化土的进一步挤压密实,土体粒子之间的黏合性将显著增强,易形成牢固的不渗透结构。生物酶固化土的缺点是耐久性欠佳。

3. 离子土固化剂

离子土固化剂的水溶液多呈酸性,主要活性成分为磺化油。在工程实践中,离子土固化剂可以替代部分或全部水泥、石灰等传统固化材料,在离子水平上破坏土体颗粒表面的双电层结构,使土丧失亲水特性。研究表明,这种土体性质的转变常具有不可逆性。虽然不同离子土固化剂在实际应用过程中各有所长,但由于在固化机理上具有相通之处,因此在实际使用中具备一些共同特点。首先,对土的加固作用持久有效。离子土固化剂掺入土体后能通过离子交换作用使土颗粒被疏水层包裹,不再吸附孔隙中的自由水。研究表明,该作用具有不可逆性,也不随时间的递增而消耗或损失。其次,离子土固化剂掺入土体后通常需进一步碾压处理。这是因为在离子土固化剂的作用下,由于土粒周围自由水的蒸发,土体往往会产生微小裂隙。经碾压后的土体能较好愈合,形成良好的板状结构。最后,离子土固化剂通常较环保,且方便施工。在使用时,按相应比例加水稀释后喷洒到待处理的土体中,然后拌和均匀,按常规方法碾压即可。特别是应用于道路路面或基层施工时,一般 24 小时后即可开放通行,加快了工程进度。

4. 复合类固化剂

复合类土固化剂是由两种或两种以上的不同固化材料按一定比例复合形成的新型土固化剂,可以同时包括固态与液态成分。固态成分一般以水泥为主要原料,常掺入矿渣、碱性激发剂以及其他添加剂,经研磨处理而成,其加固原理是:土体、固化材料和水以一定比例混合均匀后,固化材料发生水化反应生成水化硅酸钙、沸石、方纳石及硅酸等物质,在土颗粒的表面形成凝结硬化壳。固化材料的激活组分渗入颗粒内部,与黏土矿物发生物理化学作用,形成水铝酸盐、水硅酸盐等胶凝物质,使土颗粒表面产生不可逆凝结硬化,固化后的土体具有水稳定和强度稳定的性质。极性水分子和 OH^- 离子进入土体内部空穴,使土颗粒分散,比表面积增加,这些被分散的土颗粒的表面一般带有负电荷,固态成分中的某种组成部分可代替土体中凝聚能力低的离子,促使土颗粒凝聚,同时电解质浓度增加,胶粒双电层变薄,同样利于颗粒凝聚。液态成分加固是基于电化学原理,液态成分中的离子与土体孔隙水中的离子发生化学反应,改变了黏土颗粒双电层结构,永久地将土体的亲水性变为疏水性,使固化后的土体可通过压实形成强度较高且结构稳定的整体。

4.5.2 深层搅拌法

深层搅拌法是通过特制的深层搅拌机,沿地基深度将固化剂(水泥浆,或水泥粉或石灰粉,外加一定的掺合剂)与地基土就地强制搅拌形成水泥土桩或水泥土块体的一种地基处理方法。通过深层搅拌法在地基中形成的水泥土强度高、模量大、渗透系数小,可用于提高地基承载力,减少沉降,也可用于形成止水帷幕,构筑挡土结构等。

深层搅拌法施工顺序如图 4.5.1 所示。深层搅拌法分喷浆深层搅拌法和喷粉深层搅拌法两种。前者通过搅拌叶片将由喷嘴喷出的水泥浆液和地基土体就地强制拌和均匀形成水泥土;后者通过搅拌叶片将由喷嘴喷出的水泥粉体和地基土体就地强制拌和均匀形成水泥土。一般说来,喷浆拌和比喷粉拌和均匀性好;但有时对高含水量的淤泥,喷粉拌和也有一定的优势。深层搅拌法施工不仅可在陆上进行,也可在海上进行。采用深层搅拌法可根据需要将地基土体加固成块状、圆柱状、壁状、格栅状等形状的水泥土,主要用于形成水泥土桩复合地基、基坑支挡结构,以及在基坑工程中形成止水帷幕等。采用深层搅拌法加固地基具有施工速度快,施工过程中振动小、不排污、不排土,对相邻建筑物影响小等优点,并且具有较好的经济效益和社会效益。

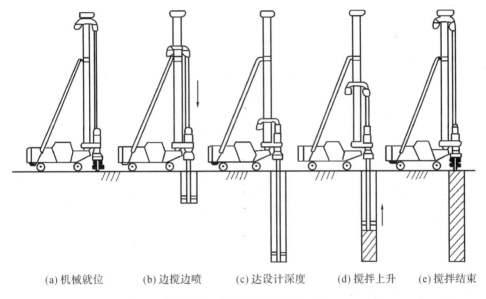

(a) 机械就位　　(b) 边搅边喷　　(c) 达设计深度　　(d) 搅拌上升　　(e) 搅拌结束

图 4.5.1　深层搅拌法施工顺序

深层搅拌法中水泥加固土和石灰加固土的作用原理参见 4.5.1 小节。

4.5.3　高压喷射注浆法

高压喷射注浆法是将带有特殊喷嘴的注浆管置于土层预定的深度,以高压喷射流切割地基土体,使固化浆液与土体混合,并置换部分土体,固化浆液与土体产生一系列物理化学作用,使得水泥土凝固硬化,达到加固地基的一种地基处理方法。

用高压喷射注浆法形成的水泥土比相应的天然土体强度高,压缩模量大,且渗透系数小。高压喷射注浆法适用于淤泥、淤泥质土、黏性土、粉土、黄土、砂土、人工填土和碎石土等地基。当地基中含有较多的大粒径块石、坚硬黏性土,大量植物根茎或土体中有机质含量较高时,应根据现场试验结果确定其适用程度。在地下水流流速过大和已涌水的工程中应避免使用。高压喷射注浆法在工程上一般用于形成复合地基以提高地基承载力,减小沉降,或形成止水帷幕用于防渗,也用于形成支挡结构。

高压喷射注浆法中水泥加固土和石灰加固土的作用原理可参见 4.5.1 小节。

4.5.4　灌浆法

灌浆法是指将固化浆液注入地基土体,以改善地基土体的物理力学性质,达到地基处理目的的一类地基处理方法。其中灌浆浆液由灌浆材料(主剂)、溶剂(水或其他有机溶剂)及各种附加剂,按一定比例配制而成。灌浆法主要用于提高岩土的强度和变形模量,降低岩土渗透性,提高其抗渗能力,也可用于封填孔洞、堵截漏水和建筑物纠偏。

按照灌浆机理,灌浆法可分为渗入性灌浆、劈裂灌浆、压密灌浆和电动化学灌浆,各种灌浆采用的工艺和材料以及适用范围存在较大差异。

1. 灌浆材料

灌浆材料按原材料和溶液特性分类如下:

水泥浆液常用附加剂有:

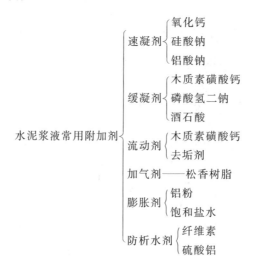

化学浆液常用附加剂视浆液性质不同而异,以聚氨酯浆液为例,常用附加剂有:

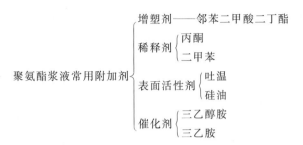

其他化学浆液常用附加剂在此不予赘述,如有需要可参阅有关灌浆材料手册。

在灌浆工程中,水泥浆液用途最广、用量最大,其主要特点是形成的水泥复合土体具有较好的物理力学性质和耐久性,且材料无毒、来源广泛、价格较低。在水泥浆液中应用最广的是普通硅酸盐水泥,在某些特殊条件下也采用矿渣水泥、火山灰水泥和抗硫酸盐水泥等品种。水泥浆液是颗粒型浆液,有时需要提高水泥颗粒细度得到超细水泥,也可掺入各种附加剂以改善浆液性质,如提高其可灌性、稳定性等。为了节省材料、降低成本,还可在水泥浆液中掺入黏土、砂和粉煤灰等廉价材料。

化学浆液主要特点是初始黏度小,可灌注到地基中的细小裂缝或孔隙中,其缺点是造价较高,而且不少化学溶液具有一定毒性,会造成环境污染,影响其推广使用。

2. 作用原理

1)渗入性灌浆

渗入性灌浆是指在灌浆压力作用下,浆液克服各种阻力,渗入地基土层中的孔隙或裂缝中,与土体产生一系列物理化学作用,地基土体得到改良,抗剪强度提高,压缩模量增大。此时,地基土层结构基本不受扰动和破坏。渗入性灌浆适用于地基中存在孔隙或裂缝的地基土层,如砂土地基等。对颗粒型浆液,其颗粒尺寸必须满足能进入土层中的孔隙或裂缝中的要求,因而渗入性灌浆存在浆液可灌性问题。浆液可灌性常用可灌比值 N 表示,对砂砾石地基:

$$N=\frac{D_{15}}{d_{85}}\leqslant 10\sim 15 \tag{4.5.10}$$

式中,D_{15} 为砂砾石中含量为 15% 的颗粒尺寸(mm);d_{85} 为灌浆材料中含量为 85% 的颗粒尺寸(mm)。

当地基土体渗透系数 $K>(2\sim 3)\times 10^{-1}\,\mathrm{cm/s}$ 时,可用水泥浆液灌浆;当 $K>(5\sim 6)\times 10^{-2}\,\mathrm{cm/s}$ 时,可用水泥黏土浆液灌浆。

另外,浆液的黏度越大,其流动阻力也越大,对渗入性灌浆影响较大。因此当浆液黏度较大时,需要较高的压力以克服其流动阻力,只能用于灌注较大尺寸的孔隙。

2)劈裂灌浆

劈裂灌浆是指通过较高灌浆压力,浆液克服地基中初始应力和土体抗拉强度,在土体中垂直于小主应力的平面或土体强度最弱的平面上产生劈裂裂缝,浆液沿着裂缝灌入土体,达到土质改良目的。对岩石地基,目前常用的灌浆压力尚不能使新鲜岩体产生劈裂,主要是使原有的隐裂隙或微细裂缝产生扩张,不宜用劈裂灌浆。对于砂砾石地基,其透水性较大,浆液渗入将引起超静水压力提高,到一定程度后灌浆引起砂砾石层的剪切破坏,土体产生劈裂,可进行劈裂灌浆。对于黏性土地基,在浆液较高压力作用下,土体可能沿垂直于小主应力的平面产生劈裂,浆液沿劈裂面扩散,并使劈裂面延伸;在荷载作用下地基中各点小主应力方向是变化的,而且应力水平不同,在劈裂灌浆中,裂缝的发展走向较难估计,因此劈裂灌浆的范围也较难控制;因此对于软黏土地基,在较高灌浆压力下,土体能否进行劈裂灌浆尚有争论。

3)压密灌浆

压密灌浆是指在地基中灌入较浓的浆液,灌浆压力沿径向扩散,迫使注浆点附近土体压密形成浆泡,随着浆泡的扩大、灌浆压力的增大,周围土体被压密。对于饱和土地基,压密灌浆会在土体中产生较大超孔隙水压力,并产生较大上抬力,可使地面隆起、建筑物上抬。压密灌浆形成的浆泡形状与地基土的物理力学性质和均匀性以及灌浆压力、灌浆速率等因素有关。浆泡形状在均质地基中常为球形或圆柱形,浆泡横截面直径可达 1.0m 或更大。离浆泡界面 0.3～2.0m 以内土体能受到明显挤密。

压密灌浆的本质是用浓浆液置换和挤密土体,常用于砂土地基加固;黏土地基中若有较好的排水条件也可采用压密灌浆进行加固。压密灌浆一般用于在地基中形成桩体,达到加固地基的目的,也可利用压密灌浆形成的上抬力,进行建(构)筑物纠倾,还可利用压密灌浆补偿注浆,以减小基坑开挖、盾构施工等造成的环境影响。

4)电动化学灌浆

在地基中插入金属电极并通以直流电,在电场作用下,土中水会从阳极向阴极流动,这种现象称为电渗。黏土地基可通过电渗作用将浆液(如水玻璃溶液或氯化钙溶液)注入土体中,达到土质改良的目的,或者依靠灌浆压力将浆液注入电渗区,通过电渗使浆液扩散均匀,以提高灌浆加固效果。

4.5.5 TRD 法

TRD 是渠式切割水泥土连续墙工法(trench cutting and remixing deep wall method)的简称。TRD 技术通过 TRD 主机将刀具立柱、刀具链条以及其上刀具组装成多节箱式刀具,并插入地基至设计深度;在由刀具链条及其上刀具组成的链式刀具围绕刀具立柱转动作竖向切削的同时,刀具立柱横向移动,底端喷射切割液和固化液。链式刀具的转动切削和搅拌作用,使得切割液和固化液与原位置被切削的土体进行混合搅拌,如此持续施工而形成等厚度水泥土连续墙。TRD 工法主要特点是成墙连续、表面平整、厚度一致、墙体均匀性好,具有高抗渗和高工效性特点,适用于开挖面积较大,开挖深度较深,对止水帷幕的止水效果和垂直度有较高要求的土建工程。

TRD 工法主要作用有:

1. 土体加固,提高地基承载力,改善地基变形特性

TRD 工法相当于地基处理中的深层搅拌法,可用于形成水泥土复合地基。其水泥土增强体和天然土形成复合地基,有效提高地基承载力,减少地基上建筑物的沉降;也可形成基坑工程被动区加固土体,提高土体的侧向变形能力,控制基坑围护结构的变形。由于 TRD 工法水泥土连续墙较为均匀,强度高,采用格子状被动区加固体可在坑底形成纵、横向刚度较大的墙体,有效加固坑底被动区土体。格子状被动区加固体的置换率低,当基坑宽度较小,格子状加固体的加固效率将大大提高。

2. 止水帷幕

由于 TRD 工法独特的施工工艺,其在地基中形成的等厚度水泥土墙防渗效果优于柱列式连续墙和其他非连续防渗墙。在渗透系数较大的土层和地下水流动性较强的潜水含水层中,TRD 工法水泥土连续墙作为止水帷幕,可有效阻隔基坑外地下水向坑内的渗流,具有较大的优势。当基坑开挖深度加深,基底存在承压水突涌的可能时,采用 TRD 工法水泥土墙可有效切穿深层承压含水层,不仅大大降低承压水突涌以及降水不可靠带来的工程安全风险,而且和地下连续墙相比,工程造价也大大降低。

3. 挡土结构

在边坡高度较低,TRD 工法墙体抗弯、抗剪满足要求的前提下,可采用 TRD 工法水泥土连续墙形成重力式挡墙。当边坡较高,墙体抗弯、抗剪不满足要求时,可在墙体内插入芯材;当 TRD 工法水泥土连续墙内插入芯材形成较强的围护结构时,可和内支撑、锚杆、土钉形成 TRD 工法水泥土连续墙内插芯材的内支撑体系、锚杆体系以及土钉墙等组合支护形式。

参考文献

[1] 龚晓南.地基处理技术发展展望[J].地基处理,2000,11(1):1-6.

[2] 龚晓南.地基处理技术及发展展望[M].北京:中国建筑工业出版社,2014.

[3] 龚晓南.地基处理手册[M].3 版.北京:中国建筑工业出版社,2008.

[4] 龚晓南,陶燕丽.地基处理[M].2 版.北京:中国建筑工业出版社,2017.

[5] 龚晓南,杨仲轩.地基处理新技术新进展[M].北京:中国建筑工业出版社,2019.

[6] 谢康和.砂井地基固结理论、数值分析与优化设计[D].杭州:浙江大学,1987.

[7] 曾国熙.利用砂井处理土坝软黏土地基[J].浙江大学学报(工学版),1975,1.

[8] 郑刚,龚晓南,谢永利,等.地基处理技术发展综述[J].土木工程学报,2012,45(2):127-146.

[9] Barron R A. Consolidation of fine-grained soils by drain wells[J]. Transactions of the American Society of Civil Engineers,1948,113(1):718-742.

[10] Bjerrum L,Moum J,Eide O. Application of electro-osmosis to a foundation problem in a Norwegian quick clay[J]. Geotechnique,1967,17(3):214-235.

[11] Casagrande I L. Electro-osmosis in soils[J]. Geotechnique,1949,1(3):159-177.

[12] Esrig M I. Pore pressures,consolidation,and electrokinetics[J]. Journal of the Soil Mechanics and Foundation Division,1968,94(4):899-921.

[13] Hansbo S. Consolidation of fine-grained soils by prefabricated drains[C]. Proceedings of the International Conference on Soil Mechanics and Foundation En-

gineering，1981,3：677-682.

[14] Jones C J F P，Fakher A，Hamir R，Nettleton I M. Geosynthetic material with improved reinforcement capabilities[C]. Proceedings of the International Symposium on Earth Reinforcement，1996，2：865-883.

[15] Mayne P W，Jones J S，Dumas J C. Ground response to dynamic compaction [J]. Journal of Geotechnical Engineering，1984，110(6)：757.

第 5 章 浅基础

5.1 概　述

地基和基础在建筑物的设计和施工中占有重要地位,它将直接影响建筑物的安全和工程的工期及造价。因此,选择合适的地基基础方案非常重要。设计地基基础时,应主要考虑以下因素:一是建筑物的性质,包括建筑物用途、上部结构类型、重要性、荷载的大小及性质;二是建筑场地和地基岩土条件,主要是场地的工程地质和水文地质条件;三是施工条件、工期和造价等其他各方面的要求。

常见的地基基础形式主要有:天然地基或人工地基上的浅基础、复合地基、深基础、深浅结合的基础(如桩-筏、桩-箱基础等)等。若地基为良好土层或上部有较厚的良好土层,一般将基础直接设置在天然土层上,此时地基称为天然地基;若地基为软弱土层,采用地基处理方法对上部土层进行改良后的地基则称为人工地基。若基础的埋置深度较小(小于 5m),或者埋置深度大于 5m 但小于基础宽度(如筏形基础、箱形基础等大尺寸基础),则这类基础称为浅基础。从建筑物荷载传递过程来分析,浅基础是通过基础把荷载扩散至浅部土层中,如墙下、柱下扩展基础,计算中不考虑基础侧面的摩阻力;而由于深基础的埋置深度一般大于基础底面尺寸,因此深基础主要作用是将上部结构传来的荷载相对集中地传递到深部土层中,如桩基础、沉井基础。一般而言,天然地基上浅基础埋置深度不大,无需复杂的施工设备,便于施工,且工期短、造价低,在满足地基承载力和变形要求的前提下,应优先选用。若采用天然地基上浅基础方案难以满足地基承载力和变形要求,则可考虑采用天然地基上连续基础、复合地基、人工地基上的浅基础或深基础等地基基础形式。

在进行天然地基上浅基础设计之前,一般需要搜集以下资料:

(1)建筑场地的地形图;

(2)岩土工程勘察成果报告;

(3)建筑物平面图、立面图、荷载、特殊结构物布置与标高;

(4)建筑场地环境,邻近建筑物基础类型与埋深,地下管线分布;

(5)工程总投资与当地建筑材料供应情况;

(6)施工队伍技术力量与工期要求。

掌握以上信息,即可开始着手进行天然地基上浅基础的设计。天然地基上浅基础的设计主要包括初步设计、基础设计、地基验算及设计成果四个部分的内容。各部分具体内容如下:

(1)初步设计:初步选择基础的材料、结构形式和平面布置。

（2）基础设计：确定基础的埋置深度、计算地基承载力特征值、计算基础的底面积、计算基础高度并确定剖面形状，若为扩展基础还需计算基础底板配筋。

（3）地基验算：包括地基持力层承载力的验算（若地基持力层下部存在软弱土层，则还需验算软弱下卧层的承载力；抗震设防区需做地基的抗震承载力验算）、地基变形的验算（地基基础设计等级为甲、乙级的建筑物和部分丙级建筑物需作地基变形验算）、地基稳定性的验算（对建在斜坡上或有水平荷载作用的建筑物，必要时需验算稳定性）、地下水位埋藏较高地区，大型基础还需做抗浮验算。

（4）设计成果：基础细部结构和构造设计、编制基础设计计算书及预算书，绘制基础施工图。

若不满足地基验算要求，应对基础设计进行调整，如采取加大埋深或加宽基础等措施，直至全部满足要求。

本章主要讨论天然地基上浅基础的设计原则、浅基础的类型及计算方法。这些原则和方法也基本适用于人工地基上的浅基础。

5.2 设计原则

5.2.1 简化设计方法

1. 简化设计方法计算过程

在建筑结构的设计计算中，通常将上部结构、基础和地基三者视为彼此相互独立的结构单元，对各结构单元展开静力平衡分析计算各自内力。以图 5.2.1(a)中柱下条形基础上的框架结构为例，简化设计方法的计算过程如下：首先，视框架柱底端为固定支座，将上部结构框架分离出来，按图 5.2.1(b)所示的计算简图计算荷载作用下的框架内力；其次，不考虑上部结构刚度，将求得的柱脚支座反力 N 作为基础荷载反方向作用于条形基础上［见图 5.2.1(c)］，并按直线分布假设计算基底反力 p，即可求得基础的截面内力；

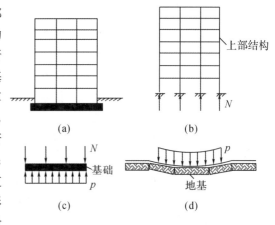

图 5.2.1 简化设计方法计算

最后，将基底压力（与基底反力大小相等、方向相反）施加于地基上［见图 5.2.1(d)］，作为柔性荷载（不考虑基础刚度）来验算地基承载力和地基变形。

2. 简化设计方法的适用条件

这种设计方法虽然满足了各部分的静力平衡条件，但忽略了地基、基础和上部结构三者之间的变形协调条件。因此，这种简化设计方法在地基沉降较小或较均匀以及基础刚度较大时认为是可行的，如对于单层排架结构一类的上部柔性结构和地基土质较好的独立基础，或对于高层建筑剪力墙结构下箱形基础置于一般土质天然地基的工程等，按简化设计方法的计算结果与实际差别不大。而对于软弱地基上单层砖石砌体承重结构下的条形基础，或对于钢筋混凝土框架结构一类的敏感性结构下的条形基础,按简化设计方法的计算结果则与实际差别较大。这主要是由于地基不均匀沉降较大,会在上部结构中引起很大的附加内力,或者由于基础刚度较小,基底反力呈非线性分布等原因造成简化设计方法不可行,可能导致结构设计不安全。

3. 合理的分析计算方法

地基、基础和上部结构三者相互连接成整体,共同承担荷载并产生相应的变形。合理的分析计算方法原则上应该是三者之间同时满足静力平衡和变形协调两个条件,即三者按各自的刚度对相互的变形产生制约作用,进而影响整个体系的内力、基底反力和结构变形及地基沉降。这需要建立能够正确反映结构刚度影响的理论和合理反映土的变形特性的地基计算模型及其参数。

总之,只有利用合理的分析计算方法,才能揭示地基、基础和上部结构三者在外荷载作用下相互制约、彼此影响的内在联系,从而达到安全、经济的设计目的。鉴于三者相互作用分析难度较大,对于一般的浅基础设计大多采用实用简化设计方法,而对于复杂的或大型的基础,宜在常规简化设计方法的基础上,采用成熟的计算软件考虑地基、基础、上部结构的相互作用。

5.2.2　地基、基础和上部结构的相互作用

上部结构通过墙、柱与基础连接,基础底面与地基直接接触,三者组成一个完整的体系。地基、基础和上部结构的相互作用一直是国内外的一项重要研究课题,其实质是根据地基、基础和上部结构的各自刚度进行变形协调计算,在外荷载作用下,使上部结构与基础间、基础和地基间的接触面处变形一致,由此求出接触面处的内力分布。然后把三者独立分开,以外荷载和接触面的内力为外力,分别计算各自的应力和变形。了解地基、基础和上部结构相互作用的概念,有助于掌握各类基础的性能,更好地设计地基基础。

1. 地基与基础的相互作用

1)基底反力的分布规律

在浅基础简化设计方法中采用线性分布的基底反力假设,但实际基底反力的大小和分布情况十分复杂。它不仅与荷载的大小和分布有关,而且与基础的刚度、基础的埋置深度以及地基土的性质等因素相关。为了便于分析,忽略上部结构的影响,仅考虑基础本身刚度的作用。

(1) 柔性基础(flexible foundation)。抗弯刚度很小的基础可视为柔性基础,如土工聚合物填土可视为柔性基础。柔性基础可随地基的变形而任意弯曲,因其缺乏刚度,无力调整基底不均匀沉降,不能使传至基底的荷载改变原有的分布,作用在基础上的分布荷载将直接传递至地基上,产生与荷载分布相同、大小相等的地基反力,如图 5.2.2(a)所示。

按弹性半空间理论得到的计算结果及工程实践经验均表明,均布荷载下柔性基础的沉降呈碟形,即中部大、边缘小。显然,要使柔性基础的沉降趋于均匀,应增大基础边缘的荷载,同时相应减小中间荷载。这样,荷载和反力就变成了图 5.2.2(b)。

(2) 刚性基础(rigid foundation)。刚性基础的抗弯刚度极大,在荷载作用下基础不产生挠曲,如沉井基础可视为刚性基础。刚性基础基底平面沉降后仍保持平面,中心荷载作用下基础均匀下沉,基底保持水平;偏心荷载作用下沉降后基底为一倾斜平面。图 5.2.3 中的实线反力图为按弹性半空间理论求得的中心荷载下刚性基础基底反力图,基底反力边缘大、

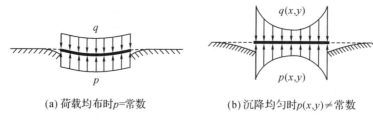

(a) 荷载均布时p=常数　　　　　(b) 沉降均匀时p(x,y)≠常数

图 5.2.2　柔性基础的基底反力和沉降

中部小。而实际上由于地基土的抗剪强度有限,基底边缘处的土体将先发生剪切破坏,此时,基底应力将重新分布:基底边缘的部分应力将向中间转移,最终的反力图呈图 5.2.3 中虚线所示的马鞍形。由此可见,刚性基础能跨越基底中部,将所承担的荷载相对集中地传至基底边缘,这种现象称为基础的"架越作用"。

(a) 中心荷载　　　　　(b) 偏心荷载

图 5.2.3　刚性基础

对于黏性土或无黏性土地基,通常只要刚性基础埋深和基底面积足够大,而荷载又不太大时,基底反力就呈马鞍形分布。

(3) 基础相对刚度的影响。图 5.2.4(a)表示黏性土地基上相对刚度很大的基础。当荷载不太大时,地基中的塑性区很小,基础的架越作用很明显;随着荷载的增加,塑性区不断扩大,基底反力将逐渐趋于均匀。在接近液态的软土中,反力近乎呈直线分布。

图 5.2.4(c)表示岩石地基上相对刚度很小的基础,其扩散能力很低,基底出现反力集中的现象,此时基础的内力很小。

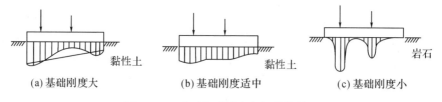

(a)基础刚度大　　　　　(b)基础刚度适中　　　　　(c)基础刚度小

图 5.2.4　基础相对刚度与架越作用

一般黏性土地基上相对刚度中等的基础[见图 5.2.4(b)],其情况介于上述两者之间。

由此可见,基础架越作用的强弱取决于基础的相对刚度、土的压缩性以及荷载的大小。一般来说,基础的相对刚度愈大,沉降就愈均匀,但基础的内力将相应增大。

(4) 邻近荷载的影响。上述有关基底反力分布的规律是在无邻近荷载影响的情况下得出的。如果基础受到相邻荷载影响,受影响一侧的沉降量会增大,从而引起反力卸载,并使反力向基础中部转移,此时基底反力分布会发生明显的变化。

(5)地基非均质性及荷载大小的影响。实际工程中常遇到各种软硬相差悬殊的地基,若基槽中存在古水井、故河沟、暗塘以及防空洞等,则对基础的挠曲和内力影响很大。此时,按简化设计方法求得的基础内力可能与实际情况相差很大。图 5.2.5 表示地基压缩性不均匀的两种相反情况,两个基础的柱荷载相同,但其挠曲情况和弯矩图则截然不同。地基中部硬两侧软时,基础呈反向挠曲,而地基中部软两侧硬时,基础则呈正向挠曲;此外,柱荷载分布情况的不同也会对基础内力产生不同的影响。地基土中部硬两侧软,上部荷载 $p_1 \ll p_2$,对基础受力有利,如图 5.2.6(a)所示;地基土中部软两侧硬,上部荷载 $p_1 \gg p_2$,对基础受力有利,如图 5.2.6(b)所示;反之,(c)和(d)是上部荷载对基础受力不利的情况。

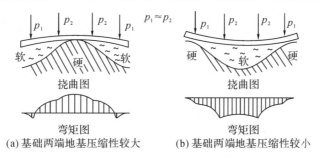

图 5.2.5 地基压缩性不均匀的影响

注:$p_1 \approx p_2$。

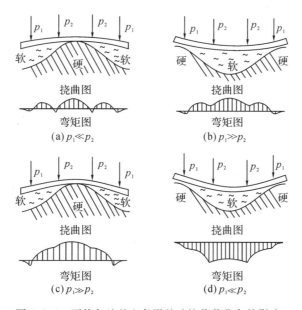

图 5.2.6 不均匀地基上条形基础柱荷载分布的影响

2. 地基变形对上部结构的影响

上部结构对基础不均匀沉降或挠曲的抵抗能力,称为上部结构刚度,或称为整体刚度。根据整体刚度的大小,可将上部结构分为柔性结构、敏感性结构和刚性结构三类。

木结构、土堤类的填土工程和钢筋混凝土排架结构可视为柔性结构。上部柔性结构的变形与地基的变形一致。地基的变形对上部结构不产生附加应力,上部结构没有调整地基不均匀变形的能力,对基础的挠曲没有制约作用,即上部结构不参与地基、基础的共同作用,基础间的沉降差不会引起主体结构的次应力。但是,高压缩性地基上的排架结构会因柱基不均匀沉降而出现围护结构的开裂损坏及其他结构上和使用功能上的问题。因此,对这类结构的地基变形虽然限制较宽,但仍然不允许基础出现过量的沉降或沉降差。

不均匀沉降会引起结构较大次应力的形成,这种结构称为敏感性结构,例如砖石砌体承重结构和钢筋混凝土框架结构。敏感性结构对基础间的沉降差较敏感,很小的沉降差异即可引起可观的次应力,上部结构容易出现开裂现象。

上部结构的刚度愈大,其调整不均匀沉降的能力就愈强,可以通过加大或加强结构的整体刚度来防止不均匀沉降对建筑物的损害。基础刚度愈大,其挠曲愈小,则上部结构的次应力也愈小。因此,对高压缩性地基上的框架结构,基础刚度一般宜刚而不宜柔;而对柔性结构,在满足允许沉降值的前提下,基础刚度宜柔不宜刚。

刚性结构指的是烟囱、水塔、高炉、筒仓这类刚度很大的高耸结构物,其下常为整体配置的独立基础。在地基不均匀或在邻近建筑物荷载或大面积地面堆载的影响下,基础转动倾斜,但几乎不会发生相对挠曲。

3. 上部结构刚度对基础的影响

当上部结构具有较大的相对刚度(与基础刚度之比)时,对基础受力状况有一定影响。下面以绝对刚性和完全柔性的两种上部结构对条形基础的影响进行对比。

如图 5.2.7 所示,图(a)中的上部结构假定是绝对刚性的,因而当地基变形时,各个柱子同时下沉,对条形基础的变形来说,相当于在柱位处提供了不动支座;在地基反力作用下,犹如倒置的连续梁。图(b)中的上部结构假想为完全柔性的,它除了传递荷载外,对条形基础的变形无制约作用,即上

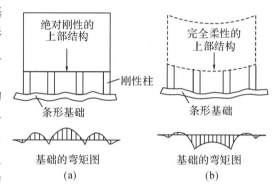

图 5.2.7　上部结构刚度对基础受力状况的影响

部结构不参与相互作用。在上部结构为绝对刚性和完全柔性这两种极端情况下,条形基础的挠曲形式及相应的内力图形差别很大。除了像烟囱、高炉等之类的整体构筑物可以认为是绝对刚性外,绝大多数建筑物的实际刚度介于绝对刚度和完全柔性之间,目前难于定量计算。在实践中往往只能定性地判断其比较接近哪一种极端情况。例如剪力墙体系和筒体结构的高层建筑是接近绝对刚性的;单层排架和静定结构是接近完全柔性的。这些判断将有助于地基基础的设计工作。

增大上部结构刚度,将减小基础挠曲和内力。上部结构刚度增大,自动将上部均匀荷载和自重向沉降小的部位传递,使地基变形的曲率减小;同时,底板的内力也随着上部结构刚度的增大而减小。

如果地基土的压缩性很低,基础的不均匀沉降很小,则考虑地基、基础、上部结构三者相互作用的意义就不大。因此,在相互作用中起主导作用的是地基,其次是基础,而上部结构则是在压缩性地基上基础整体刚度有限时起重要作用的因素。

5.2.3　地基基础设计基本原则

1. 基本规定

现行《建筑地基基础设计规范》(GB 50007—2011)根据地基复杂程度、建筑物规模和功能特征以及由于地基问题可能造成建筑物破坏或影响正常使用的程度,将地基基础设计分为三个设计等级(见表 5.2.1)。

表 5.2.1　地基基础设计等级

设计等级	建筑和地基类型
甲级	重要的工业与民用建筑物; 30 层以上的高层建筑; 体型复杂,层数相差超过 10 层的高低层连成一体的建筑物; 大面积的多层地下建筑物(如地下车库、商场、运动场等); 对地基变形有特殊要求的建筑物; 复杂地质条件下的坡上建筑物(包括高边坡); 对原有工程影响较大的新建建筑物; 场地和地基条件复杂的一般建筑物
乙级	除甲级、丙级以外的工业与民用建筑物
丙级	场地和地基条件简单、荷载分布均匀的 7 层及 7 层以下民用建筑及一般工业建筑; 次要的轻型建筑物

一般来说,地基基础的设计应满足地基承载力、变形和基础强度等要求。根据建筑物地基基础设计等级及长期荷载作用下地基变形对上部结构的影响程度,地基基础设计应符合下列规定:

(1)所有建筑物的地基计算均应满足承载力计算的有关规定;

(2)设计等级为甲、乙级的建筑物,均应按地基变形设计;

(3)设计等级为丙级的建筑物有下列情况之一时应作变形验算:

①地基承载力特征值小于 130kPa,且体型复杂的建筑;

②在基础上及其附近有地面堆载或相邻基础荷载差异较大,可能引起地基产生过大的不均匀沉降时;

③软弱地基上建筑物存在偏心荷载时;

④相邻建筑距离小,可能发生倾斜时;

⑤地基内有厚度较大或厚薄不均的填土,其自重固结未完成时。

(4)对经常受水平荷载作用的高层建筑、高耸结构和挡土墙等,以及建造在斜坡上或边坡附近的建筑物和构筑物,尚应验算其稳定性;

(5)当地下水埋藏较浅,建筑地下室或地下构筑物存在上浮问题时,尚应进行抗浮验算。

2. 两种极限状态

为了保证建筑物的安全使用,同时充分发挥地基的承载力,各个等级的地基基础设计均需要满足承载力极限状态和正常使用极限状态的要求。

1)承载能力极限状态

保证地基具有足够的强度和稳定性,基底压力要小于或等于地基承载力特征值。为了充分发挥地基的承载能力同时地基又不发生破坏,基础的基底压力一般应控制在界限荷载

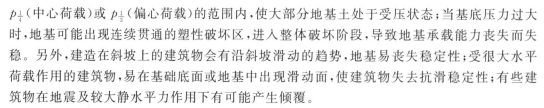

$p_{\frac{1}{4}}$（中心荷载）或 $p_{\frac{1}{3}}$（偏心荷载）的范围内,使大部分地基土处于受压状态;当基底压力过大时,地基可能出现连续贯通的塑性破坏区,进入整体破坏阶段,导致地基承载能力丧失而失稳。另外,建造在斜坡上的建筑物会有沿斜坡滑动的趋势,地基易丧失稳定性;受很大水平荷载作用的建筑物,易在基础底面或地基中出现滑动面,使建筑物失去抗滑稳定性;有些建筑物在地震及较大静水平力作用下有可能产生倾覆。

2)正常使用极限状态

保证地基的变形值在容许范围内。地基在荷载及其他因素的影响下会发生均匀沉降或不均匀沉降,变形过大时可能危害建筑物结构的安全(如产生裂缝、倒塌或其他不容许的变形),或影响建筑物正常使用,妨碍其设计功能的发挥。因此,对地基变形的控制主要是根据建筑物的要求而限定地基的变形值。

3. 荷载及荷载效应组合

作用在基础上的荷载,无论是轴向力、水平力还是力矩,都由恒载和活荷载两部分组成。恒载是作用在结构上的不变荷载,包括建筑物及基础的自重、固定设备重量、土压力和正常水位时的水压力等。从地基沉降来看,长期作用的恒载是引起沉降的主要因素。活荷载是作用在结构上的可变荷载,如楼面和屋面活荷载、吊车荷载、雪荷载及风荷载等,此外尚有地震荷载及其他特殊活荷载等。

在轴心荷载作用下,基础将发生沉降;在偏心荷载作用下,基础将发生倾斜;在水平力作用下,需要进行沿基础底面滑动、沿地基内部滑动和基础倾覆稳定性等方面的验算。

地基基础设计时,所采用的荷载效应最不利组合与相应的抗力限值应符合下列规定:

(1)按地基承载力确定基础底面积及埋深时,传至基础底面上的作用效应应按正常使用极限状态下作用的标准组合。相应的抗力应采用地基承载力特征值。

(2)计算地基变形时,传至基础底面上的作用效应应按正常使用极限状态下作用的准永久组合,不应计入风荷载和地震作用。相应的限值应为地基变形允许值。

(3)计算挡土墙、地基或滑坡稳定性以及基础抗浮稳定性时,作用效应应按承载能力极限状态下作用效应的基本组合,但其分项系数均为 1.0。

(4)在确定基础或桩基承台高度、支挡结构截面、计算基础或支挡结构内力、确定配筋和验算材料强度时,上部结构传来的作用效应和相应的基底反力、挡土墙土压力以及滑坡推力,应按承载能力极限状态下作用效应的基本组合,采用相应的分项系数。

当需要验算基础裂缝宽度时,应按正常使用极限状态作用的标准组合。

(5)正常使用极限状态下作用的标准组合值、准永久组合值和承载能力极限状态下的基本组合设计值的计算应参照现行《建筑结构荷载规范》(GB 50009—2012)的规定执行,其中对由永久荷载效应控制的基本组合值,也可采用简化原则,取标准组合值的 1.35 倍。

(6)地基基础的设计使用年限不应小于建筑结构的设计使用年限;基础设计安全等级、结构设计使用年限、结构重要性系数应按有关规范的规定采用,但结构重要性系数 γ_0 不应小于 1.0。

5.3 基础分类

浅基础(shallow foudation)按结构形式可分为扩展基础、柱下条形基础、柱下交叉条形基础、筏形基础、箱形基础和壳体基础等。按基础材料的性能可分为无筋基础(刚性基础)和钢筋混凝土基础。

5.3.1　扩展基础

墙下条形基础和柱下独立基础(单独基础)统称为扩展基础(spread foundation)。扩展基础的作用是把墙或柱的荷载扩散分布于基础底面,使之满足地基承载力和变形的要求。扩展基础包括无筋扩展基础和钢筋混凝土扩展基础。

1. 无筋扩展基础(non-reinforced spread foundation)

由砖、毛石、素混凝土、毛石混凝土以及灰土等材料修建的墙下条形基础或柱下独立基础称为无筋扩展基础,旧称刚性基础(见图 5.3.1)。无筋扩展基础的材料抗压强度较大,但抗拉和抗剪强度都不高,为了使基础内产生的拉应力和剪应力不超过相应的材料强度设计值,设计时需加大基础的高度。

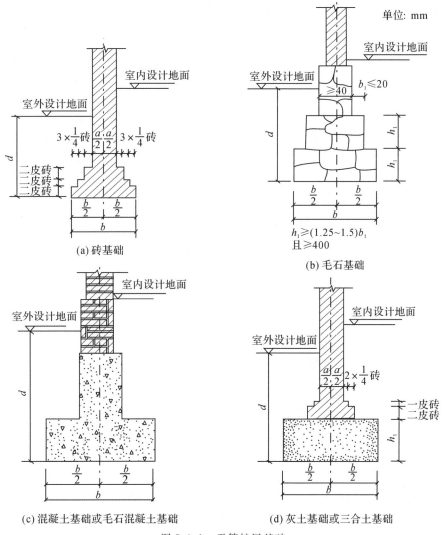

图 5.3.1　无筋扩展基础

采用砖或毛石砌筑无筋扩展基础时,在地下水位以上可用混合砂浆,在水下或地基土潮湿时则应采用水泥砂浆。当荷载较大,或要减小基础高度时,可采用素混凝土基础,也可以在素混凝土中掺体积占 25%~30% 的毛石(石块尺寸不宜超过 300mm),即做成毛石混凝土基础,以节约水泥。灰土基础宜在比较干燥的土层中使用,多用于我国华北和西北地区。灰土由石灰和土配制而成,作为基础材料用的灰土一般为三七灰土(体积比),即用三分石灰和七分黏性土拌匀后在基槽内分层夯实,夯实合格的灰土承载力可达 250~300kPa。在我国南方常用三合土基础。三合土是由石灰、砂和骨料(矿渣、碎砖或碎石)加水泥混合而成的。

无筋扩展基础技术简单、材料充足、造价低廉、施工方便,多用于 6 层和 6 层以下(三合土基础不宜超过 4 层)的民用建筑和轻型厂房。

2. 钢筋混凝土扩展基础(reinforced spread foundation)

由钢筋混凝土材料建造的扩展基础称为钢筋混凝土扩展基础,简称扩展基础,旧称柔性基础,可分为墙下钢筋混凝土条形基础和柱下钢筋混凝土独立基础两类。这类基础的抗弯和抗剪性能良好,适用于上部结构荷载较大,或为偏心荷载,承受弯矩和水平荷载的建筑物基础。

1)墙下钢筋混凝土条形基础(reinforced spread foundation under wall)

墙下钢筋混凝土条形基础的构造如图 5.3.2 所示。一般情况下可采用无肋式(或称板式)墙基础[见图 5.3.2(a)]。但当基础延伸方向的墙上荷载及地基土的压缩性不均匀时,为了增强基础的整体性和纵向抗弯能力,减小不均匀沉降,常采用带肋的墙基础[见图 5.3.2(b)],即在肋部配置足够的纵向钢筋和箍筋,以承受由不均匀沉降引起的弯曲应力。

2)柱下钢筋混凝土独立基础(reinforced single foundation under column)

柱下钢筋混凝土独立基础的构造如图 5.3.3 所示。现浇钢筋混凝土柱下的独立基础可做成锥形或阶梯形,预制柱则采用杯口基础,杯口基础常用于装配式单层工业厂房。

重要的建筑物或利用地基表土硬壳层,设计"宽基浅埋"以解决软弱下卧层强度太低的问题时,常采用钢筋混凝土扩展基础。扩展基础需用钢材、水泥,造价较高。

砖基础、毛石基础等无筋扩展基础和钢筋混凝土基础在施工前常在基坑底面铺设强度等级为 C10 的混凝土垫层,其厚度一般为 100mm。垫层的作用在于保护坑底土体不被扰动或雨水浸泡,同时改善基础的施工条件。

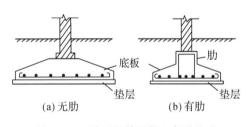

(a)无肋　　　　　　(b)有肋

图 5.3.2　墙下钢筋混凝土条形基础

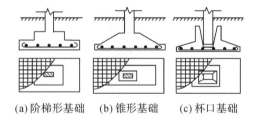

(a)阶梯形基础　(b)锥形基础　(c)杯口基础

图 5.3.3　柱下钢筋混凝土独立基础

5.3.2　柱下条形基础

当单柱荷载较大,地基承载力不是很大时,按常规设计的柱下独立基础所需的底面积大,基础之间的净距很小,或者对于不均匀沉降或振动敏感的地基,为加强基础整体性或施工方便,将柱下独立基础连成一体形成柱下条形基础(strip footing under column)(见

图 5.3.4)。根据柱子的数量、基础的剖面尺寸、上部荷载大小与分布以及结构刚度等情况，柱下条形基础可分别采用以下两种形式：①等截面条形基础：横截面通常呈倒 T 形，底部挑出部分为翼板，其余部分为肋部。②局部扩大条形基础：横截面在与柱交接处局部加高或扩大，以适应柱与基础梁的荷载传递和牢固连接。柱下条形基础是常用于软弱地基上框架或排架结构的一种基础形式。

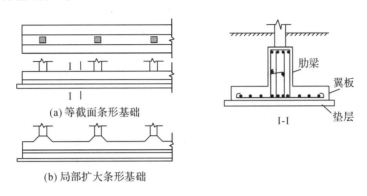

图 5.3.4　柱下条形基础

5.3.3　柱下交叉条形基础

当单柱荷载大，地基土较软弱，按条形基础设计无法满足地基承载力要求时，可在柱下沿纵横两向分别设置钢筋混凝土条形基础，形成柱下交叉条形基础（见图 5.3.5），即十字交叉基础（cross footing under column），使基础底面面积和基础整体刚度相应增大，同时可以减小地基的附加应力和不均匀沉降。

如果单向条形基础的底面积已能满足地基承载力的要求，则为了减小基础之间的沉降差，可在另一方向加设连梁，组成如图 5.3.6 所示的连梁式交叉条形基础。连梁式交叉条形基础的设计可按单向条形基础来考虑。连梁的配置通常带有经验性，需要有一定的承载力和刚度，否则作用不大。

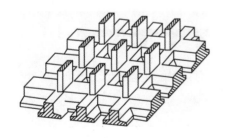

图 5.3.5　柱下交叉条形基础

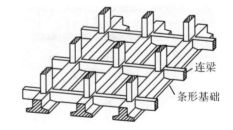

图 5.3.6　连梁式交叉条形基础

柱下交叉条形基础常作为多层建筑或地基较好的高层建筑的基础，对于较软弱的地基土，还可与桩基连用。

5.3.4　筏形基础

当上部结构荷载较大，地基土较软，采用柱下交叉基础仍不能满足地基承载力要求或采用人工地基不经济时,可以在建筑物的柱、墙下方做一块满堂的基础,即筏形(片筏)基础(mat foundation)。筏形基础由于其底面积大,埋置较深,可减小基底压力,同时提高地基土的承载力,比较容易满足地基承载力的要求。筏形基础把上部结构连成整体,可以充分利用结构物的刚度,调整基底压力分布,减小不均匀沉降。此外,筏形基础还具有前述各类基础所不完全具备的功能,例如能跨越地下浅层小洞穴、沟槽和局部软弱层,提供比较宽敞的地下使用空间,作为地下室、水池、油库等的防渗底板,增强建筑物的整体抗震性能,满足自动化程度较高的工艺设备下基础不允许有差异沉降的要求等。

当地基有显著的软硬不均或结构物对差异变形很敏感时,采用筏形基础要慎重。这是由于筏板的覆盖面积大而厚度和抗弯刚度有限,不能调整过大的沉降差,这种情况下应考虑对地基进行局部处理或使用桩筏基础。另外,由于地基土上筏形基础的工作条件复杂,内力分析方法难以反映实际情况,设计中往往需要双向配置受力钢筋,工程造价有所提高,因此需要经过技术经济比较后才能确定是否选用筏形基础。

柱下筏形基础按结构特点可分为平板式(flat plate)和梁板式(beam-slab)两种类型(见图 5.3.7)。平板式筏形基础是一大片钢筋混凝土平板,柱直接连于平板上,其基础的厚度不应小于 400mm,一般为 0.5~2.5m。其特点是施工方便、建造快,但混凝土用量大。当柱荷载较大时,可将柱位下板厚局部加大或设柱墩[见图 5.3.7(a)],以防止基础发生冲切破坏。若柱距较大,为了减小板厚,可在柱轴两个方向设置肋梁,形成梁板式筏形基础[见图5.3.7(b)]。梁板式则布置主梁、次梁及平板,柱设在梁的交界处。当梁的断面一致时,无主次梁之分。梁和平板的断面尺寸及配筋量均应根据计算而定。

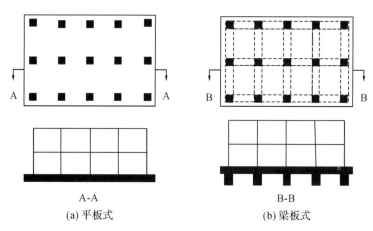

A-A
(a) 平板式

B-B
(b) 梁板式

图 5.3.7 筏形基础

5.3.5 箱形基础

箱形基础(box foundation)是由底板、顶板、外墙和一定数量的纵横内隔墙构成的整体,是刚度较大的单层或多层箱形钢筋混凝土结构(见图 5.3.8)。适用于软弱地基上或不均匀地基土上建造带有地下室的高层、重型或对不均匀沉降有严格要求的建筑物。

箱形基础刚度大、整体性好,可将上部结构荷载有效地扩散到地基土中,同时又能调整地基的不均匀沉降,减少不均匀沉降对上部结构的不利影响;箱形基础埋深较大,基础中空,

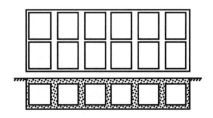

图 5.3.8　箱形基础

开挖卸去的土重部分抵偿了上部结构传来的荷载(补偿效应),由此减小了基底的附加应力,使地基沉降量减小;箱形基础为现场浇筑的钢筋混凝土整体结构,其底板、顶板及内外墙厚度均较大,长度、宽度和埋深也较大,在地基作用下发生滑移或倾覆的可能性很小;而且其本身的变形也不大,因此它是一种抗震性能良好的基础形式。例如,1976 年唐山发生 7.8 级大地震时,唐山市平地上的房屋几乎全部倒塌,但当地的最高建筑物——新华旅社 8 层楼未倒,该楼采用的是箱形基础。综上所述,与一般实体基础相比,箱形基础刚度大,整体性好,沉降量小且抗震性能较好。

我国第一个箱形基础工程是 1953 年设计的北京展览馆中央大厅的基础。此后,上海等其他地方的很多高层建筑采用箱形基础。

高层建筑的箱形基础往往与地下室结合考虑,其地下空间可用作人防、设备间、库房、商店以及污水处理等。但由于内墙分隔,箱形基础地下室的用途不如筏形基础地下室广泛,例如不能用作地下停车场等。

箱形基础的钢筋水泥用量很大,工期长,造价高,施工技术比较复杂,在进行深基坑开挖时,还需考虑降低地下水位、坑壁支护及对周边环境的影响等问题。因此,是否采用它,应在与其他可能的地基基础方案做技术经济比较之后再确定。

5.3.6　壳体基础

基础的形式做成壳体,可以发挥混凝土抗压性能好的特性。常见的壳体基础(shell foundation)形式有三种,即正圆锥壳、M 形组合壳和内球外锥组合壳(见图 5.3.9)。壳体基础可用作柱基础和筒形构筑物(如烟囱、水塔、料仓、中小型高炉等)的基础。

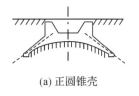　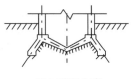　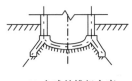

(a) 正圆锥壳　　　　　　　(b) M形组合壳　　　　　　(c) 内球外锥组合壳

图 5.3.9　壳体基础的结构形式

壳体基础的优点是材料省、造价低。中小型筒形构筑物的壳体基础,可比一般梁、板式的钢筋混凝土基础少用混凝土 30%～50%,节约钢筋 30% 以上。此外,一般情况下施工时不必支模,土方挖运量也较小。不过,由于较难实行机械化施工,因此施工工期长,同时施工工作量大,技术要求高,近年来应用不多。

5.4 基础埋置深度

基础埋置深度(embedded depth of foundation),简称埋深,是指基础底面至地面(一般指设计地面)的距离。选择基础的埋置深度是基础设计工作的重要环节,因为它的确定关系到地基基础方案的优劣、施工的难易和造价的高低。一般来说,在满足地基稳定和变形要求及有关条件的前提下,基础应尽量浅埋。对于土质地基上的基础,考虑到基础稳定性、材料的耐久性、基础大放脚的要求等因素,埋深不宜小于0.5m,基础顶面一般应至少低于设计地面0.1m;岩石地基上的基础则可不受此限制。

影响基础埋置深度的因素很多,其中根据工程的具体情况主要应考虑如下四个方面。

5.4.1 建筑物的类型、用途和环境条件

确定基础的埋深时,首先要考虑的是建筑物使用功能、用途、类型、规模、荷载大小与性质等方面的情况,例如有无地下室、设备基础和地下设施,是否属于半埋式结构物等。

对位于土质地基上的高层建筑,为了满足稳定性要求,其基础埋深应随建筑物高度适当增大。在抗震设防区,筏形和箱形基础的埋深不宜小于建筑物高度的1/15;桩筏或桩箱基础的埋深(不计桩长)不宜小于建筑物高度的1/18。对位于岩石地基上的高层建筑,基础埋深应满足抗滑要求。受到上拔力的基础如输电塔基础,也要求有较大的埋深以满足抗拔要求。烟囱、水塔等高耸结构均应满足抗倾覆稳定性的要求。

确定冷藏库或高温炉窑这类建筑物的基础埋深时,应考虑热传导引起地基土因低温而冻胀或因高温而干缩的效应。

当建筑物各部分使用要求不同,或地基土质变化大,要求同一建筑物各部分基础埋深不相同时,应将基础做成台阶形逐步过渡,台阶的高宽比为1:2,每级台阶高度不超过50cm,如图5.4.1所示。

当建筑场地邻近已存在建筑物时,新建工程的基础埋深不宜大于原有建筑基础,否则两个基础之间的净距应大于两个基础底面高差的1~2倍(土质好时可取低值),如图5.4.2所示,以免开挖新基坑时危及原有基础的安全稳定性。若不能满足此条件,则在基础施工期间应采取有效措施以保证邻近原有建筑物的安全。例如,新建基础分段开挖修筑,基坑壁设置临时加固支撑,事先设置板桩、地下连续墙等挡土结构,对原有建筑物基础进行托换或对地基进行加固等。

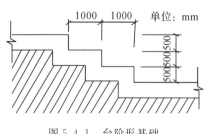

图 5.4.1 台阶形基础

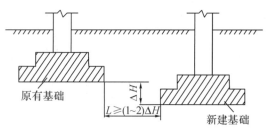

图 5.4.2 不同埋深的相邻基础

如果在基础影响范围内有管道或沟、坑等地下设施通过时,基础底面一般应低于这些设施的底面,否则应采取有效措施,消除基础对地下设施的不利影响。

在河流、湖泊等水体旁建造的建筑物基础,如可能受到流水或波浪冲刷的影响,其底面应位于冲刷线以下。

5.4.2　工程地质条件

直接支承基础的土层称为持力层,其下的各土层称为下卧层。为了满足建筑物对地基承载力和地基变形的要求,基础应尽可能埋置在良好的持力层上。当地基受力层(或沉降计算深度)范围内存在软弱下卧层时,软弱下卧层的承载力和地基变形也应满足要求。

在选择持力层和基础埋深时,应通过岩土工程勘察报告详细了解拟建场地的地层分布、各土层的物理力学性质和地基承载力与土层压缩性等资料。对于中小型建筑物,一般把处于坚硬、硬塑或可塑状态的黏性土层,处于密实或中密状态的砂土层和碎石土层,以及属于低、中压缩性的其他土层视作良好土层;而把处于软塑、流塑状态的黏性土层,处于松散状态的砂土层、未经处理的填土和其他高压缩性土层视作软弱土层。下面针对工程中常遇到的土层分布情况,说明基础埋深的确定原则。

(1)在地基受力层范围内,自上而下都是良好土层。基础埋深由其他条件和最小埋深确定。

(2)自上而下都是软弱土层。对于轻型建筑,仍可考虑按情况(1)处理。如果地基承载力或地基变形不能满足要求,则应考虑采用连续基础、人工地基或深基础方案。基础方案的选择需从安全可靠、施工难易、造价高低等方面综合确定。

(3)上部为软弱土层而下部为良好土层。这时,持力层的选择取决于上部软弱土层的厚度。一般来说,软弱土层厚度小于 2m 者,应选取下部良好的土层作为持力层;若软弱土层较厚,可按情况(2)处理。

(4)上部为良好土层而下部为软弱土层。这种情况在我国沿海地区较为常见,地表普遍存在一层厚度为 2~3m 的所谓"硬壳层",硬壳层以下为孔隙比大、压缩性高、强度低的软土层。对于一般中小型建筑物,或 6 层以下的住宅,宜选择硬壳层作为持力层,基础尽量浅埋,即采用"宽基浅埋"方案,加大基底至软弱土层的距离。若地基承载力或地基变形不能满足要求时,可按情况(2)处理。

5.4.3　水文地质条件

有地下水存在时,基础尽量埋置在地下水位以上,以避免地下水对基坑开挖、基础施工和使用的影响。当基础底面低于地下水位时,应考虑施工期间的基坑降水,坑壁围护,是否可能产生流砂、涌土等问题,并采取措施保护地基土不受扰动。对于具有侵蚀性的地下水,应采用抗侵蚀的水泥品种和相应的措施。此外,设计时还应该考虑因地下水的浮托力而引起的基础底板内力的变化、地下室或地下贮罐上浮的可能性以及地下室的防渗问题。

值得注意的是,当持力层下埋藏承压含水层时,为防止坑底土被承压水冲破(即流土),要求坑底土的总覆盖压力大于承压含水层顶部的静水压力(见图 5.4.3),即

$$\gamma h > \gamma_w h_w \tag{5.4.1}$$

式中，γ 为土的重度，对潜水位以下的土取饱和重度（kN/m³）；γ_w 为水的重度（kN/m³）；h 为基坑底面至承压含水层顶面的距离（m）；h_w 为承压水位（m）。

如式（5.4.1）无法得到满足，则应设法降低承压水头或减小基础埋深。对于平面尺寸较大的基础，在满足式（5.4.1）的要求时，还应有不小于 1.1 的安全系数。

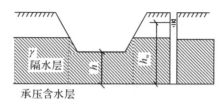

图 5.4.3　基坑下埋藏承压含水层的情况

5.4.4　地基土冻融条件

当地基土的温度低于零度时，土中部分孔隙水将冻结而形成冻土。冻土可分为季节性冻土和多年冻土两类。季节性冻土在冬季冻结而夏季融化，每年冻融交替一次。季节性冻土在我国东北、华北和西北地区广泛分布，冻土层厚度在 0.5m 以上，最大可达 3m 左右。

如果季节性冻土由细粒土（粉砂、粉土、黏性土）组成，冻结前的含水量较高且冻结期间的地下水位低于冻结深度不足 1.5～2.0m，处于冻结深度范围内的土中水将被冻结形成冰晶体，而且冻结土会产生一种吸力，使未冻结区的自由水和部分结合水不断地向冻结区迁移、聚集，使冰晶体逐渐扩大，引起土体发生膨胀和隆起，形成冻胀现象。位于冻胀区的基础所受到的冻胀力如大于基底压力，基础就有被抬起的可能。到了夏季，土体因温度升高而解冻，造成含水量增加，使土体处于饱和及软化状态，承载力降低，建筑物下陷，这种现象称为融陷。地基土的冻胀与融陷容易导致建筑物开裂损坏，影响建筑物的正常使用。

土冻结后是否会产生冻胀现象，主要与土的粒径大小、含水量的多少及地下水位高低等条件有关。结合水含量极少的粗粒土，因不发生水分迁移，故不存在冻胀问题；处于坚硬状态的黏性土，因为结合水的含量很少，冻胀作用也很微弱。此外，若地下水位高或通过毛细水能使水分向冻结区补充，则冻胀会较严重。

1. 地基冻胀性分类

《建筑地基基础设计规范》（GB 50007—2011）根据冻胀层的平均冻胀率的大小，把地基土的冻胀性分为不冻胀、弱冻胀、冻胀、强冻胀和特强冻胀五类。

2. 季节性冻土地基的设计冻结深度

季节性冻土地基的设计冻结深度应按下式计算：

$$z_d = z_0 \psi_{zs} \psi_{zw} \psi_{ze} \qquad (5.4.2)$$

式中，z_d 为场地冻结深度（m），当有实测资料时按 $z_d = h' - \Delta z$ 计算；h' 为最大冻结深度出现时场地最大冻土层厚度（m）；Δz 为最大冻结深度出现时场地地表冻胀量（m）；z_0 为标准冻结深度（standard frost penetration）（m），当无实测资料时，按"中国季节性冻土标准冻深线图"确定；ψ_{zs} 为土的类别对冻结深度的影响系数；ψ_{zw} 为土的冻胀性对冻结深度的影响系数；ψ_{ze} 为环境对冻结深度的影响系数；这三个影响系数均可按规范表格查取。

3. 考虑冻胀影响的最小埋深

埋置于可冻胀土中的基础,其最小埋深 d_{min} 可按下式确定:

$$d_{min} = z_d - h_{max} \tag{5.4.3}$$

式中,z_d 为设计冻结深度(m);h_{max} 为基础底面下允许残留冻土层的最大厚度(m),可按规范表格查取。对于冻胀、强冻胀和特强冻胀地基上的建筑物,尚应采取相应的防冻害措施。

4. 防止冻害的措施

(1) 对地下水位以上的基础,基础侧表面应回填非冻胀性的中砂或粗砂,其厚度不应小于 200mm。对于地下水位以下的基础,可采用桩基础、保温性基础、自锚式基础,也可将独立基础或条形基础做成正梯形的斜面基础。

(2) 宜选择地势高、地下水位低、地表排水良好的建筑场地。对低洼场地,宜在建筑物四周向外一倍冻结深度距离范围内,使室外地坪至少高出自然地面 $300 \sim 500mm$。

(3) 防止雨水、地表水、生活污水等浸入建筑地基,应设置排水设施。山区应设截水沟或在建筑物下设置暗沟,排走地表水和潜水。

(4) 在强冻胀性和特强冻胀性地基上,基础结构应设置钢筋混凝土圈梁和基础梁,并控制上部建筑的长高比,增强房屋的整体刚度。

(5) 独立基础连系梁下或桩基础承台下有冻土时,应在梁或承台下留有相当于该土层冻胀量的空隙,防止因土的冻胀将梁或承台拱裂。

(6) 外门斗、室外台阶和散水坡等部位宜与主体结构断开。散水坡分段不宜超过 1.5m,坡度不宜小于 3%。其下宜填非冻胀性材料。

(7) 对跨年度施工的建筑物,入冬前应对地基采取相应的防护措施;按采暖设计的建筑物,当冬季不能正常采暖时,也应对地基采取保温措施。

5.5　地基承载力

我国在不同时期、不同行业的规范中对地基承载力的表达采用不同形式和不同的测定方法。因此,在已发表的论文、工程案例、出版的著作和已完成的设计文件中对地基承载力采用了多种不同的表达形式。对地基承载力的表达形式主要有以下几种:地基极限承载力、地基容许承载力、地基承载力特征值、地基承载力标准值、地基承载力基本值以及地基承载力设计值等。这些不同的地基承载力表达形式中,地基极限承载力和地基容许承载力是国内外基础工程设计中最基本最常用的概念,下面先介绍这两个基本概念。

5.5.1　地基承载力概念

1. 地基极限承载力

地基极限承载力(ultimate bearing capacity)是地基处于极限状态时能承担的最大荷载,即地基产生失稳破坏前所能承担的最大荷载。对某一地基而言,通常情况下地基极限承载力值是唯一的,即对某一地基,地基极限承载力是确定值。

地基极限承载力可通过地基载荷试验确定,通常取载荷试验过程中地基失稳破坏前所能承担的最大荷载为极限承载力值;地基极限承载力也可通过理论公式(两大类)进行计算:一类是假设地基土是刚塑性体,按照极限平衡理论求解,如普朗德尔和赖斯纳极限承载力。另一类是按照假定滑动面求解,根据滑动土体的静力平衡条件求解极限承载力,如太沙基地基承载力公式、汉森公式等。

2. 地基容许承载力

地基容许承载力(allowable bearing capacity)是设计人员能利用的最大地基承载力值,即工程设计中地基承载力取值不能超过地基容许承载力值。因此,容许承载力是考虑一定安全储备后的地基承载力,由地基极限承载力除以安全系数得到的。影响安全系数取值的因素很多,如建筑物重要性、基础类型、采用的设计计算方法以及设计计算水平等。安全系数取值也与国家经济综合实力以及建设单位的实力等因素有关。因此对某一地基而言地基容许承载力值通常不是唯一的。

在工程设计中安全系数取值不同,地基容许承载力值也就不同。安全系数取值大,工程的安全储备也就大;反之,安全系数取值小,工程的安全储备也就小。

地基承载力特征值、地基承载力标准值、地基承载力基本值、地基承载力设计值等是与相应规范配套使用的术语。在某种意义上可以将现行规范中"地基承载力特征值"和"地基承载力设计值"理解为地基容许承载力值,而"地基承载力标准值"和"地基承载力基本值"是为了获得地基承载力设计值的中间过程取值。

5.5.2 地基承载力的影响因素

不同地区、不同成因、不同土质的地基承载力差别很大。影响地基承载力的主要因素如下。

1. 地基土的成因与堆积年代

通常冲积土与洪积土的承载力比坡积土的承载力大,风积土的承载力最小。同类土,堆积年代越久,地基承载力特征值越高。

2. 地基土的物理力学性质

地基土的物理力学性质是影响地基承载力最重要的因素。对于碎石土和砂土,颗粒粒径、密实度等参数对地基承载力影响较大。例如,碎石土和砂土的粒径越大,孔隙比越小,密实度越大,则地基承载力越大。密实卵石 $f_{ak}=800\sim1000kPa$,而密实的角砾 f_{ak} 只有 $400\sim600kPa$,粒径减小,f_{ak} 约降低了 50%。稍密卵石 $f_{ak}=300\sim500kPa$,同为卵石,密实度减小,f_{ak} 约降低为 $38\%\sim50\%$;对于粉土和黏性土,含水量、液性指数等参数对地基承载力影响较大。粉土和黏性土的含水量越大,孔隙比越大,则地基承载力越小。例如,粉土孔隙比 $e=0.5$,含水量 $w=10\%$,承载力 $f_{ak}=410kPa$;若 $e=1.0$,含水量 $w=35\%$,则 $f_{ak}=105kPa$,几乎降低了 75%。

3. 地下水

当地下水上升,地基土受地下水的浮托作用,土的天然重度减小为浮重度;同时土的含水量增大,地基承载力降低。尤其对湿陷性黄土,地下水上升会导致湿陷。膨胀土遇水膨胀软化,失水收缩开裂,对地基承载力影响很大。

4. 建筑物情况

通常上部结构体型简单,整体刚度大,对地基不均匀沉降适应性好,则地基承载力可取高值。基础宽度大，埋置深度深，地基承载力也相应提高。

5.5.3 地基承载力特征值及其确定

现行《建筑地基基础设计规范》(GB 50007—2011)采用的地基承载力表达形式是地基承载力特征值。地基承载力特征值(characteristic value of subsoil bearing capacity)f_{ak}是指由载荷试验测定的地基土压力变形曲线线性变形阶段内规定变形所对应的压力值，其最大值为比例界限值。确定地基承载力特征值的方法主要有四种：①根据土的抗剪强度指标按理论公式计算；②由现场载荷试验的 p-s 曲线确定；③按规范提供的承载力表确定；④在土质基本相同的情况下，参照邻近建筑物的工程经验确定。在具体工程中，应根据地基基础的设计等级、地基岩土条件并结合当地工程经验选择确定地基承载力的适当方法，必要时可以按多种方法综合确定。

1. 按土的抗剪强度指标确定

1)根据地基极限承载力理论公式确定

根据地基极限承载力计算地基承载力特征值的公式如下：

$$f_{ak} = p_u / K \tag{5.5.1}$$

式中，p_u 为地基极限承载力(kPa)；K 为安全系数，其取值与地基基础设计等级、荷载的性质、土的抗剪强度指标的可靠程度以及地基条件等因素有关。

确定地基极限承载力的理论公式有多种，如斯肯普顿公式、太沙基公式、魏锡克公式和汉森公式等。实际工程中，比较常用的是太沙基公式。式(5.5.2)是假设基底粗糙时，条形基础下地基发生整体剪切破坏(general shear failure)时的太沙基极限承载力理论公式，其被推广应用于圆形或方形基础。

$$p_u = cN_c + qN_q + \frac{1}{2}\gamma B N_\gamma \tag{5.5.2}$$

式中，c 为地基土的黏聚力(kPa)；γ 为地基土重度(kN/m³)；q 为作用在基底平面上的超载，此处为基底以上填土的自重应力(kPa)，$q = \gamma D$，D 为填土高度；N_c、N_q、N_γ 为基底粗糙的太沙基承载力系数(Terzaghi's bearing capacity factors)。

2)根据规范推荐的理论公式确定

当荷载偏心距 $e \leqslant l/30$(l 为偏心方向基础边长)时，《建筑地基基础设计规范》(GB 50007—2011)推荐的以地基临界荷载 $p_{1/4}$ 为基础的理论公式来计算地基承载力特征值，计算公式如下：

$$f_{ak} = M_b \gamma b + M_d \gamma_m d + M_c c_k \tag{5.5.3}$$

式中，f_{ak} 为由土的抗剪强度指标确定的地基承载力特征值(kPa)；M_b、M_d、M_c 为承载力系数，按土的内摩擦角标准值 φ_k 值查表 5.5.1；γ 为基底以下土的重度，地下水位以下取有效重度(kN/m³)；b 为基础底面宽度(m)，大于 6m 时按 6m 考虑，对于砂土，小于 3 时按 3m 考虑；γ_m 为基础底面以上土的加权平均重度，地下水位以下取有效重度(kN/m³)；d 为基础埋置深度(m)，取值方法与下文式(5.5.12)同；φ_k、c_k 为基底下一倍短边宽度的深度内土的内摩擦角标准值(°)、黏聚力标准值(kPa)。

上式与 $p_{1/4}$ 公式稍有差别。根据砂土地基的载荷试验资料，按 $p_{1/4}$ 公式计算的结果偏小较多，所以对砂土地基，当 b 小于 3m 时按 3m 计算。此外，当 $\varphi_k \geqslant 24°$时，采用比 M_b 的理论值大的经验修正值。

若建筑物施工速度较快,而地基持力层的透水性和排水条件不良(例如厚度较大的饱和软黏土),地基土可能在施工期间或施工完工后不久因未充分排水固结而破坏,则应采用土的不排水抗剪强度计算短期承载力。取不排水内摩擦角 $\varphi_u=0$,由表 5.5.1 知 $M_b=0$、$M_d=1$、$M_c=3.14$,将 c_k 改为 c_u(c_u 为土的不排水抗剪强度),由式(5.5.3)得短期承载力计算公式为:

$$f_{ak}=3.14c_u+\gamma_m d \tag{5.5.4}$$

表 5.5.1　承载力系数 M_b、M_d、M_c

土的内摩擦角标准值 $\varphi_k/(°)$	M_b	M_d	M_c
0	0	1.00	3.14
2	0.03	1.12	3.32
4	0.06	1.25	3.51
6	0.10	1.39	3.71
8	0.14	1.55	3.93
10	0.18	1.73	4.17
12	0.23	1.94	4.42
14	0.29	2.17	4.69
16	0.36	2.43	5.00
18	0.43	2.72	5.31
20	0.51	3.06	5.66
22	0.61	3.44	6.04
24	0.80	3.87	6.45
26	1.10	4.37	6.90
28	1.40	4.93	7.40
30	1.90	5.59	7.95
32	2.60	6.35	8.55
34	3.40	7.21	9.22
36	4.20	8.25	9.97
38	5.00	9.44	10.80
40	5.80	10.84	11.73

3)关于理论公式的讨论和说明

(1)按理论公式计算地基承载力时,对计算结果影响最大的是土的抗剪强度指标。一般应采取质量最好的原状土样以三轴压缩试验测定,且每层土的试验数量不得少于 6 组。

(2)地基承载力不仅与土的性质有关,还与基础的大小、形状、埋深以及荷载情况等有关,而这些因素对承载力的影响程度又随着土质的不同而不同。例如对饱和软土($\varphi_k=0$,$M_b=0$),增大基底尺寸不能提高地基承载力,但对 $\varphi_k>0$ 的土,增大基底宽度将使承载力随

着 φ_k 的增大而显著提高。

（3）由式（5.5.3）可知，地基承载力随埋深 d 线性增加，但对实体基础（如扩展基础），增加的承载力将被基础和回填土重量的相应增加所部分抵偿。特别是对于饱和软土，由于 $M_d=1$，增加的承载力将与基础和回填土重量的增加部分基本相等，此时增大基础埋深作用不大。

（4）按土的抗剪强度确定的地基承载力特征值没有考虑建筑物对地基变形的要求，因此在基础底面尺寸确定后，还应进行地基变形验算。

（5）内摩擦角标准值 φ_k 和黏聚力标准值 c_k 可按下列方法计算：

将 n 组试验所测得的 φ_i 和 c_i 代入下述式（5.5.5）、（5.5.6）和（5.5.7），分别计算出平均值 φ_m、c_m，标准差 σ_φ、σ_c 和变异系数 δ_φ、δ_c。

$$\mu = \frac{\sum_{i=1}^{n} \mu_i}{n} \tag{5.5.5}$$

$$\sigma = \sqrt{\frac{\sum_{i=1}^{n} \mu_i^2 - n\mu^2}{n-1}} \tag{5.5.6}$$

$$\delta = \sigma/\mu \tag{5.5.7}$$

式中，μ 为某一土性指标试验平均值；σ 为标准差；δ 为变异系数。

按下述两式分别计算 n 组试验的内摩擦角和黏聚力的统计修正系数 ψ_φ、ψ_c：

$$\psi_\varphi = 1 - \left(\frac{1.704}{\sqrt{n}} + \frac{4.678}{n^2}\right)\delta_\varphi \tag{5.5.8}$$

$$\psi_c = 1 - \left(\frac{1.704}{\sqrt{n}} + \frac{4.678}{n^2}\right)\delta_c \tag{5.5.9}$$

最后按下述两式计算抗剪强度指标标准值 φ_k、c_k：

$$\varphi_k = \psi_\varphi \varphi_m \tag{5.5.10}$$

$$c_k = \psi_c c_m \tag{5.5.11}$$

2. 按地基载荷试验确定

对于设计等级为甲级的建筑物或地质条件复杂、土质很不均匀的情况，采用现场载荷试验法可以取得较精确可靠的地基承载力数值。

载荷试验包括浅层平板载荷试验（shallow plate load test）、深层平板试验（deep plate load test）及螺旋板载荷试验（spiral plate load test）。前者适用于浅层地基，后两者适用于深层地基。

载荷试验的优点是压力的影响深度可达 1.5～2 倍承压板宽度，故能较好地反映天然土体的压缩性。对于成分或结构很不均匀的土层，如杂填土、裂隙土、风化岩等，则它具有别的方法难以代替的作用。但其缺点是试验工作量和费用较大，时间较长。

下面讨论根据载荷试验成果 $p\text{-}s$ 曲线确定地基承载力特征值的方法。

对于密实砂土、硬塑黏土等低压缩性土，其 $p\text{-}s$ 曲线通常有比较明显的起始直线段和极限值，即呈急剧破坏的"陡降型"，如图 5.5.1(a) 所示。考虑到低压缩性土的承载力特征值一般由强度安全控制，故规范规定把直线段末点所对应的压力 p_1（比例界限荷载）作为承载力特征值。此时，地基的沉降量很小，强度安全储备也足够。但是对于少数呈"脆性"破坏的土，p_1 与极限荷载 p_u 很接近，故当 $p_u < 1.5p_1$ 时，取 $p_u/2$ 作为地基承载力特征值。

对于松砂、填土、可塑黏土等中、高压缩性土，其 $p\text{-}s$ 曲线往往无明显的转折点，呈现渐进破坏的"缓变型"，如图 5.5.1(b)所示。由于中、高压缩性土的沉降量较大，故其承载力特征值一般受允许沉降量控制。因此，当压板面积为 $0.25 \sim 0.50\text{m}^2$ 时，规范规定可取沉降 $s = (0.01 \sim 0.015)b$（b 为承压板宽度或直径）所对应的荷载（此值不应大于最大加载量的一半）作为地基承载力特征值。

对同一土层，应选择三个以上的试验点，当试验实测值的极差（最大值与最小值之差）不超过其平均值的 30% 时，取其平均值作为该土层的地基承载力特征值 f_{ak}。

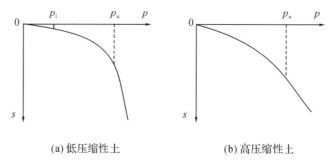

(a) 低压缩性土　　　　　　　(b) 高压缩性土

图 5.5.1　按载荷试验成果确定地基承载力特征值

3. 按规范承载力修正公式确定

当基础宽度大于 3m 或埋置深度大于 0.5m 时，由载荷试验或其他原位测试、经验值等方法确定的地基承载力特征值，尚应根据基础的宽度和深度按下式进行修正：

$$f_a = f_{ak} + \eta_b \gamma (b-3) + \eta_d \gamma_m (d-0.5) \tag{5.5.12}$$

式中，f_a 为修正后的地基承载力特征值(kPa)；f_{ak} 为地基承载力特征值(kPa)；η_b、η_d 为基础宽度和埋深的承载力修正系数，按基底下土的类别查表 5.5.2；γ 为基础底面以下土的重度，地下水位以下取有效重度(kN/m³)；b 为基础底面宽度(m)，当基底宽度小于 3m 时按 3m 取值，大于 6m 时按 6m 取值；γ_m 为基础底面以上土的加权平均重度，地下水位以下取有效重度(kN/m³)；d 为基础埋置深度(m)，一般自室外地面标高算起。在填方整平地区，可自填土地面标高算起，但填土在上部结构施工后完成时，应从天然地面标高算起。对于地下室，当采用箱形基础或筏基时，基础埋置深度自室外地面标高算起；当采用独立基础或条形基础时，应从室内地面标高算起。

表 5.5.2　承载力修正系数

土的类别		η_b	η_d
淤泥和淤泥质土		0	1.0
人工填土； e 或 I_L 大于等于 0.85 的黏性土		0	1.0
红黏土	含水比 $a_w > 0.8$；	0	1.2
	含水比 $a_w \leqslant 0.8$	0.15	1.4
大面积压实填土	压实系数大于 0.95、黏粒含量 $\rho_c \geqslant 10\%$ 的粉土；	0	1.5
	最大干密度大于 2.1t/m³ 的级配砂石	0	2.0

续表

土的类别		η_b	η_d
粉土	黏粒含量 $\rho_c \geqslant 10\%$ 的粉土；	0.3	1.5
	黏粒含量 $\rho_c < 10\%$ 的粉土	0.5	2.0
e 和 I_L 均小于 0.85 的黏性土；		0.3	1.6
粉砂、细砂(不包括很湿与饱和时的稍密状态)；		2.0	3.0
中砂、粗砂、砾砂和碎石土		3.0	4.4

注：1. 强风化和全风化的岩石，可参照所风化成的相应土类取值，其他状态下的岩石不修正。

　　2. 地基承载力特征值按深层平板荷载试验确定时，η_d 取 0。

　　3. 含水比是指土的天然含水量与液限的比值。

　　4. 大面积压实填土是指填土范围大于两倍基础宽度的填土。

4. 按建筑经验确定

对于设计等级为丙级中的次要、轻型建筑物，可根据邻近建筑物的经验确定地基承载力特征值。

调查拟建场地附近的建筑物的结构类型、基础形式、地基条件和使用现状，对于确定拟建场地的地基承载力具有一定的参考价值。

在按建筑经验确定承载力时，需要了解拟建场地是否存在人工填土、暗浜或暗沟、土洞、软弱夹层等不利情况。对于地基持力层，可以通过现场开挖，根据土的名称和所处的状态估计地基承载力。这些工作还需在基坑开挖验槽时进行验证。

选择以上确定地基承载力特征值方法的原则为：对于地基基础设计等级高的工程，应按多种方法综合确定地基承载力特征值；若用较少的方法确定或相关试验较少，则承载力特征值应取较低值。

5.6　地基承载力验算

在初步选择基础类型和埋置深度后，就可以根据持力层的承载力特征值计算基础底面尺寸。如果地基荷载影响范围内存在承载力明显低于持力层的下卧层，则所选择的基底尺寸尚须满足对软弱下卧层承载力验算的要求。

5.6.1　地基持力层承载力验算

一般柱、墙的基础通常为矩形基础或条形基础，且采用对称布置。按荷载对基底形心的偏心情况，上部结构作用在基础顶面处的荷载可以分为轴心荷载和偏心荷载两种。

1. 地基持力层承载力验算

1）轴心荷载作用

在轴心荷载作用下，按地基持力层承载力计算基底尺寸时，要求基础底面平均压力满足下式要求：

$$p_k \leqslant f_a \qquad\qquad (5.6.1)$$

式中，f_a 为修正后的地基持力层承载力特征值(kPa)；p_k 为相应于作用的标准组合时，基础底面处的平均压力值(kPa)，按下式计算：

$$p_k = (F_k + G_k)/A \tag{5.6.2}$$

式中，A 为基础底面面积(m²)；F_k 为相应于作用的标准组合时，上部结构传至基础顶面的竖向力值(kN)；G_k 为基础自重和基础上的土重(kN)，对一般实体基础，可近似地取 $G_k = \gamma_G A d$[γ_G 为基础及回填土的平均重度，可取 20kN/m³，d 为基础平均埋深(m)]，但在地下水位以下部分应扣去浮托力，即 $G_k = \gamma_G A d - \gamma_w A h_w$[$h_w$ 为地下水位至基础底面的距离(m)]。

2)偏心荷载作用

对偏心荷载作用下的基础，如果计算地基承载力特征值 f_a 时采用的是魏锡克或汉森一类理论公式，即在理论公式中已经考虑了荷载偏心和倾斜引起的地基承载力折减，则基底压力只需满足条件[式(5.6.1)]的要求即可。否则，则除应满足式(5.6.1)的要求外，尚应满足以下附加条件：

$$p_{k\,max} \leqslant 1.2 f_a \tag{5.6.3}$$

式中，$p_{k\,max}$ 为相应于作用的标准组合时，按直线分布假设计算的基底边缘处的最大压力值(kPa)；f_a 为修正后的地基承载力特征值(kPa)。

对常见的单向偏心矩形基础，当偏心距 $e \leqslant l/6$ 时，基底最大压力可按下式计算：

$$p_{k\,max} = \frac{F_k}{bl} + \gamma_G d - \gamma_w h_w + \frac{6M_k}{bl^2} \tag{5.6.4}$$

或

$$p_{k\,max} = p_k \left(1 + \frac{6e}{l}\right) \tag{5.6.5}$$

式中，l 为偏心方向的基础边长，一般为基础长边边长(m)；b 为垂直于偏心方向的基础边长，一般为基础短边边长(m)；M_k 为相应于作用的标准组合时，基础所有荷载对基底形心的合力矩(kN·m)；e 为偏心距(m)，$e = M_k/(F_k + G_k)$；其余符号意义同前。

为了保证基础不致过分倾斜，通常还要求偏心距应满足下列条件：

$$e \leqslant l/6 \tag{5.6.6}$$

一般认为，在中、高压缩性地基上的基础，或有吊车的厂房柱基础，不宜大于 $l/6$；对低压缩性地基上的基础，当考虑短暂作用的偏心荷载时，可放宽至 $l/4$。

2. 基础底面尺寸的确定

1)中心荷载作用下

将式(5.6.2)代入(5.6.1)，得基础底面积计算公式如下：

$$A \geqslant F_k/(f_a - \gamma_G d + \gamma_w h_w) \tag{5.6.7}$$

在轴心荷载作用下，柱下独立基础一般采用方形，则其边长为：

$$b \geqslant \sqrt{\frac{F_k}{f_a - \gamma_G d + \gamma_w h_w}} \tag{5.6.8}$$

对于墙下条形基础，可沿基础长度方向取单位长度 1m 进行计算，荷载也为相应的线荷载(kN/m)，则条形基础宽度为：

$$b \geqslant F_k/(f_a - \gamma_G d + \gamma_w h_w) \tag{5.6.9}$$

在上面的计算中，一般先要对地基承载力特征值 f_{ak} 进行深度修正，然后按计算得到的基底宽度 b，考虑是否需要对 f_{ak} 进行宽度修正。如需要，则修正后重新计算基底宽度，直至满足要求。最后确定的基底尺寸 b 和 l 均应取整(为 100mm 的倍数)。

2)偏心荷载作用下

对于偏心荷载作用下的矩形基础,确定其底面尺寸时,为了同时满足式(5.6.1)、(5.6.3)和(5.6.6)的条件,一般可按下述步骤进行:

(1)进行深度修正,初步确定修正后的地基承载力特征值。

(2)根据荷载偏心情况,将按轴心荷载作用计算得到的基底面积增大 $10\% \sim 40\%$,取

$$A = (1.1 \sim 1.4) \frac{F_k}{f_a - \gamma_G d + \gamma_w h_w} \tag{5.6.10}$$

(3)选取基底长边 l 与短边 b 的比值 n(一般取 $n \leqslant 2$),于是有

$$b = \sqrt{A/n} \tag{5.6.11}$$

$$l = nb \tag{5.6.12}$$

(4)考虑是否应对地基承载力进行宽度修正。如需要,在承载力修正后,重复上述(2)、(3)两个步骤,使所取宽度前后一致。

(5)计算偏心距 e 和基底最大压力 $p_{k\,max}$,验算是否满足式(5.6.3)和(5.6.6)的要求。

(6)若 b、l 取值不适当(太大或太小),则可调整尺寸再进行验算,如此反复数次,定出合适的尺寸。

5.6.2　软弱下卧层承载力验算

当地基受力层范围内存在软弱下卧层(承载力显著低于持力层的高压缩性土层)时,除按持力层承载力确定基底尺寸外,还必须对软弱下卧层的承载力进行验算,要求作用在软弱下卧层顶面处的附加应力与自重应力之和不超过它的承载力特征值,即

$$\sigma_z + \sigma_{cz} \leqslant f_{az} \tag{5.6.13}$$

式中,σ_z 为相应于作用的标准组合时,软弱下卧层顶面处的附加应力值(kPa);σ_{cz} 为软弱下卧层顶面处土的自重应力值(kPa);f_{az} 为软弱下卧层顶面处经深度修正后的地基承载力特征值(kPa)。

附加应力 σ_z 可参照双层地基中附加应力分布的理论解答按压力扩散角的概念计算(见图 5.6.1)。假设基底处的附加压力($p_0 = p_k - \sigma_{cd}$)往下传递时按压力扩散角 θ 向外扩散至软弱下卧层顶面,根据基底与扩散面积上的总附加压力相等的条件,可得附加应力 σ_z 的计算公式如下:

条形基础:　$\sigma_z = \dfrac{b(p_k - \sigma_{cd})}{b + 2z\tan\theta}$　(5.6.14)

矩形基础:

$$\sigma_z = \frac{lb(p_k - \sigma_{cd})}{(l + 2z\tan\theta)(b + 2z\tan\theta)} \tag{5.6.15}$$

式中,b 为条形基础或矩形基础的底面宽度(m);l 为矩形基础的底面长度(m);p_k 为相应于作用的标准组合时的基底平均压力值(kPa);σ_{cd} 为基底处土的自重应力值(kPa);z 为基底至软弱下卧层顶面的距离(m);θ 为地基压力扩散角(°),可按表 5.6.1采用。

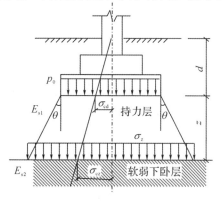

图 5.6.1　软弱下卧层验算

表 5.6.1　地基压力扩散角 θ 值

E_{s1}/E_{s2}	z/b	
	0.25	0.50
3	6°	23°
5	10°	25°
10	20°	30°

注:1. E_{s1} 为上层土的压缩模量;E_{s2} 为下层土的压缩模量。

　2. $z/b<0.25$ 时取 $\theta=0°$,必要时,宜由试验确定;$z/b>0.50$ 时,θ 不变;z/b 在 0.25 与 0.50 之间时,可插值使用。

由式(5.6.15)可知,如要减小作用于软弱下卧层顶面的附加应力 σ_z,可以采取加大基底面积使扩散面积增大或减小基础埋深使 z 值增大的措施。前一措施虽然可以有效地减小 σ_z,但可能使基础的沉降量增加。因为附加应力的影响深度会随着基底面积的增加而加大,从而可能使软弱下卧层的沉降量明显增加。反之,减小基础埋深可以使基底到软弱下卧层的距离增加,减小附加应力在软弱下卧层中的影响,使基础沉降随之减小。因此,当存在软弱下卧层时,上述后一措施更有效。

5.6.3　抗震设防区地基承载力验算

1. 建筑抗震设防分类、设防标准和目标

1)建筑抗震设防分类

《建筑抗震设计规范(2016 年版)》(GB 50011—2010)根据建筑使用功能的重要性,将建筑工程抗震设防分为以下四类。

(1)特殊设防类,简称甲类建筑,指使用上有特殊设施,涉及国家公共安全的重大建筑工程和地震时可能发生严重次生灾害等特别重大灾害后果,需要进行特殊设防的建筑。

(2)重点设防类,简称乙类建筑,指地震时使用功能不能中断或需尽快恢复的生命线相关建筑,以及地震时可能导致大量人员伤亡等重大灾害后果,需要提供设防标准的建筑。

(3)标准设防类,简称丙类建筑,指大量的除甲、乙、丁类建筑以外按标准要求进行设防的建筑。

(4)适度设防类,简称丁类建筑,指使用上人员稀少且震损不致产生次生灾害,允许在一定条件下适度降低要求的建筑。

2)建筑抗震设防标准(seismic precautionary criterion)

建筑抗震设防标准是衡量建筑抗震设防要求的尺度,由抗震设防烈度和建筑使用功能的重要性确定。抗震设防烈度(seismic precautionary intensity)是指按国家规定的权限批准作为一个地区抗震设防依据的地震烈度。一般情况下,抗震设防烈度可采用中国地震烈度区划图的地震基本烈度,或采用与《建筑抗震设计规范(2016 年版)》(GB 50011—2010)设计基本地震加速度(design basic acceleration of ground motion)对应的地震烈度。对已编制抗震设防区划的城市,可采用批准的抗震设防烈度。

各抗震设防类别建筑的设防标准,应符合下列要求:

(1)甲类建筑,地震作用(earthquake action)应高于本地区抗震设防烈度的要求,其值应按批准的地震安全性评价结果确定；抗震措施(seismic measures)，当抗震设防烈度为 6～8 度时，应符合本地区抗震设防烈度提高一度的要求，当为 9 度时，应符合比 9 度抗震设防更高的要求。

(2)乙类建筑，地震作用应符合本地区抗震设防烈度的要求；抗震措施，一般情况下，当抗震设防烈度为 6～8 度时，应符合本地区抗震设防烈度提高一度的要求，当为 9 度时，应符合比 9 度抗震设防更高的要求。对较小的乙类建筑，当其结构改用抗震性能较好的结构类型时，应允许仍按本地区抗震设防烈度的要求采取抗震措施。

(3)丙类建筑，地震作用和抗震措施均应符合本地区抗震设防烈度的要求。对于规模很小的乙类建筑，当改用抗震性能较好的材料且符合抗震设计规范对结构体系的要求时，允许按丙类建筑设防。

(4)丁类建筑，一般情况下，地震作用仍应符合本地区抗震设防烈度的要求；抗震措施应允许比本地区抗震设防烈度的要求适当降低，但抗震设防烈度为 6 度时不应降低。

抗震设防烈度为 6 度时，除《建筑抗震设计规范(2016 年版)》(GB 50011—2010)有具体规定外，对乙、丙、丁类建筑可不进行地震作用计算。

3)建筑抗震设防目标

抗震设计思想：在建筑使用寿命期限内，对不同频度和强度的地震，要求建筑具有不同的抵抗地震的能力，即对较小的地震，由于其发生的可能性大，因此遭遇到这种多遇地震时，要求结构不受损坏，这在技术上和经济上都是可以做到的；对于罕遇的强烈地震，由于其发生的可能性小，当遭遇到这种地震时，要求做到结构不受损坏，这在经济上是不合算的。比较合理的做法是，应当允许损坏，但在任何情况下结构不应倒塌。

我国《建筑抗震设计规范(2016 年版)》(GB 50011—2010)提出了与这一抗震设计思想相一致的"三水准"设计原则。

第一水准：当遭受多遇的低于本地区设防烈度的地震影响时，建筑一般不受损坏，或不需修理仍能继续使用。

第二水准：当遭受本地区设防烈度的地震影响时，建筑可能有一定的损坏，经一般修理或不经修理仍能继续使用。

第三水准：当遭受高于本地区设防烈度的地震影响时，建筑不致倒塌或发生危及生命的严重破坏。

三水准抗震设防目标的通俗说法是"小震不坏，中震可修，大震不倒"。

2. 建筑场地类别与震害

建筑地基的震害大小与场地的性质及类别有密切关系。在地震区常可发现同一小区内的同类建筑物，有的震害较重，有的震害却较轻，两者的地震烈度可相差 1～2 度，即重灾区里有轻灾的"安全岛"，轻灾区中有重灾的"危险带"的烈度异常区。这主要是场地的类型与场地类别不同造成的。一般认为，场地条件对建筑震害影响的主要因素是场地刚性的大小和场地覆盖层厚度。

1)场地的类型

场地土的刚性一般用土的剪切波速表征。剪切波速越高，场地土越坚硬。场地的类型根据土层剪切波速的大小划分为四类，详见表 5.6.2。其中，Ⅰ类分为 I_0 和 I_1 两个亚类。当有可靠的剪切波速和覆盖层厚度且其值处于表 5.6.2 所列场地类别的分界线附近时，可

表 5.6.2　建筑场地类别划分

岩石的剪切波速或土的等效剪切波速/(m/s)	场地覆盖层厚度 d_{ov}/(m)						
	$d_{ov}=0$	$0<d_{ov}<3$	$3\leqslant d_{ov}<5$	$5\leqslant d_{ov}\leqslant 15$	$15<d_{ov}\leqslant 50$	$50<d_{ov}\leqslant 80$	$d_{ov}>80$
$v_s>800$	I_0						
$800\geqslant v_{se}>500$		I_1					
$500\geqslant v_{se}>250$			I_1		II		
$250\geqslant v_{se}>150$		I_1		II		III	
$v_{se}\leqslant 150$		I_1		II		III	IV

注：v_s 为岩石或坚硬土的剪切波速；v_{se} 为土层等效剪切波速。

按插值方法确定地震作用计算所用的特征周期。

建筑场地覆盖层厚度的确定，应符合下列要求：

（1）一般情况下，应按地面至剪切波速大于 500m/s 且其下卧各层岩土的剪切波速均不小于 500m/s 的土层顶面的距离确定。

（2）当地面 5m 以下存在剪切波速大于其上部各土层剪切波速 2.5 倍的土层，且该层及其下卧各层岩土的剪切波速均不小于 400m/s 时，可取地面至该土层顶面的距离作为覆盖层厚度。

（3）剪切波速大于 500m/s 的孤石、透镜体，应视为周围土层。

（4）土层中的火山岩硬夹层，应视为刚体，其厚度应从覆盖土层中扣除。

等效剪切波速 v_{se} 是根据地震波通过计算深度范围内多层土层的时间等于该波通过计算深度范围内单一土层所需时间的条件求得的。

设场地土计算深度范围内有 n 种性质不同的土层，地震波通过它们的波速分别为 v_{s1}，v_{s2}，v_{s3}，…，v_{sn}，它们的厚度分别为 d_1，d_2，d_3，…，d_n，并设计算深度为 $d_0=\sum d_i$，于是 $\sum\limits_{i=1}^{n}\dfrac{d_i}{v_{si}}=\dfrac{d_0}{v_{se}}$，经整理后即得：$v_{se}=\dfrac{d_0}{\sum\limits_{i=1}^{n}\dfrac{d_i}{v_{si}}}$。

土层等效剪切波速 v_{se} 可根据实测或按下式确定：

$$v_{se}=\frac{d_0}{\sum\limits_{i=1}^{n}\dfrac{d_i}{v_{si}}} \qquad (5.6.16)$$

式中，d_0 为计算深度(m)，取覆盖层厚度和 20m 两者较小值；d_i 为计算深度范围内第 i 土层的厚度(m)；n 为计算深度范围内土层的分层数；v_{si} 为计算深度范围内第 i 土层的剪切波速(m/s)，宜用现场实测数据。

2）各类场地土的震害

坚硬场地土：稳定岩石是抗震最理想的地基，震害轻微。

中硬场地土：为粗粒的砂石，震害较小。

软弱场地土：覆盖层厚度大时，震害最严重。

3. 饱和砂土与粉土的振动液化

地基的震害包括振动液化、滑坡、地裂及震陷等方面，地基液化失效是造成震害的重要因素。下面仅针对饱和砂土和粉土的振动液化展开阐述。

有时砂土或粉土受振，虽有孔隙水压力上升和抗剪强度降低的现象，但仍有一定的承载力，此种现象称为砂土或粉土的部分液化。无论是部分液化还是完全液化，都可能危及地面建筑物，应进行防治。

饱和砂土与粉土是否会产生液化，取决于土本身的原始静应力状态及振动特性。大量地震调查与研究证明：土粒粗、级配好、密度大、排水条件好、静载大、振动时间短、振动强度低等因素，有利于抗液化的性能。

1）液化判别

根据我国近年来对液化判别的研究经验，明确液化可分"两步判别"，即初步判别和标准贯入试验判别。凡经初步判别划分为不液化或不考虑液化影响，可不进行第二步判别，以节省勘察工作量。

(1)初步判别。饱和砂土或粉土(不含黄土)，当符合下列条件之一时，可初步判别为不液化或可不考虑液化影响：

①地质年代为第四纪晚更新世 Q_3 及其以前时，7 度、8 度时可判为不液化土；

②粉土的黏粒(粒径小于 0.005mm 的颗粒)含量百分率，7 度、8 度和 9 度烈度区分别不小于 10、13 和 16 时，可判为不液化土；

③采用天然地基的建筑，当上覆非液化土层厚度和地下水位深度符合下列条件之一时，可不考虑液化影响：

$$d_u > d_0 + d_b - 2$$
$$d_w > d_0 + d_b - 3 \tag{5.6.17}$$
$$d_u + d_w > 1.5d_0 + 2d_b - 4.5$$

式中，d_u 为上覆非液化土层厚度(m)，计算时宜将淤泥和淤泥质土层扣除。d_w 为地下水位深度(m)，宜按设计基准期内年平均最高水位采用，也可按近期内年最高水位采用。d_b 为基础埋置深度(m)，不超过 2m 时应采用 2m。d_0 为液化土特征深度(m)(7 度、8 度、9 度时)，对于饱和粉土，分别取 6m、7m、8m；对于饱和砂土，则分别取 7m、8m、9m。

(2)标准贯入试验判别法。当初步判别认为需进一步进行液化判别时，应采用标准贯入试验判别法；如果是可不进行天然地基及基础的抗震承载力验算的各类建筑，可只判别地面下 15m 范围内的土的液化。其余需判别地面下 20m 深度范围内土的液化。

当饱和土标准贯入锤击数(未经杆长修正)小于等于液化判别标准贯入锤击数临界值时，应判为液化土，即 $N_{63.5} \leqslant N_{cr}$ 时，为液化土。其中，液化判别标准贯入锤击数临界值 N_{cr} 可按下式计算：

$$N_{cr} = N_0 \beta [\ln(0.6d_s + 1.5) - 0.1d_w] \sqrt{3/\rho_c} \tag{5.6.18}$$

式中，N_{cr} 为液化判别标准贯入锤击数临界值；N_0 为液化判别标准贯入锤击数基准值，按表 5.6.3采用；d_s 为饱和土标准贯入点深度(m)；d_w 为地下水位(m)；β 为调整系数，设计地震第一组取 0.80，第二组取 0.95，第三组 1.05；ρ_c 为黏粒含量百分率，当小于 3 或为砂土时均应采用 3。

(3)地基的液化等级。已判别为液化土的地基，还需要进一步判别其液化等级，以便区别对待，选用不同的抗液化措施。

表 5.6.3　液化判别标准贯入锤击数基准值 N_0

设计基本地震加速度(g)	0.10	0.15	0.20	0.30	0.40
液化判别标准贯入锤击数基准值	7	10	12	16	19

①液化指数 I_{LE}。存在液化土层的地基,应进一步探明各液化土层的深度和厚度,并应按下式计算液化指数 I_{LE}:

$$I_{LE} = \sum_{i=1}^{n}(1-\frac{N_i}{N_{cri}})d_i\omega_i \tag{5.6.19}$$

式中,I_{LE} 为液化指数。n 为在判别深度范围内,每一个钻孔标准贯入试验点的总数。N_i、N_{cri} 分别为 i 点标准贯入锤击数的实测值和临界值,当 $N_i>N_{cri}$ 时,应取 N_{cri} 的数值;当只需要判别 15m 范围内的液化时,15m 以下的实测值可按临界值采用。d_i 为 i 点所代表的土层厚度(m),可采用与该标准贯入试验点相邻的上、下两标准贯入试验点深度差的一半,但上界不小于地下水位深度,下界不大于液化深度。ω_i 为 i 土层考虑单位土层厚度的层位影响权函数值(m^{-1})。当判别深度为 15m,该层中点深度不大于 5m 时应采用 10,等于 15m 时应采用零值,5~15m 时应按线性内插法取值;当判别深度为 20m,且该层中点的深度不大于 5m 时应采用 10,等于 20m 时应采用零值,5~20m 时应按线性内插法取值。

②地基的液化等级。存在液化土层的地基,应根据其液化指数按表 5.6.4 划分液化等级,分为轻微、中等或严重三级。地基的液化等级是采取抗液化措施的主要依据。

表 5.6.4　地基液化等级与液化指数的对应关系

液化等级	轻微	中等	严重
液化指数(I_{LE})	$0<I_{LE}\leqslant6$	$6<I_{LE}\leqslant18$	$I_{LE}>18$

液化等级与相应的震害如表 5.6.5 所示。

表 5.6.5　液化等级与相应的震害

液化等级	地面喷水冒砂情况	对建筑物的危害情况
轻微	地面无喷水冒砂,或仅在洼地、河边有零星的喷水冒砂点	危害性小,一般不致引起明显的震害
中等	喷水冒砂可能性大,从轻微到严重均有,多数属中等	危害性较大,可造成不均匀沉陷和开裂,有时不均匀沉陷可达 200mm
严重	一般喷水冒砂都很严重,地面变形很明显	危害性大,不均匀沉陷可能大于 200mm,高重心结构可能产生不允许的倾斜

(4)地基抗液化措施。地基抗液化措施应根据建筑的抗震设防类别、地基的液化等级,结合具体情况综合确定。当液化土层较平坦且均匀时,可按表 5.6.6 选用抗液化措施;尚可考虑上部结构重力荷载对液化危害的影响,根据液化震陷量的估计适当调整抗液化措施。

108

表 5.6.6　抗液化措施

建筑抗震设防类别	地基的液化等级		
	轻微	中等	严重
乙类	部分消除液化沉陷,或对基础和上部结构处理	全部消除液化沉陷,或部分消除液化沉陷且对基础和上部结构处理	全部消除液化沉陷
丙类	对基础和上部结构处理,亦可不采取措施	对基础和上部结构处理或采取更高要求的措施	全部消除液化沉陷,或部分消除液化沉陷且对基础和上部结构处理
丁类	可不采取措施	可不采取措施	对基础和上部结构处理或采取其他经济措施

注:甲类建筑的地基抗液化措施应进行专门研究,但不宜低于乙类的相应要求。

4. 地基基础抗震设计

1)地基基础抗震设计一般原则

抗震设计应贯彻"以预防为主"的方针,使建筑经抗震设防后,减轻建筑的地震破坏,避免人员伤亡,减少经济损失。在建筑规划上应合理布局,防止次生灾害(如火灾、爆炸等)。上部结构设计应遵循"简、匀、轻、牢"的原则以提高结构的抗震性能。除此之外,从地基基础的角度出发,还可采取选择有利的建筑场地,做好基础设计,加强建筑物整体性等措施提高地基基础的抗震性能。

(1)选择有利的建筑场地。尽量选择对抗震有利的地段,避开不利的地段,禁止在危险地段建设。

①对建筑抗震有利的地段:稳定基岩,坚硬土或开阔、平坦、密实、均匀的中硬土等。

②对建筑抗震一般有利的地段:不属于有利、不利和危险的地段。

③对建筑抗震不利的地段:软弱土,液化土,条状突出的山嘴,高耸孤立的山丘,陡坡,陡坎,河岸和边坡边缘,平面分布上成因、岩性、状态明显不均匀的土层(含古河道、疏松的断层破碎带、暗埋的塘浜沟谷和半填半挖地基),高含水量的可塑黄土,地表存在结构性裂缝等。

④对建筑抗震危险的地段:地震时可能发生滑坡、崩塌、地陷、地裂、泥石流等以及发震断裂带上可能发生地表错位的部位。

为保证建筑物的安全,还应考虑建筑物的基本周期,应避开地层的卓越周期,以防止共振危害。

(2)做好基础设计。

①适当加大基础埋深。基础埋深加大,可以增加地基土对建筑物的约束作用,从而减小建筑物的振幅,减轻震害。加大基础埋深,还可以提高地基的强度和稳定性,以利于减小建筑物的整体倾斜,防止滑移及倾覆。

②选择较好的基础类型。基础类型不同,产生的震害可能不同。地震区的软土地基上应选择刚度大、整体性好的箱形基础或筏板基础。箱形基础或筏板基础能有效地调整并减小震沉引起的不均匀沉降,从而减轻对上部结构的破坏。另外,桩基的震沉小,动力反应也不灵敏,是较好的抗震基础形式。设计时注意桩基应穿过液化土层并插入非液化的坚实土

层一定深度,以保持稳定。

(3)加强建筑物整体性。在设计中加强基础与上部结构的整体性,对建筑物抗震十分有利。如砖混结构条形基础,在基础上设置一道钢筋混凝土地梁,把内外墙的基础连成整体。必要时在楼房层与层之间设置钢筋混凝土圈梁,或隔层设一道圈梁。同时,在建筑物的四角与内外墙交接处设置竖向钢筋混凝土构造柱,并与地梁和各层之间的圈梁牢固连接,将上部结构与基础连成整体,这对抗震极为有效。

2)天然地基的抗震验算

现行《建筑抗震设计规范(2016 年版)》(GB 50011—2010)规定下列建筑可不进行天然地基及基础的抗震承载力验算:

(1)规范规定可不进行上部结构抗震验算的建筑;

(2)地基主要受力层范围内不存在软弱黏性土层的下列建筑:

①一般的单层厂房和单层空旷房屋;

②砌体房屋;

③不超过 8 层且高度在 24m 以下的一般民用框架和框架-抗震墙房屋;

④基础荷载与③项相当的多层框架厂房和多层混凝土抗震墙房屋。

上述软弱黏性土层指 7 度、8 度和 9 度时,地基承载力特征值分别小于 80kPa、100kPa 和 120kPa 的土层。

天然地基基础抗震验算时,应采用地震作用效应的标准组合,且地基抗震承载力应取地基承载力特征值乘以地基抗震承载力调整系数计算。

地基抗震承载力应按下式计算:

$$f_{aE} = \zeta_a f_a \tag{5.6.20}$$

式中,f_{aE} 为调整后的地基土抗震承载力(kPa);ζ_a 为地基土抗震承载力调整系数,应按表 5.6.7 采用;f_a 为经过基础宽度和埋深修正后的地基土承载力特征值。

表 5.6.7　地基抗震承载力调整系数

岩土名称和性状	ζ_a
岩石,密实的碎石土,密实的砾、粗、中砂,$f_{ak} \geqslant 300$kPa 的黏性土和粉土	1.5
中密、稍密的碎石土,中密和稍密的砾、粗、中砂,密实和中密的细、粉砂,150kPa$\leqslant f_{ak}$<300kPa 的黏性土和粉土,坚硬黄土	1.3
稍密的细、粉砂,100kPa$\leqslant f_{ak}$<150kPa 的黏性土和粉土,可塑黄土	1.1
淤泥、淤泥质土,松散的砂,杂填土,新近堆积黄土及流塑黄土	1.0

地基基础的抗震验算,一般采用所谓的"拟静力法",即假定地震作用如同静力,然后验算地基和基础的承载力和稳定性。验算天然地基地震作用下的竖向承载力时,按地震作用效应标准组合的基础底面平均压力和边缘最大压力应符合下列各式要求:

$$p \leqslant f_{aE} \tag{5.6.21}$$

$$p_{max} \leqslant 1.2 f_{aE} \tag{5.6.22}$$

式中,p 为地震作用效应标准组合的基础底面平均压力(kPa);p_{max} 为地震作用效应标准组合的基础边缘最大压力;f_{aE} 为调整后的地基土抗震承载力(kPa)。

对于高宽比大于 4 的高层建筑,在地震作用下基础底面不宜出现脱离区(零应力区);其他建筑,基础底面与地基土之间脱离区(零应力区)面积不应超过基础底面面积的 15%。即若基础底面为矩形基础,其受压宽度与基础宽度之比应大于 85%。

3)软弱黏性土地基抗震设计

当建筑物地基主要受力层范围内存在软弱黏性土层时,综合考虑采用下列抗震措施。

(1)桩基。如软弱黏性土层不厚,则桩基应穿过软弱土层,进入坚实土层适当的深度。若软弱土层很厚,则设计经济的桩长。

(2)地基加固处理。软弱黏性土地基处理,应根据建筑物的规模、上部结构与基础形式,选择有效的处理方法。

(3)改进基础和上部结构设计。

①选择合适的并适当加大基础埋置深度;

②调整基础底面积,减少基础偏心;

③加强基础的整体性和刚度,如采用箱基、筏基或钢筋混凝土交叉条形基础,加设基础圈梁等;

④减轻荷载,增强上部结构的整体刚度和均匀对称性,合理设置沉降缝,避免采用不均匀沉降敏感的结构形式等;

⑤管道穿过建筑处,应预留足够尺寸或采用柔性接头。

5.7　地基变形及稳定性

根据建筑物的具体条件和地基基础设计规范的规定,应确定所设计的建筑物是否需要进行地基变形验算。即在按地基承载力条件初步选定基础底面尺寸后,还应进行地基变形验算,如变形要求不能满足时,则需调整基础底面尺寸或采取其他控制变形的措施。此外,必要时还应对地基稳定性进行验算。

5.7.1　地基变形验算

1. 地基变形验算条件

按 5.5 节方法确定地基承载力特征值,并据此按 5.6 节所述方法选定基础底面尺寸,一般已可保证建筑物在防止地基剪切破坏方面具有足够的安全度,但不一定能保证地基变形满足要求。为了保证工程的安全,除满足地基承载力要求外,还需进行地基变形计算,防止地基变形事故的发生。

地基变形的验算,要针对建筑物的具体结构类型与特点,分析对结构正常使用起控制作用的地基变形特征。地基变形验算的要求是:建筑物的地基变形计算值 Δ 应不大于地基变形允许值 $[\Delta]$(allowable deformation of foundation),即要求满足下列条件:

$$\Delta \leqslant [\Delta] \tag{5.7.1}$$

地基变形特征可分为四种:

(1)沉降量:独立基础中心点的沉降值或整幢建筑物基础的平均沉降值(m);

(2)沉降差:相邻两个柱基的沉降量之差(m);

(3)倾斜:基础倾斜方向两端点的沉降差与其距离的比值(‰);

(4)局部倾斜:砌体承重结构沿纵向 6～10m 内基础两点的沉降差与其距离的比值(‰)。

2. 地基变形允许值

地基变形允许值[Δ]的确定是一项十分复杂的工作,其中涉及许多因素,如建筑物的结构特点和具体使用要求、对地基不均匀沉降的敏感程度以及结构强度储备等。《建筑地基基础设计规范》(GB 50007—2011)综合分析了国内外各类建筑物的有关资料,提出了砌体承重结构、工业与民用建筑、单层排架结构、多层和高层建筑、高耸结构等建筑物地基变形允许值,其他建筑物的地基变形允许值,可根据上部结构对地基变形的适应能力和使用上的要求确定。一般来说,如果建筑物均匀下沉,那么即使沉降量较大,也不会对结构本身造成损坏,但可能会影响到建筑物的正常使用,或使邻近建筑物倾斜,或导致与建筑物有联系的其他设施损坏。例如,单层排架结构的沉降量过大会造成桥式吊车净空不够而影响使用;高耸结构(如烟囱、水塔等)沉降量过大会将烟道(或管道)拉裂。

砌体承重结构对地基的不均匀沉降很敏感,其损坏主要是墙体挠曲引起局部出现斜裂缝,故砌体承重结构等敏感性结构的地基变形由局部倾斜控制。

框架结构和单层排架等柔性结构主要因相邻柱基的沉降差使构件受剪扭曲而损坏,因此其地基变形由沉降差控制。

高耸结构和高层建筑的整体刚度很大,可近似视为刚性结构,其地基变形应由建筑物的整体倾斜控制,对于多层建筑也应由倾斜值控制,必要时这些结构尚应控制平均沉降量。

地基土层的不均匀分布以及邻近建筑物的影响是高耸结构和高层建筑产生倾斜的重要原因。这类结构物的重心高,基础倾斜使重心侧向移动引起的偏心距荷载,不仅使基底边缘压力增加而影响倾覆稳定性,还会产生附加弯矩。因此,倾斜允许值应随结构高度的增加而递减。

3. 地基变形计算

地基变形的计算方法有弹性理论法(elastic theory method)、分层总和法(layerwise summation method)、应力历史法(stress history method)、斯肯普顿-比伦法(Skempton-Bjerrum method)和应力路径法(stress path method)。这些地基变形方法均可以计算地基变形计算值 Δ,具体可参考"土力学"相关教材及相应的规范。按上述方法可得到基础上任意点的沉降,根据建筑物的结构特点可以进一步得到相应地基变形特征的计算值。计算地基变形时,在同一整体大面积基础上建有多幢高层和低层建筑,应该按照上部结构、基础与地基的共同作用进行变形计算。

必须指出,目前的地基沉降计算方法还比较粗糙。因此,对于重要的或体型复杂的建筑物,或使用上对不均匀沉降有严格要求的建筑物,应进行系统的地基沉降观测。通过对观测结果的分析,一方面可以对计算方法进行验证,修正土的参数取值;另一方面可以预测沉降发展的趋势,如果最终沉降可能超出允许范围,则应及时采取处理措施。

在必要情况下,需要分别预估建筑物在施工期间和使用期间的地基变形值,以便预留建筑物有关部分之间的净空,考虑连接方法和施工顺序。此时,一般多层建筑物在施工期间完成的沉降量,对于砂土可认为其最终沉降量已完成 80% 以上,对于其他低压缩性土可认为已完成最终沉降量的 50%～80%,对于中压缩性土可认为已完成 20%～50%,对于高压缩性土可认为已完成 5%～20%。

5.7.2　稳定性验算

1. 地基稳定性验算

一般建筑物不需要进行地基稳定性计算,但对于经常承受水平荷载作用的高层建筑、高耸结构,以及建造在斜坡上或边坡附近的建筑物和构筑物,应对地基进行稳定性验算。

在水平荷载和竖向荷载的共同作用下,基础可能和深层土层一起发生整体滑动破坏。这种地基破坏通常采用圆弧滑动面法进行验算,要求最危险的滑动面上各力对滑动中心所产生的抗滑力矩 M_r 与滑动力矩 M_s 之比应符合下式要求:

$$K = M_r/M_s \geqslant 1.2 \tag{5.7.2}$$

式中,K 为地基稳定安全系数;M_s 为滑动力矩(kN·m);M_r 为抗滑力矩(kN·m)。

对修建于坡高和坡角不太大的稳定土坡坡顶的基础(见图 5.7.1),当垂直于坡顶边缘线的基础底面边长 $b \leqslant 3m$ 时,如基础底面外缘至坡顶边缘的水平距离应不小于 2.5m,且符合下式要求:

$$a \geqslant \xi b - d/\tan\beta \tag{5.7.3}$$

则土坡坡面附近由基础所引起的附加压力不影响土坡的稳定性。式中,a 为基础底面外边缘线至坡顶的水平距离(m);b 为垂直于坡顶边缘线的基础底面边长(m);d 为基础埋置深度(m);β 为边坡坡角(°);系数 ξ 取 3.5(对条形基础)或 2.5(对矩形基础和圆形基础)。

当土坡高度过大,坡度太陡,或式(5.7.3)的要求不能得到满足时,应根据基底平均压力按圆弧滑动面法或其他类似的边坡稳定分析方法验算土坡连同其上建筑物地基的稳定性。

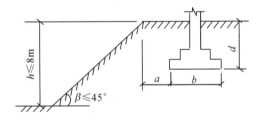

图 5.7.1　基础底面外缘至坡顶的水平距离

2. 基础抗浮稳定性验算

近年来随着地下空间的开发与利用,在地下水位埋藏较高的地区,许多建筑物基础受到较大的浮力作用。此时,除了前述的承载力验算、变形验算外,还需要进行基础的抗浮稳定性验算。

对于简单的浮力作用情况,基础浮力作用可采用阿基米德原理计算。抗浮稳定性应符合下式要求:

$$K_w = G_k/N_{w,k} \geqslant 1.05 \tag{5.7.4}$$

式中,G_k 为建筑物自重及压重之和(kN);$N_{w,k}$ 为浮力作用值(kN);K_w 为抗浮稳定安全系数,一般情况下可取 1.05。

抗浮稳定性不满足设计要求时,可采用增加压重或设置抗浮构件(如抗拔桩、抗浮锚杆)等措施。在整体满足抗浮稳定性要求而局部不满足时,也可采用增加结构刚度的措施。其中采用增加压重措施,可直接按式(5.7.4)验算;采用抗浮构件时,由于其产生的抗拔力伴随位移发生,而基础结构不允许有过大的位移量,因此需要注意抗拔力取值应满足位移控制条件。

5.8 基础设计计算

5.8.1 无筋扩展基础设计

无筋扩展基础的抗拉强度和抗剪强度较低,因此必须控制基础内的拉应力和剪应力使之不超过相应的材料强度值。设计时可以通过控制材料强度等级和台阶宽高比(台阶的宽度与其高度之比)来确定基础的截面尺寸,而无须进行内力分析和截面强度计算。

图 5.8.1 为无筋扩展基础构造,要求基础每个台阶的宽高比(b_2∶h)都不得超过表 5.8.1 所列的台阶宽高比的允许值(可用图中角度 α 的正切 $\tan\alpha$ 表示),否则不安全,也不宜比宽高比的允许值小很多,否则不经济。设计时一般先选择适当的基础埋深和基础底面尺寸,设基底宽度为 b,则按上述要求,基础高度应满足下列条件:

$$h \geqslant \frac{b-b_0}{2\tan\alpha} \tag{5.8.1}$$

式中,b 为基础底面处的宽度(m);h 为基础的高度(m);b_0 为基础顶面处的墙体宽度或柱脚宽度;α 为基础的刚性角。

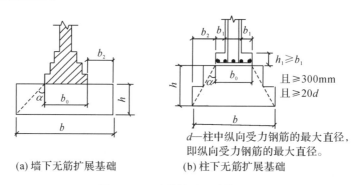

(a) 墙下无筋扩展基础　　　　(b) 柱下无筋扩展基础

图 5.8.1　无筋扩展基础构造

为节约材料和施工方便,基础常做成阶梯形。分阶时,每一台阶除应满足台阶宽高比的要求外,还需符合有关的构造规定。

砖基础俗称大放脚,其各部分的尺寸应符合砖的模数。毛石基础的每阶伸出宽度不宜大于 200mm,每阶高度通常取 400~600mm,并由两层毛石错缝砌成。混凝土基础每阶高度不应小于 200mm,毛石混凝土基础每阶高度不应小于 300mm。

灰土基础施工时每层虚铺灰土 220~250mm,夯实至 150mm,称为一步灰土。根据需要可设计成二步灰土或三步灰土,即厚度为 300mm 或 450mm。三合土基础厚度不应小于 300mm。

无筋扩展基础也可由两种材料叠合组成,例如,上层用砖砌体,下层用混凝土。

表 5.8.1 无筋扩展基础台阶宽高比的允许值

基础材料	质量要求	台阶宽高比的允许值(tanα)		
		$p_k \leqslant 100kPa$	$100kPa < p_k \leqslant 200kPa$	$200kPa < p_k \leqslant 300kPa$
混凝土基础	C15 混凝土	1:1.00	1:1.00	1:1.25
毛石混凝土基础	C15 混凝土	1:1.00	1:1.25	1:1.50
砖基础	砖不低于 MU10,砂浆不低于 M5	1:1.50	1:1.50	1:1.50
毛石基础	砂浆不低于 M5	1:1.50	1:1.50	—
灰土基础	体积比为 3:7 或 2:8 的灰土,其最小干密度: 粉土为 1550kg/m³; 粉质黏土为 1500kg/m³; 黏土为 1450kg/m³	1:1.25	1:1.50	—
三合土基础	石灰:砂:骨料的体积比为 1:2:4~1:3:6;每层约虚铺 220mm,夯至 150mm	1:1.50	1:2.00	—

注:1. p_k 为作用标准组合时基础底面处的平均压力(kPa);

  2. 当基础由不同材料叠合组成时,应对接触部分作局部受压承载力计算;

  3. 对 $p_k > 300kPa$ 的混凝土基础,尚应进行抗剪验算;对基底反力集中于立柱附近的岩石地基,应进行局部受压承载力验算。

采用无筋扩展基础的钢筋混凝土柱,其柱脚高度 h_1 不得小于 b_1[见图 5.8.1(b)],并不应小于 300mm 且不小于 20d(d 为柱中纵向受力钢筋的最大直径)。当柱中纵向钢筋在柱脚内的竖向锚固长度不满足锚固要求时,可沿水平方向弯折,弯折后的水平锚固长度不应小于 10d 也不应大于 20d。

5.8.2 扩展基础设计

1. 墙下钢筋混凝土条形基础设计

墙下钢筋混凝土条形基础是在上部结构荷载比较大,地基土质软弱,用无筋扩展基础无法满足要求或不经济时采用,其设计包括确定基础高度和基础底板配筋。在计算中,可不考虑基础及其上土的重力,而采用由基础顶面的荷载所产生的地基净反力 p_j,因为由这些重力所产生的那部分地基反力将与重力相抵消;另外,沿墙长度方向取 1m 作为计算单元。

1)构造要求

(1)锥形基础的边缘高度不宜小于 200mm,且两个方向的坡度不宜大于 1:3;基础高度小于等于 250mm 时,可做成等厚度板。

(2)基础下的垫层厚度不宜小于 70mm,一般为 100mm,每边伸出基础 50~100mm,垫层混凝土强度等级不宜低于 C10。

(3)基础受力钢筋最小配筋率不应小于 0.15%,底板受力钢筋的最小直径不应小于 10mm,间距不应大于 200mm,也不应小于 100mm。当有垫层时,混凝土的保护层净厚度不应小于 40mm,无垫层时不应小于 70mm。纵向分布钢筋的直径不应小于 8mm,间距不应大于 300mm,每延米分布钢筋的面积应不小于受力钢筋面积的 15%。

（4）混凝土强度等级不应低于 C20。

（5）当基础宽度大于或等于 2.5m 时,底板受力钢筋的长度可取基础宽度的 0.9,并宜交错布置。

（6）基础底板在 T 形及十字形交接处,底板横向受力钢筋仅沿一个主要受力方向通长布置,另一方向的横向受力钢筋可布置到主要受力方向底板宽度 1/4 处[见图 5.8.2(a)]。在拐角处底板横向受力钢筋应沿两个方向布置[图 5.8.2(b)]。

（7）当地基软弱时,基础截面可采用带肋的板,以减小不均匀沉降的影响,肋的纵向钢筋按经验确定。

2）轴心荷载作用的基础（centrically loaded foundations）

（1）基础高度。基础内不配箍筋和弯起筋,故基础高度由混凝土的受剪承载力确定:

$$V \leqslant 0.7\beta_{hs}f_t h_0$$
$$\beta_{hs} = (800/h_0)^{1/4} \tag{5.8.2}$$

式中,V 为墙与基础交接处由基底平均净反力产生的单位长度剪力设计值（kN）。$V = p_j b_1$,p_j 为相应于作用的基本组合时的地基净反力值,可按 $p_j = F/b$ 计算,F 为相应于作用的基本组合时上部结构传至基础顶面的竖向力值（kN）,b 为基础宽度（m）；β_{hs} 为受剪切承载力截面高度影响系数,当 $h_0 < 800mm$ 时,取 $h_0 = 800mm$；当 $h_0 > 2000mm$ 时,取 $h_0 = 2000mm$；h_0 为基础有效高度；f_t 为混凝土轴心抗拉强度设计值（kN/mm²）；b_1 为基础计算截面的挑出长度（m）,如图 5.8.3 所示；当墙体材料为混凝土时,b_1 为基础边缘至墙脚的距离；当为砖墙且放脚不大于 1/4 砖长时,b_1 为基础边缘至墙脚距离加上 $\frac{1}{4}$ 砖长。

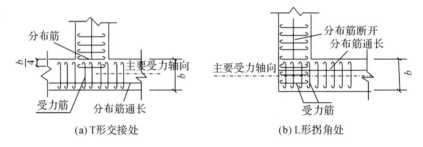

(a) T形交接处   (b) L形拐角处

图 5.8.2 墙下条形基础底板配筋构造

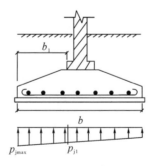

图 5.8.3 墙下条形基础的计算

（2）基础底板配筋。底板悬臂段的最大弯矩设计值 M 为：

$$M=\frac{1}{2}p_{j}b_{1}^{2} \tag{5.8.3}$$

基础每米长的受力钢筋截面面积为：

$$A_{s}=\frac{M}{0.9f_{y}h_{0}} \tag{5.8.4}$$

式中，A_s 为钢筋面积（m^2）；f_y 为钢筋抗拉强度设计值（kPa）；h_0 为基础有效高度（m），$0.9h_0$ 为截面内力臂的近似值。

3）偏心荷载作用的基础（eccentrically loaded foundations）

在偏心荷载作用下，基础边缘处的最大净反力设计值为：

$$p_{j\max}=\frac{F}{b}+\frac{6M}{b^{2}} \tag{5.8.5}$$

或

$$p_{j\max}=\frac{F}{b}(1+\frac{6e_{0}}{b}) \tag{5.8.6}$$

式中，M 为相应于作用的基本组合时作用于基础底面的力矩值（kN·m）；e_0 为荷载的净偏心距（m），$e_0=M/F$。

基础的高度和配筋仍按式（5.8.2）和式（5.8.4）计算，但式中的剪力和弯矩设计值应改按下列公式计算：

$$V=\frac{1}{2}(p_{j\max}+p_{j1})b_{1} \tag{5.8.7}$$

$$M=\frac{1}{6}(2p_{j\max}+p_{j1})b_{1}^{2} \tag{5.8.8}$$

式中，p_{j1} 为基础计算截面处的净反力设计值（见图5.8.3）。

2. 柱下钢筋混凝土独立基础设计

1）构造要求

柱下钢筋混凝土独立基础按横截面形状分为角锥形和阶梯形两种，按施工方法可分为现浇柱基础和预制柱基础，应满足墙下钢筋混凝土条形基础的一般要求。

阶梯形现浇柱基础的构造如图 5.8.4 所示。阶梯形基础每阶高度一般为 300～500mm，当基础高度大于等于 600mm 而小于 900mm 时，阶梯形基础分二阶；当基础高度大

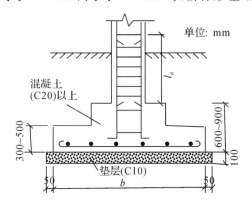

图 5.8.4 柱下钢筋混凝土独立基础的构造

于等于 900mm 时,则分三阶。当采用锥形基础时,其边缘高度不宜小于 200mm,顶部每边应沿柱边放出 50mm。柱下钢筋混凝土基础的受力筋应双向配置,最小配筋率不应小于 0.15%。

现浇柱的纵向钢筋可通过插筋锚入基础中。插筋的数量、直径以及钢筋种类应与柱内纵向钢筋相同。插入基础的钢筋,上下至少应有两道箍筋固定。插筋与柱的纵向受力钢筋的连接方法,应按现行的《混凝土结构设计规范(2015 年版)》(GB 50010—2010)规定执行。插筋的下端宜做成直钩放在基础底板钢筋网上。当符合下列条件之一时,可仅将四角的插筋伸至底板钢筋网上,其余插筋伸入基础的长度按锚固长度确定:①柱为轴心受压或小偏心受压,基础高度大于或等于 1200mm;②柱为大偏心受压,基础高度大于或等于 1400mm。

关于现浇和预制柱下钢筋混凝土基础更详细的构造要求详见《建筑地基基础设计规范》(GB 50007—2011)。

2)轴心荷载作用的基础

(1)基础高度。为保证柱下独立基础双向受力状态,基础底面两个方向的边长一般都保持在相同或相近的范围内。柱下独立基础的截面如图 5.8.5(a)所示。试验结果和大量工程实践表明,当冲切破坏锥体落在基础底面以内时,如图 5.8.5(b)所示,此类基础高度由混凝土受冲切承载力确定。计算分析也表明,冲切承载力验算满足要求的双向受力独立基础,其剪切所需的截面有效面积一般都能满足要求,因此无须进行受剪承载力验算。

特别地,当基础底面全部落在 45°冲切破坏锥体底边以内时,则成为刚性基础,无须进行冲切验算。

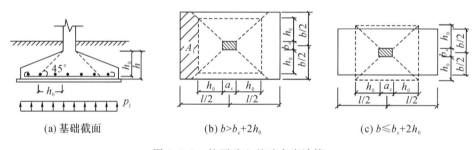

(a)基础截面   (b)$b > b_c + 2h_0$ (c)$b \leqslant b_c + 2h_0$

图 5.8.5 柱下独立基础高度计算

考虑到实际工作中柱下独立基础底面两个方向的边长比值有可能大于 2,此类基础的受力状态接近于单向受力,柱与基础交接处不存在受冲切的问题,仅需对基础进行斜截面受剪承载力验算。如图 5.8.5(c)所示,即当基础底面短边尺寸小于或等于柱宽加两倍基础有效高度时,应验算柱与基础交接处截面受剪承载力。

①冲切承载力验算。在柱荷载作用下,如果基础高度(或阶梯高度)不足,则将沿柱周边(或阶梯高度变化处)产生冲切破坏,形成 45°斜裂面的角锥体(见图 5.8.6)。因此,由冲切破坏锥体以外的地基净反力所产生的冲切力应小于冲切面处混凝土的抗冲切能力。矩形基础一般沿柱短边一侧先产生冲切破坏,所以只需根据短边一侧的冲切破

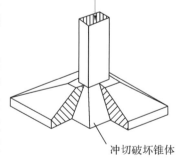

冲切破坏锥体

图 5.8.6 独立基础冲切破坏

坏条件确定基础高度,即要求:

$$F_l \leqslant 0.7\beta_{hp}f_t b_m h_0 \tag{5.8.9}$$

上式右边部分为混凝土抗冲切能力,左边部分为冲切力:

$$F_l = p_j A_l \tag{5.8.10}$$

式中,p_j 为相应于作用的基本组合作用在 A_l 上的地基净反力(kPa),$p_j = F/bl$;A_l 为冲切力的作用面积(m^2)[图 5.8.5(b)中的斜线面积],具体计算方法见后述;β_{hp} 为受冲切承载力截面高度影响系数,当基础高度 h 不大于 800mm 时,β_{hp} 取 1.0;当 h 大于等于 2000mm 时,β_{hp} 取 0.9,其间按线性内插法取用;f_t 为混凝土轴心抗拉强度设计值(kPa);b_m 为冲切破坏锥体斜裂面上、下(顶、底)边长 b_t、b_b 的平均值(m);h_0 为基础冲切破坏锥体的有效高度(m)。

若柱截面长边、短边分别用 a_c、b_c 表示,则沿柱边产生冲切时,有

$$b_t = b_c$$

当冲切破坏锥体的底边落在基础底面积之内[见图 5.8.5(b)],即 $b > b_c + 2h_0$ 时,有

$$b_b = b_c + 2h_0$$

于是

$$b_m = (b_t + b_b)/2 = b_c + h_0$$

$$b_m h_0 = (b_c + h_0)h_0$$

$$A_l = (\frac{l}{2} - \frac{a_c}{2} - h_0)b - (\frac{b}{2} - \frac{b_c}{2} - h_0)^2$$

而式(5.8.9)变为:

$$p_j\left[(\frac{l}{2} - \frac{a_c}{2} - h_0)b - (\frac{b}{2} - \frac{b_c}{2} - h_0)^2\right] \leqslant 0.7\beta_{hp}f_t(b_c + h_0)h_0 \tag{5.8.11}$$

设计时一般先按经验假定基础高度,得出 h_0,再代入式(5.8.9)进行验算,直至抗冲切力稍大于冲切力为止。

对于阶梯形基础,除了对柱边进行冲切验算外,还应对上一阶底边变阶处进行下阶的冲切验算。验算方法与上面柱边冲切验算相同,只是在使用式(5.8.11)时,a_c、b_c 分别换为上阶的长边 l_1 和短边 b_1,h_0 换为下阶的有效高度 h_{01}[见图 5.8.7(b)]。

②斜截面受剪承载力验算。当 $b \leqslant b_c + 2h_0$ 时,如图 5.8.8(a)所示,则需验算柱与基础交接处截面受剪承载力:

$$V_s \leqslant 0.7\beta_{hs}f_t A_0$$
$$\beta_{hs} = (800/h_0)^{1/4} \tag{5.8.12}$$

式中,V_s 为相应于作用的基本组合时,柱与基础交接处的剪力设计值(kN),即图 5.8.8 中阴影面积乘以基底平均净反力,$V_s = p_j A_0$;β_{hs} 为受剪切承载力截面高度影响系数,当 $h_0 <$ 800mm 时,取 $h_0 = 800$mm;当 $h_0 > 2000$mm 时,取 $h_0 = 2000$mm;A_0 为验算截面处基础的有效截面面积(m^2)。当验算截面为阶形或锥形时,可将其截面折算成矩形截面,截面的折算宽度和截面的有效高度按规范《建筑地基基础设计规范》(GB 50007—2011)附录 U 计算。

(2)底板配筋。在地基净反力作用下,一般矩形基础为双向受弯状态。当弯曲应力超过基础的抗弯强度时,就发生弯曲破坏。其破坏特征是裂缝沿柱角至基础角将基础底面分裂成四块梯形面。故配筋计算时,将基础板看成四块固定在柱边的梯形悬臂板(见图 5.8.9)。

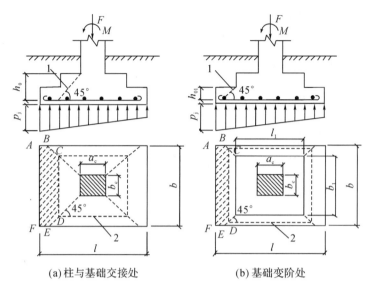

(a)柱与基础交接处　　　　　　(b)基础变阶处

1—冲切破坏锥体最不利一侧的斜截面;2—冲切破坏锥体的底面线。

图 5.8.7　阶形基础的受冲切承载力

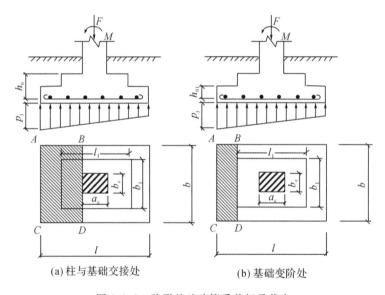

(a)柱与基础交接处　　　　　　(b)基础变阶处

图 5.8.8　阶形基础验算受剪切承载力

当基础台阶宽高比 $\tan\alpha \leqslant 2.5$ 时[见图 5.8.10(a)],底板弯矩设计值可按下述方法计算。

地基净反力 p_j 对柱边Ⅰ-Ⅰ截面产生的弯矩为:

$$M_{\mathrm{I}} = p_j A_{1234} l_0 \tag{5.8.13}$$

式中,A_{1234} 为梯形 1234 的面积(m^2),$A_{1234} = \dfrac{1}{4}(b+b_c)(l-a_c)$;$l_0$ 为梯形 1234 的形心至柱边的距离(m),$l_0 = \dfrac{(l-a_c)(b_c+2b)}{6(b_c+b)}$。于是

120

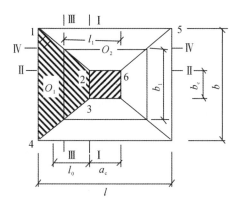

图 5.8.9 产生弯矩的地基净反力作用面积

$$M_{\mathrm{I}}=\frac{1}{24}p_{\mathrm{j}}(l-a_{\mathrm{c}})^2(b_{\mathrm{c}}+2b) \qquad (5.8.14)$$

垂直于 I - I 截面的受力筋面积可按下式计算:

$$A_{s\mathrm{I}}=\frac{M_{\mathrm{I}}}{0.9f_{y}h_0} \qquad (5.8.15)$$

同理,由面积 1265 上的净反力可得柱边 II-II 截面的弯矩为:

$$M_{\mathrm{II}}=\frac{1}{24}p_{\mathrm{j}}(b-b_{\mathrm{c}})^2(a_{\mathrm{c}}+2l) \qquad (5.8.16)$$

钢筋面积为:

$$A_{s\mathrm{II}}=\frac{M_{\mathrm{II}}}{0.9f_{y}h_0} \qquad (5.8.17)$$

阶梯形基础在变阶处也是抗弯的危险截面,按式
(5.8.14)至式(5.8.17)可以分别计算上阶底边 III-III
和 IV-IV 截面的弯矩 M_{III}、钢筋面积 $A_{s\mathrm{III}}$ 和 M_{IV}、$A_{s\mathrm{IV}}$,
只要把各式中的 a_{c}、b_{c} 换成上阶的长边 l_1 和短边 b_1,
把 h_0 换为下阶的有效高度 h_{01} 便可。然后按 $A_{s\mathrm{I}}$ 和
$A_{s\mathrm{III}}$ 中的大值配置平行于 l 边方向的钢筋,并放置在

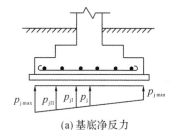

(a) 基底净反力

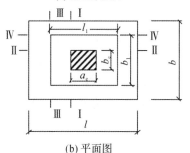

(b) 平面图

图 5.8.10 偏心荷载作用下
的独立基础

下层;按 $A_{s\mathrm{II}}$ 和 $A_{s\mathrm{IV}}$ 中的大值配置平行于 b 边方向的钢筋,并放置在上排。当基底和柱截面
均为正方形时,$M_{\mathrm{I}}=M_{\mathrm{II}}$,$M_{\mathrm{III}}=M_{\mathrm{IV}}$,只需计算一个方向即可。

3)偏心荷载作用的基础

当只在矩形基础长边方向产生偏心,且荷载偏心距 $e\leqslant l/6$ 时,基底净反力设计值的最
大、最小值为:

$$
\begin{aligned}
p_{\mathrm{j\,max}}&=\frac{F}{lb}\left(1+\frac{6e_0}{l}\right)\\
p_{\mathrm{j\,min}}&=\frac{F}{lb}\left(1-\frac{6e_0}{l}\right)
\end{aligned}
\qquad (5.8.18)
$$

或

$$p_{j \max} = \frac{F}{lb} + \frac{6M}{bl^2}$$

$$p_{j \min} = \frac{F}{lb} - \frac{6M}{bl^2}$$

(5.8.19)

(1)基础高度。可按式(5.8.11)或(5.8.12)计算,但应以 $p_{j \max}$ 代替式中的 p_j。

(2)底板配筋。仍可按式(5.8.15)和式(5.8.17)计算钢筋面积,但式(5.8.15)中的 M_I 应按下式计算:

$$M_I = \frac{1}{48}(l - a_c)^2 \left[(p_{j \max} + p_{jI})(2b + b_c) + (p_{j \max} - p_{jI})b\right]$$

(5.8.20)

式中, p_{jI} 为柱边 I‐I 截面处的基底净反力设计值。

同理,式(5.8.17)中的 M_{II} 应按下式计算:

$$M_{II} = \frac{1}{48}(b - b_c)^2 (p_{j \max} + p_{j \min})(a_c + 2l)$$

(5.8.21)

因 $p_j = \frac{1}{2}(p_{j \max} + p_{j \min})$,故上式与式(5.8.16)完全相同。

符合构造要求的杯口基础,在与预制柱结合形成整体后,其性能与现浇柱基础相同,故其高度和底板配筋仍按柱边和高度变化处的截面进行计算。

5.8.3 联合基础设计

实际工程中除了墙下条形基础、柱下独立基础外,还有一些联合基础。联合基础主要指同列的相邻两柱下公共的钢筋混凝土基础,即双柱联合基础。在为相邻两柱分别配置独立基础时,由于其中一根柱靠近建筑界线,或者因为两根柱的间距较小,易出现基底面积不足或荷载偏心过大的情况,此时可考虑采用联合基础。联合基础也可用于调整相邻两柱的沉降差或防止两者之间的相向倾斜等。常见的双柱联合基础有矩形联合基础、梯形联合基础和连梁式联合基础三种类型,如图 5.8.11 所示。

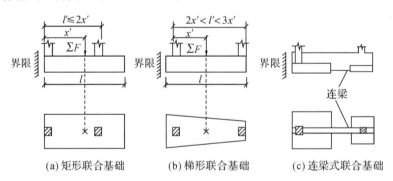

图 5.8.11 双柱联合基础

矩形和梯形联合基础多用于柱距较小的情况,这样可以避免造成板的厚度及配筋过大。为了使联合基础的基底压力分布较均匀,可使基础底面形心尽量接近柱荷载的合力作用点。因此,当 $x' \geqslant l'/2$ 时,可采用矩形联合基础;当 $l'/3 < x' < l'/2$ 时,可采用梯形联合基础。如果柱间距较大,可采用连梁式联合基础,即在两个扩展基础之间增设不着地的刚性连系梁形成联合基础,这样既可阻止两个扩展基础转动,也可调整各自基底压力趋于均匀。

联合基础的设计通常基于以下假定：

(1)基础是刚性基础,当基础高度大于 1/6 的柱距时,基础可视为刚性基础;

(2)基底压力为线性分布;

(3)地基主要受力层范围内土质均匀;

(4)不考虑上部结构刚度的影响。

1. 矩形联合基础

常见的矩形联合基础可按如下步骤进行设计：

(1)计算柱荷载的合力作用点(荷载重心)位置;

(2)确定基础的长度,使基础底面形心尽量与柱荷载重心重合;

(3)按地基土承载力确定基础的宽度;

(4)按线性分布假定计算基底净反力设计值,采用静定分析法计算基础的内力,绘制弯矩和剪力分布图;

(5)根据抗冲切和抗剪承载力确定基础的高度。

(6)按弯矩分布图中的最大正负弯矩进行纵向配筋计算;

(7)按横向等效梁进行横向配筋计算。

矩形联合基础为一等厚平板,其在两柱间的受力方式如同一块单向板,在靠近柱位的区段,基础的横向刚度很大。因此,可在柱边以外各取 $0.75h_0$ 的宽度与柱宽合计作为"等效梁"的宽度,如图 5.8.12。基础的横向受力钢筋按横向等效梁的柱边截面弯矩计算并配置于该截面内。等效梁以外区段按构造配筋要求配置。各横向等效梁底面的基底净反力以相应等效梁上的柱荷载计算。

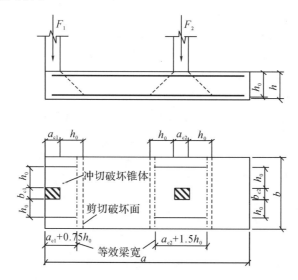

图 5.8.12　矩形联合基础计算

2. 梯形联合基础

当建筑界线靠近荷载较小的柱一侧时,宜采用矩形联合基础。但当荷载较大的柱一侧的空间受到约束时,如果仍采用矩形联合基础,会造成基底形心无法与荷载重心重合。为了使基底压力均匀分布,宜采用梯形联合基础。

从图 5.8.13 中可以看出,梯形联合基础的适用范围是 $l/3 < x < l/2$。当 $x = l/2$ 时,梯形联合基础转化为矩形联合基础。

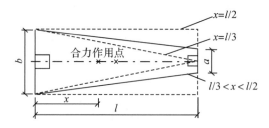

图 5.8.13　梯形联合基础

根据梯形面积形心与荷载重心重合的条件,可得:

$$x = \frac{l}{3} \frac{2a+b}{a+b} \tag{5.8.22}$$

同时由地基承载力条件,有:

$$A = \frac{F_{k1} + F_{k2}}{f_a - \gamma_G d + \gamma_w h_w} \tag{5.8.23}$$

其中:

$$A = \frac{a+b}{2} l \tag{5.8.24}$$

联立求解上述三式,即可求得 a 和 b。然后参照矩形联合基础的计算方法进行内力分析和设计。但不同的是,基础宽度沿纵向是变化的,因此纵向线性净反力为梯形分布。在选取受剪承载力验算截面和纵向配筋计算截面时均应考虑板宽的变化(此时内力最大的截面不一定就是最不利的截面)。等效梁沿横向的长度可取该段的平均长度。

与偏心受压的矩形基础相比,梯形基础虽然施工较为不便,但其基底面积较小,造价低,且沉降更均匀。

3. 连梁式联合基础

当两柱的间距较大时,不宜采用矩形或梯形联合基础。因为随着柱距的增加,跨中的基底净反力会使跨中负弯矩急剧增大,此时宜采用连梁式联合基础。连梁式联合基础中的连梁底面不着地,基底反力仅作用于两柱下的扩展基础,这使得连梁中的弯矩较小。连梁的作用是把偏心产生的弯矩传递给另一侧的柱基础,从而使分开的两个基础都能获得均匀的基底反力。当地基承载力较低时,两边的扩展基础可能会因面积增大而靠得很近,这时可以考虑采用柱下条形基础进行设计。

连梁式基础的设计要点为:

(1)连梁必须是刚性的,梁宽应大于最小柱宽;

(2)两个基础的底面尺寸均应满足地基承载力的要求,同时避免产生过大的不均匀沉降;

(3)连梁底面不应着地。连梁的自重在设计中通常可忽略不计。

5.9　减轻不均匀沉降危害的措施

通常地基产生一些均匀沉降,对建筑物安全影响不大,可以通过预留沉降标高加以解决。但地基不均匀沉降超过限度时,会使建筑物损坏或影响其使用功能。特别是高压缩性土、膨胀土、湿陷性黄土以及软硬不均等不良地基上的建筑物,由于总沉降量大,相应的不均匀沉降也较大,因此,如果设计时考虑不周,就更易因不均匀沉降而开裂损坏。

1. 不均匀沉降产生原因

根据地基沉降计算公式 $s=\dfrac{\sigma h}{E_s}$ 分析可知:

(1) 地基土附加应力 σ 相差悬殊。如建筑物高低层交界处,上部荷载突变处,将产生不均匀沉降。

(2) 地基压缩层厚度 h 相差悬殊,或软弱土层厚薄变化大。如苏州虎丘塔,因地基压缩层厚度两侧相差一倍多,导致塔身严重倾斜与开裂。

(3) 地基土的压缩模量 E_s 相差悬殊。地基持力层水平方向软硬交界处,软硬土的压缩模量相差较大,产生不均匀沉降。

2. 不均匀沉降引起墙体裂缝的形态

不均匀沉降通常会使砌体承重结构开裂,常见于墙体窗口或门洞的角位处。裂缝的位置和方向与不均匀沉降的状况有关。不均匀沉降引起墙体开裂的一般规律是:斜裂缝下的基础(或基础的一部分)沉降较大。如果墙体中间部位的沉降比两端部位沉降大("碟形沉降"),则墙体两端部位的斜裂缝将呈八字形,墙体长度大时还在墙体中部下方出现近乎竖直的裂缝。如果墙体两端部位的沉降大("倒碟形沉降"),则斜裂缝将呈倒置八字形。当建筑物各部分的荷载或高度差别较大时,重、高部位的沉降也常较大,导致轻、低部位产生斜裂缝。

对于框架等超静定结构,各柱的沉降差必将在梁、柱等构件中产生附加内力。当这些附加内力与设计荷载作用下的内力之和超过构件的承载能力时,梁、柱端和楼板将会出现裂缝。

防止和减轻不均匀沉降造成的损害,一直是建筑设计中的重要课题。通常可从两个方面考虑:一是采取措施增强上部结构和基础对不均匀沉降的适应能力;二是采取措施减少不均匀沉降或总沉降量。具体的措施有:①采用柱下条形基础、筏形基础和箱形基础等连续基础,以减少地基的不均匀沉降;②采用桩基或其他深基础,以减少总沉降量和不均匀沉降;③对地基进行人工处理,采用人工地基上的浅基础方案;④从地基、基础、上部结构相互作用的观点出发,在建筑、结构和施工等方面采取措施,以增强上部结构对不均匀沉降的适应能力。前三类措施造价偏高,有的需要具备一定的施工条件才能实施。因此,对于一般的中小型建筑物,应首先考虑在建筑、结构和施工方面采取减轻不均匀沉降危害的措施,必要时才采用其他的地基基础方案。

5.9.1 建筑措施(architecture measurement)

1. 建筑物的体型应力求简单

建筑物的体型指的是其在平面和立面上的轮廓形状。体型简单的建筑物,其整体刚度大,抵抗变形的能力强。因此,在满足使用要求的前提下,软弱地基上的建筑物应尽量采用简单的体型,如等高的"一"字形。实践表明,这样的建筑物地基受荷均匀,较少发生开裂。

平面形状复杂的建筑物(如"L""T""H"形等),由于基础密集,地基附加应力互相重叠,在建筑物转折处的沉降必然比别处大。加之这类建筑物的整体性差,各部分的刚度不对称,因而很容易因地基不均匀沉降而开裂。容易开裂部位如图5.9.1所示。

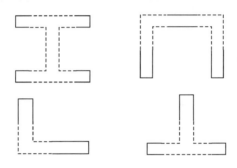

图 5.9.1 建筑平面复杂,易因不均匀沉降而开裂的部位(虚线处)

建筑物高低(或轻重)变化太大,在高度突变的部位,常因荷载轻重不一而产生过量的不均匀沉降。如软土地基上紧接高差超过一层的砌体承重结构房屋,低者很容易开裂(见图5.9.2)。因此,当地基软弱时,建筑物的紧接高差以不超过一层为宜。

图 5.9.2 建筑物因高差太大而开裂

建筑物在平面上的长度和从基础底面起算的高度之比,称为建筑物的长高比。长高比大的砌体承重房屋,其整体刚度差,纵墙很容易因挠曲过度而开裂(见图5.9.3)。调查结果表明,当预估的最大沉降量超过120mm时,对三层和三层以上的房屋,长高比不宜大于2.5;对于平面简单,内、外墙贯通,横墙间隔较小的房屋,长高比的控制可适当放宽,但一般不大于3.0。不符合上述要求时,一般要设置沉降缝。

合理布置纵、横墙是增强砌体承重结构房屋整体刚度的重要措施之一。当地基不良时,应尽量使内、外纵墙不转折或少转折,内横墙间距不宜过大,且与纵墙之间的连接应牢靠,必

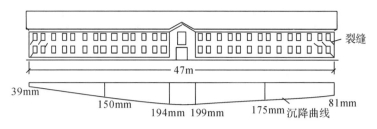

图 5.9.3　建筑物因长高比过大而开裂

要时还应增强基础的刚度和强度。

2．设置沉降缝

当建筑物的体型复杂或长高比过大时，宜根据其平面形状和高度差异情况，在适当部位用沉降缝将建筑物（包括基础）分割成两个或多个独立的沉降单元。每个单元一般应体型简单、长高比小、结构类型相同以及地基比较均匀。这样的沉降单元具有较大的整体刚度，沉降比较均匀，一般不会再开裂。

建筑物的下列部位宜设置沉降缝：

（1）建筑物平面的转折处；

（2）建筑物高度或荷载突变处；

（3）长高比过大的砌体承重结构以及钢筋混凝土框架结构的适当部位；

（4）地基土的压缩性有显著变化处；

（5）建筑结构或基础类型不同处；

（6）分期建造房屋的交界处；

（7）拟设置伸缩缝处（沉降缝可兼作伸缩缝）。

沉降缝应有足够的宽度，以防止缝两侧的结构相向倾斜而相互挤压。缝内一般不得填塞材料（寒冷地区需填松软材料）。二、三层房屋，沉降缝宽度应为 50～80mm；四、五层房屋，沉降缝宽度应为 80～120mm；五层以上房屋，沉降缝宽度应不小于 120mm；当沉降缝两侧单元层数不同时，缝宽按层数大者取用。

沉降缝的造价颇高，且会增加建筑及结构处理上的困难，所以不宜多用。

如果沉降缝两侧的结构可能发生严重的相向倾斜，则可以考虑将两者拉开一段距离，其间另外用能自由沉降的静定结构连接。对于框架结构，还可选取其中二跨（一个开间）改成简支或悬挑跨，使建筑物分为两个独立的沉降单元，如图 5.9.4 所示。

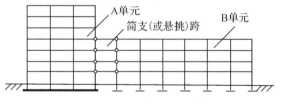

图 5.9.4　用简支（或悬挑）跨分割沉降单元

有防渗要求的地下室一般不宜设置沉降缝。因此，对于具有地下室和裙房的高层建筑，为减少高层部分与裙房间的不均匀沉降，常在施工时采用后浇带将两者断开，待两者间的后期沉降差能满足设计要求时再连接成整体。

3．合理确定相邻建筑物的间距

当两个基础相邻过近时，地基附加应力扩散和叠加影响会使两个基础的沉降比各自单独存在时增大很多。因此，在软弱地基上，两个建筑物的距离太近时，相邻影响产生的附加不均匀沉降可能造成建筑物开裂或互倾。这种相邻影响主要表现为：

(1) 同期建造的两相邻建筑物之间会彼此影响,特别是当两个建筑物轻(低)重(高)差别较大时,轻者受重者的影响较大;

(2) 原有建筑物受邻近新建重型或高层建筑物的影响。

决定相邻建筑物基础之间所需的净距的主要指标是受影响建筑的刚度和影响建筑的预估平均沉降量,后者综合反映了地基的压缩性、影响建筑的规模和重量等因素的影响。

相邻高耸结构(或对倾斜要求严格的构筑物)的外墙间隔距离,可根据倾斜允许值计算确定。

4. 建筑物标高的控制与调整

沉降改变了建筑物原有的标高,严重时将影响建筑物的使用功能,这时可采取下列措施进行调整:

(1) 根据预估的沉降量,适当提高室内地坪或地下设施的标高;

(2) 建筑物各部分(或设备之间)有联系时,可将沉降较大者的标高适当提高;

(3) 在建筑物与设备之间,应留足够的净空;

(4) 有管道穿过建筑物时,应预留足够尺寸的孔洞,或采用柔性管道接头等。

5.9.2 结构措施(structural measurement)

1. 减轻建筑物的自重

建筑物的自重(包括基础及覆土重)在基底压力中所占的比例很大,据估计,工业建筑为 1/2 左右,民用建筑可达 3/5 以上。因此,减轻建筑物自重可以有效地减小地基沉降量。具体的措施有:

(1) 采用空心砌块、多孔砖或其他轻质墙以减小墙体的重量。

(2) 选用轻型结构,如采用预应力混凝土结构、轻钢结构及各种轻型空间结构。

(3) 减少基础及其上回填土的重量。可以选用覆土少、自重轻的基础形式,如壳体基础、空心基础等。如室内地坪较高,可以采用架空地板代替室内厚填土。

2. 设置圈梁

圈梁的作用在于提高砌体结构抵抗弯曲的能力,即增强建筑物的抗弯刚度。它是防止砖墙出现裂缝和阻止裂缝开展的一项有效措施。当建筑物产生碟形沉降时,墙体产生正向挠曲,下层的圈梁将起作用;反之,墙体产生反向挠曲时,上层的圈梁则起作用。由于不容易正确估计墙体的挠曲方向,故通常在房屋的上、下方都设置圈梁。

多层房屋宜在基础面附近和顶层门窗顶处各设置一道圈梁,其他各层可隔层设置(必要时也可层层设置),位置在窗顶或楼板下面。对于单层工业厂房及仓库,可结合基础梁、连梁、过梁等酌情设置。

圈梁必须与砌体结合成整体,每道圈梁应尽量贯通全部外墙、承重内纵墙及主要内横墙,即在平面上形成封闭系统。当没法连通(如某些楼梯间的窗洞处)时,应按图5.9.5所示的要求利用搭接圈梁进行搭接。如果墙体因开洞过大而受到严重削弱,且地基又很软弱时,还可考虑在削弱部位适当配筋,或利用钢筋混凝土边框加强。

圈梁有两种,一种是钢筋混凝土圈梁[见图5.9.6(a)]。梁宽一般同墙厚,梁高不应小于 120mm。混凝土强度等级宜采用 C20,纵向钢筋不宜少于 $4\phi10$,绑扎接头的搭接长度按受力钢筋考虑,箍筋间距不宜大于 300mm。兼作跨度较大的门窗过梁时按过梁计算另加钢筋。另一种是钢筋砖圈梁[见图 5.9.6(b)],即在水平灰缝内夹筋形成钢筋砖带,高度为 4～6 皮砖,用 M5 砂浆砌筑,水平通长钢筋不宜少于 6ϕ6,水平间距不宜大于 120mm,分上、下两层设置。

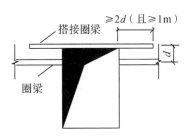

图 5.9.5　圈梁被墙洞中断时的搭接

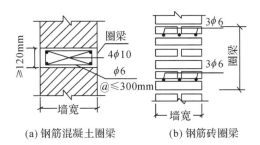

(a) 钢筋混凝土圈梁　　　　(b) 钢筋砖圈梁

图 5.9.6　圈梁截面

3. 设置基础梁

钢筋混凝土框架结构对不均匀沉降很敏感,很小的沉降差异就足以引起可观的附加应力。对于采用单独柱基的框架结构,在基础间设置基础梁(见图 5.9.7)是加大结构刚度、减少不均匀沉降的有效措施之一。基础梁的设置常带有一定的经验性(仅起承墙作用时例外),其底面一般置于基础表面(或略高些),过高则作用下降,过低则施工不便。基础梁的截面高度可取柱距的 1/14～1/8,上下均匀通长配筋,每侧配筋率为 0.4%～1.0%。

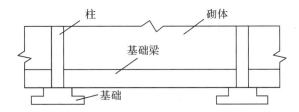

图 5.9.7　支承墙体的基础梁

4. 减小或调整基底附加压力

(1) 设置地下室或半地下室。其作用是以挖除的土重去补偿一部分甚至全部的建筑物重量,从而达到减小基底附加压力和沉降的目的。地下室(或半地下室)还可只设置于建筑物荷载特别大的部位,通过这种方法可以使建筑物各部分的沉降趋于均匀。

(2) 调整基底尺寸。为了减小沉降差异,可以将荷载大的基础的底面积适当加大。

5. 采用对不均匀沉降欠敏感的结构形式

砌体承重结构、钢筋混凝土框架结构对不均匀沉降很敏感,而排架、三铰拱(架)等铰接结构则对不均匀沉降有很大的顺从性,支座发生相对位移时不会产生很大的附加应力,故可以避免不均匀沉降的危害。铰接结构的这类结构形式通常只适用于单层的工业厂房、仓库和某些公共建筑。必须注意的是,严重的不均匀沉降仍会对这类结构的屋盖系统、围护结构、吊车梁及各种纵、横联系构件造成损害,因此应采取相应的防范措施,例如避免用连续吊车梁及刚性屋面防水层,墙面加设圈梁等。

图 5.9.8 是建造在软土地基上的某仓库所用的三铰门架结构,使用效果良好。

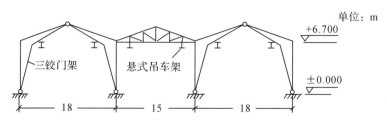

图 5.9.8 某仓库三铰门架结构

油罐、水池等的基础底板常采用柔性底板,以便更好地适应不均匀沉降。

5.9.3 施工措施(construction measurement)

在软弱地基上进行工程建设时,采用合理的施工顺序和施工方法至关重要,这是减小或调整不均匀沉降的有效措施之一。

1. 遵照先重(高)后轻(低)的施工程序

当拟建的相邻建筑物之间轻(低)重(高)悬殊时,一般应按照先重后轻的程序进行施工,必要时还应在重的建筑物竣工后间歇一段时间,再建造轻的邻近建筑物。如果重的主体建筑物与轻的附属部分相连,也应按上述原则处理。

2. 注意堆载、沉桩和降水等对邻近建筑物的影响

在已建成的建筑物周围,不宜堆放大量的建筑材料或土方等重物,以免地面堆载引起建筑物产生附加沉降。

拟建的密集建筑群内如有采用桩基础的建筑物,桩的设置应先进行,并注意采用合理的沉桩顺序。

在进行降低地下水位及开挖深基坑时,应密切注意对邻近建筑物可能产生的不利影响,必要时可以采用设置截水帷幕、控制基坑变形量等措施。

3. 注意保护坑底土(岩)体

在淤泥及淤泥质土地基上开挖基坑时,要注意尽可能不扰动土的原状结构。在雨期施工时,要避免坑底土体受雨水浸泡。通常的做法是:在坑底保留大约 300mm 厚的原土层,待进行混凝土垫层施工时才用人工临时挖去。如发现坑底软土被扰动,可挖去扰动部分,用砂、碎石(砖)等回填处理。当基础埋置在易风化的岩层上,施工时应在基坑开挖后立即铺筑垫层。

参考文献

[1] 陈希哲.土力学地基基础[M].5 版.北京:清华大学出版社,2013.

[2] 龚晓南.土力学[M].北京:中国建筑工业出版社,2002.

[3] 顾晓鲁,钱鸿缙,刘惠珊,汪时敏.地基与基础[M].3 版.北京:中国建筑工业出版社,2003.

[4] 华南理工大学,东南大学,浙江大学,湖南大学.地基及基础[M].2 版.北京:中国建筑工业出版社,1991.

［5］华南理工大学,浙江大学,湖南大学.基础工程［M］.4 版.北京:中国建筑工业出版社,2019.

［6］建设部,国家质量监督检验检疫总局.岩土工程勘察规范(2009 年版):GB 50021—2001［S］.北京:中国建筑工业出版社,2009.

［7］周景星,李广信,张建红,虞石民,王洪瑾.基础工程［M］.3 版.北京:清华大学出版社,2015.

［8］住房和城乡建设部,国家质量监督检验检疫总局.混凝土结构设计规范:GB 50010—2010［S］.北京:中国建筑工业出版社,2011.

［9］住房和城乡建设部,国家质量监督检验检疫总局.建筑抗震设计规范(2016 年版):GB 50011—2010［S］.北京:中国建筑工业出版社,2010.

［10］住房和城乡建设部,国家质量监督检验检疫总局.建筑地基基础设计规范:GB 50007—2011［S］.北京:中国计划出版社,2012.

［11］住房和城乡建设部,国家质量监督检验检疫总局.建筑结构荷载规范:GB 50009—2012［S］.北京:中国建筑工业出版社,2012.

［12］住房和城乡建设部,国家质量监督检验检疫总局.建筑工程抗震设防分类标准:GB 50223—2008［S］.北京:中国建筑工业出版社,2008.

第6章 复合地基

6.1 发展概况

20世纪60年代国外将采用碎石桩加固的地基称为复合地基。改革开放以后我国引进碎石桩加固等多种地基处理新技术,同时也引进了复合地基概念。采用复合地基可以较好发挥增强体和天然地基土体的承载潜能,具有较好的经济性和适用性。复合地基的含义随着其在工程建设中推广应用的发展有一个演变过程。在初期,复合地基主要是指在天然地基中设置碎石桩而形成的碎石桩复合地基。随着深层搅拌法和高压喷射注浆法在地基处理中的推广应用,人们开始重视水泥土桩复合地基的研究。碎石桩是一种散体材料桩,而水泥土桩是一种黏结材料桩。研究表明,在荷载作用下,散体材料桩与黏结材料桩两者的荷载传递机理有较大的差别。散体材料桩的承载力大小主要取决于桩侧土提供的侧限力强弱,而黏结材料桩的承载力大小主要取决于桩侧土提供的摩阻力和桩端土提供的端阻力强弱。随着水泥土桩复合地基的推广应用,复合地基的含义发生了变化。复合地基包括散体材料桩复合地基和黏结材料桩复合地基两大类。继水泥土桩复合地基以后,混凝土桩复合地基在工程中得到应用。在混凝土桩复合地基应用过程中,人们发现复合地基中桩体的刚度大小对桩的荷载传递性状有较大影响。于是又将黏结材料桩按刚度大小分为柔性桩和刚性桩两大类。这样复合地基的含义得到进一步拓宽。为了提高桩体的受力性能,又发展了多种形式的组合桩技术。随着加筋土地基在工程建设中的广泛应用,又出现了水平向增强体复合地基的概念。将竖向增强体与水平向增强体组合应用,可形成双向增强复合地基技术。随着复合地基技术的发展,复合地基概念也不断发展。

笔者在国内外第一部复合地基著作《复合地基》(浙江大学出版社,1992年)中提出了基于广义复合地基概念的复合地基定义和复合地基理论框架,经过多年的发展,已被学术界和工程界普遍接受。已发布实施的国家工程建设标准《复合地基技术规范》(GB/T 50783—2012)也是基于广义复合地基概念制定的。

我国软土地基类别多,分布广,自改革开放以来土木工程建设规模大,发展快。我国又是发展中国家,建设资金短缺。如何在保证工程质量前提下,节省工程投资显得十分重要。复合地基技术能够较好发挥增强体和天然地基两者共同承担建(构)筑物荷载的潜能,因此具有比较经济的特点。复合地基技术近年来在我国得到重视、发展是与我国工程建设对它的需求分不开的。近些年来我国不少专家学者从事复合地基理论和实践研究。1990年在河北承德,中国建筑学会地基基础专业委员会在黄熙龄主持下召开了我国第一次以复合地基为专题的学术讨论会。会上交流、总结了复合地基技术在我国的应用情况,有力地促进了复合地基技术在我国的发展。笔者在《复合地基》(浙江大学出版社,1992年)中较系统地总结了国内外复合地基理论和实践方面的研究成果,提出了基于广义复合地基概念的复合地基定义和复合地基理论框架,总结了复合地基承载力和沉降计算的思路和方法。1996年,中国土木工程学会土力学及基础工程学会地基处理学术委员会在浙江大学召开了复合地基理论和实践学术讨论会,总结成绩、交流经验,共同探讨发展中的问题,促进了复合地基处理理论和实践水平的进一步提高。《复合地基理论与实践》(浙江大学出版社,1996年)较全面地总结了复合地基理论与实践在我国的发展。2002年和2007年笔者分别在《复合地基理论及工程应用》第一版和第二版中对在《地基处理》(浙江大学出版社,1992年)中提出的复合地基理论框架作了补充和完善,较全面地介绍了复合地基理论和工程应用在我国的发展。2003年,应人民交通出版社邀请,出版《复合地基设计和施工指南》,有力促进了复合地基理论的工程应用。2008年,由笔者主编的浙江省工程建设标准《复合地基技术规程》(DB 33/1051—2008)发布实施。2010年,由笔者主编的中华人民共和国行业标准《刚-柔性桩复合地基技术规程》(JGJ/T 210—2010)发布实施。2012年,由笔者主编的中华人民共和国国家标准《复合地基技术规范》(GB/T 50803—2012)发布实施。复合地基理论和实践研究日益得到重视,复合地基已成为一种常用的地基基础形式,在我国已形成复合地基技术应用体系。2012年,中国土木工程学会土力学及基础工程学会地基处理学术委员会在广州召开了第二届复合地基理论和实践学术讨论会,总结交流新鲜经验,进一步促进复合地基理论和工程应用水平的提高。

随着地基处理技术和复合地基理论的发展,近些年来,复合地基技术在我国各地得到广泛应用。目前在我国应用的复合地基类型主要有:由多种施工方法形成的各类砂石桩复合地基、水泥土桩复合地基、各类刚性桩复合地基、组合桩复合地基、长短桩复合地基、桩网复合地基、加筋土地基等。目前复合地基技术在房屋建筑(包括高层建筑)、高等级公路、铁路、堆场、机场、堤坝等土木工程建设中得到广泛应用。复合地基技术的推广应用产生了良好的社会效益和经济效益。

6.2　复合地基分类、形成条件和位移场特点

6.2.1　复合地基分类

笔者在国内外第一部复合地基著作《复合地基》(浙江大学出版社,1992年)中提出了基于广义复合地基概念的复合地基定义:复合地基是指天然地基在地基处理过程中部分土体得到增强,或被置换,或在天然地基中设置加筋材料,加固区是由基体(天然地基土体或被改良的天然地基土体)和增强体两部分组成的人工地基。同时还要求在荷载作用下,由基体和竖向增强体共同直接承担荷载。

复合地基中增强体方向不同,复合地基性状不同。根据复合地基中增强体的方向和设置情况,复合地基首先可分为三大类:竖向增强体复合地基、水平向增强体复合地基和组合型复合地基。竖向增强体复合地基常称为桩体复合地基。桩体复合地基中,桩体由散体材

料组成,还是由黏结材料组成,以及黏结材料桩的刚度大小,都将影响复合地基荷载传递性状。因此首先可将桩体复合地基分为两类:散体材料桩复合地基和黏结材料桩复合地基,然后根据桩体刚度将黏结材料桩复合地基分为柔性桩复合地基与刚性桩复合地基两类。水泥土钢筋混凝土组合桩等组合桩的性状较接近刚性桩,可归入刚性桩复合地基,没有单独分类。组合桩复合地基的设计计算可参考刚性桩复合地基的设计计算。有两种及两种以上增强体的复合地基称为组合型复合地基。如由长桩和短桩形成的各类长短桩复合地基;由竖向增强体和加筋垫层形成的各类双向增强复合地基,桩网复合地基是典型的双向增强复合地基。

复合地基分类可如下表示:

水平向增强体复合地基主要指各类加筋土地基,目前常用的加筋材料主要有土工格栅等土工合成材料。各类砂桩复合地基、砂石桩复合地基和碎石桩复合地基等属于散体材料桩复合地基。各类水泥土桩复合地基和各类灰土桩复合地基等一般属于柔性桩复合地基。各类混凝土桩及类混凝土桩(水泥粉煤灰碎石桩、石灰粉煤灰混凝土桩等)复合地基等一般属于刚性桩复合地基。各类组合桩复合地基也归入刚性桩复合地基。

根据复合地基中增强体的方向和设置情况分类以外,也可按增强体的材料分类。根据增强体采用的材料可分为下述七类复合地基:

(1)土工合成材料,如土工格栅、土工布等形成的加筋土复合地基;

(2)砂石桩复合地基、碎石桩复合地基等;

(3)水泥土桩复合地基;

(4)土桩复合地基、灰土桩复合地基、渣土桩复合地基等;

(5)各类低强度混凝土桩复合地基,如粉煤灰碎石桩复合地基、石灰粉煤灰混凝土桩复合地基等;

(6)各类钢筋混凝土桩复合地基,如管桩复合地基、薄壁筒桩复合地基、钢筋混凝土桩复合地基等;

(7)各类组合桩复合地基,如水泥土-管桩组合桩复合地基、水泥土-钢筋混凝土桩组合桩复合地基等。

上述第1类一般为水平向增强体复合地基,也可与其他桩体复合地基形成双向增强复合地基;第2类为散体材料桩复合地基;第3类和第4类为柔性桩复合地基;第5类、第6类和第7类为刚性桩复合地基。

还可将复合地基按基础刚度和垫层设置分类。根据基础刚度和垫层设置情况可分为下述4种情况:

(1)刚性基础下设有垫层的复合地基;

（2）刚性基础下不设垫层的复合地基；

（3）柔性基础下设垫层的复合地基；

（4）柔性基础下不设垫层的复合地基。

关于基础刚度和垫层对复合地基性状的影响将在6.6节和6.7讨论,这里首先指出在柔性基础下应慎用不设垫层的桩体复合地基,特别是桩土相对刚度较大时。

还可根据复合地基中设置的增强体长度将复合地基分为下述两类：

（1）等长度桩复合地基；

（2）长短桩复合地基。

长短桩复合地基中长桩和短桩布置可采用三种形式:长短桩相间布置、外长中短布置和外短中长布置。

长短桩复合地基中长桩和短桩可采用同一材料制桩,也可采用不同材料制桩。长短桩相间布置的长短桩复合地基中的长桩和短桩一般采用不同材料制桩。短桩多采用散体材料桩或柔性桩,视工程地质条件采用碎石桩、水泥土桩和石灰桩等;长桩多采用钢筋混凝土桩、组合桩或低强度混凝土桩,视工程地质条件采用管桩、粉煤灰碎石桩复合地基、钢筋混凝土桩、组合桩等。在深厚软土地基中,或在高压缩土层深厚的地基中,采用长短桩复合地基既可有效提高地基承载力,又可有效减小沉降,并且具有较好的经济效益。

长短桩复合地基中长桩和短桩除相间布置外,也可采用中间长四周短或四周长中间短两种形式布置,如图6.2.1中(a)和(b)所示。研究表明,采用四周长中间短的布置形式与采用中间长四周短的布置形式相比较,前者的沉降要比后者的小一些,而前者上部结构中的弯矩则要比后者的大不少。在工程实践中究竟取哪一种形式比较合适,应视具体情况确定。

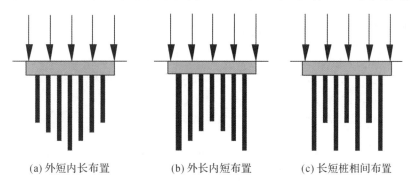

(a) 外短内长布置   (b) 外长内短布置   (c) 长短桩相间布置

图 6.2.1 长短桩复合地基布桩形式

从增强体设置方向、增强体的材料组成,基础刚度,垫层情况,增强体长度等方面进行分析,基本上可对目前应用的各种复合地基情况有个全面的了解。不难发现,在工程中得到应用的复合地基具有很多种类型,要建立可适用于各种类型复合地基承载力和沉降计算的统一公式是困难的,或者说是不可能的。在进行复合地基设计时一定要因地制宜,不能盲目套用一般理论,应该以一般理论作指导,结合具体工程进行精心设计。

6.2.2 复合地基形成条件

复合地基因其能较好地发挥增强体和天然地基土体的承载潜能而具有较好的经济性与

实用性。复合地基已经在我国各地工程中得到了广泛的应用,产生了良好的社会效益和经济效益。下面通过讨论桩体复合地基形成条件来说明复合地基形成条件的重要性,以及如何满足复合地基形成条件。

桩体复合地基的本质是桩和桩间土共同直接承担荷载。如果在荷载作用下,桩体与地基土体不能共同直接承担上部结构传来的荷载,或者说在荷载作用下,地基土体不能与桩体共同直接承担上部结构传来的荷载,那么地基中设置的桩体与地基土体不能形成复合地基。

在荷载作用下,桩体和地基土体是否能够共同直接承担上部结构传来的荷载是有条件的,也就是说在地基中设置桩体能否与地基土体共同形成复合地基是有条件的。这在复合地基的应用中特别重要。

如何保证在荷载作用下,增强体与天然地基土体能够共同直接承担荷载? 在图 6.2.2 中,$E_p > E_{s1}$,$E_p > E_{s2}$,其中 E_p 为桩体模量,E_{s1} 为桩间土模量,图 6.2.2(a)和(d)中 E_{s2} 为加固区下卧层土体模量,图 6.2.2(b)中 E_{s2} 为加固区垫层土体模量。散体材料桩在荷载作用下产生侧向鼓胀变形,能够保证增强体和地基土体共同直接承担上部结构传来的荷载。

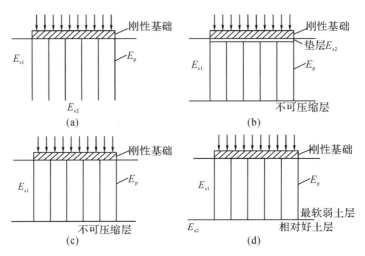

图 6.2.2　复合地基形成条件

当增强体为散体材料桩时,图 6.2.2 中各种情况均可满足增强体和土体共同承担上部荷载。然而,当增强体为黏结材料桩时情况就不同了。在图 6.2.2(a)中,在荷载作用下,刚性基础下的桩和桩间土沉降量相同,这可保证桩和土共同直接承担荷载。在图 6.2.2(b)中,桩落在不可压缩层上,在刚性基础下设置一定厚度的柔性垫层。在荷载作用下,通过刚性基础下柔性垫层的协调,也有可能使桩和桩间土两者共同承担荷载。但需要注意分析柔性垫层对桩和桩间土的差异变形的协调能力与桩和桩间土之间可能产生的最大差异变形两者的关系。如果桩和桩间土之间可能产生的最大差异变形超过柔性垫层对桩和桩间土的差异变形的协调能力,则即使在刚性基础下设置了一定厚度的柔性垫层,在荷载作用下,也不能保证桩和桩间土始终能够共同直接承担荷载。在图 6.2.2(c)中,桩落在不可压缩层上,而且未设置垫层。在刚性基础传递的荷载作用下,开始时增强体和桩间土体中的竖向应力大小大致上按两者的模量比分配,但是随着土体产生蠕变,土中应力不断减小,而增强体中应力逐渐增大,荷载逐渐向增强体上转移。若 $E_p \gg E_{s1}$,则桩间土承担的荷载比例极小。特别是若遇地下水位下降等因素,桩间土体进一步压缩,桩间土可能不再承担荷载。在这种情况下,增强体与桩间土体两者难以始终共同直接承担荷载,也就是说桩和桩间土不能形成复合地基以共同直接承担上部荷载。在图 6.2.2(d)中,复合地基中增强体穿透最薄弱土层,落在相对好的土层上,$E_{s2}>E_{s1}$。在这种情况下,应重视 E_p、E_{s1} 和 E_{s2} 三者之间的关系,保证在荷载作用下通过桩体和桩间土变形协调来保证桩和桩间土共同承担荷载。因此对采用黏结材料桩,特别是对采用刚性桩形成的复合地基需要重视复合地基的形成条件的分析。

国家标准《复合地基技术规范》(GB/T 50783—2012)在一般规定中指出:"在复合地基设计中,应根据各类复合地基的荷载传递特性,保证复合地基中桩体和桩间土在荷载作用下能够共同承担荷载。复合地基中桩体采用刚性桩时应选用摩擦型桩。"当复合地基中的桩体采用端承桩时,就很难保证在荷载作用下桩和桩间土共同直接承担荷载。即使在复合地基上铺设一定厚度的柔性垫层,也要分析柔性垫层对桩和桩间土的差异变形的协调能力与桩和桩间土之间可能产生的最大差异变形两者的关系。如果桩和桩间土之间可能产生的最大差异变形超过柔性垫层对桩和桩间土的差异变形的协调能力,即使设置了一定厚度的柔性垫层,在荷载作用下,也不能保证桩和桩间土始终能够共同直接承担荷载。对此不少工程师和专家不够重视,甚至存在错误观念。

在实际工程中设置的增强体和桩间土体不能满足形成复合地基的条件,而以复合地基理念进行设计是不安全的。把不能直接承担荷载的桩间土承载力计算在内,高估了承载能力,降低了安全度,可能造成工程事故,应引起设计人员的充分重视。

6.2.3　复合地基中桩体的荷载传递规律

根据组成复合地基桩体的材料特性,复合地基桩体可分为两大类,即散体材料桩和黏结材料桩。

先讨论散体材料桩荷载传递规律。地基中的散体材料桩需要桩周土的围箍作用才能维持桩体的形状。在荷载作用下,散体材料桩桩体发生鼓胀变形,依靠桩周土提供的被动土压力维持桩体平衡,承受上部荷载的作用。散体材料桩桩体破坏模式一般为鼓胀破坏。

散体材料桩的承载能力主要取决于桩周土体的侧限能力,还与桩身材料的性质及其紧密程度有关。在荷载作用下,散体材料桩的存在将使桩周土体从原来主要是垂直向受力的状态改变为主要是水平向受力的状态,桩周土的侧限能力对散体材料桩复合地基的承载力起了关键作用。散体材料桩单桩承载力的一般表达式可用下式表示:

$$p_{pf}=\sigma_{ru}K_p \tag{6.2.1}$$

式中,σ_{ru} 为桩侧土能提供的侧向极限应力(kPa);K_p 为桩体材料的被动土压力系数。

由式(6.2.1)可知,散体材料桩的承载力主要取决于桩侧土的侧限力,而桩侧土所能提供的最大侧限力主要取决于土的抗剪强度。因此散体材料桩的承载力主要取决于天然地基土体的抗剪强度,更确切地说主要取决于桩周地基土体的抗剪强度。若天然地基土体抗剪强度较低,在成桩过程中又不能得到提高,采用散体材料桩加固地基,地基承载力提高幅度是不大的。由式(6.2.1)还可知道,散体材料桩的承载力并不是随着桩长的增加而增大的。从承载力角度看,散体材料桩应满足一定的长度;从减小沉降的角度看,增加散体材料桩的长度对减小沉降是有利的。

下面讨论黏结材料桩荷载传递规律。对黏结材料桩的荷载传递规律有较大影响的不仅是桩体本身的刚度,还有地基土体的刚度和桩体长径比。评价一根桩的刚和柔,应综合考虑桩体本身的刚度、地基土体的刚度和桩体的长径比。一般情况下,采用桩体与地基土体的相对刚度的概念,以下简称桩土相对刚度。若桩体的弹性模量为 E,桩间土的剪切模量为 G_s,可定义桩的柔性指数 λ_p,

$$\lambda_p = \frac{E}{G_s} \tag{6.2.2}$$

桩体长度为 L,桩体半径为 r,则桩的长径比 λ_l 为

$$\lambda_l = \frac{L}{r} \tag{6.2.3}$$

王启铜(1991)建议桩土相对刚度定义如下:

$$K = \frac{\sqrt{\lambda_p}}{\lambda_l} = \sqrt{\frac{E}{G_s}}\frac{r}{L} = \sqrt{\frac{2E(1+\upsilon_s)}{E_s}}\frac{r}{L} \tag{6.2.4}$$

式中,E_s、υ_s 分别为桩间土弹性模量和泊松比。

可以采用桩土相对刚度的大小来评判桩的刚和柔,将黏结材料桩划分为柔性桩和刚性桩两大类。

段继伟(1993)对桩土相对刚度表达式(6.2.4)作了修正,并引进了有效桩长的影响,建议桩土相对刚度采用下式表示:

$$K = \sqrt{\frac{\xi E}{2G_s}}\frac{r}{l} \tag{6.2.5}$$

式中,$\xi = \ln[2.5l(1-\upsilon_s)/r]$。当桩长小于有效桩长 l_0,l 为实际桩长;当桩长大于有效桩长 l_0 时,$l = l_0$。其他符号含义同式(6.2.4)。

有效桩长的概念在本节下文分析。

段继伟(1993)采用数值分析,探讨了桩土相对刚度 K 与桩的沉降关系,建议柔性桩和刚性桩的判别准则为

$$K < 1.0 \quad\quad 柔性桩$$
$$K > 1.0 \quad\quad 刚性桩$$

上述判别准则是否合适有待进一步验证。工程中严格区分柔性桩与刚性桩也是很困难的。桩土相对刚度是连续变化的,桩的性状也是连续变化的。严格区分柔性桩和刚性桩也不一定合理。但桩土相对刚度大小对桩的荷载传递性状影响是明显的,工程设计中应重视概念设计,要重视桩土相对刚度对桩的荷载传递性状的影响。

浙江省工程建设标准《复合地基技术规程》(DB33/1051—2008)中指出:为增加水泥搅拌桩单桩承载力,可在水泥搅拌桩中插设预制钢筋混凝土,形成加筋水泥土桩。加筋水泥土桩又可称为复合桩或组合桩。多数发展的组合桩技术是在水泥土桩中插入钢筋混凝土桩或钢筋混凝土管桩形成水泥土-钢筋混凝土组合桩。该类组合桩比水泥土桩承载能力和抗变形能力大,比钢筋混凝土桩性价比好,近年来在工程中得到推广应用。水泥土桩有的采用深层搅拌法施工形成,有的采用高压旋喷法施工形成。组合桩的承载能力可通过试验测定。上述组合桩作为增强体的复合地基称为组合桩复合地基。组合桩的形式很多,除钢筋混凝土桩、钢筋混凝土管桩外,也有采用钢管桩等其他形式刚性桩。组合桩中的刚性桩可与水泥土桩同长,也可短于水泥土桩,形成变刚度组合桩。组合桩属于黏结材料桩,宜归为刚性桩。

研究分析桩土相对刚度对柔性桩荷载传递特性的影响,对发展复合地基理论具有重要意义。在荷载作用下,桩侧摩阻力的发挥依靠桩和桩侧土之间存在相对位移趋势或产生相对位移。若桩侧和桩侧土体间不存在相对位移或相对位移趋势,则桩侧不能产生摩阻力,或者说桩侧摩阻力等于零。桩端端阻力的发挥则依靠桩端向下移动或存在位移趋势,否则桩端端阻力等于零。理论上,理想刚性桩在荷载作用下,如果桩体顶端产生位移 δ,则桩底端的位移 δ_b 也等于 δ,因为理想刚性桩在荷载作用下轴向压缩量等于零。图 6.2.3 中桩长为 L,在荷载 p_1 作用下,桩体顶端产生位移 δ_1,则桩底端的位移 δ_{b1} 也等于 δ_1[见图 6.2.3(b)],在荷载 p_2 作用下,桩体顶端产生位移 δ_2,则桩底端的位移 δ_{b2} 也等于 δ_2[见图 6.2.3(c)]。对理想刚性桩,桩周各处摩擦力和桩端端阻力均能同步得到发挥。若考虑地基土是均质的,且初始应力场也是均匀的,不考虑其随深度的变化,则桩侧摩阻力沿深度方向分布是均匀的。

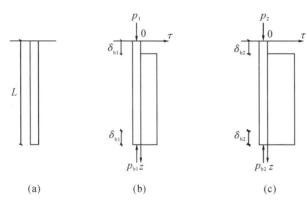

图 6.2.3　理想刚性桩

而且桩侧摩擦力和桩端端阻力是同步发挥的。当荷载增加时,桩周各处摩擦力和桩端端阻力均能同步增大,如图 6.2.3 所示。但是理想刚性桩是不存在的,所有的工程桩都是可压缩性桩。实际工程现场实测资料表明,桩侧摩阻力和桩端端阻力并不是同步发挥的,桩侧摩阻力的发挥早于桩端端阻力的发挥,上层桩侧摩阻力的发挥早于下层桩侧摩阻力的发挥。图 6.2.4 中桩长为 L,当荷载 p_1 较小时,在荷载 p_1 作用下,桩体顶端产生位移 δ_1,则桩底端的位移 δ_{b1} 等于零[见图 6.2.4(b)]。当荷载较大时,如在荷载 p_2 作用下,桩体顶端产生位移 δ_2,桩底端产生位移 δ_{b2},则桩底端产生的位移 δ_{b2} 小于桩体顶端产生的位移 δ_2[见图 6.2.4(c)]。因

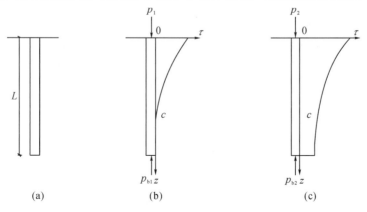

图 6.2.4　可压缩性桩

此对于可压缩性桩,在荷载作用下桩体发生压缩,桩底端位移 δ_b 小于桩顶端位移 δ。若桩土相对刚度较小,在荷载作用下,桩体本身的压缩量等于桩顶端的位移量,桩底端相对于周围土体没有产生相对位移而且无产生相对位移的趋势,则桩端端阻力等于零。对于桩土相对刚度较小的柔性桩,桩体四周桩土之间相对位移自上而下是逐步减小的。假设地基土是均质的,且初始应力场是均匀的,则桩侧摩擦力也是自上而下逐步减小的。事实上,若桩土相对刚度较小,在极限荷载作用下,桩体一定长度内的压缩量已等于桩顶端位移,则该长度以下的桩体与土体间无相对位移及位移倾向,故该长度以下桩体对桩的承载力没有贡献。对桩的承载力有贡献的桩长称为有效桩长。当实际桩长大于有效桩长时,桩的承载力不会增大。

段继伟(1993)采用数值分析,研究了桩长 l 与极限承载力 p 的关系。在其他条件相同的前提下,随着桩长的增加,桩的极限承载力开始增加很快,后来增加缓慢,最后趋于某一数值,如图 6.2.5 所示。也就是说当桩长超过某一数值 l_0 时,若继续增加,则桩的极限承载力增加很小,桩长 l_0 可称为有效桩长。根据段继伟的研究,有效桩长 l_0 与桩土模量比和桩径有关,其取值参考范围为

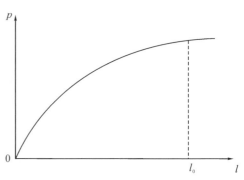

图 6.2.5　桩长与极限承载力关系

(1) $l_0 = (8 \sim 20)d$,当 $E_p/E_s = 10 \sim 50$ 时;

(2) $l_0 = (20 \sim 25)d$,当 $E_p/E_s = 50 \sim 100$ 时;

(3) $l_0 = (25 \sim 33)d$,当 $E_p/E_s = 100 \sim 200$ 时。

其中,d 为桩径,E_p 为桩体模量,E_s 为桩间土模量。

6.2.4　复合地基荷载传递机理和位移场特点

要使地基土体和增强体在提高承载力和减小沉降方面的潜能得到较好的发挥,需要了解复合地基荷载传递机理和位移场特点,然后根据复合地基承载力特性和变形特性进行合理设计,或进行优化设计。

地基土体在力的作用下产生位移,因此在分析位移场特性之前,首先分析复合地基在荷载作用下的应力场特性。采用有限元法分析得到的单桩带台地基和均质地基在均布荷载作用下的地基中的应力泡情况如图 6.2.6 所示。在有限元法分析中承台尺寸为 $1.0m \times 1.0m$,桩截面面积为 $0.5m \times 0.5m$,桩长为 $5.0m$,桩体模量 $E_p = 300MPa$,土体模量为 $2MPa$。承台上作用荷载为 $1kPa$,均质地基中的应力泡如图 6.2.6(a)所示,应力泡从上往下依次为 $900N$,$700N$,$500N$,$400N$,$300N$,$200N$,$100N$,单桩带台地基土中的应力泡如图 6.2.6(b)所示。比较分析图 6.2.6(a)和(b)可知,桩体的存在使地基中的高应力区下移,使附加应力影响范围加深。

将复合地基加固区视为一复合土体,采用平面有限元分析。设荷载作用面和复合地基加固区范围相同,复合地基加固宽度为 $4.0m$,深度为 $9.0m$,土体模量为 $2MPa$,加固区复合模量为 $60MPa$,在荷载作用下均质地基和复合地基中的应力泡分别如图 6.2.7(a)和(b)

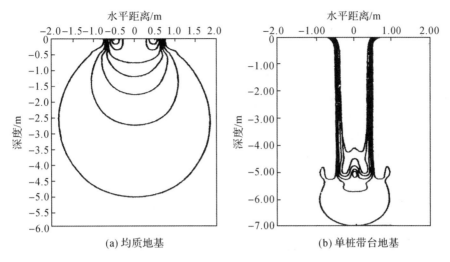

图 6.2.6　均质地基和单桩带台地基土中的应力泡

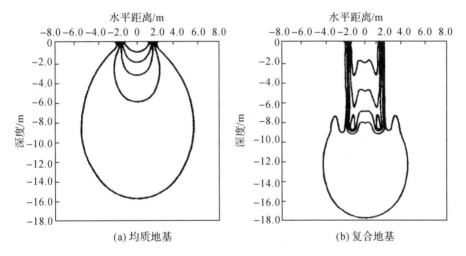

图 6.2.7　复合地基中的应力泡

所示。作用荷载为 1kN,应力泡从内到外依次为 900N,700N,500N,300N,100N。由图可知,与均质地基相比,复合地基中高应力区往下移,而且高应力值减小,附加应力影响范围加深。

　　综合图 6.2.6 和图 6.2.7 中均质地基和复合地基中应力场分布的比较分析结果可知,与均质地基(或称浅基础)相比,桩体复合地基中的桩体的存在使浅层地基土中附加应力减小,而使深层地基土中附加应力增大,附加应力影响深度加深。这一应力场特性决定了复合地基的位移场特性。

　　曾小强(1993)比较分析了宁波一工程采用浅基础和采用搅拌桩复合地基两种情况的地基沉降情况。

　　场地位于宁波甬江南岸,属全新世晚期海冲积平原,地势平坦,大多为耕地,地面标高为 2.0m,其土层自上而下分布如下:

　　I_2 层:成因时代为 mQ43,黏土,灰黄~黄褐色,可塑;厚层状,含 Fe、Mn 质,顶板标高为

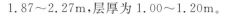

1.87～2.27m,层厚为 1.00～1.20m。

Ⅰ₃层:成因时代为 mQ43,淤泥质粉质黏土,浅灰色,流塑;厚层状,含腐烂植物碎屑,顶板标高为 0.77～1.27m,层厚为 1.4～2.0m。

Ⅱ₁₋₂层:成因时代为 mQ42,淤泥,灰色,流塑;薄层理,下部可见鳞片,土质细黏,软弱,顶板标高为 -0.53～-1.05m,层厚为 12.62～15.2m。

Ⅱ₂层:成因时代为 mQ42,淤泥质黏土,深灰色,流塑;局部贝壳富集,土质细黏,软弱,顶板标高为 -13.62～-15.83m,层厚为 12.1～25m。

各土层土的物理力学性质指标如表 6.2.1 所示。

表 6.2.1　各土层物理力学性质指标

土层	编号	天然含水量 W/%	容重 γ /(kN/m³)	孔隙比 e	塑性指数 I_p	压缩系数 $a_{1\text{-}2}$ /MPa⁻¹	压缩模量 E_s /MPa	无侧限强度 q_u /kPa	固结快剪		建议设计系数			渗透系数	
									c /kPa	φ /(°)	压缩模量 E_s /MPa	极限承载力 p_u /kPa	极限摩阻力 f_u /kPa	水平 K_h /(10⁻⁷ cm/s)	垂重 K_v /(10⁻⁷ cm/s)
黏土	Ⅰ₂	33.02	19.06	0.91	23.22	0.42	4.44	59	18.91	10.73		65	30	2.3	3.2
淤泥质粉质黏土	Ⅰ₂	41.76	18.09	1.14	15.28	0.83	2.50	32	4.92	13.33	2.5		15	3.7	1.1
淤泥	Ⅱ₁₋₂	54.15	16.93	1.52	20.69	1.59	1.47 2.98	48.6	6.11	9.42	1.59	55	10	3.8	3.6
淤泥质黏土	Ⅱ₂	48.00	17.31	1.36	21.65	0.69	2.58 3.56	79.8	13.71	9.05	3.56	60	18	3.8	3.6

搅拌桩复合地基设计参数为:水泥掺入量 15%,搅拌桩直径 500mm,桩长 15.0m,复合地基置换率 18.0%,桩体模量 120MPa。

图 6.2.8 表示采用浅基础和采用水泥土桩复合地基的沉降情况,图中 1′、2′、3′分别表示复合地基加固区压缩量、复合地基加固区下卧层压缩量和复合地基总沉降量。图中 1,2,3 分别表示浅基础情况下(地基不加固)与复合地基加固区、复合地基加固区下卧层和整个复合地基对应的土层的压缩量。由图中可以看出,经水泥土加固后加固区土层压缩量大幅度减小(1′<1),而复合地基加固区下卧层土层由于加固区存在,其压缩量比浅基础相应的土层压缩量要大(2′>2)。这与复合地基加固区的存在使地基中附加应力影响范围向下移是一致的。复合地基沉降量(3′=1′+2′)比浅基础沉降量(3=1+2)明显减小,说明采用复合地基对减小沉降是有效的。可以说图 6.2.8 反映了复合地基的位移场特性。由于附加应力影响范围加深,较深处土层压缩量增大。图 6.2.8 表明,要进一步减小复合地基沉降量,依靠提高复合地基置换率,或提高桩体模量来增大加固区复合土体模量以减小复合地基加固区压缩量 1 的潜力是很小的。进一步减小复合地基沉降量的关键是减小复合地基加固区下卧层的压缩量。减小下卧层部分的压缩量最有效的办法是增加加固区厚度,减小下卧层中软弱土层的厚度。

复合地基位移场特性为复合地基合理设计或优化设计提供了基础,指明了方向。

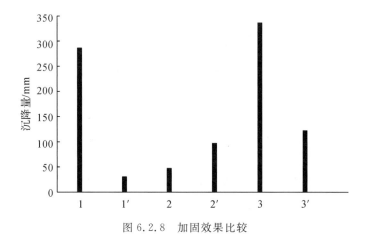

图 6.2.8 加固效果比较

6.3 复合地基在基础工程中的地位

复合地基理论和工程应用近年来发展很快,复合地基技术在我国建筑工程、交通工程和市政工程等土木工程建设中得到广泛应用,复合地基在我国已成为一类重要的地基基础形式。在我国已形成复合地基理论和工程技术应用体系。客观评价复合地基在基础工程中的地位,对复合地基合理定位,既有利于进一步扩大复合地基技术的应用,也有利于复合地基理论的进一步发展。

浅基础(shallow foundation)、复合地基(composite foundation)和桩基础(pile foundation)已成为工程建设中常用的三种地基基础形式。下面分析浅基础、桩基础和复合地基的荷载传递机理和基本特征。

图 6.3.1 至图 6.3.3 分别为浅基础、桩基础和复合地基的示意图。在图 6.3.1 所示的浅基础中,上部结构荷载是通过基础板直接传递给地基土体的。图 6.3.2(a)和(b)分别表示端承桩和摩擦桩。按照经典桩基理论,在图 6.3.2(a)所示的端承桩基础中,上部结构荷载通过基础板传递给桩体,再依靠桩的端承力直接传递给桩端持力层。不仅基础板下地基土不传递荷载,而且桩侧土也基本上不传递荷载。在图 6.3.2(b)所示的摩擦桩基础中,上部结构荷载通过基础板传递给桩体,再通过桩侧摩阻力和桩端承力传递给地基土体,而以桩侧摩阻力为主。经典桩基理论不考虑基础板下地基土直接对荷载的传递作用。虽然客观上大多数情况下摩擦桩桩间土是直接参与共同承担荷载的,但在计算中是不予考虑的。图 6.3.3(a)和(b)分别表示不设垫层和设垫层的两类复合地基。在图 6.3.3(a)所示的复合地基中,上部结构荷载通过基础板直接同时将荷载传递给桩体和基础板下地基土体。对散体材料桩,由桩体承担的荷载通过桩体鼓胀传递给桩侧土体和通过桩体传递给深层土体。对黏结材料桩,由桩体承担的荷载则通过桩侧摩阻力和桩端端承力传递给地基土体。

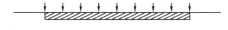

图 6.3.1 浅基础

图 6.3.3(b)与(a)不同的是由基础板传递来的上部结构荷载通过垫层再直接同时将荷载传递给桩体和垫层下的桩间土体。垫层的效用不改变桩和桩间土同时直接承担荷载这一基本特征。

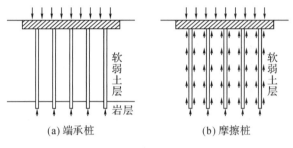

(a) 端承桩　　　　　　　(b) 摩擦桩

图 6.3.2　桩基础

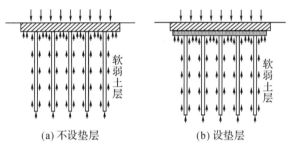

(a) 不设垫层　　　　　　(b) 设垫层

图 6.3.3　复合地基

由上面的分析可以看出,浅基础、桩基础和复合地基的分类主要是考虑了荷载传递路线。荷载传递路线也是上述三种地基基础形式的基本特征。简言之,对浅基础,荷载直接传递给地基土体;对桩基础,荷载通过桩体传递给地基土体;对复合地基,荷载一部分通过桩体传递给地基土体,一部分直接传递给地基土体。

通过分析浅基础、桩基础和复合地基在荷载作用下的荷载传递路线和传递规律可以进一步较好认识复合地基的本质,并获得浅基础、桩基础和复合地基三者之间的关系。可以认为桩体复合地基是介于浅基础与桩基础之间的,如图 6.3.4 所示。浅基础、复合地基和桩基础三者之间并不存在严格的界限,是连续分布的。复合地基置换率等于 0 时就是浅基础。复合地基中桩的荷载分担比等于 1 时就是桩基础。若复合地基中不考虑桩间土的承载力,复合地基承载力计算与桩基础相同。摩擦桩基础中若能考虑桩间土直接承担荷载的作用,也可将其归为复合地基。或者说考虑桩土共同作用可将其归为复合地基。复合桩基是一种桩基础,也可以认为是一种复合地基。

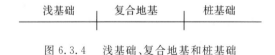

图 6.3.4　浅基础、复合地基和桩基础

6.4　桩体复合地基承载力

6.4.1　桩体复合地基承载力计算模式

桩体复合地基承载力的计算思路通常是,先分别确定桩体的承载力和桩间土的承载力,然后根据一定的原则叠加这两部分承载力得到复合地基的承载力。复合地基的极限承载力 p_{cf} 可用下式表示:

$$p_{cf}=k_1\lambda_1 m p_{pf}+k_2\lambda_2(1-m)p_{sf} \tag{6.4.1}$$

式中,p_{pf} 为单桩极限承载力(kPa);p_{sf} 为天然地基极限承载力(kPa);k_1 为反映复合地基中桩体实际极限承载力与单桩极限承载力不同的修正系数;k_2 为反映复合地基中桩间土实际极限承载力与天然地基极限承载力不同的修正系数;λ_1 为复合地基破坏时,桩体发挥其极限强度的比例,称为桩体极限强度发挥度;λ_2 为复合地基破坏时,桩间土发挥其极限强度的比例,称为桩间土极限强度发挥度;m 为复合地基置换率,$m=\dfrac{A_p}{A}$,其中 A_p 为桩体面积,A 为对应的加固面积。

式(6.4.1)中的系数 k_1 主要反映复合地基中桩体实际极限承载力与自由单桩载荷试验测得的极限承载力的区别。复合地基中桩体实际极限承载力一般比自由单桩载荷试验测得的极限承载力要大。其机理是作用在桩间土上的荷载和作用在邻桩上的荷载两者对桩间土的作用造成了桩间土对桩体的侧压力增加,使桩体实际极限承载力提高。对散体材料桩,其影响效果更大。式(6.4.1)中的系数 k_2 主要反映复合地基中桩间土地基实际极限承载力与天然地基极限承载力的区别。对系数 k_2 的影响因素很多,如在桩的设置过程中对桩间土的挤密作用,采用振动挤密成桩法影响更为明显;在软黏土地基设置桩体过程中,由于振动、挤压、扰动等原因,地基土的结构强度有所降低;碎石桩和砂桩等具有良好透水性的桩体的设置,有利于桩间土排水固结,桩间土抗剪强度提高,使桩间土承载力得到提高。以上影响因素中除施工扰动,黏性土结构强度有所降低外,其他都使桩间土极限承载力高于天然地基极限承载力。总之,系数 k_1 和系数 k_2 与工程地质条件、桩体设置方法、桩体材料等因素有关。遗憾的是目前还不能分门别类地给出系数 k_1 和系数 k_2 的参考数值。值得高兴的是,近年来人们重视该领域的研究与工程经验积累,已有不少论文和工程实录报道这方面的成果,较多的理论研究和工程实录积累将可能给出定量的意见。

复合地基的容许承载力 p_{cc} 计算式为

$$p_{cc}=\frac{p_{cf}}{K} \tag{6.4.2}$$

式中,K 为安全系数。

当复合地基加固区下卧层为软弱土层时,按复合地基加固区容许承载力计算基础的底面尺寸后,尚需对下卧层承载力进行验算。要求作用在下卧层顶面处附加应力 p_0 和自重应力 σ_r 之和 p 不超过下卧层土的容许承载力 $[R]$,即

$$p=p_0+\sigma_r\leqslant[R] \tag{6.4.3}$$

145

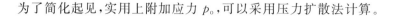

为了简化起见,实用上附加应力 p_0,可以采用压力扩散法计算。

6.4.2 散体材料桩承载力

散体材料桩一般指碎石桩、砂桩和砂石混合料桩等。通常采用振动、沉管或水冲等方式在地基中成孔后,将碎石、砂或砂石混合料挤压入已成的孔中,形成大直径的砂石体。根据加固地基土体在成桩过程中的可压密性,可分为挤密散体材料桩和置换散体材料桩两大类。在松散的砂土、粉土、粉质黏土等土层以及人工填土、粉煤灰等可挤密土层中设置散体材料桩,在成桩过程中地基土体被挤密,形成的散体材料桩和被挤密的桩间土使复合地基承载力得到很大提高,压缩模量也得到很大提高。在饱和黏性土地基和饱和黄土地基中设置散体材料桩,在成桩过程中地基土体不能被挤密,复合地基承载力提高幅度不大,且工后沉降较大。因此一定要重视挤密散体材料桩和置换散体材料桩两大类之间的差别。

散体材料桩极限承载力主要取决于桩侧土体所能提供的最大侧限力。散体材料桩在荷载作用下,桩体发生鼓胀,桩周土随着桩体鼓胀的发展从弹性状态逐步进入塑性状态,形成塑性区。随着荷载不断增大,桩周土中的塑性区不断扩展而进入极限状态,如图 6.4.1 所示。

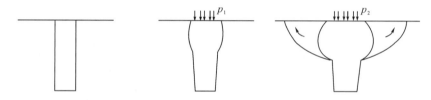

图 6.4.1 散体材料桩承载极限状态

可通过计算桩间土可能提供的侧向极限应力计算散体材料桩单桩极限承载力。散体材料桩极限承载力一般表达式为:

$$p_{pf} = \sigma_{ru} K_p \tag{6.4.4}$$

式中,σ_{ru} 为桩侧土体所能提供的最大侧限力(kPa);K_p 为桩体材料的被动土压力系数。

计算桩侧土体所能提供的最大侧向极限力常用方法有 Brauns(1978)计算式、圆筒形孔扩张理论计算式、Wong H. Y.(1975)计算式、Hughes 和 Withers(1974)计算式以及被动土压力法等。除上述方法外,国内外学者还提出其他一些计算公式和经验曲线供设计参考,读者可参阅有关文献,这里不作一一介绍,下面只介绍 Brauns(1978)计算式。面对这么多计算方法,读者会问,哪个计算公式比较符合工程记录?南京水利科学研究院应用上述计算方法,分析了十几个碎石桩复合地基加固工程的测试成果后认为,上述散体材料桩极限承载力公式中很难说哪一个公式的计算精度更高一些。有条件应通过载荷试验确定碎石桩的承载力,或采用几个方法进行计算用于综合分析。

从图 6.4.1 可以看出,散体材料桩承载力的发挥需要散体材料桩具有一定的桩长,但散体材料桩的承载力并不随桩长的不断增加而增加。砂石桩单桩竖向抗压载荷试验表明,砂石桩桩体在受荷过程中,在桩顶以下 4 倍桩径范围内将发生侧向膨胀,因此散体材料桩设计桩长不宜小于 4 倍桩径。从承载力发挥角度讲,散体材料桩需要满足一定的桩长,但不需要设置得太长。工程中有时设置较长的散体材料桩是为了满足减小沉降的需要。

Brauns(1978)计算式是为计算碎石桩承载力提出的,其原理及计算式也适用于一般散体材料桩情况。Brauns 认为,在荷载作用下,桩体产生鼓胀变形。桩体的鼓胀变形使桩周土进入被动极限平衡状态。Brauns 假设桩周土极限平衡区如图 6.4.2(a)所示。在计算中,Brauns 还作了下述几条假设:

(1)桩周土极限平衡区位于桩顶附近,滑动面成漏斗形,桩体鼓胀破坏段长度等于 $2r_0\tan\delta_p$,其中 r_0 为桩体半径,$\delta_p=45°+\varphi_p/2$,φ_p 为散体材料桩桩体材料的内摩擦角;

(2)桩周土与桩体间摩擦力 $\tau_m=0$,极限平衡土体中,环向应力 $\sigma_\theta=0$;

(3)不计地基土和桩体的自重。

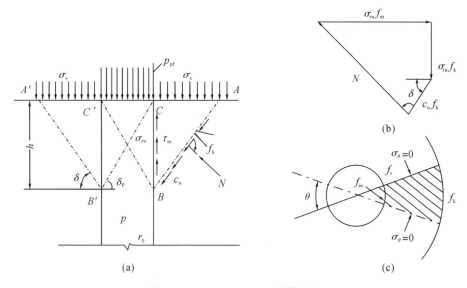

图 6.4.2　Brauns(1978)计算图式

在上述假设的基础上,作用在图 6.4.2(c)中阴影部分土体上力的多边形如图 6.4.2(b)所示。图中 f_m、f_k 和 f_r 分别表示阴影部分所示的平衡土体的桩周界面、滑动面和地表面的面积。根据力的平衡,可得到在极限荷载作用下,桩周土上的极限应力 σ_{ru} 为

$$\sigma_{ru}=\left[\sigma_s+\frac{2c_u}{\sin(2\delta)}\right]\left(\frac{\tan\delta_p}{\tan\delta}+1\right) \tag{6.4.5}$$

式中,c_u 为桩间土不排水抗剪强度(kPa);δ 为滑动面与水平面夹角(°);σ_s 为桩周土表面荷载(kPa),如图 6.4.2(a)所示。δ_p 为桩体材料内摩擦角(°)。

将式(6.4.5)代入式(6.4.4)可得到桩体极限承载力为

$$p_{pf}=\sigma_{ru}\tan^2\delta_p=\left[\sigma_s+\frac{2c_u}{\sin(2\delta)}\right]\left(\frac{\tan\delta_p}{\tan\delta}+1\right)\tan^2\delta_p \tag{6.4.6}$$

滑动面与水平面的夹角 δ 要按下式用试算法求出

$$\frac{\sigma_s}{2c_u}\tan\delta_p=-\frac{\tan\delta}{\tan(2\delta)}-\frac{\tan\delta_p}{\tan(2\delta)}-\frac{\tan\delta_p}{\sin(2\delta)} \tag{6.4.7}$$

当 $\sigma_s=0$ 时,式(6.4.6)可改写为

$$p_{pf}=\frac{2c_u}{\sin(2\delta)}\left(\frac{\tan\delta_p}{\tan\delta}+1\right)\tan^2\delta_p \tag{6.4.8}$$

夹角 δ 要按下式用试算法求得

$$\tan\delta_p = \frac{1}{2}\tan\delta(\tan^2\delta - 1) \tag{6.4.9}$$

设桩体材料内摩擦角 $\varphi_p = 38°$（碎石内摩擦角常取 $38°$），则 $\delta_p = 64°$。由式(6.4.7)试算得 $\delta = 61°$，代入式(6.4.6)可得 $p_{pf} = 20.8c_u$。这就是计算碎石桩承载力的 Brauns 理论简化计算式。

6.4.3　柔性桩承载力

桩土相对刚度较小的桩可称为柔性桩，由深层搅拌法和高压旋喷法设置的水泥土桩，以及各类灰土桩等一般属于柔性桩。柔性桩的承载力取决于由桩周土和桩端土的抗力可能提供的单桩竖向抗压承载力和由桩体材料强度可能提供的单桩竖向抗压承载力，取两者中的小值。

由桩周土和桩端土的抗力可能提供的柔性桩单桩竖向极限抗压承载力的表达式为

$$p_{pf} = \left[\beta_1 \sum fs_a L_i + \beta_2 A_p R\right]/A_p \tag{6.4.10}$$

式中，f 为桩周土的极限摩擦力(kPa)；β_1 为桩侧摩阻力折减系数，取值与桩土相对刚度大小有关，取值范围为 1.0 至 0.6；s_a 为桩身周边长度(m)；L_i 为按土层划分的各段桩长(m)，当桩长大于有效桩长时，计算桩长应取有效桩长值；R 为桩端土极限承载力(kPa)；β_2 为桩的端承力发挥度，取值与桩土相对刚度大小有关，取值范围为 1.0 至 0，当桩长大于有效桩长时取 0；A_p 为桩身横断面积(m^2)。

由桩体材料强度可能提供的单桩竖向极限抗压承载力的表达式为

$$p_{pf} = q \tag{6.4.11}$$

式中，q 为桩体极限抗压强度(kPa)。

由式(6.4.10)和式(6.4.11)计算所得的两者中取较小值为柔性桩的极限承载力。

柔性桩的容许承载力 p_{pc} 计算式为

$$p_{pc} = \frac{p_{pf}}{K} \tag{6.4.12}$$

式中，K 为安全系数，一般可取 2.0。

6.4.4　刚性桩承载力

桩土相对刚度较大的桩可称为刚性桩，钢筋混凝土桩、素混凝土桩、预应力管桩、大直径薄壁筒桩、水泥粉煤灰碎石(cement fly-ash gravel，CFG)桩、二灰(石灰粉煤灰)混凝土桩和钢管桩等一般属于刚性桩。钢筋混凝土桩和素混凝土桩包括现浇桩、预制桩，实体桩、空心桩，以及异形桩等。

用于形成复合地基中的刚性桩应为摩擦型桩。刚性桩的承载力取决于由桩周土和桩端土的抗力可能提供的单桩竖向抗压承载力和由桩体材料强度可能提供的单桩竖向抗压承载力，应取两者中的小值。

由桩周土和桩端土的抗力可能提供的单桩竖向极限抗压承载力的表达式为

$$p_{pf} = \left[s_a \sum f_i L_i + \beta_2 A_{pb} R\right]/A_p \tag{6.4.13}$$

式中，f_i 为桩周土的极限摩擦力(kPa)；s_a 为桩身周边长度(m)；L_i 为按土层划分的各段桩

长 (m)；R 为桩端土极限承载力 (kPa)；β_2 为桩的端承力发挥度；A_p 为桩身横断面积 (m^2)；A_{pb} 为桩底端桩身实体横断面积 (m^2)，对等断面实体桩，A_{pb} 等于 A_p。

对实体桩，由桩体材料强度可能提供的单桩竖向极限抗压承载力的表达式为

$$p_{pf} = q \qquad (6.4.14)$$

式中，q 为桩体极限抗压强度 (kPa)。

对空心桩与异形桩，由桩体材料强度可能提供的单桩竖向极限抗压承载力的表达式为

$$p_{pf} = qA_{pt}/A_p \qquad (6.4.15)$$

式中，A_{pt} 为桩身实体横断面积 (m^2)；A_p 为桩身横断全面积 (m^2)。

对实体桩，由式 (6.4.13) 和式 (6.4.14) 计算所得的两者中取较小值为刚性桩的极限承载力。对空心桩与异形桩，由式 (6.4.13) 和式 (6.4.15) 计算所得的两者中取较小值为刚性桩的极限承载力。

刚性桩的容许承载力 p_{pc} 计算式为

$$p_{pc} = \frac{p_{pf}}{K} \qquad (6.4.16)$$

式中，K 为安全系数，一般可取 2.0。

6.4.5　桩间土地基承载力

根据天然地基载荷板试验结果，或根据其他室内外土工试验资料可以确定天然地基极限承载力。黏结材料桩复合地基中桩间土地基极限承载力与天然地基极限承载力密切相关，但两者并不完全相同。在地基中设置黏结材料桩后，桩间土地基极限承载力不同于天然地基承载力。两者的差别随地基土的工程特性、黏结材料桩的性质、黏结材料桩的设置方法、复合地基的置换率不同而不同。与散体材料桩复合地基相比，黏结材料桩复合地基中桩间土地基极限承载力与天然地基极限承载力两者区别较小。当桩间土地基极限承载力与天然地基极限承载力两者区别较小，或者虽有一定区别，但桩间土地基极限承载力比天然地基极限承载力大，而且又较难计算时，在工程实用上，常用天然地基极限承载力值作为桩间土地基极限承载力。

黏结材料桩复合地基中桩间土地基极限承载力有别于天然地基极限承载力的主要影响因素有下列几个方面：在桩的设置过程中对桩间土的挤密作用，采用振动沉管桩法施工时更为明显；在软黏土地基设置桩体过程中，振动、挤压、扰动等原因，使桩间土中出现超孔隙水压力，土体强度有所降低，但复合地基施工完成后，一方面随时间发展原地基土的结构强度逐渐恢复，另一方面地基中超孔隙水压力消散，桩间土中有效应力增大，抗剪强度提高。这两部分的综合作用使桩间土地基承载力往往大于天然地基承载力。桩体材料性质有时对桩间土强度也有影响。例如石灰桩的设置，石灰的吸水、放热，以及石灰与周围土体的离子交换等物理化学作用，使桩间土承载力比原天然地基承载力有较大的提高。桩的遮挡作用也使桩间土地基承载力得到提高。以上影响因素大多使桩间土地基极限承载力高于天然地基极限承载力。

复合地基承载力计算式中的天然地基极限承载力，或天然地基承载力特征值等可通过载荷试验确定，也可根据土工试验资料和相应规范确定。

若无试验资料，天然地基极限承载力常采用斯肯普顿 (Skempton) 极限承载力公式进行

计算。斯肯普顿极限承载力公式为

$$p_{sf} = c_u N_c \left(1 + 0.2 \frac{B}{L}\right)\left(1 + 0.2 \frac{D}{L}\right) + \gamma D \tag{6.4.17}$$

式中，D 为基础埋深(m)；c_u 为不排水抗剪强度(kPa)；N_c 为承载力系数，当 $\varphi = 0°$ 时，$N_c = 5.14$；B 为基础宽度(m)；L 为基础长度(m)。

6.5 复合地基沉降

6.5.1 复合地基沉降计算模式

在各类实用计算方法中，通常把复合地基沉降量分为两部分，复合地基加固区压缩量和下卧层压缩量(见图 6.5.1)。复合地基加固区的压缩量记为 s_1，地基压缩层厚度内加固区下卧层压缩量记为 s_2。于是，在荷载作用下复合地基的总沉降量 s 可表示为这两部分之和，即

$$s = s_1 + s_2 \tag{6.5.1}$$

若复合地基设置了垫层，通常认为垫层压缩量很小，且在施工过程中已基本完成，故可以忽略不计。

复合地基沉降实用计算方法中，对下卧层压缩量 s_2 大多采用分层总和法计算，而对加固区范围内土层的压缩量 s_1 则针对各类复合地基的特点采用一种或几种计算方法计算。

1. 加固区土层压缩量 s_1 的计算方法

加固区土层压缩量 s_1 的计算方法主要有复合模量法、应力修正法和桩身压缩量法。

1)复合模量法(E_c 法)

将复合地基加固区中增强体和基体两部分视为一复合土体，采用复合压缩模量 E_{cs} 来评价复合土体的压缩性，并采用分层总和法计算加固区土层压缩量。加固区土层压缩量 s_1 的表达式为

$$s_1 = \sum_1^n \frac{\Delta p_i}{E_{csi}} H_i \tag{6.5.2}$$

式中，Δp_i 为第 i 层复合土上附加应力增量(kPa)；H_i 为第 i 层复合土层的厚度(m)。

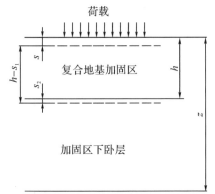

图 6.5.1 复合地基沉降

竖向增强体复合地基复合土压缩模量 E_{cs} 通常采用面积加权平均法计算，即

$$E_{cs} = m E_{ps} + (1-m) E_{ss} \tag{6.5.3}$$

式中，E_{ps} 为桩体压缩模量(MPa)；E_{ss} 为桩间土压缩模量(MPa)；m 为复合地基置换率。

复合土体的复合模量可采用弹性理论求出解析解，也可以通过室内试验测定。

在实际工程中桩和土体的变形并不是相同的，整个加固区也会产生侧向变形。当桩土相对刚度较大时，桩和土的变形差距明显，桩可能刺入下卧土层中。因此，复合模量的计算式(6.5.3)较适用于桩土相对刚度较小的情况。

2）应力修正法（E_s 法）

根据复合地基桩间土分担的荷载，按照桩间土的压缩模量，采用分层总和法计算桩间土的压缩量。将计算得到的桩间土的压缩量视为加固区土层的压缩量。该法称为计算复合地基加固区压缩量的应力修正法。

应力修正法计算复合地基加固区土层压缩量表达式为

$$s_1 = \sum_{i=1}^{n} \frac{\Delta p_{si}}{E_{si}} H_i = \mu_s \sum_{i=1}^{n} \frac{\Delta p_i}{E_{si}} H_i = \mu_s s_{1s} \tag{6.5.4}$$

式中，Δp_i 为未加固地基（天然地基）在荷载 p 作用下第 i 层土上的附加应力增量；Δp_{si} 为复合地基中第 i 层桩间土上的附加应力增量；s_{1s} 为未加固地基（天然地基）在荷载 p 作用下相应厚度内的压缩量；μ_s 为应力修正系数，$\mu_s = \dfrac{1}{1+m(n-1)}$；$n$ 为桩土应力比；m 为复合地基置换率。

式（6.5.4）形式看起来很简单，但在设计计算中引进的应力修正系数 μ_s 值是难以合理确定的。复合地基置换率是由设计人员确定的，但桩土应力比很难合理选用。对散体材料桩复合地基，桩土应力比变化范围不大，而对黏结材料桩复合地基，特别是桩土相对刚度较大时，桩土应力比变化范围较大。

另外，在设计计算中忽略增强体的存在将使计算值大于实际压缩量，即采用该法计算加固区压缩量往往偏大。

3）桩身压缩量法（E_p 法）

在荷载作用下复合地基加固区的压缩量也可通过计算桩体压缩量得到。设桩底端刺入下卧层的沉降变形量为 Δ，则相应加固区土层的压缩量 s_1 的计算式为

$$s_1 = s_p + \Delta \tag{6.5.5}$$

式中，s_p 为桩身压缩量（mm）；Δ 为桩底端刺入下卧层土层的刺入量（mm）。

在桩身压缩量法中，复合地基加固区的压缩量等于桩身压缩量和桩底端刺入下卧层土层的刺入量两者之和，概念清晰。但在计算桩身压缩量和桩底端刺入下卧层土层的刺入量中，都会遇到一些困难。桩身压缩量与桩体中轴力沿深度分布有关，而桩体中轴力与荷载分担比、桩土相对刚度等因素有关。桩体中轴力沿深度分布计算是比较困难的。桩底端刺入下卧层土层的刺入量计算模型很多，但工程实用性较差。因此，采用桩身压缩量法计算复合地基加固区压缩量困难比较大。但桩身压缩量法计算过程清晰，有时用于估计复合地基加固区压缩量还是比较有效的。

前面介绍了复合地基加固区压缩量的三种计算思路，相比较而言复合模量法使用比较方便，特别是对于散体材料桩复合地基和柔性桩复合地基。总的说来，复合地基加固区压缩量数值不是很大，特别是在深厚软土地基中应用复合地基技术加固地基工程中，加固区压缩量占复合地基沉降总量的比例较小。因此，笔者认为加固区压缩量采用上述方法计算带来的误差对工程设计影响不会很大。

2. 下卧层土层压缩量 s_2 的计算方法

下卧层土层压缩量 s_2 常采用分层总和法计算，即

$$s_2 = \sum_{i=1}^{n} \frac{e_{1i} - e_{2i}}{1 + e_{1i}} H_i = \sum_{i=1}^{n} \frac{a_i (p_{2i} - p_{1i})}{1 + e_i} H_i = \sum_{i=1}^{n} \frac{\Delta p_i}{E_{si}} H_i \tag{6.5.6}$$

式中，e_{1i} 为根据第 i 分层的自重应力平均值 $\dfrac{\sigma_{ci}+\sigma_{c(i-1)}}{2}$（即 p_{1i}）从土的压缩曲线上得到的相应的孔隙比；σ_{ci}、$\sigma_{c(i-1)}$ 分别为第 i 分层土层底面处和顶面处的自重应力；e_{2i} 为根据第 i 分层自重应力平均值 $\dfrac{\sigma_{ci}+\sigma_{c(i-1)}}{2}$ 与附加应力平均值 $\dfrac{\sigma_{zi}+\sigma_{z(i-1)}}{2}$ 之和（即 p_{2i}），从土的压缩曲线上得到的相应的孔隙比；σ_{zi}、$\sigma_{z(i-1)}$ 分别为第 i 分层土层底面处和顶面处的附加应力；H_i 为第 i 分层土的厚度；a_i 为第 i 分层土的压缩系数；E_{si} 为第 i 分层土的压缩模量。

在计算复合地基加固区下卧层压缩量 s_2 时，作用在下卧层上的荷载是比较难以精确计算的。目前在工程应用上，常采用下述两种方法计算。

1）压力扩散法

若复合地基上作用荷载为 p，复合地基加固区压力扩散角为 β，如图 6.5.2 所示，则作用在下卧土层上的荷载 p_b 可用下式计算：

$$p_b = \frac{BDp}{(B+2h\tan\beta)(D+2h\tan\beta)} \tag{6.5.7}$$

式中，B 为复合地基上荷载作用宽度（m）；D 为复合地基上荷载作用长度（m）；h 为复合地基加固区厚度（m）。

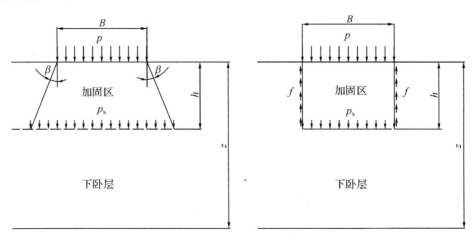

图 6.5.2　压力扩散法　　　　　　　图 6.5.3　等效实体法

对平面应变情况，式（6.5.7）可改写为下式：

$$p_b = \frac{Bp}{B+2h\tan\beta} \tag{6.5.8}$$

2）等效实体法

将复合地基加固区视为一等效实体，作用在下卧层上的荷载作用面与作用在复合地基上的荷载作用面相同，如图 6.5.3 所示。在等效实体四周有侧摩阻力，设侧摩阻力密度为 f，则复合地基加固区下卧层上荷载密度 p_b 可用下式计算：

$$p_b = \frac{BDp-(2B+2D)hf}{BD} \tag{6.5.9}$$

式中，B、D 分别为荷载作用面宽度和长度（m）；h 为加固区厚度（m）。

对平面应变情况，式（6.5.9）可改写为下式：

$$p_b = p - \frac{2h}{B}f \tag{6.5.10}$$

研究表明:应用等效实体法的计算误差主要来自对侧摩阻力 f 值的合理选用。当桩土相对刚度较大时,选用误差可能较小。当桩土相对刚度较小时,f 值选用比较困难。桩土相对刚度较小时,侧摩阻力变化范围很大,很难合理估计 f 值的平均值。事实上,将加固体作为一分离体,两侧面上剪应力分布是非常复杂的。采用侧摩阻力的概念是一种近似做法,对该法的适用性应加强研究。

6.6 基础刚度对复合地基性状的影响

6.6.1 概述

复合地基早期在住宅小区建筑工程中应用比较多,住宅小区建筑无论是条形基础还是筏板基础都有较大的刚度,连同上部结构可视为刚性基础。刚性基础下复合地基的桩体和桩间土的沉降量是相等的。因此,早期关于复合地基承载力和变形计算理论的研究都是针对刚性基础下复合地基的,并提出了一些复合地基的计算方法和参数的选用方法。

随着复合地基技术在高等级公路建设中的应用,人们将刚性基础下复合地基承载力和沉降计算方法与参数的选用方法推广应用到填土路堤下复合地基承载力和沉降计算。工程实践表明,将刚性基础下复合地基承载力和沉降计算方法推广应用到填土路堤下复合地基设计,复合地基实际承载力比设计计算值小,实际产生的沉降值比设计计算值大。有的工程还发生失稳破坏。人们发现,将刚性基础下复合地基承载力和沉降计算方法应用到填土路堤下复合地基承载力和沉降计算,将低估路堤的沉降量,高估路堤的稳定性,是偏不安全的,有时还会形成工程事故。这一现象引起人们的高度重视。

为了叙述方便,下面将钢筋混凝土基础下复合地基称为刚性基础下复合地基,而将填土路堤和柔性面层堆场下桩体复合地基称为柔性基础下复合地基。

为了探讨基础刚度对复合地基性状的影响,下面介绍采用现场试验研究和数值分析方法研究分析基础刚度对复合地基性状的影响,研究分析表明基础刚度大小对复合地基性状有较大的影响。

6.6.2 模型试验研究

为了探讨基础刚度对复合地基性状的影响,吴慧明(2001)在宁波大学校园内进行了刚性基础和柔性基础下复合地基模型试验。

试验场地工程地质情况如下:表层为耕植土,之后是淤泥质黏土,厚约 0.60m,下面是淤泥层,层厚大于 20m。试验用桩为水泥土桩。

在地基中设置水泥土桩步骤如下:挖除耕植土层,用钢管静压入土,取土成孔;直径为 200mm,桩长 2.0m。ϕ10 钢筋下焊 ϕ120 厚 10mm 铁板,外套 ϕ20PVC 管,置入孔中;烘干的黏土中掺入 18% 水泥,分层倒入孔中,分层夯实。试验时水泥土桩龄期为 50d。桩长 2.0m,

水泥掺入量为18%。复合地基置换率采用15%,试验规范采用《建筑地基处理技术规范》(JGJ 79—1991)。

主要测试设备有:①特制ϕ120、中孔ϕ20、高100mm、量程50kN荷重传感器一只,精度为0.001kN,外接JC-H2显示仪。荷重传感器直接置于桩头,测读桩所受的荷载,安装方便、精度高,远优于土压力计。②量程为500kN的荷重传感器及HC-J1显示仪两套,用于柔性基础试验。③量程为50mm的百分表4只,以及15kg、30kg和60kg重钢锭若干。

完成的现场试验有:原状土承载力试验、单桩竖向承载力试验、刚性基础下复合地基承载力试验和柔性基础下复合地基承载力试验。

原状土承载力试验采用275mm×275mm刚性载荷板进行试验。

刚性基础下复合地基承载力试验中,复合地基置换率$m=15\%$,采用275mm×275mm刚性载荷板,采用钢锭施加荷载。刚性基础下复合地基荷载试验如图6.6.1(a)所示。

柔性基础下复合地基承载力试验中,特制底孔275mm×275mm、高1500mm、顶900mm×900mm正台形木斗。柔性基础下复合地基荷载试验如图6.6.1(b)所示。木斗中放砂,两者总重(磅秤先称量)减去木斗周侧摩阻力(由木斗下的荷重传感器测读),即为柔性基础所受荷载。

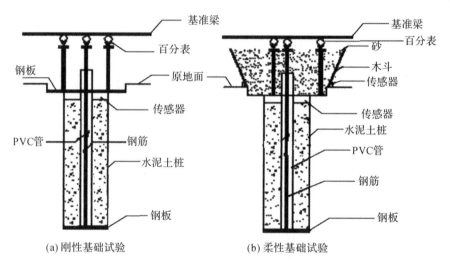

图6.6.1 刚性基础和柔性基础下复合地基模型试验

以上试验均进行了两组。测试项目有:地基沉降、水泥土桩桩底端沉降、复合地基桩土荷载情况等。

原状地基静载荷试验所采用的载荷板尺寸同复合地基静载荷试验所采用的载荷板尺寸。

图6.6.2为原状土地基静载荷试验荷载-沉降曲线。图6.6.3为水泥土桩单桩载荷试验荷载-沉降曲线。由试验曲线可得原状土地基的极限承载力为3.20kN(275mm×275mm载荷板)。单桩极限承载力为1.75kN($L=2.0$m,ϕ120mm)。

刚性基础下复合地基载荷试验结果如表6.6.1所示,表给出了加荷过程中桩和土承受的荷载、桩头和土的沉降,以及桩底的沉降。柔性基础下复合地基载荷试验结果如表6.6.2所示,表中给出了加荷过程中桩和土承受的荷载、桩头沉降、土的沉降,以及桩底的沉降。

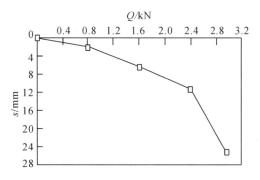

图 6.6.2 原状土地基载荷试验荷载-沉降曲线

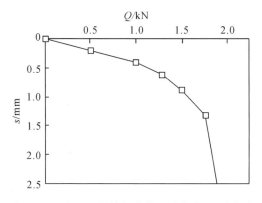

图 6.6.3 水泥土桩单桩载荷试验荷载-沉降曲线

从表 6.6.1 中可以看到：刚性基础下复合地基静载荷试验中，当复合地基荷载为 6.40kN 时，沉降为 5.89mm，认为此时桩开始进入极限状态。刚性基础下复合地基中桩首先进入极限状态，其极限承载力为 3.95kN，大于自由单桩静载试验中的单桩极限承载力 1.75kN。此时土尚未进入极限状态，土体强度发挥度小于 1.0。在复合地基中桩进入极限状态后，荷载继续增加，桩间土也随即进入极限状态，此时土承担的荷载为 3.18kN，相应极限承载力为 49.40kPa，也大于原状土静载荷试验所得的极限承载力 42.30kPa。

表 6.6.1   刚性基础下复合地基载荷试验结果

总荷载/kN	1.60	3.20	4.80	6.40	6.60
桩承受的荷载/kN	1.08	2.32	3.53	3.95	3.42
土承受的荷载/kN	0.52	0.88	1.28	2.45	3.18
桩头和土沉降/mm	0.72	1.25	1.95	5.89	>10.00
桩底沉降/mm	0.02	0.04	0.15	0.28	>5.00

从表 6.6.2 中可以看到：与刚性基础下复合地基载荷试验不同，柔性基础下复合地基静载荷试验中，复合地基中土首先进入极限状态。此时复合地基总荷载为 4.25kN，土分担的荷载为 3.56kN，相应的极限承载力为 5.54MPa，大于原状土静载试验所得的极限承载力。而此时桩的荷载分担为 0.69kN，远低于桩的极限承载力，其强度发挥度很低。当荷载进一步施加至 4.80kN 时，桩的荷载分担也只有 0.780kN，远远低于其单桩极限承载力，但此时

基础沉降已很大,复合地基已处于破坏状态。

由以上分析可知,刚性基础下复合地基中桩和土的承载力都能得到较好的发挥。刚性基础下桩和土的沉降保持一致,当沉降变形相同时,正常条件下桩首先承受较大荷载,并首先进入极限状态,随后土亦进入极限状态。柔性基础下桩和土的变形可相对自由发展,正常条件下土首先承受较大荷载,并随荷载增加率先进入极限状态,而桩的承载力较难得到充分发挥。由试验结果还可知:刚性基础下复合地基中桩的极限承载力比自由单桩的极限承载力大,刚性基础下复合地基中土的极限承载力和柔性基础下复合地基中土的极限承载力均比原状土地基的极限承载力要大。

表 6.6.2　柔性基础下复合地基载荷试验结果

总荷载/kN	1.60	2.30	3.00	3.65	4.25	4.80
桩承受的荷载/kN	0.36	0.47	0.57	0.62	0.69	0.78
土承受的荷载/kN	1.24	1.83	2.43	3.03	3.56	4.02
桩头沉降/mm	0.48	0.79	1.26	1.66	2.34	3.56
土沉降/mm	1.38	2.00	2.94	3.92	5.82	>10.00
桩底沉降/mm	0.30	0.47	0.61	0.74	1.06	1.72

图 6.6.4 和 6.6.5 分别为刚性基础和柔性基础下复合地基载荷试验荷载-沉降曲线。由表 6.6.1 和 6.6.2,或图 6.6.4 和 6.6.5 均可得到:刚性基础下复合地基极限承载力大于柔性基础下复合地基极限承载力;荷载水平相同时,柔性基础下复合地基的沉降要大于刚性基础下复合地基的沉降。刚性基础下复合地基中桩和土的沉降是相同的,而柔性基础下复合地基中桩和土的沉降是不相同的,桩的沉降小于土的沉降。桩体复合地基在土堤荷载作用下,桩顶会刺入土堤。

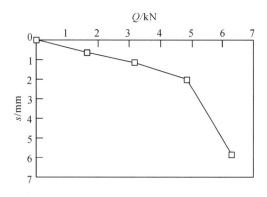

图 6.6.4　刚性基础下复合地基载荷试验荷载-沉降曲线

刚性基础下复合地基中桩土应力比在加荷过程中的变化趋势与柔性基础下复合地基中桩土应力比的变化趋势也是不同的。随着荷载增加,刚性基础下复合地基中桩土应力比增大,直至桩体到达极限状态。当桩体承载到达极限状态后,再继续增加荷载,复合地基中桩土应力比随着荷载继续增加而减小。柔性基础下复合地基中桩土应力比随荷载增加而减小,直至土体到达极限状态。当土体到达极限状态后,再继续增加荷载,复合地基中桩土应

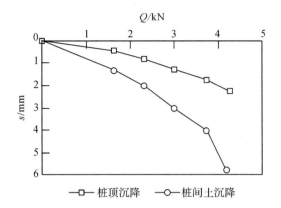

图 6.6.5　柔性基础下复合地基载荷试验荷载-沉降曲线

力比随着荷载继续增加而增大。刚性基础和柔性基础下复合地基中桩土应力比与荷载水平关系曲线分别如图 6.6.6 和 6.6.7 所示。在工程应用荷载水平阶段,刚性基础下复合地基中桩土应力比随着荷载增加而增大,而柔性基础下复合地基中桩土应力比随着荷载增加而减小。

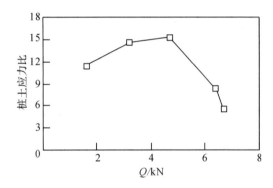

图 6.6.6　刚性基础下复合地基桩土应力比与荷载水平关系

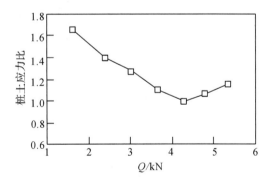

图 6.6.7　柔性基础下复合地基桩土应力比与荷载水平关系

　　试验研究表明,在荷载作用下,柔性基础下桩体复合地基性状与刚性基础下桩体复合地基性状有较大的差别,在复合地基设计计算中要重视基础刚度对复合地基承载力和沉降的影响。

6.6.3 数值分析研究

采用数值分析方法可以得到不同刚度基础下应力场和位移场的分布情况。有限元分析计算简图如图 6.6.8 所示。在计算中,计算范围取 50m×50m,基础宽度取 16.8m,复合地基加固区深度为 10.0m,即桩长取 10.0m,置换率 $m=14\%$,桩和土均采用线弹性模型。土体模量取 2MPa,泊松比取 0.3;桩体模量取 60MPa,泊松比取 0.15。基础板厚 0.5m,模量 E 分别取 5MPa、60MPa、600MPa。基础上作用均布荷载 $p=10$kPa。把模型简化为平面应变问题进行计算。图 6.6.9 到图 6.6.11 分别是基础模量 E 分别取 5MPa、60MPa、600MPa 时地基中附加应力场和位移场的分布情况。为了更好地说明土中的应力分布,应力场中的曲线是土中应力与分布荷载数值比的等值线。

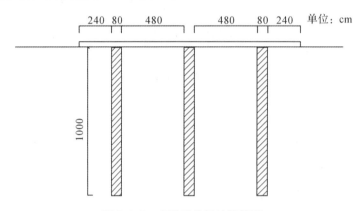

图 6.6.8 有限元分析计算简图

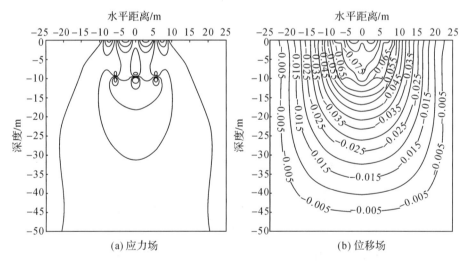

图 6.6.9 复合地基中的应力场和位移场(基础模量 $E=5$MPa)

比较分析图 6.6.9、图 6.6.10 和图 6.6.11 中复合地基中的应力场和位移场情况,可以看到复合地基沉降随着基础刚度增加而减小。因此柔性基础的沉降要比刚性基础的沉降大。

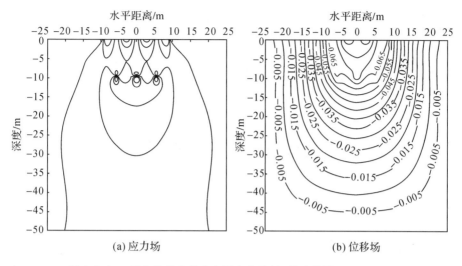

图 6.6.10　复合地基中的应力场和位移场(基础模量 E=60MPa)

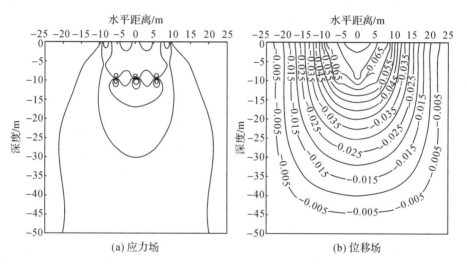

图 6.6.11　复合地基中的应力场和位移场(基础模量 E=600MPa)

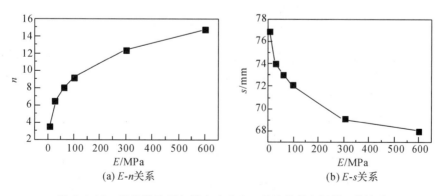

图 6.6.12　基础模量 E 与桩土应力比 n 及地基最大沉降 s 的关系

图 6.6.12 为基础模量与复合地基桩土应力比和地基中最大沉降的关系,图 6.6.12(a)表示基础模量与复合地基桩土应力比的关系曲线,图 6.6.12(b)表示基础模量与地基中最大沉降的关系曲线。从图中可以看出随着基础刚度(板厚不变,模量增大即刚度增大)的增大,复合地基桩土应力比增大,而地基中最大沉降减小。随着刚度超过一定值,其变化趋势变缓。

6.7 垫层对复合地基性状的影响

6.7.1 概述

在桩体复合地基上铺设垫层有时对复合地基性状会产生较大的影响,在刚性基础下复合地基上宜设置柔性垫层,而在填土路堤和柔性面层堆场等工程中采用的复合地基上宜设置刚度较大的垫层。研究成果表明:在刚性基础下复合地基上设置柔性垫层的效用与在填土路堤和柔性面层堆场等工程中采用的复合地基上设置刚度较大垫层的效用是不同的。前者在复合地基上设置柔性垫层可有效减小桩土荷载分担比,让桩间地基土承担更大比例的荷载。而后者在复合地基上设置垫层可有效增大桩土荷载分担比,让复合地基中的桩承担更大比例的荷载。

理论分析和工程实践还表明,在刚性基础下复合地基上设置柔性垫层的厚度对其效用有重要影响。其上设置的垫层不是愈厚愈好,超过一定的厚度后,继续增加厚度其作用会减小。在刚性基础下复合地基上设置垫层存在一个合理垫层厚度问题。

在填土路堤和柔性面层堆场等工程中采用的复合地基上设置垫层时,若在砂石垫层中加筋,可达到较好的效果。加筋砂石垫层也可视为水平向增强体。在复合地基上设置加筋砂石垫层后也可称为双向增强体复合地基。

在下面两小节中分别讨论刚性基础下设置垫层对复合地基性状的影响与填土路堤和柔性面层堆场等柔性基础下设置垫层对复合地基性状的影响。在最后一小节中讨论在复合地基上设置垫层的设计原则。

6.7.2 刚性基础下设置垫层对复合地基性状的影响

刚性基础下复合地基上设置的柔性垫层一般为砂石垫层,设置垫层和不设置垫层两种情况分别如图 6.7.1(a)和(b)所示。由于在图(a)中设置砂石垫层,其桩间土地基中的土体单元 A1 中的竖向附加应力比图(b)中相应位置的土体单元 A2 中的竖向附加应力要大,而图(a)中桩体单元 B1 中的竖向应力比图(b)中相应位置的桩体单元 B2 中的要小。也就是说,设置柔性垫层调整了复合地基中桩土承担荷载的比例,使桩上的荷载减小,而桩间土地基上的荷载增加。也就是说,在刚性基础下复合地基上设置柔性垫层可减小桩土荷载分担比。同理,由于砂垫层的存在,图(a)中桩间土地基中的土体单元 A1 中的水平向附加应力比图(b)中相应的土体单元 A2 中的要大。于是还可得到,图(a)中桩体单元 B1 中的水平向应力比图(b)中相应的桩体单元 B2 中的也要大。通过上面分析已经得到,由于图(a)中砂

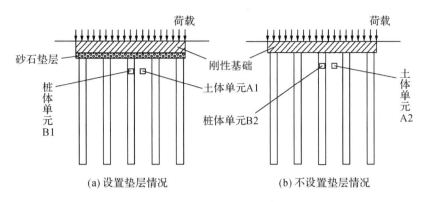

砂石垫层　刚性基础　土体单元A1　桩体单元B1　桩体单元B2　土体单元A2

(a) 设置垫层情况　　　　(b) 不设置垫层情况

图 6.7.1　刚性基础下复合地基

石垫层的存在,图(a)中桩体单元 B1 中的竖向应力比图(b)中相应的桩体单元 B2 中的要小,而图(a)中桩体单元 B1 中的水平向应力比图(b)中相应的桩体单元 B2 中的要大。由此可得出:由于砂垫层的存在,图(a)中桩体单元 B1 中的最大剪应力比图(b)中相应的桩体单元 B2 中的要小得多。在刚性基础下复合地基中设置柔性垫层使桩体上端部分中竖向应力减小,水平向应力增大,桩体中剪应力减小,有效改善了桩体的受力状态。

由上面的分析可以看到,在刚性基础下复合地基中设置柔性垫层,一方面可以增加桩间土地基承担荷载的比例,较充分利用桩间土地基的承载潜能;另一方面可以改善桩体上端的受力状态,这对水泥土桩等强度较低的桩是很有利的。改善桩体上端 2～4 倍桩径范围内桩体的受力状态,可有效改善复合地基的工作性状。

另外,设置垫层可减小桩对基础的应力集中,一般不需要验算桩对基础是否会产生冲剪破坏。

垫层厚度对复合地基性状有较大影响,垫层愈厚,桩土荷载分担比愈小。但当垫层厚度达到一定数值后,继续增加垫层厚度,桩土荷载分担比并不会继续减小,而是存在一个合理的垫层厚度。

顺便指出,在刚性基础下复合地基上铺设垫层的效用还与桩土模量比或桩土相对刚度有关。桩土相对刚度大,复合地基上铺设垫层的效用明显。另外,铺设垫层需要增加投资。从工程实用角度应该进行综合分析,决定是否铺设垫层,并确定铺设垫层的厚度。在实际工程中,通常采用厚度为 150～300mm 的砂石垫层。

另外,认为铺设垫层是复合地基的必要条件也是不合适的。事实上,在工程实践中得到成功应用的没有铺设垫层的复合地基已很多。形成复合地基的必要条件应是在荷载作用下,复合地基中的桩和桩间土地基共同直接承担荷载。

6.7.3　柔性基础下设置垫层对复合地基性状的影响

在填土路堤和柔性面层堆场等工程中采用的复合地基上设置垫层对复合地基性状的影响与刚性基础下的复合地基上铺设垫层的影响是不同的。为简便计,有时将在填土路堤和柔性面层堆场等工程中采用的复合地基简称为柔性基础下的复合地基。

图 6.7.2(a)和(b)分别表示路堤下复合地基中设置垫层和不设置垫层两种情况。与刚性基础下复合地基上设置柔性垫层不同,在路堤下复合地基中常设置刚度较大的垫层,如灰

土垫层、土工格栅加筋垫层。为什么在路堤下复合地基中需要设置刚度较大的垫层呢？因为在路堤下复合地基中设置垫层的目的是减小桩体向路堤中的刺入变形,让填土路堤荷载向桩上集中。柔性基础下复合地基载荷试验表明:在荷载作用下,复合地基中桩体向路堤中的刺入变形,造成桩间土地基上荷载增加很快,桩间土首先进入流动状态。与刚性基础下复合地基相比,柔性基础下复合地基承载力低,而沉降大。柔性基础下复合地基破坏时桩体强度发挥度很低。因此,在路堤下复合地基中需要设置刚度较大的垫层,减小在荷载作用下桩体向路堤中产生刺入变形,让荷载向桩上集中,提高复合地基承载力,减小复合地基沉降。比较图 6.7.2(a)和(b)在荷载作用下的性状,不难理解与刚性基础下设置砂石柔性垫层作用相反,在路堤下复合地基中设置刚度较大的垫层,可有效增加复合地基中的桩体所承担荷载的比例,发挥桩的承载能力,提高复合地基承载力,有效减小复合地基的沉降。

在早期采用桩体复合地基加固路堤地基工程中,由于对设置刚度较大的垫层的重要性认识不足,没有设置刚度较大的垫层的工程,往往工后沉降很大,少数工程也产生了失稳破坏。在采用桩体复合地基加固路堤地基工程时一定要重视设置刚度较大的垫层,没有设置刚度较大的垫层的桩体复合地基在加固路堤地基工程中应慎用。

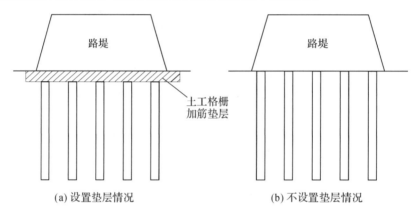

(a) 设置垫层情况   (b) 不设置垫层情况

图 6.7.2 路堤下复合地基

6.7.4 复合地基设置垫层的设计原则

从上面的分析可知,在复合地基上铺设垫层的效用与基础刚度、复合地基中的桩土相对刚度有关。在刚性基础下复合地基上设置垫层的效用与在填土路堤和柔性面层堆场等工程中采用的复合地基上设置垫层的效用是不同的。复合地基中的桩土相对刚度大,复合地基上铺设垫层的效用明显。另外,铺设垫层需要增加工程投资。从工程实用角度应该对铺设垫层进行综合分析,决定是否需要铺设垫层,铺设什么样的垫层,以及铺设垫层的厚度。

早期软黏土地基上多层建筑采用水泥搅拌桩复合地基加固,基本不用铺设砂石垫层,效果很好。分析其原因,一是其属于刚性基础下的复合地基,二是桩土相对刚度较小。

而在早期软黏土地基上路堤地基采用桩体复合地基加固时,不少工程由于没有设置刚度较大的垫层,工后沉降很大,少数工程也产生失稳破坏。在采用桩体复合地基加固路堤地基工程时一定要重视设置刚度较大的垫层。

通过综合分析首先确定是否需要铺设垫层。

若决定铺设垫层,应根据基础刚度决定铺设什么样的垫层。在刚性基础下复合地基上宜设置柔性垫层,如砂石垫层;在填土路堤和柔性面层堆场等柔性基础下复合地基上宜设置刚度较大的垫层,如加筋砂石垫层。

垫层对复合地基性状的影响程度与垫层厚度有关。以桩土荷载分担比为例,垫层愈厚,桩土荷载分担比愈小。但当垫层厚度达到一定数值后,继续增加垫层厚度,桩土荷载分担比并不会继续减小。在实际工程中,还需考虑工程费用,综合考虑,确定垫层厚度。

参考文献

[1] 段继伟.柔性桩复合地基的数值分析[D].杭州:浙江大学,1993.

[2] 段继伟,龚晓南,曾国熙.水泥搅拌桩的荷载传递规律[J].岩土工程学报,1994,16(4):1-8.

[3] 冯海宁,龚晓南.刚性垫层复合地基的特性研究[J].浙江建筑,2002(2):26-28.

[4] 龚晓南.复合地基[M].杭州:浙江大学出版社,1992.

[5] 龚晓南.复合地基理论及工程应用[M].3 版.北京:中国建筑工业出版社,2018.

[6] 龚晓南.复合桩基与复合地基理论[J].地基处理,1999,10(1):1-5.

[7] 龚晓南.广义复合地基理论及工程应用[J].岩土工程学报,2007,29(1):1-13.

[8] 龚晓南.形成竖向增强体复合地基的条件[J].地基处理,1995,6(3):48.

[9] 龚晓南.复合地基发展概况及其在高层建筑中的应用[J].土木工程学报,1999,32(6):3-10.

[10] 龚晓南,褚航.基础刚度对复合地基性状的影响[J].工程力学,2003,20(4):67-73.

[11] 刘吉福.路堤下等应变复合地基的固结分析[J].岩石力学与工程学报,2009,28(1):3042-3050.

[12] 毛前,龚晓南.桩体复合地基柔性垫层的效用研究[J].岩土力学,1998,19(2):67-73.

[13] 孙林娜.复合地基沉降及按沉降控制的优化设计研究[D].杭州:浙江大学,2007.

[14] 王启铜.柔性桩的沉降(位移)特性及荷载传递规律[D].杭州:浙江大学,1991.

[15] 吴慧明,龚晓南.刚性基础与柔性基础下复合地基模型试验对比研究[J].土木工程学报,2001,34(5):81-85.

[16] 杨慧.双层地基和复合地基压力扩散比较分析[D].杭州:浙江大学,2000.

[17] 曾小强.水泥土力学特性和复合地基变形计算研究[D].杭州:浙江大学,1993.

[18] 张京京.复合地基沉降计算等效实体法分析[D].杭州:浙江大学,2002.

[19] 张龙海.圆形水池结构与复合地基共同作用分析[D].杭州:浙江大学,1992.

[20] 张土乔,龚晓南,曾国熙.水泥土桩复合地基固结分析[J].水利学报,1991(10):32-37.

[21] 住房和城乡建设部,国家质量监督检验检疫总局.复合地基技术规范:GB/T50783-2012[S].北京:中国计划出版社,2012.

［22］Brauns J. The initial load of gravel pile in the clay foundation［J］. Construction Technology，1978，55(8)：263-271.

［23］Gong X. Development of composite foundation in China［C］// Hong S,et al. Eleventh Asian Regional Conference on Soil Mechanics and Geotechnical Engineering Vol. 1. Seoul：A. A. Balkema，1999：201-203.

［24］Hughes J,Withers N. Reinforcing of soft soils with stone columns［J］. Ground Engineering，1974，7(3)：42-49.

［25］Wong H. Field instrumentation of vibroflotation foundation［J］. Field Instrumentation in Geotechnical Engineering，1975，23(4)：475-487.

第7章　桩基础

7.1　发展概况

桩是一种设置于地基中的柱形构件,依靠地基土体提供的侧摩阻力和端阻力承担荷载。在预制构件厂制作,通过锤击、振动、静压或植入等方式设置的称为预制桩;通过现场钻孔灌注设置的称为灌注桩。根据桩的工程应用主要可以分为三类:第一类桩与地基及连接桩顶的承台组成桩基础,用于承担上部结构传来的竖向和水平荷载;第二类桩主要用于支挡土压力,如基坑围护结构中的支护桩、边坡加固中的抗滑桩等;第三类桩用于形成复合地基。桩的效用是通过桩侧土的抗力和桩端土的抗力,将上部结构的荷载传递给地基土层。通过桩基础可将上部结构的荷载传递到地基深部较坚硬的、压缩性小的土层或岩层中。桩基础可以提供较大的竖向承载力和水平承载力,并减小沉降量。

桩的应用历史可以追溯到远古时代,当人类有简单土木工程活动时,就开始用木桩加固地基。早在新石器时代,人类在湖泊和沼泽地里,栽木桩搭台作为水上住所。浙江余姚河姆渡新石器时代遗址发现了遗存的木桩,距今已有6000余年。我国汉朝已用木桩修桥,到宋朝,木桩桩基技术已比较成熟,上海的龙华塔和太原的晋祠圣母殿等都是现存的北宋年代修建的桩基建筑物。在世界各地有许多人类在古代使用木桩支承房屋、桥梁、码头等的遗存,如英国保存了一些罗马时代修建的木桩基础的桥和居民点。

随着钢铁冶炼业的发展,19世纪20年代开始使用铸铁板桩修筑围堰和码头。到20世纪初,美国出现了各种形式的型钢,特别是H型的钢桩受到营造商的重视。美国密西西比河上的钢桥大量采用钢桩基础,到20世纪30年代在欧洲建造钢桥也大量采用钢桩基础。第二次世界大战后,随着冶炼技术的进一步发展,各种直径的无缝钢管也被作为桩材用于基础工程。上海宝钢工程中,曾使用直径为900mm、长约60m的钢管桩基础;1998年建成的88层上海金茂大厦,桩的最大长度达83m。

随着钢筋混凝土技术的发展,20世纪初预制桩和现浇钢筋混凝土桩得到了应用。我国20世纪50年代开始生产预制钢筋混凝土桩。1949年美国雷蒙德混凝土桩公司最早使用离心机生产了中空预应力钢筋混凝土管桩。我国铁路系统于20世纪50年代末也开始生产和使用预应力钢筋混凝土桩,现在各类预应力高强混凝土管桩在我国各地土木工程建设中得到广泛应用。20世纪20年代开始出现沉管灌注混凝土桩,上海在20世纪30年代修建的一些高层建筑的基础,就曾采用沉管灌注混凝土桩,如法兰基(Franki)桩和振冲碎石(Vibro)桩。到20世纪50年代,随着大型钻孔机械的发展,出现了钻孔灌注混凝土桩或钢筋混凝土桩。在20世纪50年代到60年代,我国的铁路和公路桥梁,曾大量采用钻孔灌注混凝土桩和挖孔灌注桩。

从成桩工艺的发展过程看,最早采用的桩基施工方法是打入法。打入的工艺从手锤发展到自由落锤,然后发展到蒸汽驱动、柴油驱动和以压缩空气为动力的各种打桩机。另外还发展了电动的振动打桩机和静力压桩机。随着现场施工灌注桩特别是钻孔灌注桩的出现,钻孔机械也在不断改进。如适用于地下水位以上的长、短螺旋钻机,适用于不同地层的各种正、反循环钻机,旋转套管机,冲击钻机等。为提高灌注桩的承载力,出现了各种异形桩和扩大桩端直径的扩底桩,以及桩端或桩周压浆的新工艺。近年来,为了减少桩基施工对周围环境的影响,植桩法在我国得到快速发展,如静钻根植桩法和中掘植桩法等。目前,桩基的成桩工艺还在不断发展。

7.2 桩基分类

7.2.1 按桩身材料分类

按桩身材料可分为木桩、钢桩、混凝土桩和钢筋混凝土桩以及组合桩。

木桩用树干制成,其长度一般不超过 20m。木桩一般用于临时工程,但当整个桩身处于水位以下或木桩处于饱和土中时,可以作为永久性基础。但在海水中,木桩受到各种有机物的侵蚀,在短短几个月便可能遭到严重破坏,在地下水位以上的木桩还容易受到昆虫的破坏。需要用防腐剂对木桩进行处理,以提高其寿命。木桩在古代工程中应用比较多,在现代工程中除少数临时工程外,已极少使用木桩。

钢桩又可分钢管桩、型钢桩和钢板桩等,槽钢和工字钢也可用作钢桩,但热轧宽翼缘 H型钢更适用些,因为其腹板和翼缘等厚且长度相近,而槽钢和工字钢的腹板比翼缘薄且长,钢桩如果需接长,可焊接或铆接。钢桩存在腐蚀问题,地下水中的一些成分和泥炭土、有机质土都具有腐蚀性,一般应加厚钢桩。很多情况下,在桩的表面涂上环氧涂层能有效地防腐,且打桩时涂层也不容易损坏。在大多数腐蚀区域,有混凝土外壳的钢桩也能有效防腐。

混凝土桩和钢筋混凝土桩又可分为预制钢筋混凝土桩和现场灌注混凝土桩或钢筋混凝土桩两大类。预制钢筋混凝土桩又可分为普通钢筋混凝土桩和预应力钢筋混凝土桩,预应力钢筋混凝土桩又可分为先张法预应力钢筋混凝土桩和后张法预应力钢筋混凝土桩两类。

组合桩是指一根桩由两种材料组成。组合桩有两种形式,一种如钢管桩在打入后用混凝土填实,形成同一截面上存在两种材料的组合桩;另一种是指一根桩的下部采用一种材料,而上部采用另一种材料,如码头、桥梁工程中常用的大直径预应力管桩与钢管桩组合桩,就是上部采用大直径预应力管桩而下部采用钢管桩作为桩靴的组合桩。较早采用的水下桩基,泥面以下用木桩而水中部分用混凝土桩,这种组合桩上海在 20 世纪 30 年代曾用过,现在已经很少使用。

7.2.2 按成桩方法对土层的影响分类

不同成桩方法对周围土层的扰动程度、对周边环境的影响不同,同时也影响桩基承载能力的发挥和计算参数的选用。按成桩方法对土层的影响一般可分为挤土桩、部分挤土桩和非挤土桩三类。

(1)挤土桩在成桩过程中,不排出设置桩位置的土,而将其向周围挤出,使桩周围土层受到压密和扰动,与原始状态比,桩周围土的工程性质有很大改变。挤土桩主要包括打入或压入的实心预制桩、桩端闭口的混凝土管桩和钢管桩、木桩以及沉管灌注桩等。

(2)在部分挤土桩成桩过程中,将与桩体积相同的土挖出,桩周围的土受到扰动比较小,桩周围土的工程性质改变比较小。

(3)非挤土桩成桩过程中,将与桩体积相同的土挖出,因而桩周围的土较少受到扰动,但会出现应力松弛现象,因此非挤土桩的桩侧摩阻力常有所减小。非挤土桩主要有各种形式的挖孔或者钻孔桩、预钻孔埋桩,以及采用植桩法施工的混凝土管桩等。

7.2.3　按承受荷载类别和荷载传递机理分类

按承受荷载类别分类可分为主要承受竖向承压荷载的桩、主要承受水平向荷载的桩、主要承受竖向拉拔荷载的桩,以及承受上述多种荷载组合作用的桩。如在高耸塔形建筑物和水中的高桩承台基础中,桩要承受风和波浪所引起的往复拉、压荷载。

对主要承受竖向承压荷载的桩,按荷载传递机理又可分为摩擦桩、端承桩和端承摩擦桩三类。摩擦桩承担的竖向荷载主要通过桩身侧表面与土层的摩阻力传递给周围的土层,桩端承受的荷载很小;端承桩承担的竖向荷载主要通过桩端传递给土层,通过桩身侧表面与土层的摩阻力传递给周围的土层的荷载很小;端承摩擦桩承担的竖向荷载通过桩的端阻力和侧摩阻力传递给土层,两者比例都较大。

主要承受水平荷载的桩,桩身要承受弯矩力,其整体稳定性则靠桩侧土的被动土压力、水平支撑或拉锚来平衡。如抗滑桩、港口码头工程用的板桩、基坑支护桩等都是主要承受水平向荷载的桩。

主要承受竖向拉拔荷载的抗拔桩,拉拔荷载依靠桩侧摩阻力承受,如深厚软基中地下工程的抗浮桩、板桩墙后的锚桩等。

7.2.4　按成桩的方法和工艺分类

按成桩的方法和工艺分类可分为打入桩、压入桩、现场灌注桩和植入桩。随着科技的进步和施工机械的发展,不断出现一些新的成桩方法和工艺,这里仅介绍常用的成桩方法形成的桩。

(1)打入桩。将预制桩用锤击或振动法打入地层至设计要求标高。打入的机械有自由落锤、蒸汽锤、柴油锤、压缩空气锤和振动锤等。遇到难以通过的较坚实地层时,可辅之以射水枪。预制桩主要为钢筋混凝土桩和钢桩。打入桩往往产生较大的振动和施工噪声,对周边环境造成不利影响,实际工程中已很少使用。

(2)压入桩。利用无噪声的各类压桩机械将预制桩压入到设计标高。压入桩施工过程中无噪声污染、无振动、施工应力小。

(3)现场灌注桩。现场灌注桩按成孔的工艺又可分为沉管灌注桩和钻孔灌注桩两大类。沉管灌注桩的成孔方法是将钢管打入土层到设计标高,然后在孔内放入钢筋笼,最后灌注混凝土,灌注混凝土过程中可将钢管逐渐拔出。钻孔灌注桩使用各种钻孔机械成孔,然后在孔内放入钢筋笼,最后灌注混凝土。在成孔过程中,根据土层情况和钻孔机械可分为采用泥浆护壁和不采用泥浆护壁两类。现场灌注桩施工过程中对孔壁周围土层扰动较小,钻孔灌注桩成孔机械有冲击钻、旋转钻、长螺旋和短螺旋等。在地下水位以上土层中进行灌注桩施工,也可采用人工挖孔法。为提高灌注桩的承载力,可用管内锤击法或扩孔器将桩的端部扩大,也可将桩身局部扩大,形成扩底桩或葫芦形桩。

(4) 植入桩。如静钻根植桩,其施工过程如图 7.2.1 所示,由钻孔、桩端扩大头施工、桩周注浆和预制桩植入四部分组成。首先采用特殊单轴螺旋钻机,按照设定钻孔直径和深度进行钻孔;钻头达到设计深度后,通过专业可控液压技术打开钻头扩大翼,并按照设定的扩大头直径进行扩底,并在扩大头位置进行搅拌注浆,形成桩端水泥土扩大头;随后将钻杆从钻孔中拔出,钻杆拔出的同时进行桩周注浆;最后将预制桩植入充满水泥土的钻孔中。静钻根植桩施工过程无挤土效应,对周围环境的扰动较小,可以在都市区以及对桩基施工位移控制严格的场地中使用。

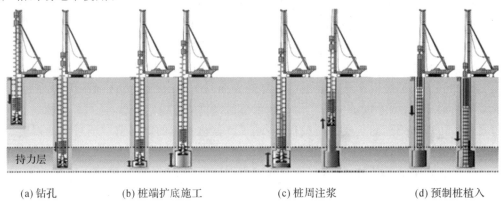

| (a) 钻孔 | (b) 桩端扩底施工 | (c) 桩周注浆 | (d) 预制桩植入 |

图 7.2.1　静钻根植桩施工过程

7.2.5　其他分类方法

其他分类方法有:按桩身形状,分为圆形桩、方形桩以及各种异形桩;按桩的直径,可分为微型桩、普通桩和大直径桩;按桩的长度,可分为短桩、普通桩、长桩和超长桩等。其他分类很难有统一的标准,不作进一步介绍。

7.3　单桩轴向荷载传递特性

7.3.1　荷载传递机理

桩侧阻力与桩端阻力的发挥过程就是桩、土体系荷载的传递过程。桩顶竖向荷载作用下,桩身上部被压缩而产生相对于土体的向下位移,从而使桩侧表面受到土的向上摩阻力,桩身荷载通过桩侧土体提供的侧阻力传递到桩周土层中,从而使桩身压缩变形随深度递减。

随着荷载增加,桩端持力层因受压而产生桩端反力和桩端位移。桩端位移加大了桩身各截面的位移,并使桩侧阻力进一步发挥作用。一般说来,靠近桩身上部土层的侧阻力先于下部土层发挥作用,而侧阻力先于端阻力发挥作用。当沿桩身全长的侧摩阻力完全发挥后,桩顶荷载增量全部由桩端阻力承担。

图 7.3.1 表示单桩在竖向荷载 Q_0 作用下,在桩身任一深度 z 处截面上的荷载(轴力)$Q(z)$ 将使截面下桩身压缩以及桩端下沉,使得该截面产生向下位移 $s(z)$。从图 7.3.1 中可以看出任一深度 z 处桩身截面的荷载(轴力)为:

$$Q(z) = Q_0 - U \int_0^z q_s(z) \mathrm{d}z \tag{7.3.1}$$

竖向位移为:

$$s(z) = s_0 - \frac{1}{E_p A} \int_0^z Q(z) \mathrm{d}z \tag{7.3.2}$$

由微分段 $\mathrm{d}z$ 的竖向平衡可求得桩侧摩阻力 $q_s(z)$ 为:

$$q_s(z) = -\frac{1}{U} \frac{\mathrm{d}Q(z)}{\mathrm{d}z} \tag{7.3.3}$$

微分段 $\mathrm{d}z$ 的压缩量为:

$$\mathrm{d}s(z) = -\frac{Q(z)}{AE_p} \mathrm{d}z \tag{7.3.4}$$

可得任一深度 z 处桩身截面的荷载(轴力)为:

$$Q(z) = -AE_p \frac{\mathrm{d}s(z)}{\mathrm{d}z} \tag{7.3.5}$$

将公式(7.3.5)代入公式(7.3.3)中可得:

$$q_s(z) = \frac{AE_p}{U} \frac{\mathrm{d}^2 s(z)}{\mathrm{d}z^2} \tag{7.3.6}$$

式中,A 为桩身截面面积(m^2);U 为桩身周长(m);E_p 为桩身弹性模量(MPa)。

公式(7.3.6)为桩土体系荷载传递分析计算的基本微分方程,通过在桩身埋设应力或位移测试元件,利用公式(7.3.3)和(7.3.5)即可求得如图 7.3.1 所示轴力和侧摩阻力沿桩身的变化曲线。

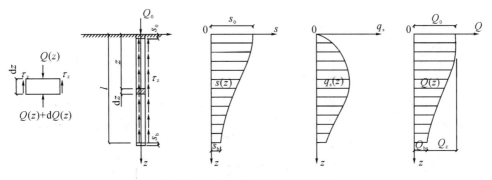

图 7.3.1　桩土体系荷载传递分析

基础工程原理

7.3.2 荷载传递特性影响因素

桩的长径比 l/d(桩长与桩身直径之比)对桩基的荷载传递特性有较大影响。根据长径比 l/d 的不同,桩可以分为短桩($l/d \leqslant 40$)、中长桩($10 \leqslant l/d < 40$)、长桩($40 \leqslant l/d < 100$)和超长桩($l/d \geqslant 100$)。

Mattes 和 Poulos(1969,1971)通过理论分析得到影响桩土体系荷载传递特性的如下主要因素。

(1)桩端土与桩周土的刚度比 E_b/E_s 愈小,桩身轴力沿深度衰减愈快,即传递到桩端的荷载愈小。当桩的长径比 $l/d = 25$(中长桩),$E_b/E_s = 1$ 时,在均匀土层中,桩端阻力约占总荷载的 5%,即接近于纯摩擦桩;当 $E_b/E_s = 100$ 时,桩端阻力约占总荷载的 60%,即属于端承型桩,桩身下部侧阻的发挥值相应降低;E_b/E_s 比值再继续增大,对端阻分担荷载比影响不大。

(2)随桩土刚度比 E_p/E_s(桩身刚度与桩侧土体刚度之比)的增大,传递到桩端的荷载增大,侧阻发挥值也相应增大;但当 $E_p/E_s \geqslant 1000$ 后,端阻分担的荷载比例变化不明显。

(3)随桩的长径比 l/d 增大,传递到桩端的荷载减小,桩身下部侧阻发挥值也相应降低。当 $40 \leqslant l/d < 100$(长桩)时,在均匀土层中,其端阻分担的荷载比趋于零;当 $l/d \geqslant 100$(超长桩)时,不论桩端刚度多大,其端阻分担荷载值均可忽略不计,即桩端土体的性质对桩基荷载传递特性不再有影响。

(4)随着桩端扩径比 D/d(桩端扩大头直径与桩身直径之比)增大,桩端分担荷载比增加。均匀土层中的中长桩($l/d = 25$)的桩端所分担荷载比,由等直径桩($D/d = 1$)的 5% 增加到 $D/d = 3$ 的扩底桩时的 35%。

上述荷载传递特性的理论分析结果说明,单桩极限承载力所对应的某特定土层的极限侧阻力 q_{su} 和极限端阻力 q_{pu},由于桩长与桩径比或桩端、桩周土体刚度比不同,或由于该土层分布位置的变化,其发挥值是不同的。为有效发挥桩的承载性能和取得最佳经济效果,设计时应根据土层的分布与性质,运用桩土体系荷载传递特性,合理确定桩径、桩长、桩端持力层等。

7.3.3 单桩荷载-位移特性

单桩竖向静载试验的荷载-位移曲线($Q\text{-}s$ 曲线)是桩土体系荷载传递,侧阻和端阻发挥性状的综合反映。$Q\text{-}s$ 曲线形状受桩侧土层分布与性质、桩径、桩长、长径比、成桩工艺和成桩质量等诸多因素影响。由于桩侧阻力一般先于桩端阻力发挥(支承于坚硬基岩的短桩除外),因此 $Q\text{-}s$ 曲线的前段主要受侧阻力制约,而后段则主要受端阻力制约,但是下列情况例外:

一是超长桩($l/d \geqslant 100$),$Q\text{-}s$ 曲线全程受侧阻性状制约;

二是短桩($l/d < 10$)和支承于较硬持力层上的桩端扩底的短桩和中长桩($10 \leqslant l/d < 40$),$Q\text{-}s$ 曲线前段同时受侧阻和端阻性状的制约;

三是支承于岩层上的短桩,$Q\text{-}s$ 曲线全程受端阻制约。

单桩 $Q\text{-}s$ 曲线是总侧摩阻力 Q_s、总端阻力 Q_p 随沉降发挥的综合反映。因此,许多情况

170

下 Q-s 曲线不出现初始线性变形段,端阻力的破坏模式与特征也难以由 Q-s 曲线直接反映出来。

下面介绍的几种工程实践中常见的 Q-s 曲线,可进一步剖析单桩荷载传递性状。

(1)软弱土层中的摩擦桩(超长桩除外)。由于桩端一般发生刺入剪切破坏,桩端阻力分担的荷载比例小,Q-s 曲线呈陡降型,破坏特点明显,如图 7.3.2(a)所示。

(2)桩端持力层为砂土、粉土的桩。由于桩端阻力所占比例大,发挥端阻所需位移大,Q-s 曲线呈缓变型,破坏特征不明显,如 7.3.2(b)所示。桩端阻力的潜力虽较大,但对于建筑物而言已失去利用价值,因此常以某一极限桩顶位移 s_u 来确定,一般取 $s_u = 40 \sim 60\mathrm{mm}$ 时对应的桩顶荷载值作为其极限承载力。

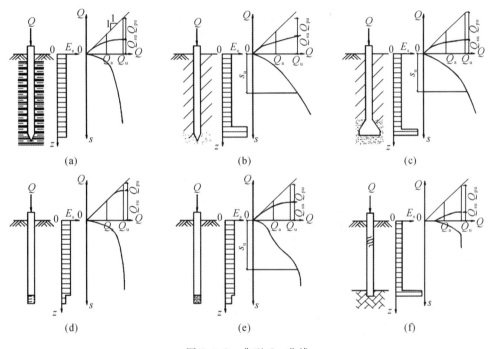

图 7.3.2　典型 Q-s 曲线

(3)扩底桩。对于桩端持力层为砾、砂、硬黏性土的扩底桩,由于端阻破坏所需位移量较大,且端阻力所占比例较大,其 Q-s 曲线呈缓变型,极限承载力一般可取 $s_u = (3\% \sim 6\%)D$(D 为桩身直径,桩径大者取低值,桩径小者取高值)所对应的荷载值,如图 7.3.2(c)所示。

(4)采用泥浆护壁工艺,桩端有一定沉渣的钻孔桩。由于桩底沉渣强度低、压缩性高,桩端一般呈刺入剪切破坏,接近于纯摩擦桩,Q-s 曲线呈陡降型,破坏特征点明显,如图 7.3.2(d)所示。

(5)桩周为加工软化型土(硬黏性土、粉土、高结构性黄土等),无硬持力层的桩。由于侧阻在较小位移下发挥出来并出现软化现象,且桩端承载力低,因而形成突变、陡降型 Q-s 曲线,与图 7.3.2(d)所示桩端有沉渣的摩擦桩的 Q-s 曲线相似。

(6)干作业钻孔桩孔底有虚土。Q-s 曲线前段与摩擦桩 Q-s 曲线比较接近,随着孔底虚土压密,Q-s 曲线的坡度变缓,形成"台阶形",如图 7.3.2(e)所示。

(7)嵌入坚硬基岩的短粗端承桩。由于采用挖孔成桩工艺,清底效果好,桩长较小,桩身压缩量小,桩端沉降小,在侧阻力尚未充分发挥的情况下,便因桩身材料强度的破坏而导致桩基破坏,$Q\text{-}s$ 曲线呈突变、陡降型,如图 7.3.2(f)所示。

7.3.4 桩侧摩阻力

竖向荷载作用下,桩身受荷产生向下位移时,由于桩土间的摩阻力带动桩周土体位移,在桩周环形土体中产生剪应变和剪应力。该剪应变、剪应力一环一环沿径向向外扩散,在距离桩中心距 $nd(n=8\sim15,d$ 为桩的直径,n 随桩顶竖向荷载水平、土体性质的改变而改变)处剪应变减小到零(Randolph et al.,1978;Cooke et al.,1979)。距离桩中心任一点 r 处的剪应变(见图 7.3.3)为:

$$\gamma=\frac{\mathrm{d}W_\mathrm{r}}{\mathrm{d}r}\cong\frac{\Delta W_\mathrm{r}}{\delta_\mathrm{r}}=\frac{\tau_\mathrm{r}}{G_\mathrm{s}} \tag{7.3.7}$$

式中,G_s 为土体剪切模量(MPa),$G_\mathrm{s}=E/[2(1+\mu_\mathrm{s})]$,$E$ 为土体变形模量(MPa);μ_s 为土体泊松比。

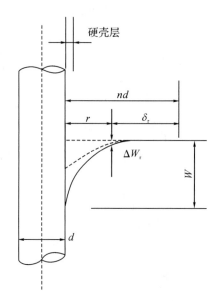

图 7.3.3 桩侧土体剪应变

相应的剪应力 τ_r,可根据半径为 r 的单位高度圆环上的剪力总和与相应的桩侧阻力总和相等的条件求得:

$$2\pi r\tau_\mathrm{r}=\pi dq_\mathrm{s} \tag{7.3.8}$$

$$\tau_\mathrm{r}=\frac{d}{2r}q_\mathrm{s} \tag{7.3.9}$$

将桩侧剪切变形区($r=nd$)内各圆环的竖向剪切变形加起来就等于该截面处桩身的沉降 W。将式(7.3.9)代入式(7.3.8)并积分得:

$$\int_{\frac{d}{2}}^{nd}\mathrm{d}W_\mathrm{r}=\int_{\frac{d}{2}}^{nd}\frac{\tau_\mathrm{r}}{G_\mathrm{s}}\mathrm{d}r \tag{7.3.10}$$

$$W=\frac{d}{2G_\mathrm{s}}q_\mathrm{s}\ln(2n) \tag{7.3.11}$$

设达到极限侧摩阻力 q_{su} 时所对应的沉降为 W_u,则

$$W_u = \frac{d}{2G_s} q_{su} \ln(2n) \qquad (7.3.12)$$

由式(7.3.12)可见,桩侧阻力完全发挥时所需桩土相对位移 W_u 随桩身直径 d 的增大和土的剪切模量 G_s 的减小而增大。

按照传统经验,发挥极限侧阻所需位移与桩径大小无关,略受土类、土性影响。对于黏性土,W_u 约为 $5\sim10$mm;对于砂类土,W_u 约为 $10\sim20$mm;对于加工软化型土(密实砂、粉土、高结构性黄土等),所需 W_u 值较小;对于加工硬化型土(如非密实砂、粉土、粉质土等),所需 W_u 值更大,且极限特征点不明显。随着桩基工程理论研究的深入和工程实践经验的积累,发现侧阻完全发挥所需的相对位移并非定值,而与桩径大小、成桩工艺、土层性质及各土层竖向分布位置有关。桩土剪切滑移面除坚硬黏土层出现于桩土界面外,一般出现于紧靠桩表面的土体中,极限侧阻力等于桶形面上土的剪切强度,$q_{su} = \sigma_r \tan\varphi + c$($\sigma_r$ 为作用于桩侧表面的法向压力,c 和 φ 分别为桩土接触面的黏结力和摩擦角)。对于灌注桩,由于混凝土浇注过程中有水泥浆渗入孔壁土中形成紧固于桩表面的薄层水泥土,滑移面发生于其外侧的土体中。当采用泥浆护壁且泥浆较稠时,桩表面附着低强度泥皮,滑移面发生于泥皮中;当进行后注浆时,滑移面发生于注浆硬壳层外侧。

不同的成桩工艺会使桩周土体中应力、应变场发生不同变化,从而导致桩侧摩擦特性发生变化。这种变化又与土的类别、性质,特别是土的灵敏度、密实度、饱和度密切相关。图 7.3.4(a)(b)(c)分别表示成桩前、挤土桩和非挤土桩的桩周土体的侧向应力状态,以及竖向与侧向变形状态。

挤土桩(打入式、振入式、压入式预制桩,沉管灌注桩等)成桩过程产生的挤土作用,使桩周土扰动重塑、侧向压应力增加。非密实砂土中的挤土桩,沉桩过程使桩周土体因侧向挤压而趋于密实,使桩侧阻力提高,对于桩群,桩周土的挤密效应更为显著。饱和黏性土中的挤土桩,成桩过程使桩侧土体受到挤压、扰动、重塑,产生超孔隙水压力,随后出现孔压消散和土体再固结,侧阻力产生显著的时间效应。

非挤土桩(钻孔、挖孔灌注桩,静钻根植桩等)在成孔过程中由于孔壁侧向应力解除,出现侧向松弛变形,侧向压应力减小。孔壁土的松弛效应导致土体强度削弱,桩侧阻力随之降低。桩侧阻力的降低幅度与土体性质、是否采用泥浆护壁、孔径大小等诸多因素有关。在干作业钻、挖孔桩无护壁条件下,孔壁土处于自由状态,土产生径向位移,浇注混凝土后,径向位移虽有所恢复,但侧阻力仍有所降低。在泥浆护壁条件下,孔壁处于泥浆侧压平衡状态,侧向变形受到制约,松弛效应较小,但桩身质量和侧阻力受泥浆稠度、混凝土浇注等因素的影响而变化较大。

7.3.5　桩端阻力

桩端阻力破坏机理与扩展式基础承载力的破坏机理有相似之处,承载力由于基础相对埋深(h/B,B 为基础宽度,h 为埋深)、砂土的相对密度不同而呈整体剪切、局部剪切和刺入剪切三种破坏模式。一定密实度的土,随着相对埋深的增大(侧向超载增加),其破坏模式可由整体剪切转变为局部剪切或刺入剪切。土的密实度愈低,发生整体剪切破坏的可能性愈小。对桩端土体而言,其相对埋深很大,破坏模式主要取决于桩端土层及桩端上覆土层的性

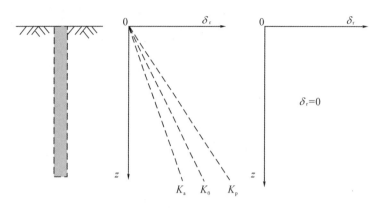

(a)静止土压力状态（K_0，K_a，K_p分别为静止土、主动土、被动土压力系数）

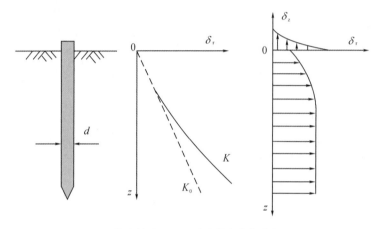

(b)挤土桩（$K>K_0$，δ_z为土的竖向位移）

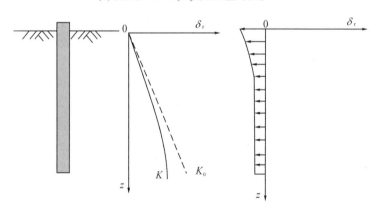

(c)非挤土桩（$K<K_0$，δ_r为土的侧向位移）

图 7.3.4　桩周土的应力及变形

质,并受成桩效应、加载速率的影响。

　　当桩端持力层为密实的砂、粉土和硬黏性土,其上覆层为软土层,且桩长较小时,端阻一般呈整体剪切破坏;当上覆土层为非软弱土层时,则一般呈局部剪切破坏;当存在软弱下卧层时,可能出现刺入剪切破坏。当桩端持力层为松散、中密砂、粉土、高压缩性和中等压缩性黏性土时,端阻一般呈刺入剪切破坏。对于饱和黏性土,当采用快速加载时,土体来不及产生体积压缩,剪切面延伸范围增加,从而形成整体剪切或局部剪切破坏。但由于剪切是在不排水条件下进行的,因而土的抗剪强度降低,剪切破坏面的形式更接近于围绕桩端的"梨形"。

施工工法会对桩端承载性能产生较大影响。对于非挤土桩,成桩过程中桩端土不产生挤密,而是出现扰动、虚土或沉渣,因而使端阻力降低。对于挤土桩,成桩过程中桩端附近土受到挤密,导致端阻力提高。对于黏性土与非黏性土、饱和与非饱和状态、松散与密实状态,挤土效应差别较大,如松散的非黏性土挤密效果最佳,密实或饱和黏性土的挤密效果较小。

当桩端持力层下存在软弱下卧层,且桩端与软弱下卧层的距离小于某一厚度时,端阻力将受软弱下卧层影响而降低。该厚度称为端阻的"临界厚度"(t_c)。图 7.3.5 表示软土中密砂夹层厚度变化及桩端进入夹层的深度变化对端阻的影响。当桩端进入密砂夹层的深度及离软弱下卧层距离足够大时,其端阻力可达到密砂中的端阻稳定值 q_{pl}。这时要求夹层总厚度不小于 $h_{cp}+t_c$,如图 7.3.5 中的④所示。反之,当桩端进入夹层的深度 $h<h_{cp}$ 或距软弱层顶面距离 $t_p<t_c$ 时,其端阻值都将减小,如图 7.3.5 中的①、②、③所示。

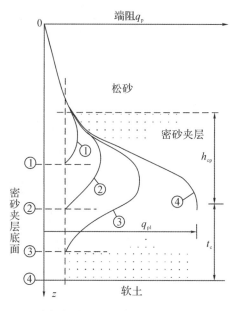

图 7.3.5　桩端阻力随桩入密砂深度及离软卧层距离的变化

软弱下卧层对端阻产生影响的机理是,由于桩端阻力沿一扩散角 α(α 是砂土相对密度 D_r 的函数并受软弱下卧层强度和压缩性的影响,扩散角 α 范围一般为 $10°\sim20°$)。向下扩散至软弱下卧层顶面,引起软弱下卧层出现较大压缩变形,桩端连同扩散锥体一起产生向下位移,如图 7.3.6 所示,从而降低了端阻力。若桩端荷载超过该软弱层的端阻极限值,软弱下卧层将出现更大的压缩和挤出,导致刺入剪切破坏。临界厚度 t_c 主要随砂的相对密度 D_r和桩径 d 的增大而增大。对于松砂,t_c 为 $1.5d$ 左右;对于密砂,$t_c=(5\sim10)d$;对于砾砂,t_c一般为 $12d$ 左右。由上述分析可见,以夹于软弱土层中的硬层为桩端持力层时,要根据夹层厚度,综合考虑桩端进入持力层的深度和桩端下硬层的厚度,不可只顾一个方面而降低端阻力。

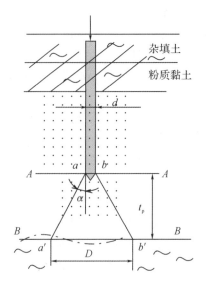

图 7.3.6　软卧层对桩端阻力的影响

7.4　桩基竖向承载力

7.4.1　单桩竖向承载力

单桩竖向承载力的确定，取决于两方面：一是桩身的材料强度，二是地基土体对桩的支承力。设计时需要分别按这两方面计算并选取其中的小值作为单桩竖向承载力。

按材料强度计算低承台桩的单桩承载力时，由于桩身周围存在土的约束作用，可以把桩视为轴心受压杆件，且不需要考虑纵向压屈的影响（纵向弯曲系数为 1）。然而，对于通过很厚的软黏土层且支承在岩层上的端承型桩或承台底面以下存在可液化土层的桩以及高承台桩基，则需考虑压屈影响。

单桩竖向极限承载力 Q_u 由桩侧极限摩阻力 Q_{su} 和桩端极限阻力 Q_{bu} 组成，若忽略两者间的相互影响，可表示为：

$$Q_u = Q_{su} + Q_{bu} \tag{7.4.1}$$

将单桩竖向极限承载力 Q_u 除以安全系数 K 即可得单桩竖向承载力特征值 R_a：

$$R_a = \frac{Q_u}{K} = \frac{Q_{su}}{K_s} + \frac{Q_{bu}}{K_b} \tag{7.4.2}$$

通常取安全系数 $K=2$。根据桩基的荷载传递规律，桩侧摩阻力先于桩端阻力发挥，在工作荷载作用下，侧阻可能已经发挥出大部分，而端阻只发挥了很小一部分。因此，一般情况下 $K_s < K_b$，而对于短粗的支承于基岩的桩，$K_s > K_b$。分项安全系数 K_s 和 K_b 的大小同桩型、桩周土体性质、桩的长径比、成桩工艺和成桩质量等多种因素有关。虽然采用分项安全系数确定单桩承载力特征值比采用单一安全系数更符合桩的实际工作性状，但目前还无法给出不同桩型在不同地质条件中的分项安全系数 K_s 和 K_b。因此，《建筑桩基技术规范》（JGJ 94—2008）仍采用单一安全系数 K 来确定单桩竖向承载力。

确定桩基竖向承载力的方法主要有静力分析法、原位测试法、经验参数法和桩基现场静载试验。

1. 静力分析法

　　以钢塑体理论为基础，假定不同的破坏滑动面形态，可得到不同的极限桩端阻力理论表达式，单位面积极限桩端阻力公式可以统一表达为如下形式：

$$q_{pu} = \zeta_c c N_c + \zeta_\gamma \gamma_1 b N_\gamma + \zeta_q \gamma h N_q \tag{7.4.3}$$

式中，N_c、N_γ、N_q 分别为反映土的黏聚力 c、桩端以下滑动土体自重和桩端平面以上边载（竖向压力 γh）影响的条形基础无量纲承载力系数，仅与土的内摩擦角 φ 有关；ζ_c、ζ_γ、ζ_q 为桩端为方形、圆形时的形状系数；b、h 分别为桩端底宽（直径）和桩的入土深度（m）；c 为土的黏聚力（kPa）；γ_1 为桩端平面以下土的有效重度（kN/m³）；γ 为桩端平面以上土的有效重度（kN/m³）。

　　由于 N_γ 与 N_q 接近，而桩径 b 远小于桩深 h，故可将式（7.4.3）中的第二项略去，变成：

$$q_{pu} = \zeta_c c N_c + \zeta_q \gamma h N_q \tag{7.4.4}$$

式中，ζ_c、ζ_q 为形状系数，如表 7.4.1 所示。

表 7.4.1　形状系数

φ	ζ_c	ζ_q
$<22°$	1.20	0.80
$25°$	1.21	0.79
$30°$	1.24	0.76
$35°$	1.32	0.68
$40°$	1.68	0.52

　　式（7.4.4）中几个系数之间有如下关系：

$$N_c = (N_q - 1)\cot\varphi \tag{7.4.5}$$

$$\zeta_c = \frac{\zeta_q N_q - 1}{N_q - 1} \tag{7.4.6}$$

　　有代表性的桩端阻力极限平衡理论公式 Terzaghi(1943)、Meyerhof(1951) 和 Vesic(1963)公式，其相应的假设滑动面如图 7.4.1 所示，其承载力系数 $N_q^* = \zeta_q N_q$（N_q 为条形基础埋深影响承载力系数）值如图 7.4.2 所示。由图可见，由于假定滑动面形状不同，不同计算公式的承载力系数相差较大。

　　当桩端土为饱和黏性土（$\varphi_u = 0$）时，极限端阻力公式可进一步简化，此时，式（7.4.4）中，$N_q = 1$，$\zeta_c N_c = N_c^* = 1.3 N_c = 9$（桩径 $d \leqslant 30 \text{cm}$ 时）。根据试验结果，承载力随桩径增加而略减小。当 $d = 30 \sim 60 \text{cm}$ 时，$N_c^* = 7$；当 $d > 60 \text{cm}$ 时，$N_c^* = 6$。因此，桩端为饱和黏性土时，极限端阻力公式为：

$$q_{pu} = N_c^* c_u + \gamma h = (6 \sim 9) c_u + \gamma h \tag{7.4.7}$$

式中，c_u 为土的不排水剪切强度（kPa）。

　　桩的总极限侧阻力的计算通常是取桩身范围内各土层的极限侧阻力 q_{sui} 与对应桩侧表面积 $u_i l_i$ 乘积之和，即

$$Q_{su} = \sum u_i l_i q_{sui} \tag{7.4.8}$$

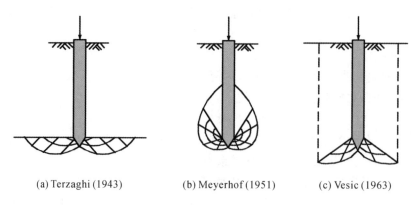

(a) Terzaghi (1943)　　(b) Meyerhof (1951)　　(c) Vesic (1963)

图 7.4.1　几种桩端土滑动面图形

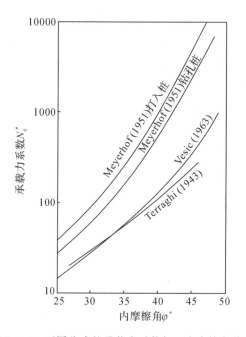

图 7.4.2　不同公式的承载力系数与土内摩擦角关系

当桩身为等截面时

$$Q_{su} = u \sum l_i q_{sui} \qquad (7.4.9)$$

q_{sui} 的计算可分为总应力法和有效应力法两类,根据计算表达式所采用系数的不同,大致可以分为 α 法、β 法和 λ 法,其中 α 法属总应力法,β 法属有效应力法。

1) α 法

α 法由 Tomlinson(1971)提出,α 法又称总应力法,用于计算饱和黏性土的侧阻力,其表达式为:

$$q_{su} = \alpha c_u \qquad (7.4.10)$$

式中,α 为取决于桩周土体的不排水剪切强度和桩进入黏性土层的深度比 h_c/d,可按表 7.4.2和图 7.4.3确定;c_u 为桩周饱和黏性土的不排水剪切强度(kPa),可采用无侧限压缩试验、三轴不排水剪切试验或原位十字板试验、旁压试验等测定。

表 7.4.2　打入硬(极硬)黏土中的 α 值

编号	土质条件	h_c/d	α
1	砂或砂砾覆盖	<20 >20	1.25 见图 7.4.3
2	软黏土或粉砂覆盖	$8<\dfrac{h_c}{d}\leqslant20$ >20	0.4 见图 7.4.3
3	无覆盖	$8<\dfrac{h_c}{d}\leqslant2$ >20	0.4 见图 7.4.3

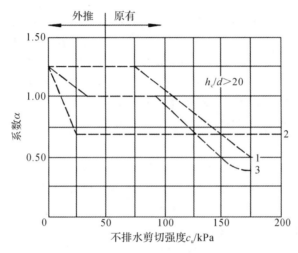

图 7.4.3　α 与 c_u 的关系

注:其中曲线编号见表 7.4.2。

美国石油协会根据土体不排水抗剪强度和有效竖向应力的不同,也给出了 α 的经验计算公式:

$$\alpha=0.5\,(c_u/\sigma'_{v0})^{-0.5}\quad(c_u/\sigma'_{v0}\leqslant1.0)\tag{7.4.11}$$

$$\alpha=0.5\,(c_u/\sigma'_{v0})^{-0.25}\quad(c_u/\sigma'_{v0}>1.0)\tag{7.4.12}$$

式中,σ'_{v0} 为竖向有效应力(kPa)。

2) β 法

β 法由 Chandler(1968)提出。β 法又称有效应力法,用于计算黏性土和非黏性土的侧摩阻力,其表达式为:

$$q_{su}=K_0\sigma'_{v0}\tan\delta\tag{7.4.13}$$

对于正常固结黏性土,$K_0\approx1-\sin\varphi'$,$\delta\approx\varphi'$。代入式(7.4.13)中可得:

$$q_{su}=\sigma'_{v0}(1-\sin\varphi')\tan\varphi'=\beta\sigma'_{v0}\tag{7.4.14}$$

式中,$\beta=(1-\sin\varphi')\tan\varphi'$;$K_0$ 为土的静止土压力系数;δ 为桩土接触面摩擦角(°);σ'_{v0} 为桩侧土层的平均竖向有效应力(kN/m²),地下水位以下取土的浮重度;φ' 为桩侧土层的有效内摩擦角(°)。

应用 β 法时需注意以下问题：

(1)该法的基本假定是成桩过程引起的超孔隙水压力已消散，土体已固结，因此对于成桩休止时间短的桩不能用 β 法计算其侧阻力。

(2)考虑到侧阻和深度效应，对于长径比 l/d 大于侧阻临界深度 $(l/d)_{cr}$ 的桩，可按下式取修正的 q_{su} 值：

$$q_{su}=\beta\sigma'_{v0}\left[1-\lg\frac{l/d}{(l/d)_{cr}}\right] \tag{7.4.15}$$

式中的临界长径比 $(l/d)_{cr}$，对于均匀土层可取 $10\sim15$，当硬土层上覆盖软弱土层时，$(l/d)_{cr}$ 从硬土层顶面算起。

(3)当桩侧土为很硬的黏土层时，考虑到剪切滑裂面不是发生于桩侧土中，而是发生于桩土界面，可取桩土接触面摩擦角 $\delta=(0.5\sim0.75)\varphi'$。

然而，在实际工程中往往无法忽略桩基施工过程对周围土体的扰动，桩土接触面的侧向土压力系数 K 与静止土压力系数 K_0 不同。O'Neill 和 Reese(1990)建议现场灌注桩的 K/K_0 比值在 $0.67\sim1.0$ 范围内，采用泥浆护壁的现场灌注桩，K/K_0 比值为 0.67；而干挖法施工的现场灌注桩，K/K_0 比值为 1.0。Kulhawy(1984)指出，非挤土桩 K/K_0 比值为 $0.7\sim1.0$，而挤土桩 K/K_0 比值为 $1.0\sim2.0$。桩土接触面的摩擦角与桩周土体的内摩擦角也有所差别，Kulhawy(1984)指出，光滑钢管桩 δ/φ' 比值为 $0.5\sim0.7$，而光滑混凝土桩 δ/φ' 比值为 $0.8\sim1.0$。

3) λ 法

综合 α 法和 β 法的特点，Vijayvergiya 和 Fodcht(1972)提出如下适用于黏性土的 λ 法：

$$q_{su}=\lambda(\sigma'_{v0}+2c_u) \tag{7.4.16}$$

式中，λ 为系数，可由图 7.4.4 确定。

图 7.4.4 所示 λ 系数是根据大量静载试验资料回归分析得出的。从图看出，λ 系数随

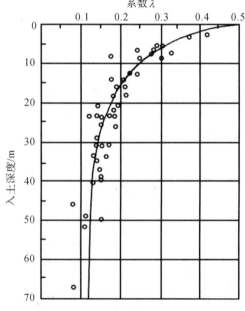

图 7.4.4 λ 与桩入土深度的关系

桩的入土深度增加而递减,至 20m 以下基本保持常量。这主要反映了侧阻的深度效应及有效竖向应力 σ'_{v0} 的影响随深度增加而递减。因此,在应用该法时,应将桩侧土的 q_{su} 分层计算,即根据各土层的实际平均埋深由图 7.4.4 取相应的 λ 值和 σ'_{v0}、c_u 值计算各土层的 q_{su} 值。

2. 原位测试法

通过原位测试法确定单桩承载力,在国外已较普遍。其中最常用的方法有静力触探试验法、标准贯入试验法和旁压试验法三种。标准贯入试验法和旁压试验法在我国积累的经验不够丰富,应用较少。下面主要介绍利用静力触探试验确定单桩承载力在我国的发展应用情况。

静力触探试验(简称静探)较适用于松软地层。20 世纪 30 年代,荷兰已用简单的圆锥探头来评价桩的单位阻力。我国从 70 年代开始这方面的试验研究工作,并在一些规范中纳入了这一方法。但各国使用的方法不完全相同。我国《建筑桩基技术规范》(JGJ 94—2008)中推荐的单桥探头,其圆锥底面积为 $15cm^2$,且还有 7cm 高的滑套,锥角为 $60°$。根据土层的比贯入阻力值,按下式估算单桩的竖向极限承载力。

当根据单桥探头静力触探资料确定混凝土预制桩单桩竖向极限承载力标准值时,如无当地经验,可按下式计算:

$$Q_{uk} = Q_{sk} + Q_{pk} = u \sum q_{sik} l_i + \alpha p_{sk} A_p \tag{7.4.17}$$

当 $p_{sk1} \leqslant p_{sk2}$ 时

$$p_{sk} = \frac{1}{2}(p_{sk1} + \beta p_{sk2}) \tag{7.4.18}$$

当 $p_{sk1} > p_{sk2}$ 时

$$p_{sk} = p_{sk2} \tag{7.4.19}$$

式中,Q_{sk}、Q_{pk} 分别为总极限侧阻力标准值和总极限端阻力标准值(kPa);u 为桩身周长(m);q_{sik} 为用静力触探比贯入阻力值估算的桩周第 i 层土的极限侧阻力(kPa);l_i 为桩周第 i 层土的厚度(m);α 为桩端阻力修正系数,可按表 7.4.3 取值;p_{sk} 为桩端附近的静力触探比贯入阻力标准值(平均值)(kPa);A_p 为桩端面积(m^2);p_{sk1} 为桩端全截面以上 8 倍桩径范围内的比贯入阻力平均值(kPa);p_{sk2} 为桩端全截面以下 4 倍桩径范围内的比贯入阻力平均值(kPa),如桩端持力层为密实的砂土层,其比贯入阻力平均值 p_s 大于 20MPa 时,则需乘以表 7.4.4 中系数 C 予以折减后,再计算 p_{sk2} 及 p_{sk1} 值;β 为折减系数,按表 7.4.5 选用。

注意:(1)q_{sik} 值应结合土工试验资料,依据土的类别、埋藏深度、排列次序,按图 7.4.5 折线取值;图 7.4.5 中,直线Ⓐ(线段 gh)适用于地表下 6m 范围内的土层;折线Ⓑ(线段 $oabc$)适用于粉土及砂土土层以上(或无粉土及砂土土层地区)的黏性土;折线Ⓒ(线段 $odef$)适用于粉土及砂土土层以下的黏性土;折线Ⓓ(线段 oef)适用于粉土、粉砂、细砂及中砂。

(2)p_s 为桩端穿过中密～密实砂土、粉土的比贯入阻力平均值;p_{sl} 为砂土、粉土的下卧软土层的比贯入阻力平均值。

(3)采用单桥探头,圆锥底面积为 $15cm^2$,底部带 7cm 高滑套,锥角为 $60°$。

(4)当桩端穿过粉土、粉砂、细砂及中砂层底面时,折线Ⓓ估算的 q_{sik} 值需乘以表 7.4.6 中系数 η_s 值。

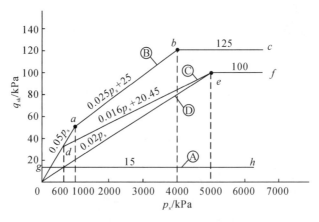

图 7.4.5　q_{sk}-p_s 关系曲线

表 7.4.3　桩端阻力修正系数 α 值

桩长/m	$l<15$	$15\leqslant l\leqslant30$	$30<l\leqslant60$
α	0.75	0.75~0.90	0.90

注:桩长 $15\leqslant l\leqslant30$m,α 值按 l 值直线内插,l 为桩长(不包括桩尖高度)。

表 7.4.4　系数 C

p_s/MPa	20~30	35	>40
系数 C	5/6	2/3	1/2

表 7.4.5　折减系数 β

p_{sk2}/p_{sk1}	$\leqslant5$	7.5	12.5	$\geqslant15$
β	1	5/6	2/3	1/2

注:表 7.4.4、表 7.4.5 可内插取值。

表 7.4.6　系数 η_s 值

p_{sk}/p_{sl}	$\leqslant5$	7.5	$\geqslant10$
η_s	1.00	0.50	0.33

　　当根据双桥探头静力触探资料确定混凝土预制桩单桩竖向极限承载力标准值时,对于黏性土、粉土和砂土,如无当地经验时可按下式计算:

$$Q_{uk} = Q_{sk} + Q_{pk} = u\sum l_i\beta_i f_{si} + \alpha q_c A_p \qquad (7.4.20)$$

式中,f_{si} 为第 i 层土的探头平均侧阻力(kPa)。q_c 为桩端平面上、下探头阻力,取桩端平面以上 $4d$(d 为桩的直径或边长)范围内按土层厚度的探头阻力加权平均值(kPa),然后再和桩端平面以下 $1d$ 范围内的探头阻力进行平均。α 为桩端阻力修正系数,对于黏性土、粉土取 2/3,对于饱和砂土取 1/2。β_i 为第 i 层土桩侧阻力综合修正系数,对于黏性土、粉土,$\beta_i = 10.04 f_{si}^{-0.55}$;对于砂土,$\beta_i = 5.05 f_{si}^{-0.45}$。

　　注意:双桥探头的圆锥底面积为 15cm²,锥角为 60°,摩擦套筒高 21.85cm,侧面积为 300cm^2。

3. 经验参数法

经验参数法确定单桩承载力被列入一些国家标准、行业标准和地区标准中,用于桩基的初步设计和非重要工程的设计,或作为多种方法综合确定单桩承载力的依据之一,也有在无条件进行静载试桩的情况下应用这种方法确定单桩承载力的规定。《建筑桩基技术规范》(JGJ 94—2008)规定,当根据土的物理指标与承载力参数之间的经验关系确定单桩竖向极限承载力标准值时,宜按下式估算:

$$Q_{uk} = Q_{sk} + Q_{pk} = u \sum q_{sik} l_i + q_{pk} A_p \qquad (7.4.21)$$

式中,q_{sik} 为桩侧第 i 层土的极限侧阻力标准值(kPa),如无当地经验,可采用《建筑桩基技术规范》(JGJ94—2008)推荐值;q_{pk} 为极限端阻力标准值(kPa),如无当地经验,可采用《建筑桩基技术规范》(JGJ 94—2008)推荐值。

4. 桩基现场静载试验

桩的现场静载试验是获得桩的竖向抗压、抗拔以及水平承载力的最基本而且可靠的方法。通过竖向承压荷载试验可以确定单桩的竖向受压承载力。将静载试验过程中施加的桩顶荷载和每级桩顶荷载作用下的桩顶位置值进行整理可以得到试桩的桩顶 $Q\text{-}s$ 曲线,$Q\text{-}s$ 曲线是桩破坏机理和破坏模式的宏观反映。此外,静载试验过程中还可获得每级荷载下桩顶沉降随时间的变化曲线,它也有助于对试验结果的分析。在试桩桩身埋设应变测量元件以直接测定桩侧各土层的极限摩阻力和端承力,以及桩端的残余变形等参数,能对桩土体系的荷载传递机理有较全面的了解和分析。

静载试验中一般使用单台或多台同型号千斤顶并联加载,千斤顶的加载反力装置可根据现有条件选取下述三种形式之一。

1)锚桩主次梁(或主次钢桁架)反力装置

一般锚桩至少四根。如用灌注桩作锚桩,则其钢筋笼要通长配置。如用预制长桩,则要加强接头的连接,锚桩按抗拔桩的有关规定计算确定,并在试验过程中应对锚桩上拔量进行监测。除了工程桩当锚桩外,也可用地锚的办法。主次梁强度刚度与锚接拉筋总断面在试验前要进行验算。该方案不足之处是进行大吨位灌注桩试验时无法随机抽样。但对预制桩试验抽样仍无影响。

2)堆重平台反力装置

堆重量不得小于预估试桩破坏荷载的 1.2 倍。堆载最好在试验开始前一次加上,并均匀稳固放置于平台上。堆重材料一般为铁锭、混凝土块或沙袋。在软土地基上的大量堆载将引起地面的大量下沉,基准梁要支承在其他工程桩上,并远离沉降影响范围。堆载的优点是能随机取样,并适合于不配或少配筋的桩基工程。

3)锚桩堆重联合反力装置

当试桩最大加载重量超过锚桩的抗拔能力时,可以锚桩上或主次梁上配重,由锚桩与堆重共同承受,千斤顶加载反力由于锚桩上拔受拉,采用适当的堆重,有利于控制桩体混凝土裂缝的开展。缺点是由于桁架或梁上挂重堆重,由桩的突发性破坏所引起的振动、反弹对安全不利。

千斤顶应严格进行物理对中:当采用多台千斤顶加载时,应让千斤顶并联同步工作,其上下部尚需设置足够刚度的钢垫箱,并使千斤顶的合力通过试桩中心。加载油压系统采用并联于千斤顶的高精度压力表测定油压,并事先由千斤顶标定曲线换算荷载。重要的桩基试验尚需在千斤顶上放置应力环或压力传感器实行双控校正。

沉降测量一般采用 40~60mm 量程的百分表,设置在桩的 2 个正交直径方向,对称安置 4 个。小径桩可安置 2 个或 3 个百分表。沉降测定平面与桩顶距离不应小于 0.5 倍桩径,固定和支承百分表的夹具和横梁在构造上应确保不受气温影响而发生竖向变位。当采用堆载反力装置时,为了防止堆载引起的地面下沉影响测读精度,其基准梁系统尚需用 N-3 水准仪进行监控。为确保试验安全,特别当试验加载临近破坏时,最好采用遥控沉降读数,一是采用电测位移计,二是采用摄像头对准百分表读数。

桩身内埋测试元件方面,国内用得较多的是电阻式应变计和频率式应变计,以优质多芯电缆线引出,当防潮绝缘处理好时,元件成活率较高,频率式应变计对环境适应性更强些。另一种是沿桩身的不同标高处预埋不同长度的金属管和测杆,即可用千分表量测测杆趾部相对于桩顶处的下沉量,经计算而求应变与荷载。在桩身端部轴力测量中,也可用扁千斤顶。采用"自平衡测桩法"是在桩尖附近安设荷载箱,沿垂直方向加载,即可同时测得荷载箱上、下部各自轴压力。光纤测量技术是近年来在土木工程领域逐渐采用的实时监测技术之一,光纤检测除了能得到按土层划分的计算结果,还能得到按连续测点的计算结果,它的分辨率高,在试桩过程中,局部出现的负摩擦力和侧阻软化现象也能得以显示。

现场静载试验加载方法一般采用慢速维持荷载法,即逐级加载,每级荷载达到相对稳定后,再加下一级荷载,直到试验破坏,然后按每级加荷量的 2 倍卸荷到零。按试桩的预计最大试验承载力等分为 10~15 级进行逐级等量加载。亦可将沉降变化较小时的第一、二级加载合并,但是预估的最后一级加载和在试验过程中提前出现临界破坏的那一级荷载亦可分成二次加载,这对判定极限承载力精度将有所帮助。每级加载后,隔 5mim、10min、15min 各测读一次,以后每隔 15min 读一次,累计 1 小时后每隔半小时读一次。在每级荷载作用下,桩的沉降量在每小时内小于 0.1mm。

出现下列情况之一时,即可终止加载:

(1)当 Q-s 曲线上有可判定极限承载力的陡降段,且桩顶总沉降超过 40mm;

(2)某级荷载作用下,桩顶的沉降量大于前一级荷载作用下沉降量的 2 倍,且经 24h 尚未达到相对稳定;

(3)在特殊条件下,可根据具体要求加载,且桩顶沉降量大于 100mm(基本可揭示桩端极限端承力)。

单桩竖向极限承载力应按下列方法确定:

(1)当 Q-s 曲线的陡降段明显时,取相应于陡降段起点的荷载值。

(2)当出现 $\dfrac{\Delta S_{n+1}}{\Delta S_n} \geqslant 2$,即后一级加载的位移增加值大于等于前一级加载的位移增加值的 2 倍以上,且经 24h 尚未达到稳定时,取前一级荷载值为极限承载力。

(3)Q-s 曲线呈缓变型时,取桩顶总沉降量 s=40mm 所对应的荷载值。当桩长大于 40m 时宜考虑桩身的弹性压缩。

7.4.2 群桩竖向承载力

群桩不同于单桩的承载特性是,群桩基础受竖向荷载后,承台、群桩、土体形成一个相互作用、共同工作的体系,其变形和承载力均受相互作用的影响和制约。这种相互作用的影响和制约通常称为群桩效应。群桩效应通过群桩效应系数 η 表现出来。群桩效应系数 η 定义为:

$$\eta = \frac{群桩中基桩的平均极限承载力}{单桩极限承载力} = \frac{Q_{ug}}{Q_u} \tag{7.4.22}$$

对于低承台式,荷载一般经由桩土界面(包括桩身侧面与桩底面)和承台底面两条路径传递给地基土。但在长期荷载作用下,荷载传递的路径则与多种因素有关,如桩周土的压缩性、持力层的刚度、应力历史与荷载水平等,大体上有两类基本模式。

第一类是桩、承台共同分担,即荷载经由桩体界面和承台底面两条路径传递给地基土,使桩产生足够的刺入变形,保持承台底面与土接触的摩擦桩基就属于这种模式。

研究表明,桩、土、承台共同作用有如下一些特点:

(1)承台如果向土传递压力,有使桩侧摩阻力增大的增强作用;

(2)承台的存在有使桩的上部侧阻发挥减少(桩土相对位移减小)的削弱作用;

(3)承台与桩有阻止桩间土向侧向挤出的遮拦作用;

(4)刚性承台有迫使桩同步下沉,桩的受力如同刚性基础底面接触压力的分布,承台外边缘桩承受的压力大于位于内部的桩。

(5)桩、土、承台共同作用还包含时间因素(如固结、蠕变以及触变等效应)的问题。

第二类是桩群独立承担,即荷载仅由桩体界面传递给地基土。桩顶(承台)沉降小于承台下面土体沉降的摩擦端承桩和端承桩就属于这种模式。

群桩效应是群桩承载机理区别于单桩的关键,群桩效应具体反映于以下几方面:群桩的侧阻力与端阻力、承台土反力、桩顶荷载分布、群桩沉降及其随荷载的变化、群桩的破坏模式。

制约群桩效应的主要因素,一是承载类型、桩侧与桩端的土性、土层分布和成桩工艺(挤土或非挤土);二是群桩自身的几何特征,包括承台的设置方式(高或低承台)、桩间距 s_a、桩长 L 及桩长与承台宽度比 L/B_c、桩的排列形式、桩数 n。由于低承台情况下,群桩效应的影响更显著,现就低承台群桩效应的一般变化规律分述如下。

1. 端承型群桩的群桩效应

由端承桩组成的群桩基础,通过承台分配于各桩桩顶的竖向荷载,其大部分由桩身直接传递到桩端。由于桩侧阻力分担的荷载比例较小,因此桩侧剪应力的相互影响和传递到桩端半面的应力重叠效应较小。此外,桩端持力层比较坚硬,桩端的刺入变形较小,承台底土反力较小,承台底地基土分担荷载的作用可忽略不计。因此,端承型群桩中基桩的性状与独立单桩相近,群桩相当于单桩的简单集合,桩与桩的相互作用、承台与土的相互作用,都小到可忽略不计。端承型群桩的承载力可近似取为各单桩承载力之和,即群桩效率系数 η 可近似取 1。

$$\eta = \frac{P_u}{nQ_u} \approx 1 \tag{7.4.23}$$

式中,P_u、Q_u 分别为群桩和单桩的极限承载力;n 为群桩中的桩数。

由于端承型群桩的桩端持力层刚度大,因此其沉降也不致因桩端应力的重叠效应而显著大增,一般无须计算沉降。

当桩端硬持力层下存在软弱下卧层时，则需附加验算以下内容：单桩对软弱下卧层的冲剪；群桩对软弱下卧层的整体冲剪；群桩的沉降（主要是软弱下卧层的附加沉降）。

2. 摩擦型群桩的群桩效应

由摩擦桩组成的群桩，在竖向荷载作用下，其桩顶荷载的大部分通过桩侧阻力传播到桩侧和桩端土层中，其余部分由桩端承受。桩端的刺入变形和桩身的弹性压缩，对于低承台群桩，使承台底也产生一定土反力，分担一部分荷载，因而使得承台底面土、桩间土、桩端土都参与工作，承台、桩、土相互影响共同作用，群桩的工作性状趋于复杂。桩群中任一根基桩的工作性状明显不同于独立单桩，群桩承载力将不等于各单桩承载力之和，其群桩效率系数 η 可能小于 1 也可能大于 1，群桩沉降也明显超过单桩。

实际的群桩效应比上述简化概念复杂得多，它受下列因素的影响而变化。

1）桩间距对群桩效应的影响

桩侧阻力只有在桩土间产生一定相对位移的条件下才能发挥出来，群桩的桩间土竖向位移受相邻桩影响而增大，桩土相对位移随之减小。这使得在相等沉降条件下，群桩侧阻力发挥值小于单桩。在桩距很小条件下，即使发生很大沉降，群桩中各基桩的侧阻力也不能得到充分发挥。由于桩周土的应力、变形状态受邻桩影响而变化，因此桩间距的大小不仅制约桩土相对位移，影响发挥侧阻所需群桩沉降量，而且影响侧阻的破坏性状与破坏值。群桩的端阻力不仅与桩端持力层强度与变形性质有关，而且因承台、邻桩的相互作用而变化。一般情况下，端阻力随桩间距减小而增大，这是邻桩的桩侧剪应力在桩端平面上重叠，导致桩端平面的主应力差减小，以及桩端的侧向变形受到邻桩逆向变形的制约而减小所致。持力土层性质和成桩工艺不同，桩间距对端阻力的影响程度也不同。在相同成桩工艺条件下，群桩端阻力受桩间距的影响，黏性土较非黏性土大，密实土较非密实土大。就成桩工艺而言，非饱和土与非黏性土中的挤土桩，其群桩端阻力因挤土效应而提高，提高幅度随桩间距增大而减小。

2）承台对群桩效应的影响

低承台限制了桩群上部的桩土相对位移，从而使基桩上段的侧阻力发挥值降低，即对侧阻力起"削弱效应"。侧阻力的承台效应随承台底土体压缩性提高而降低。承台对桩群上部桩土相对位移的制约，还影响桩身荷载的传递性状，侧阻力的发挥不像单桩那样开始于桩顶，而是开始于桩身下部（对于短桩）或桩身中部（对于中、长桩）。对于低承台，承台还具有限制桩土相对位移、减小桩端贯入变形的作用，从而导致桩端阻力提高。这一点从高低承台群桩的对比试验中表现得很明显。承台底地基土愈软，承台效应愈小。

3）桩长与承台宽度比的影响

当桩长较小时，桩侧阻力受承台的削弱效应而降幅较大；当承台底地基土质较好，且桩长与承台宽度比较小时，承台土反力形成的压力泡包围了整个桩群，桩间土和桩端平面以下土因受竖向压应力而产生位移，导致桩侧剪应力松弛而使侧阻力降低。当承台底地基土压缩性较高时，侧阻随桩长与承台宽度比的变化将显著减小。

4）地基土体性质的影响

对于砂土和粉土中的打入桩，其沉桩挤土加密效应十分显著，对于非密实的砂土和粉土因沉桩而变密实；对于群桩，由于沉桩挤土变形受到已沉入桩的阻挡作用，挤土加密效应比单桩更为显著。桩群沉桩挤土加密效应随桩距减小、桩数增多而增强，与打桩顺序也有一定关系。

　　在常用桩距条件下,相邻桩应力的重叠导致桩端平面以下应力水平提高和压缩层加深,使群桩的沉降量和延续时间大于单桩。桩基沉降的群桩效应,可用每根桩承担相同桩顶荷载条件下,群桩沉降量 s_g 与单桩沉降量 s_1 之比,即沉降比 R_s 来度量:

$$R_s = \frac{s_g}{s_1} \tag{7.4.24}$$

　　群桩效应系数越小,沉降比越大,则表明群桩效应越明显,群桩的极限承载力越低,群桩沉降越大。

　　群桩沉降比随下列因素而变化:

　　(1)桩数:群桩中的桩数是影响沉降比的主要因素。在常用桩距和非条形排列条件下,沉降比随桩数增加而增大。

　　(2)桩距:当桩距大于常用桩距时,沉降比随桩距增大而减小。

　　(3)长径比:在相同桩长情况下,沉降比随桩的长径比 l/d 增大而增大。

7.5　桩基水平承载力

7.5.1　水平荷载作用下桩的工作性状

　　桩基础除了承受较大的竖向荷载外,往往还需承受较大的水平荷载(如波浪力、风力、震动力、船舶撞击力以及行车的制动力等)和力矩,从而导致桩基的受力情况更为复杂。水平荷载作用下,基桩的工作性状涉及桩身半刚体结构部件和土体之间的相互作用问题,因而极为复杂,其水平承载能力不仅与桩本身材料强度和截面尺寸有关,且很大程度上取决于桩侧土的水平抗力。水平荷载作用下桩身产生挠曲变形,且变形随深度变化,导致桩侧土体所发挥的水平抗力也随深度变化。当桩顶未受约束时,桩顶的水平荷载首先由靠近地面处的土体承担。荷载较小时,土体虽处于弹性压缩阶段,但桩身水平位移足以使部分压力传递到较深土层。随荷载增加,土体逐步产生塑性变形,并将所受水平荷载传递至更大深度。当变形增大到桩材不能容许或桩侧土体屈服破坏时,桩土体系便趋于破坏,桩的水平承载力丧失。

　　桩的材料强度和截面尺寸越大,其抗弯刚度就越大,水平力作用下桩身的挠曲变形就越小;另外,土体强度越大,水平抗力就越大,对桩身挠曲变形的约束作用也越大,故桩的水平受力变形特性受桩-土相对刚度的影响较大。通常根据桩-土相对刚度将桩划分为刚性桩和弹性桩。当桩的相对刚度较大时,可不考虑水平荷载作用下桩本身的挠曲变形,称为刚性桩,其水平承载力取决于桩侧土强度及其稳定性,如墩基和沉井基础等;当桩的相对刚度较小时,桩身挠曲变形较大,称为弹性桩,其水平承载力取决于桩材抗弯刚度和桩侧土强度,一般情况下弹性桩居多。

　　当桩的长度较小或桩周土体软弱时,桩的刚度远大于土体的刚度,水平荷载作用下,桩本身挠曲变形极微,可忽略不计,故桩体将产生全桩长的刚体变位。当桩顶自由时[见图 7.5.1(a)],桩身将绕靠近桩端的一点 O 转动,O 点上方的土层和 O 点到桩底之间的土层产生被动抗力。这两部分作用方向相反的土抗力构成力矩以共同抵抗桩顶水平荷载的作用,并达到力的平衡。当水平荷载达到一定值时,桩侧土体开始屈服,随荷载增加,屈服逐渐向下发展,直至桩身因转动而破坏。对于桩顶自由的刚性桩,当桩身抗剪强度满足要求时,桩体本身一般不发生破坏,故其水平承载力主要由桩侧土的强度控制。但桩径较大时,尚需考虑桩底土偏心受压时的承载能力。

当桩顶嵌固在承台中时,因桩顶受到约束而不能产生转动,桩与承台将一起产生刚体位移以获得土体抗力,如图 7.5.1(b)所示,当土体抗力不足以平衡水平荷载或嵌固处的弯矩超过桩截面极限抵抗矩时,桩基础失效而破坏。

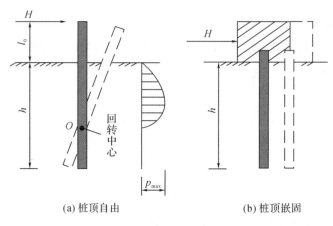

(a) 桩顶自由   (b) 桩顶嵌固

图 7.5.1   水平荷载作用下刚性桩的破坏性状

当桩的长径比较大或桩周土体较坚实时,桩土相对刚度较小,此时在桩顶水平荷载作用下,由于桩侧土体水平抗力的约束,桩体本身将产生随深度增大而逐渐减小的挠曲变形,且达到一定深度后,挠曲变形趋近于零[见图 7.5.2(a)]。此时,随水平荷载的不断增加,桩身在较大弯矩处断裂或使桩体产生过大侧移使桩周土体屈服破坏,导致桩的水平承载能力丧失。

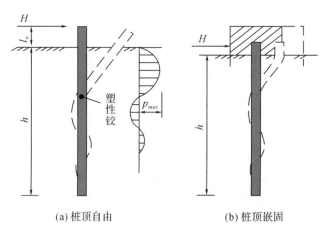

(a) 桩顶自由   (b) 桩顶嵌固

图 7.5.2   水平荷载作用下柔性桩的破坏性状

当桩顶受承台约束时,除可能出现上述弯曲破坏外,在桩顶与承台嵌固处也将产生较大弯矩,并因桩身材料屈服而形成塑性铰,如图 7.5.2(b)所示。桩身材料对弹性桩的破坏性状也有一定影响,如钢筋混凝土桩,其抗拉强度低于轴心抗压强度,故桩身挠曲时首先在截面受拉侧开裂而趋于破坏,故钢筋混凝土桩用作弹性桩时,应控制其截面开裂并限定相应的位移;而钢管桩,其抗压强度与抗拉强度基本一致,但抗弯刚度一般低于同直径的钢筋混凝土实心桩,水平荷载作用下,与钢筋混凝土桩不同,可承受较大的挠曲变形而不产生截面受拉破坏。钢管桩用作弹性桩时,应控制其水平位移以免失稳;此外,桩体发生转动或破坏之前,桩顶将产生较大的水平位移,而该水平位移往往使所支承结构物的位移量超出容许范围或使结构不能正常使用,故设计时还须考虑桩顶位移是否满足上部结构所容许的限度。

7.5.2　水平荷载作用下桩的计算方法

水平荷载下基桩的受力分析方法较多,通常可分为如下几大类。

1. 极限地基反力法(极限平衡法)

极限地基反力法首先由雷斯提出,冈部和布罗姆斯等进行了发展,适用于埋入深度较小的刚性桩。该法假定桩侧土体处于极限平衡状态,并按照作用于桩上的外力及土的极限静力平衡条件推求桩的水平承载力,不考虑桩本身挠曲变形,且认为地基反力 q 仅是深度 z 的函数,而与桩身挠曲变形 x 无关,即

$$q = q(z) \tag{7.5.1}$$

根据不同的土反力分布规律假定,又分为不同的计算方法,如恩格尔-物部法、雷斯法、冈部法、斯奈特科法、布罗姆斯法和挠度曲线法等。由于在确定桩的水平抗力时假定桩侧土体处于极限平衡状态,不考虑桩身与地基的变形特性,故极限地基反力法不适用于一般桩基变形问题的研究,即不能用于长桩和含有斜桩的桩结构计算。

2. 弹性地基反力法

弹性地基反力是指由桩的位移 x 所产生的地基反力。弹性地基反力法将土体假定为弹性体,用梁的弯曲理论求解桩的水平抗力,其假定地基反力 q 与桩的位移 x 的 m 次方成比例,且随深度发生变化,即

$$q = kz^n x^m \tag{7.5.2}$$

式中,k 是由土的弹性所决定的系数,与指数 m、$n\,(n \geqslant 0, 1 \geqslant m \geqslant 0)$ 有关,单位为 $\mathrm{kN/m}^{m+n+z}$。z 与 x 的幂方形式也可表示为与 z 的任意函数 $k(z)$ 乘积的形式:

$$q = k(z)x^m \tag{7.5.3}$$

根据指数 m 的取值不同,弹性地基反力法又可分为:$m=1$ 时的线弹性地基反力法和 $m \neq 1$ 时的非线性弹性地基反力法。两者在数学上的处理方法完全不同。

1)线弹性地基反力法

线弹性地基反力法中,地基系数 $k(z)$ 表示单位面积土在弹性限度内产生单位变形时所需的力,其值可通过实测试桩在不同类别土质及不同深度的 x 及 q 后反算得到。大量试验表明,地基系数 $k(z)$ 值不仅与土的类别及其性质有关,且随深度变化。为简化计算,一般指定 $k(z)$ 中的两个参数为单一参数。按指定参数不同,分为张氏法、k 法、m 法和 c 法等。

线弹性地基反力法假定地基为服从虎克定律的弹性体,地基反力 q 与桩上任一点的位移 x 成正比,即文克尔假定。但该假定没有考虑地基土的连续性,对于某些地基,如剪切刚度较大的岩石地基,则其假定不能成立。此外,土的物理性质很复杂,不可能用这种简单的数学关系来表达。但文克尔假定与很多反映土实际状态的复杂分析方法相比,数学处理简

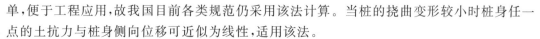

单,便于工程应用,故我国目前各类规范仍采用该法计算。当桩的挠曲变形较小时桩身任一点的土抗力与桩身侧向位移可近似为线性,适用该法。

现将国内外几种常用的地基系数图式作如下简述。

(1)张氏法。如图7.5.3(a)所示,假定$k(z)$沿深度为一常数,即$n=0$,从而可得到一个四阶常系数常微分方程,可用特征值法求解桩身内力和位移。

$$EI\frac{\mathrm{d}^4x}{\mathrm{d}z^4}+kb_px=0 \tag{7.5.4}$$

该法由我国张有龄先生于1937年提出,曾在日本流行相当长的时期。根据其假定,地面处桩侧位移最大,则土的侧向抗力为最大,试验证明对于非黏性土和正常固结黏性土,地面处土体实际侧向抗力很小,因此与实际情况相矛盾。只有在坚硬的岩石中才可能水平方向地基系数沿深度不变。

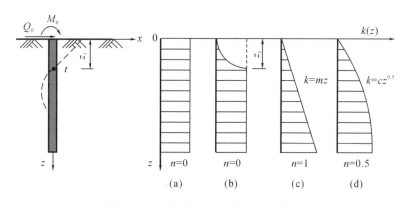

图7.5.3 地基水平抗力系数分布模式

(2)k法。如图7.5.3(b)所示,假定$k(z)$在第一弹性零点t至地面间随深度增加(呈凹形抛物线),而到t后为常数。但实际上t点以上$k(z)$的变化规律并不明确。在公式推导时假定该段土体的抗力呈抛物线变化,而土体抗力与位移x有关,假定x为高次曲线,与原假定不一致。该法由苏联安盖尔斯基于1937年提出,曾在我国广泛采用。用该法所得桩身最大弯矩值大于实测值,偏于安全。但由于推导及假定存在一定的问题,我国现行规范已将其取消。

(3)m法。如图7.5.3(c)所示,假定$k(z)$随深度呈线性增加,即$n=1$,所得方程为变系数常微分方程,不能直接求得精确解,通常采用幂级数求解。

$$EI\frac{\mathrm{d}^4x}{\mathrm{d}z^4}+kb_pzx=0 \tag{7.5.5}$$

该法最早用来计算板桩墙的平面问题,1962年引入我国。不少学者通过试验和理论分析,认为非黏性土和正常固结黏性土的$k(z)$随深度呈线性增加。我国目前对该法用得最多,如现行铁路、公路桥梁桩基以及建筑桩基等规范均推荐该法。但该法也有缺点,如假定$k(z)$随深度无限增长,与实际不符。

地基反力系数法中,如反力系数随深度呈线性增大,则可用下式表述桩土相对刚度

$$\alpha=\sqrt[5]{\frac{mb_p}{EI}} \tag{7.5.6}$$

式中,α为桩的水平变形系数,其量纲为长度单位的倒数(1/m);EI为桩身抗弯刚度(kN·m^2);

b_p 为桩的计算宽度(m);m 为地基系数沿深度增长的比例系数($\mathrm{kN/m^4}$)。

计算分析中,一般以桩的无量纲入土深度 αh 来区分刚性桩和弹性桩。

(4)c 法。如图 7.5.3(d)所示,该法于 1964 年由日本久保浩一提出。假定 $k(z)$ 随深度呈抛物线增加,即 $n=0.5$。因 n 不为整数,其微分方程不能用幂级数求解,但可用积分方程和微分算子求解。

$$EI\frac{\mathrm{d}^4 x}{\mathrm{d}z^4}+kb_p z^{0.5}x=0 \qquad (7.5.7)$$

上述方法均为按文克尔假定的弹性地基梁法,只是各自假定的地基系数随深度分布规律不同,其计算结果也不同。实际工程应用中,可根据土体类别和桩身位移等情况,考虑采用何种地基反力模式较为适宜。通常情况下,m 法和 c 法适用于一般黏性土和砂性土,张氏法对于超固结黏性土、地表有硬层的黏性土和地表密实的砂性土等情况较为适用。

2)非线性弹性地基反力法

桩身水平位移较大时,桩身任一点的土抗力与桩身侧向位移之间呈非线性关系($m\neq 1$),为非线性弹性地基反力法,其中最具代表性的是里法特提出的 $m=0.5$ 的港湾研究所法。据地基特性,港湾研究所法又分 $n=1$ 的久保法和 $n=0$ 的林一宫岛法。因非线性微分方程难以用解析法或近似法求解,故该法用标准桩得到的标准曲线和相似法则来计算实际桩的受力状态。

非线性弹性地基反力法可以更广泛地反映桩的实际动态,该法适用于竖直桩、栈桥及柔性系缆浮标等有较大位移的结构计算。但由于该法计算的复杂性,实用中往往受到限制。

3. 复合地基反力法(p-y 曲线)

桩入土深度较大时,桩的破坏形态是桩周土由地面开始屈服,塑性区逐渐向下扩展。复合地基反力法在塑性区采用极限地基反力法,在弹性区采用弹性地基反力法,根据弹性区与塑性区边界上的连续条件求解桩的水平抗力。因塑性区和弹性区需根据土的最终位移来判断,故广义上也称为 p-y 曲线法。如长尚、竹下、布罗姆斯等假定塑性区地基反力按土压力理论计算,弹性区地基反力呈线性分布;斯奈特科等假定塑性区地基反力为二次曲线分布,在弹性区地基反力采用张氏法计算等。

此外,马特洛克、里斯-考克斯等人对麦克莱伦特-福奇特提出的由桩侧水平地基反力与土的不排水三轴试验所得的应力应变曲线的相互关系加以引伸,提出按实际的应力应变关系进行计算的方法,该法被美国石油协会(American Petroleum Institute,API)关于海洋结构物的技术报告 API-RP-2A 所选用,称为 p-y 曲线法。沿地面下若干深度处桩身的 p-y 曲线如图 7.5.4 所示。实际上,实测不同深度处的桩侧地基土反力与桩身挠度非常困难,特别是土压力,故多用室内三轴试验,根据土的应力应变关系,求出桩上每隔一定深度的 p-y 曲线,再与现场试桩相配合。复合地基反力法能如实地反映地基的非弹性性质及由地表开始的渐进性破坏现象,是目前国外最为流行的分析方法。但计算过程中须以某些形式对地基的性质进行数学化模拟;为验证模拟是否合适,还须利用计算机反复收敛计算,这两点是此法存在的问题。对承受反复荷载,且地基中产生较大应变的桩基,宜采用 p-y 曲线法。

7.5.3　单桩水平静载试验

单桩水平静载试验采用接近于水平受荷桩实际工作条件的试验方法,确定单桩水平临界荷载和极限荷载,推定土抗力参数的比例系数,或对工程桩的水平承载力进行检验和评价。当桩身埋设应变测量传感器时,可测量相应水平荷载作用下的桩身应力,并由此计算得出桩身弯矩分布情况,可为检验桩身强度、推求不同深度弹性地基系数提供依据。

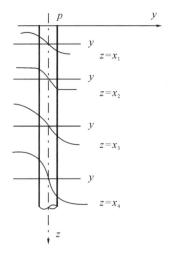

图 7.5.4　不同深度处的 p-y 曲线

进行单桩水平静载试验时,水平推力加载装置宜采用油压千斤顶(卧式),加载能力不得小于最大试验荷载的 1.2 倍。采用荷载传感器直接测定荷载大小,或用并联油路的油压表或油压传感器测量油压,根据千斤顶标定曲线换算荷载。水平力作用点宜与实际工程的桩基承台底面标高一致。千斤顶与试桩接触处需安置一球形支座,使水平作用力方向始终水平和通过桩身轴线,不随桩的倾斜和扭转而改变,同时可以保证千斤顶对试桩的施力点位置在试验过程中保持不变。反力装置应根据现场具体条件选用,最常见的方法是利用相邻桩提供反力,即两根截面刚度相同的试桩对顶;也可利用周围现有的结构物作为反力装置或专门设置反力结构,但其承载能力和作用方向上刚度应大于试验桩的 1.2 倍。桩的水平位移测量宜采用位移传感器或大量程百分表,测量误差不大于 0.1%FS,分辨力优于或等于0.01mm。在水平力作用平面的受检桩两侧应对称安装两个位移计,以测量地面处的桩水平位移;当需测量桩顶转角时,尚应在水平力作用平面以上 50cm 的受检桩两侧对称安装两个位移计,利用上下位移计差与位移计距离的比值可求得地面以上桩的转角。当对灌注桩或预制桩测量桩身应力或应变时,各测试断面的测量传感器应沿受力方向对称布置在远离中性轴的受拉和受压主筋上,埋设传感器的纵剖面与受力方向之间的夹角不得大于 10°,以保证各测试断面的应力最大值及相应弯矩的量测精度(桩身弯矩并不能直接测到,只能通过桩身应变值进行推算)。承受水平荷载的桩,其破坏是由桩身弯矩引起的结构破坏;在中长桩中,浅层土对限制桩的变形起重要作用,而弯矩在此范围里变化也最大,为找出最大弯矩及其位置,应加密测试断面。

单桩水平静载试验宜根据工程桩实际受力特性,选用单向多循环加载法或与单桩竖向抗压静载试验相同的慢速维持荷载法。单向多循环加载法主要模拟实际结构的受力形式(如地震力、海浪和风荷载,等等)。对于长期承受水平荷载作用的工程桩,加载方式宜采用慢速维持荷载法。对需测量桩身应力或应变的试验桩不宜采取单向多循环加载法,因为它会对桩身内力的测试带来不稳定因素,此时应采用慢速或快速维持荷载法。

单向多循环加载法的分级荷载应小于预估水平极限承载力或最大试验荷载的 1/10,每级荷载施加后,恒载 4min 后可测读水平位移,然后卸载为零,停 2min 测读残余水平位移。至此完成一个加卸载循环,如此循环 5 次,完成一级荷载的位移观测。试验不得中间停顿。

慢速维持荷载法的加卸载分级、试验方法及稳定标准应按"单桩竖向抗压静载试验"的相关规定进行。测量桩身应力或应变时,测试数据的测读宜与水平位移测量同步。

当出现下列情况之一时,可终止加载:

(1)桩身折断。对钢筋混凝土长桩和中长桩,水平承载力作用下的破坏特征是桩身弯曲破坏,即桩发生折断,此时试验自然终止。

（2）水平位移超过 30～40mm（软土取 40mm）。

（3）在工程桩水平承载力验收检测中，终止加载条件可按设计要求或规范规定的水平位移允许值控制。

单桩水平静载试验完成后，采用单向多循环加载法时应绘制水平力-时间-力作用点位移（H-t-Y_0）关系曲线和水平力-位移梯度（H-$\Delta Y_0/\Delta H$）关系曲线。采用慢速维持荷载法时应绘制水平力-力作用点位移（H-Y_0）关系曲线、水平力-位移梯度（H-$\Delta Y_0/\Delta H$）关系曲线、力作用点位移-时间对数（Y_0-$\lg t$）关系曲线和水平力-力作用点位移双对数（$\lg H$-$\lg Y_0$）关系曲线。绘制水平力、水平力作用点水平位移-地基土水平抗力系数的比例系数的关系曲线（H-m、Y_0-m）。

单桩的水平临界荷载即桩身受拉区混凝土明显退出工作前的最大荷载。对于混凝土长桩或中长桩，在水平荷载作用下，桩侧土体随着荷载的增加，其塑性区自上而下逐渐展开扩大，最大弯矩断面下移，最后形成桩身结构的破坏。此时所测水平临界荷载 H_{cr} 为桩身产生开裂时所对应的水平荷载。因为只有混凝土桩才会产生开裂，所以只有混凝土桩才有临界荷载。

单桩的水平临界荷载可按下列方法综合确定：

（1）取单向多循环加载法时的 H-t-Y_0 曲线或慢速维持荷载法时的 H-Y_0 曲线出现拐点的前一级水平荷载值。

（2）取 H-$\Delta Y_0/\Delta H$ 曲线或 $\lg H$-$\lg Y_0$ 曲线上第一拐点对应的水平荷载值。

（3）取 H-σ_s 曲线第一拐点对应的水平荷载值。

单桩的水平极限承载力是对应于桩身折断或桩身钢筋应力达到屈服时的前一级水平荷载。单桩的水平极限承载力可根据下列方法综合确定：

（1）取单向多循环加载法时的 H-t-Y_0 曲线或慢速维持荷载法时的 H-Y_0 曲线产生明显陡降的起始点对应的水平荷载值，如图 7.5.5 所示。

（2）取慢速维持荷载法时的 Y_0-$\lg t$ 曲线尾部出现明显弯曲的前一级水平荷载值。

（3）取 H-$\Delta Y_0/\Delta H$ 曲线或 $\lg H$-$\lg Y_0$ 曲线上第二拐点对应的水平荷载值。

（4）取桩身折断或受拉钢筋屈服时的前一级水平荷载值。

单桩水平承载力特征值可按下列方法确定：

（1）当水平承载力按桩身强度控制时，取水平临界荷载统计值作为单桩水平承载力特征值。

（2）当桩受长期水平荷载作用且桩不允许开裂时，取水平临界荷载统计值的 0.8 作为单桩水平承载力的特征值。

（3）当按设计要求的水平允许位移控制且水平极限承载力不能确定时，取设计要求的水平允许位移所对应的水平荷载，与水平临界荷载两者中的较小值。但应满足有关规范抗裂设计的要求。

（4）当水平极限承载力能确定时，应按单桩水平极限承载力统计值的一半取值，并与水平临界荷载相比较取小值。

（5）对于钢筋混凝土预制桩、钢桩、桩身正截面配筋率不小于 0.65% 的灌注桩，可根据静载试验结果取地面处水平位移为 10mm（对于水平位移敏感的建筑物取水平位移 6mm）所对应的荷载的 75% 作为单桩水平承载力特征值。

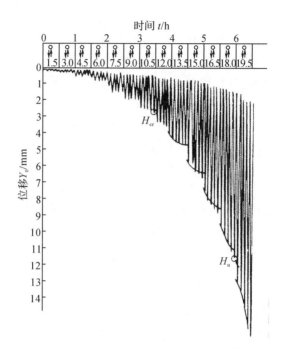

图 7.5.5　单向多循环加载法 $H\text{-}t\text{-}Y_0$ 曲线

（6）对于桩身配筋率小于 0.65% 的灌注桩,可取单桩水平静载试验的临界荷载的 75% 为单桩水平承载力特征值。

单桩水平承载力特征值除与桩的材料强度、截面刚度、入土深度、土质条件、桩顶水平位移允许值有关外,还与桩顶边界条件(嵌固情况和桩顶竖向荷载大小)有关。由于建筑工程的基桩桩顶嵌入承台长度通常较短,其与承台连接的实际约束条件介于固接与铰接之间,这种连接相对于桩顶完全自由时可减少桩顶位移,相对于桩顶完全固接时可降低桩顶约束弯矩并重新分配桩身弯矩。

7.6　桩基沉降计算

7.6.1　单桩沉降计算

竖向荷载作用下单桩沉降量由下述三个部分组成:
(1)桩本身的弹性压缩量;
(2)桩侧摩阻力向下传递,引起桩端以下土体压缩所产生的桩端沉降;
(3)桩端荷载引起桩端以下土体压缩所产生的桩端沉降。

单桩沉降组成不仅同桩的长度、桩与土相对压缩性、土的剖面有关,还同荷载水平、荷载持续时间有关。当荷载水平较低时,桩端土尚未发生明显的塑性变形且桩周土与桩之间并未产生滑移,这时桩端土体压缩特性可用弹性性能来近似表示;当荷载水平较高时,桩端土将发生明显的塑性变形,导致单桩沉降组成及其特性都发生明显的变化。如荷载持续时间很短,桩端土体特性通常呈现弹性性能;反之,如荷载持续时间很长,则需考虑沉降的时间效应,即土的固结与次固结的效应。一般地说,群桩基础内力分析与短期加载的情况相对应,单桩结构的沉降与长期加载的情况相对应。因此,应根据工程问题的性质以及荷载的特点,选择与之相适应的单桩沉降计算方法与参数。

目前单桩沉降计算方法主要有下述几种:①荷载传递分析法;②弹性理论法;③剪切变形传递法;④有限单元分析法;⑤其他简化方法。单桩沉降计算方法的详细介绍可参见有关图书。

7.6.2 群桩沉降计算

1. 等代墩基法计算群桩的沉降

等代墩基(实体深基础)模式计算桩基础沉降是在工程实践中应用最广泛的近似方法。该模式假定桩基础如同天然地基上的实体深基础一样工作,按浅基础沉降计算方法进行估计。我国工程中常用两种等代墩基法的计算图式,如图 7.6.1 所示。这两种图式的假想实体基础底面都与桩端齐平,其差别在于不考虑或考虑群桩外围侧面剪应力的扩散作用,但两者的共同特点是都不考虑桩间土压缩变形对沉降的影响。

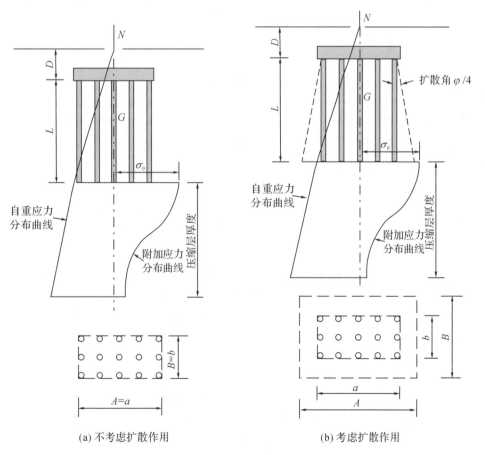

(a) 不考虑扩散作用　　　　　(b) 考虑扩散作用

图 7.6.1　实体深基础计算

在我国通常采用群桩桩顶外围按 $\varphi/4$ 向下扩散与假想实体基础底平面相交的面积作为实体基础的底面积 A，以考虑群桩外围侧面剪应力的扩散作用。对于矩形桩基础，这时 A 可表示为：

$$A=\left(a+2L\tan\frac{\varphi}{4}\right)\left(b+2L\tan\frac{\varphi}{4}\right) \tag{7.6.1}$$

式中，a、b 分别为群桩桩顶外围矩形面积的长度和宽度(m)；L 为桩长(m)；φ 为群桩侧面土层内摩擦角的加权平均值。

对于图 7.6.1 所示的两种图式，可用下列公式计算桩基沉降量 s_g：

$$s_g=\psi Bp_0\sum_{i=1}^{n}\frac{\delta_i-\delta_{i-1}}{E_{si}} \tag{7.6.2}$$

式中，ψ 为桩基沉降计算经验系数，应根据各地区的工程实测资料统计对比确定；B 为假想实体基础底面的宽度(m)，如不计侧面剪应力扩散作用，取 $B=b$；n 为基底以下压缩层范围内的分层数，按地质剖面图将每一种土层分成若干分层，每一分层厚度不大于 $0.4B$，压缩层的厚度计算至附加应力等于自重应力的 20% 处，附加应力应考虑相邻基础的影响；δ_i 为按 Boussinesq 公式计算地基土附加应力时的沉降系数；E_{si} 为各分层土的压缩模量(MPa)，应取用自重应力至自重应力加附加应力时的模量值；p_0 为对应于荷载效应准永久组合时的基础底面处的附加应力(kPa)。

式(7.6.2)可改写为：

$$s_g=\psi\sum_{i=1}^{n}\frac{\sigma_{zi}}{E_{si}}H_i \tag{7.6.3}$$

式中，H_i 为第 i 层土体厚度(m)；σ_{zi} 为基础底面传递给第 i 层土体中心处的附加应力(kPa)。

从上述计算公式可以看出，在我国工程中采用等代墩基法计算桩基沉降有如下特点：①不考虑桩间土压缩变形对桩基沉降的影响，即假设实体基础底面在桩端平面处；②如果考虑侧面摩阻力的扩散作用，则按 $\varphi/4$ 角度向下扩散；③桩端以下地基土的附加应力按 Boussinesq 公式确定。

下面介绍一些欧美国家使用等代墩基法的计算图式及其与我国的差别。

关于假想实体基础底面的位置，考虑到桩间土存在压缩变形，佩克等建议将假想实体基础底面置于桩端平面以上 L_c 高度。如果桩位于均匀黏土层中，L_c 取桩长的 1/3，如果桩穿过软弱土层进入坚硬持力层，取桩端进入持力层深度的 1/3。佩克等将假设基底位置往上移动的建议总的说来是可取的，主要考虑了土层剖面的影响，可进一步应用。

Tomlinson(2008)对群桩外围侧面的扩散作用提出了另一个简化的方法，即以群桩桩顶外围按水平与竖向为 1:4 向下扩散。由此得到的假想实体基础底面积通常比按 $\varphi/4$ 角度扩散要大些。

计算地基土中附加应力，国外大多采用从假想实体基础边缘按水平与竖向为 1:2 的斜线或者按 30° 角的斜线将荷载向下扩散的简化方法。这种方法一般适用于黏土中的桩基，所得的附加应力同 Boussinesq 解的结果相差不太多。压缩层的厚度通长计算至地基土附加应力等于基底附加应力的 1/10 处，或者计算至不可压缩层(如岩土)顶面。按 1:2 的斜线确定荷载扩散面积的方法使用起来相当方便，通常将在桩基承台底面标高处的总附加荷载 N_g（N_g 等于承台底面标高处上部结构总荷载减去该处的上覆有效土重)直接作为作用在假想底面的总附加荷载,按下式求出假想基底以下深度 E_i(相应于某一土层中点)的附加应力 σ_{zi}:

$$\sigma_{zi} = \frac{N_g}{(B+Z_i)(A+Z_i)} \qquad (7.6.4)$$

这里 B 和 A 分别为假想基础底面的宽度和长度。从上式得到 σ_{zi} 后,可计算桩基的沉降量。

2. 按 Mindlin 解确定地基土附加应力的群桩沉降计算方法

除了采用 Boussinesq 解和扩散角方法分析地基土的附加应力之外,还可以根据半无限弹性体内集中力的 Mindlin 公式发展一些估计桩基荷载作用下的地基土附加应力方法,以改善地基土附加应力估计的精度,这些方法与等代墩基法的主要差别只是采用了 Mindlin 解代替 Boussinesq 解来确定土中附加应力,同时它们具有等代墩基法的一些特征,如取用有侧限的固结试验得到的土压缩模量作为土的变形指标,按分层总和法计算群桩的沉降等。

采用 Mindlin 应力公式法计算地基中某点的竖向附加应力时,可将各根桩在该点所产生的附加应力逐根叠加,按下式计算:

$$\sigma_{j,i} = \sum_{k=1}^{n} (\sigma_{zp,k} + \sigma_{zs,k}) \qquad (7.6.5)$$

式中,$\sigma_{j,i}$ 为桩端平面下第 j 层土第 i 个分层的竖向附加应力(kPa);$\sigma_{zp,k}$ 为第 k 根桩的端阻力在深度 z 处产生的应力(kPa);$\sigma_{zs,k}$ 为第 k 根桩的侧摩阻力在深度 z 处产生的应力(kPa)。

单桩在竖向荷载准永久组合作用下的附加荷载为 Q,由桩端阻力 Q_p 和桩侧阻力 Q_s 承担。桩端阻力简化为一集中荷载,其值为 αQ,α 是桩端阻力比;桩侧摩阻力简化为沿桩轴线的线性荷载,并假定由沿桩身均匀分布和沿桩身线性增长分布两种形式组成,其值分别为 βQ 和 $(1-\alpha-\beta)Q$,如图 7.6.2 所示。

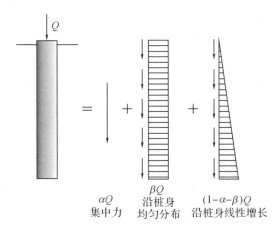

图 7.6.2　单桩荷载分担

第 k 根桩的端阻力在深度 z 处产生的应力:

$$\sigma_{zp,k} = \frac{\alpha Q}{l^2} I_{p,k} \qquad (7.6.6)$$

第 k 根桩的侧摩阻力在深度 z 处产生的应力:

$$\sigma_{zs,k} = \frac{Q}{l^2} \left[\beta I_{s1,k} + (1-\alpha-\beta) I_{s2,k} \right] \tag{7.6.7}$$

对于一般摩擦型桩,可假定桩侧阻力全部是沿着桩身线性增加的(即 $\beta=0$),则式(7.6.7)可简化为:

$$\sigma_{zs,k} = \frac{Q}{l^2} (1-\alpha) I_{s2,k} \tag{7.6.8}$$

式中,l 为桩长(m);I_p、I_{s1}、I_{s2} 分别为桩端集中力、桩侧摩阻力沿桩身均匀分布和沿桩身线性增长分布情况下对应力计算点的应力影响系数,其数值可查阅相关规范。

根据上述公式,可得桩基单向压缩分层总和法最终沉降量的计算公式:

$$s = \psi \frac{Q}{l^2} \sum_{j=1}^{m} \sum_{i=1}^{n_j} \frac{\Delta h_{j,i}}{E_{sj,i}} \sum_{k=1}^{n} \left[\alpha I_{p,k} + (1-\alpha) I_{s2,k} \right] \tag{7.6.9}$$

采用上式计算时,桩端阻力比 α 和桩基沉降计算经验系数 ψ 应根据各地区的工程实测资料统计确定。

7.7 复合桩基

7.7.1 复合桩基发展概况

复合桩基是近年来我国基础工程技术发展中形成的一个新的概念。传统的桩基理论不考虑桩间土直接参与承担荷载。复合桩基不同于传统的桩基础,复合桩基要求桩和桩间土同时直接参与承担荷载。要求桩间土直接参与承担荷载,需要解决如何确定桩和桩间土共同直接承担荷载的条件的问题,以及如何评估桩和桩间土直接参与承担荷载的比例的问题。近三十年来随着测试技术的发展和理论研究的深入,许多学者从不同出发点不断探讨如何让桩间土也能直接承担部分荷载。温州地区软弱黏土层很厚,多层建筑常需要采用桩基础。为了减小用桩量,降低基础工程投资,管自立(1990)提出了"疏桩基础"的概念。在摩擦桩基设计中,他建议采用较大的桩间距,减小用桩量,让桩间土也直接参与承担荷载。采用"疏桩基础"用桩量减小了,但沉降量随之增加了。因此,在"疏桩基础"设计中要求合理控制工后沉降。就"疏桩基础"字面而言其是桩距比较大的桩基础,但它已超越了传统桩基础的概念,其实质是桩和桩间土共同直接承担荷载。同一时期,黄绍铭等(1990)提出了"减小沉降量桩基"的概念。在工程设计中,经常会遇到下述情况:如采用天然地基,地基稳定性可以满足要求,但工后沉降偏大,不能满足要求,此时就采用桩基础。通常采用桩基础有两个主要目的:一是提高地基承载力,二是减小沉降量。以减小沉降量为主要目的的桩基础可称为"减小沉降量桩基"。在"减小沉降量桩基"设计中,根据容许沉降量来进行设计。在"减小沉降量桩基"设计中,不仅桩基础以减小沉降量为目的,而且在计算中考虑了桩和土直接承担荷载,也已超越了经典的桩基础的概念,其实质是桩和桩间土共同直接承担荷载。"疏桩基础"的概念、"减小沉降量桩基"的概念和桩土共同作用的概念不断地碰撞、融合,在我国发展形成了复合桩基概念。在复合桩基中,桩和桩间土直接承担荷载,应该说超越了经典的桩基础概念。在《建筑桩基技术规范》(JGJ 94—2008)中复合桩基被称为软土地基减沉复合疏桩基础。

顺便指出,在复合桩基中桩和桩间土直接承担荷载,在复合地基中竖向增强体和桩间土直接承担荷载,两者的实质类同。

7.7.2　复合桩基的定义、本质和形成条件

在荷载作用下,桩和桩间土同时直接承担荷载的桩基称为复合桩基。复合桩基是传统桩基的扩展或发展。传统桩基在桩顶荷载作用下,荷载传递路径是先传递给桩身,再由桩身传递给地基土层。

桩和桩间土能够同时直接承担荷载是复合桩基的本质。在荷载作用下,桩和桩间土能够同时直接承担荷载是有条件的。什么是桩和桩间土能够同时直接承担荷载的条件呢?在荷载作用的全过程中,要求通过桩和桩间土的变形协调,保证桩和桩间土能够同时直接承担荷载。也就是说在荷载作用的全过程中,桩和桩间土在各自承担的荷载作用下,桩和桩间土的沉降量是相等的。在荷载作用的全过程中,通过桩和桩间土承担荷载比例的不断调整,达到变形协调,保证桩和桩间土能够同时直接承担荷载。因此,在荷载作用下,桩间土与端承桩是不可能在荷载作用的全过程中同时直接承担荷载的。在荷载作用的全过程中,要保证桩间土与摩擦桩同时直接承担荷载也是有条件的。在复合桩基的设计和施工中均要重视复合桩基的形成条件。不能保证桩和桩间土在荷载作用的全过程中能够同时直接承担荷载,而认为复合桩基是偏不安全的,轻则降低工程安全储备,重则造成安全事故。在复合桩基的发展过程中,强调重视形成复合桩基的条件非常重要。

7.7.3　复合桩基承载力计算

在复合桩基概念发展和形成的过程中,人们曾采用多种方法计算分析复合桩基的承载力,如桩土承担荷载比例人为规定法、先土后桩法、先桩后土法、按沉降量控制法、《建筑桩基技术规范》(JGJ 94—2008)法和类似复合地基承载力计算法等。下面对上述六种复合桩基承载力计算思路作简要介绍:

1. 桩土承担荷载比例人为规定法

在复合桩基概念发展初期,为了利用桩间土的承载力,在摩擦桩基础设计中,有的工程技术人员根据地区经验和工程特性人为规定桩土分担比例。例如,桩和桩间土分别承担90%和10%的上部荷载,或桩和桩间土各承担85%和15%的上部荷载等。然后按桩基础和浅基础设计理论进行设计计算。在设计中一般将桩间土的承载力发挥度控制在1/2至1/3之间。该方法根据地区经验和工程特性人为规定桩土分担比例缺乏计算依据,有一定的盲目性。该法现在已基本不用。

2. 先土后桩法

在复合桩基设计中,先考虑充分利用天然地基的承载力,不足部分采用桩的承载力来补足。或者考虑先利用一定比例的天然地基承载力(例如60%或50%),不足部分采用桩的承载力。例如,设计要求承载力特征值为150kPa,天然地基的承载力特征值为80kPa,考虑充分利用天然地基的承载力,则要求复合桩基中桩的承载力特征值为70kPa;若考虑先利用60%比例的天然地基承载力,则要求复合桩基中桩的承载力特征值为102kPa。又如,复合

桩基中的桩数可按下式确定：

$$n=\frac{F_k+G_k-kQ_{ca}}{R_a}$$ (7.7.1)

式中，n 为复合桩基中的桩数；F_k 为相应于荷载效应标准组合时，作用于基础顶面的竖向荷载(kPa)；G_k 为基础自重及基础上土自重标准值(kPa)；Q_{ca} 为基础下桩间土承担的荷载标准值(kPa)；k 为桩间土地基承载力的利用比例，可取 $0.5\sim1.0$；R_a 为单桩竖向承载力特征值(kPa)。

采用先土后桩法进行复合桩基设计，复合桩基的实际受力状态可能与假设受力状态不同。复合桩基在荷载作用下，荷载往往先由桩和桩间土共同承担，随着荷载增加，复合桩基中桩先达到极限状态，然后地基土达到极限状态。在采用先土后桩法进行复合桩基设计时，不宜考虑充分利用($k=1.0$)天然地基的承载力，考虑先利用一定比例的天然地基承载力(例如 $k=0.5\sim0.6$)较好。

3. 先桩后土法

在复合桩基设计中，先设计一定的用桩量，为充分利用桩的承载力，让其达到极限状态，设计荷载减去桩承担的荷载，差额部分由桩间土承担。若桩间土不能承担差额部分荷载或承担荷载太少，可调整桩数，使桩间土承担合理比例的荷载。例如设计要求极限荷载为 300kPa，复合桩基设计中桩的承载力极限值为 200kPa，此时要求桩间土承担 100kPa。若天然地基的承载力极限值为 160kPa，则此时桩间土的强度发挥度为 5/8，基本合理。

采用先桩后土法进行复合桩基设计，可理解为复合桩基破坏时，桩体先破坏。也就是说复合桩基破坏时桩体强度发挥度等于 1.0，而桩间土强度发挥度小于 1.0。采用先桩后土法进行复合桩基设计，工作荷载作用下，复合桩基的实际受力状态可能与设计设想产生背离，但较符合破坏时的状态。

4. 按沉降量控制法

当复合桩基主要用于控制沉降时，可采用按沉降量控制法计算。在按沉降量控制法中，首先根据设计荷载和场地工程地质条件，选定复合桩基中所用桩的桩长和桩径。当设计荷载、桩长和桩径确定时，采用的桩数和建筑物沉降量存在一一对应关系。采用的桩数和建筑物沉降量之间的对应关系可通过计算得到。图 7.7.1 表示复合桩基中桩数和沉降关系曲线。当桩数等于零时，为天然地基；当桩数 $n=n_p$ 时，为摩擦桩基础。由图

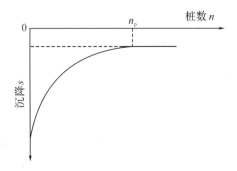

图 7.7.1　复合桩基中桩数和沉降关系曲线

7.7.1 可知，随着桩数增加，沉降逐渐减小。采用按沉降量控制法设计时，复合桩基中桩数是根据设计沉降量确定的。如控制沉降量小于 15cm，则取沉降为 15cm 时对应的桩数。确定桩数后再进行复合桩基承载力验算。如复合桩基承载力验算不合格，可调整所用桩的桩长和桩径。采用按沉降量控制法设计时，对复合桩基中桩的桩长和桩径可多选几种方案，通过比较分析进行优化设计。

5.《建筑桩基技术规范》(JGJ 94—2008)法

《建筑桩基技术规范》(JGJ 94—2008)中规定，软土地基减沉复合疏桩基础可按下式确定承台面积和桩数：

$$A_c = \xi \frac{F_k + G_k}{f_{ak}} \tag{7.7.2}$$

$$n = \frac{F_k + G_k - \eta_c f_{ak} A_c}{R_a} \tag{7.7.3}$$

式中，A_c 为减沉复合疏桩基础承台面积(m^2)；ξ 为承台面积控制系数，$\xi \geqslant 0.60$；F_k 为相应于荷载效应标准组合时，作用于承台顶面的竖向力(kPa)；G_k 为基础自重及基础上土自重标准值(kPa)；f_{ak} 为承台底地基承载力特征值(kPa)；n 为桩数；η_c 为桩基承台效应系数；R_a 为单桩竖向承载力特征值(kPa)。

6. 类似复合地基承载力计算法

复合桩基承载力也可采用类似复合地基承载力计算法计算。复合桩基的极限承载力 p_{cf} 由桩的极限承载力和桩间土地基极限承载力采用下式计算得到：

$$p_{cf} = m p_{pf} + \beta(1-m) p_{sf} \tag{7.7.4}$$

式中，m 为复合桩基置换率，即桩面积与承台面积之比；p_{pf} 为桩的极限承载力(kPa)；p_{sf} 为桩间土地基极限承载力(kPa)；β 为桩间土地基极限承载力折减系数。

可以通过下式计算复合桩基的承载力特征值 f_{ck}：

$$f_{ck} = \frac{p_{cf}}{K} \tag{7.7.5}$$

式中，K 为安全系数。

复合桩基的承载力特征值 f_{ck} 也可采用下式计算：

$$f_{ck} = m R_a / A_p + \beta(1-m) f_{sk} \tag{7.7.6}$$

式中，A_p 为单桩截面积(m^2)；m 为复合桩基置换率；R_a 为单桩竖向承载力特征值(kPa)；β 为桩间土承载力折减系数；f_{sk} 为桩间土地基承载力特征值(kPa)。

7.7.4　复合桩基沉降计算

复合桩基沉降一般由三部分组成：桩身压缩量、桩端刺入桩端以下土层的相对位移量、桩端以下土层的压缩量。桩端刺入土层的相对位移量简称桩端刺入量。

复合桩基中的桩身压缩量可采用计算杆件弹性压缩量方法计算，桩身材料的弹性模量容易确定，但轴力并不容易计算，轴力变化取决于桩的荷载传递规律。复合桩基中的桩身压缩量一般都不是很大，采用简化公式计算产生的误差不会很大。假定轴力由上到下线性分布，只要合理确定桩端反力，就可计算得到复合桩基中的桩身压缩量。

桩端刺入量与桩端反力和下卧土层的性状有关。复合桩基中的桩一般处在较好的土层中，桩端刺入量一般也较小。桩身的压缩量和桩端刺入量一般情况下都较小，桩端以下土层的压缩量大小往往决定了复合桩基沉降量的大小。若桩端以下压缩性土层较厚时，土层的压缩量可能会较大，特别是对最终压缩量的影响会较大。桩端以下土层的压缩量计算误差主要来自两个方面：一是传递至桩端土层上的荷载大小及分布形态，二是桩端以下土层压缩随时间变化的规律。

复合桩基沉降往往采用类同复合地基沉降计算的方法，将复合桩基沉降分为两部分：加固区压缩量和加固区下卧层压缩量。计算方法可参照复合地基沉降计算方法。

复合桩基沉降也可采用有限单元法计算，计算误差主要来自本构模型和参数的选用，特别是桩土界面本构模型和参数的选用。复合桩基有限单元法计算中几何模拟也应重视。

7.7.5 复合桩基设计

在决定是否采用复合桩基时,首先应详细掌握场地工程地质条件和上部结构荷载分布情况,以及对工后沉降的要求。场地工程地质条件复杂,如软弱下卧层分布起伏较大,不宜采用复合桩基;上部结构荷载分布很不均匀也不宜采用复合桩基;对工后沉降要求很严的工程也不宜采用复合桩基。

采用复合桩基形式一般有三个目的:一是利用天然地基的承载能力,让桩与桩间土体共同承担荷载,达到节省工程投资的目的;二是控制沉降,如前面提到的减小沉降量桩基;三是减少相邻区段不均匀沉降。采用复合桩基形式的目的不同,设计思路和难度就不同。或者说应根据采用复合桩基形式的目的进行复合桩基设计。

为了利用天然地基的承载能力,让桩与桩间土体共同承担荷载进行复合桩基设计是比较简单的,可采用 7.7.3 节复合桩基承载力计算中介绍的先土后桩法进行设计。在复合桩基设计中,可按承载力控制设计的思路进行,先考虑利用天然地基的承载力,或利用一定比例的天然地基承载力(例如 80% 或 60%),不足部分采用桩的承载力来补足。承载力满足要求后再验算沉降是否满足要求。

为了控制沉降和减少相邻区段不均匀沉降进行复合桩基设计,需要采用按沉降控制设计的思路进行设计。可采用 7.7.3 节复合桩基承载力计算中介绍的按沉降量控制法进行设计。通过优化选用合适的桩长和桩数,满足控制沉降量的要求。

参考文献

[1] 陈仲硕,周景新,王洪瑾. 土力学[M]. 北京:清华大学出版社,2002.

[2] 龚晓南,谢康和. 基础工程[M]. 北京:中国建筑工业出版社,2015.

[3] 管自立. 软土地基上"疏桩基础"应用实例报告[C]//城市改造中的岩土工程问题学术讨论会论文集,1990:336-344.

[4] 华南理工大学,浙江大学,湖南大学. 基础工程[M]. 北京:中国建筑工业出版社,2010.

[5] 黄绍铭. 软土地基桩土共同作用监测实例分析[C]//中国土木工程学会土力学及基础工程学术会议. 全国第五届土力学及基础工程学术讨论会论文选集. 北京:中国建筑工业出版社,1990.

[6] 建设部. 建筑桩基技术规范:JGJ 94—2008[S]. 北京:中国建筑工业出版社,2018.

[7] 住房和城乡建设部. 建筑基桩检测技术规范:JGJ 106—2014[S]. 北京:中国建筑工业出版社,2014.

[8] 《桩基工程手册》编写委员会. 桩基工程手册[M]. 2 版. 北京:中国建筑工业出版社,2015.

[9] Chandler R J. The shaft friction of piles in cohesive soils in terms of effective stress[J]. Civil Engineering and Public Works Review,1968,60(708):48-51.

[10] Cooke R W, Price G, Tarr K. Jacked piles in London Clay: a study of load transfer and settlement under working conditions[J]. Geotechnique, 1979, 29 (2): 113-147.

[11] Fleming K, Weltman A, Randolph M, Elson K. Piling Engineering[M]. 3rd ed. London: Taylor & Francis Group, 2009.

[12] Kulhawy F H. Limiting tip and side resistance: fact or fallacy? [C]. San Francisco: A Symposium of ASCE Convention,1984: 80-98.

[13] Luker I. Prediction of the load-settlement characteristics of bored piles[J]. International Journal of Rock Mechanics and Mining Sciences and Geomechanics Abstracts, 1990, 27(4): 236.

[14] Mattes N S, Poulos H G. Settlement of single compressible pile[J]. Journal of the Soil Mechanics and Foundations Division, 1969, 95(1): 189-207.

[15] Meyerhof G G. The ultimate bearing capacity of foundations[J]. Geotechnique, 1951, 2(4): 301-332.

[16] O'Neil M W, Reese L C. Drilled shafts: Construction procedures and design methods[J]. Tunnelling and Underground Space Technology, 1990, 5(1-2): 156-157.

[17] Poulos H G. Behavior of laterally loaded piles: I-single piles[J]. Journal of the Soil Mechanics and Foundations Division, 1971, 97(5): 711-731.

[18] Randolph M F, Wroth C P. Analysis of deformation of vertically loaded piles [J]. Journal of the geotechnical engineering division, 1978, 104 (12): 1465-1488.

[19] Terzaghi K. Liner-plate tunnels on the Chicago (IL) subway[J]. Transactions of the American Society of Civil Engineers, 1943, 108(1): 970-1007.

[20] Tomlinson M J. Some Effects of Pile Driving On Skin Friction[M]. London: Thomas Telford Publishing, 1971.

[21] Tomlinson M, Woodward J. Pile Design and Construction Practice[M].5th ed. New York: Taylor & Francis Group, 2008.

[22] Vesic A B. Bearing capacity of deep foundations in sand[J]. Highway Research Record, 1963(39):112-153.

[23] Vijayvergiya V N, Focht J A. A new way to predict capacity of piles in clay[C]. Houston: Proceedings 4th Annual Offshore Technology Conference, 1972, 2: 865-874.

第8章 特殊土地基基础工程

8.1 概述

在建(构)筑物建造中选用地基处理方法和工艺技术时,必须根据所需加固地基的工程地质和水文地质条件、建(构)筑物上部荷载的大小与分布情况,以及建(构)筑物周边的环境条件和建筑材料供应的地区条件等因素进行综合分析,而地基土体的特性及其对加固方法的适应性则应是有效、合理地选择加固方法的决定性因素。

我国幅员广阔,地质条件复杂,分布土类繁多,不同土类的工程性质各异。地理位置、气候条件、地质成因、矿物组成及次生变化等原因,导致了一些土具有与一般土显著不同的特殊工程性质,因而称之为"特殊土"。当将特殊土用于建筑场地、地基以及建筑环境时,必须根据其独特性质采取相应的设计和施工措施,否则就有可能酿成工程事故。

在特殊土地基基础工程中,除了一些通用的地基处理方法外,目前已产生和形成了一些适合特殊土地基特性的专门技术和方法,以及相应的地基处理设计与施工规范、规程和检测技术以及验收评定标准。

8.2 特殊土的分类

《岩土工程勘察规范(2009年版)》(GB 50021—2001)对建筑地基土按沉积年代和地质成因进行分类,同时将某些在特殊条件下形成的,具有特殊工程性质的区域性特殊土与一般土区别开来。该规范将具有一定的分布区域或工程意义,并/或具有特殊成分、状态和结构特征的土称为特殊土,将其分为湿陷性土、红黏土、软土、混合土、填土、多年冻土、膨胀土、盐渍土、残积土以及污染土。

本章将按照不同的土性论述各种具有代表性的特殊土(由于混合土的定义是以粒径而不是土性为评判的标准,故在本章中不对其进行论述),介绍各种特殊土的基本特性以及处理原理。本章所涉及的各种专门的地基处理方法和工艺技术,可参见有关文献。

8.3　特殊土的基本特性及处理原理

8.3.1　湿陷性土

根据《建筑地基基础设计规范》(GB 50007—2011),湿陷性土是指在一定压力下浸水后产生附加沉降,其湿陷系数大于或等于 0.015 的土。

湿陷性土可分为自重湿陷性土和非自重湿陷性土。凡在上覆土的自重应力作用下受水浸湿发生湿陷的,称为自重湿陷性土;凡在上覆土的自重应力作用下受水浸湿不发生湿陷的,称为非自重湿陷性土,这种土必须在上覆土的自重应力和由外荷载引起的附加应力的共同作用下受水浸湿才会发生湿陷。

地球上的大多数地区都存在湿陷性土,主要为风积的砂和黄土、疏松的填土和冲积土以及由花岗岩和其他酸性岩浆岩风化而成的残积土。此外,还有火山灰沉积物、石膏质土、由可溶盐胶结的松砂、分散性黏土以及某些盐渍土等,其中又以湿陷性黄土为主。湿陷性土在我国分布广泛,除湿陷性黄土外,在干旱或半干旱地区,特别是在山前洪(坡)积扇中常存在湿陷性的碎石类土和砂类土,它们在一定压力下浸水后表现出强烈的湿陷性。

把湿陷性土作为建(构)筑物的地基、建筑材料或地下结构的周围介质时,若在设计和施工中没有认真考虑土的湿陷性这一特性并采取针对性的措施,则湿陷性土一旦浸水,就会产生沉陷,从而影响建(构)筑物的正常使用和安全可靠性;反之,若采取的措施过于保守,则又将增加工程的投资,造成浪费。

由于在湿陷性土中湿陷性黄土的分布最为广泛,本节将主要介绍湿陷性黄土,其基本特性和处理原理也适用于其他湿陷性土。

黄土是指第四纪以来在干旱和半干旱地区沉积的,以粉粒为主,富含钙质的黏性土。黄土的典型特征为:

(1)颜色多呈黄色、淡灰黄色或褐黄色。

(2)颗粒组成以粉粒(粒径为 0.05～0.005mm)为主,约占 50%～75%;其次为砂粒(粒径大于 0.05mm),约占 10%～30%;黏粒(粒径小于 0.005mm)含量少,约占 10%～20%。

(3)富含碳酸盐、硫酸盐及少量易溶盐。

(4)含水率低(一般仅为 5%～20%)。

(5)孔隙比大(一般在 1.0 左右),往往具有肉眼可见的大孔隙。

(6)垂直节理发育,常呈现直立的天然边坡。

黄土按其成因可分为原生黄土和次生黄土。一般认为,具有上述典型特征,没有层理的风成黄土为原生黄土。原生黄土经过水流冲刷、搬运和重新沉积,形成次生黄土。次生黄土有坡积、洪积、冲积、坡积-洪积、冲积-洪积及冰水沉积等多种类型。次生黄土一般不完全具备上述黄土的典型特征,具有层理,并含有较多的砂粒甚至细砾,故也称为黄土状土。

黄土和黄土状土(以下统称黄土)在天然含水率情况下一般呈坚硬或硬塑状态,具有较高的强度和较低的压缩性。但遇水浸湿后,有的黄土即使在自重作用下也会发生剧烈的沉陷(称为湿陷性),强度也随之迅速降低;而有些黄土却并不发生湿陷。可见,虽同样是黄土,

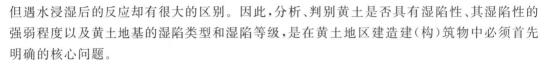

但遇水浸湿后的反应却有很大的区别。因此,分析、判别黄土是否具有湿陷性、其湿陷性的强弱程度以及黄土地基的湿陷类型和湿陷等级,是在黄土地区建造建(构)筑物中必须首先明确的核心问题。

1. 湿陷性黄土的基本特性

《湿陷性黄土地区建筑标准》(GB 50025—2018)规定:在一定压力下受水浸湿,土的结构迅速破坏,并产生显著附加下沉的黄土,称为湿陷性黄土。否则,就称为非湿陷性黄土。在上覆土的饱和自重应力作用下受水浸湿,不产生显著附加下沉的湿陷性黄土,称为非自重湿陷性黄土;在上覆土的饱和自重应力作用下受水浸湿,产生显著附加下沉的湿陷性黄土,则称为自重湿陷性黄土。非湿陷性黄土的工程性质接近于一般黏性土,故不再赘述。

黄土湿陷的发生往往是由于管道(或水池)漏水、地面积水、生产和生活用水等渗入地下,或由于降水量较大,灌溉渠和水库的渗漏或回水使地下水位上升而引起的。然而受水浸湿只不过是湿陷发生所必需的外界条件。研究表明,黄土的多孔隙结构特征和胶结物质成分(碳酸盐类)的水理特性是产生湿陷性的内在原因。

黄土的湿陷性主要与其特有的组构(即微结构、颗粒组成、矿物成分等)有关,这也是各地区黄土湿陷性不同的主要原因。在同一地区,土的湿陷性又主要与其天然孔隙比和天然含水率有关。此外,压力也是一个外界影响因素。

黄土的湿陷性评价包括以下三个方面的内容:

(1)判定黄土是湿陷性的还是非湿陷性的。

(2)如果是湿陷性的,还要进一步判定湿陷性黄土场地的湿陷类型(是自重湿陷性的还是非自重湿陷性的)。

(3)判定湿陷性黄土地基的湿陷等级。

如果对湿陷性黄土的湿陷性评价不当,就会造成技术和经济上的不合理,导致浪费或造成湿陷事故。

1)黄土湿陷性的判定

黄土的湿陷性可由黄土的湿陷变形特征指标来判定,反映黄土湿陷变形特征的主要指标有湿陷系数、湿陷起始压力等,其中以湿陷系数最为重要。

(1)湿陷系数。黄土是否具有湿陷性,以及湿陷性的强弱程度如何,应按原状土样在某一给定的压力作用下土体浸水后的湿陷系数 δ_s 来衡量。湿陷系数可通过在现场采取原状土样,然后在室内利用固结仪在一定的压力下进行浸水试验测定得到。具体的试验方法及规定详见《湿陷性黄土地区建筑标准》(GB 50025—2018)。

湿陷系数 δ_s 应按下式计算:

$$\delta_s = \frac{h_p - h_p'}{h_0} \tag{8.3.1}$$

式中,h_p 为保持天然湿度和结构的土样,加至一定压力时,下沉稳定后的高度(mm);h_p' 为加压下沉稳定后的土样,在浸水饱和条件下,附加下沉稳定后的高度(mm);h_0 为土样的原始高度(mm)。

测定湿陷系数 δ_s 的试验压力,应按土样深度和基底压力确定。土样深度自基础底面算起(当基底标高不确定时,自地面以下1.5m算起)。试验压力应按下列条件取值:

①基底压力小于300kPa时,基底下10m以内的土层应用200kPa;10m以下至非湿陷

性黄土层顶面,应用其上覆土的饱和自重应力。

②基底压力不小于 300kPa 时,宜用实际基底压力。当上覆土的饱和自重应力大于实际基底压力时,应用其上覆土的饱和自重应力。

③对压缩性较高的新近堆积黄土,基底下 5m 以内的土层宜用 100~150kPa 的压力;5~10m应用 200kPa 的压力;10m 以下至非湿陷性黄土层顶面,应用其上覆土的饱和自重应力。

当 $\delta_s < 0.015$ 时,应定为非湿陷性黄土;当 $\delta_s \geqslant 0.015$ 时,应定为湿陷性黄土。一般说来,δ_s 值愈大,其湿陷性就愈强烈。按 δ_s 值的大小可将湿陷性黄土分为 3 类:

$0.015 \leqslant \delta_s \leqslant 0.030$,湿陷性轻微;

$0.030 < \delta_s \leqslant 0.070$,湿陷性中等;

$\delta_s > 0.070$,湿陷性强烈。

(2)湿陷起始压力,是指湿陷性黄土浸水饱和,开始出现湿陷时的压力,即湿陷系数 $\delta_s = 0.015$时的压力。

湿陷起始压力可利用各级压力下的湿陷系数与相应压力的关系曲线求得。以压力为横坐标,以湿陷系数为纵坐标,绘制压力与湿陷系数的关系曲线(见图 8.3.1),湿陷系数为 0.015时所对应的压力即为湿陷起始压力。

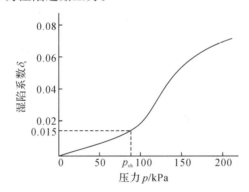

图 8.3.1 湿陷系数与压力关系曲线

湿陷起始压力不但是反映黄土湿陷性的一个重要特征指标,在非自重湿陷性黄土地基设计中还具有重要的实际意义:

①对于荷载较小的建(构)筑物,设计时如使基底压力小于或等于土的湿陷起始压力,就可以根除湿陷的发生,并按一般黏性土地基来考虑。

②用来确定地基处理(如换填垫层)的厚度,即将地基处理深度底面标高处土的自重应力与附加应力之和控制在该处土的湿陷起始压力以内。

③用来判定湿陷性黄土场地的湿陷类型,当基础底面下各土层的湿陷起始压力值都大于其上部土的饱和自重应力时,即为非自重湿陷性黄土场地;否则,为自重湿陷性黄土场地。

2)湿陷性黄土场地的湿陷类型

如前所述,湿陷性黄土分为非自重湿陷性和自重湿陷性两种,且在自重湿陷性黄土地区进行建筑,必须采取比非自重湿陷性黄土场地要求更高的措施,才能确保建(构)筑物的安全和正常使用。所以必须区分湿陷性黄土场地的湿陷类型是非自重湿陷性的还是自重湿陷性的。

判定非自重湿陷性或自重湿陷性黄土应采用室内压缩试验,对原状试样施加饱和自重应力(当饱和自重应力不大于 50kPa 时,可一次性施加;当饱和自重应力大于 50kPa 时,应分级施加,每级压力不大于 50kPa,每级压力施加的时间不少于 15min,如此连续加至饱和自重应力),测定其自重湿陷性系数 δ_{zs},自重湿陷系数 δ_{zs} 应按下式计算

$$\delta_{zs} = \frac{h_z - h_z'}{h_0} \tag{8.3.2}$$

式中,h_z 为保持天然湿度和结构的土样,加压至该土样上覆土的饱和自重应力时,下沉稳定后的高度(mm);h_z' 为加压稳定后的土样,在浸水饱和条件下,附加下沉稳定后的高度(mm);h_0 为土样的原始高度(mm)。

测定自重湿陷系数的上覆土的饱和自重应力应自天然地面算起,挖、填方场地应自设计地面算起。

建筑场地的湿陷类型可根据自重湿陷量的计算值 Δ_{zs} 来判定,Δ_{zs} 应按下式计算

$$\Delta_{zs} = \beta_0 \sum_{i=1}^{n} \delta_{zsi} h_i \tag{8.3.3}$$

式中,Δ_{zs} 为自重湿陷计算值(mm),应自天然地面(挖、填方场地应自设计地面)算起,计算至其下非湿陷性黄土层的顶面为止;勘探点未穿透湿陷性黄土层时,应计算至控制性勘探点深度为止。其中自重湿陷系数 $\delta_{zs} < 0.015$ 的土层不累计。δ_{zsi} 为第 i 层土的自重湿陷系数。h_i 为第 i 层土的厚度(mm)。β_0 为因地区土质而异的修正系数。缺乏实测资料时,可按下列规定取值:①陇西地区取 1.50;②陇东—陕北—晋西地区取 1.20;③关中地区取 0.90;④其他地区取 0.50。n 为计算厚度内土层的数目。

当自重湿陷量实测值或自重湿陷量计算值 Δ_{zs} 小于或等于 70mm 时,应定为非自重湿陷性黄土场地;当自重湿陷量实测值或自重湿陷量计算值 Δ_{zs} 大于 70mm 时,应定为自重湿陷性黄土场地;当按自重湿陷量实测值和自重湿陷量计算值判定出现矛盾时,应按自重湿陷量实测值判定。

对有特殊要求的建(构)筑物,应在原位进行试坑浸水试验,用自重湿陷量实测值来判定湿陷类型。建筑实践证明,按自重湿陷量实测值划分场地湿陷类型,比按自重湿陷量计算值划分准确可靠。

3)湿陷性黄土地基的湿陷等级

湿陷性黄土地基的湿陷等级应按湿陷量的计算值 Δ_s 划分,Δ_s 应按下式计算

$$\Delta_s = \sum_{i=1}^{n} \alpha\beta\delta_{si} h_i \tag{8.3.4}$$

式中,Δ_s 为湿陷量计算值(mm),应自基础底面(基底标高不确定时,自地面下 1.5m)算起。在非自重温陷性黄土场地,累计至基底下 10m 深度为止,当地基压缩层深度大于 10m 时累计至压缩层深度;在自重湿陷性黄土场地,累计至非湿陷性黄土层的顶面为止,控制性勘探点未穿透湿陷性黄土层时,累计至控制性勘探点深度为止。其中湿陷系数 $\delta_s < 0.015$ 的土层不累计。δ_{si} 为第 i 层土的湿陷系数。h_i 为第 i 层土的厚度(mm)。β 为考虑基底下地基土的受力状态及地区等因素的修正系数,缺乏实测资料时,可按表 8.3.1 的规定取值。α 为不同深度地基土的浸水概率系数,按地区经验取值,无地区经验时可按表 8.3.2 取值。对地下水有可能上升至湿陷性土层内,或侧向浸水影响不可避免的区段,取 $\alpha = 1.0$。

表 8.3.1 修正系数 β

位置及深度		β
基底下 0～5m		1.5
基底下 5～10m	非自重湿陷性黄土场地	1.0
	自重湿陷性黄土场地	取工程所在地区的 β_0 值且不小于 1.0
基底下 10m 以下至非湿陷性黄土层顶面或控制性勘探孔深度	非自重湿陷性黄土场地	陇西地区和陇东—陕北—晋西地区取 1.0，其余地区取工程所在地区的 β_0 值
	自重湿陷性黄土场地	取工程所在地区的 β_0 值

表 8.3.2 浸水概率系数 α

基础底面下深度 z/m	α
$0 \leqslant z \leqslant 10$	1.0
$10 < z \leqslant 20$	0.9
$20 < z \leqslant 25$	0.6
$z > 25$	0.5

划分湿陷性黄土地基的湿陷等级，应遵守表 8.3.3 的规定。

表 8.3.3 湿陷性黄土地基的湿陷等级

Δ_s/mm	场地湿陷类型		
	非自重湿陷性	自重湿陷性	
	$\Delta_{zs} \leqslant 70$	$70 < \Delta_{zs} \leqslant 350$	$\Delta_{zs} > 350$
$50 < \Delta_s \leqslant 100$	I（轻微）	I（轻微）	II（中等）
$100 < \Delta_s \leqslant 300$		II（中等）	
$300 < \Delta_s \leqslant 700$	II（中等）	II（中等）或III（严重）	III（严重）
$\Delta_s > 700$	II（中等）	III（严重）	IV（很严重）

注：对 $70 < \Delta_{zs} \leqslant 350$、$300 < \Delta_s \leqslant 700$ 一档的划分，当湿陷量的计算值 $\Delta_s > 600$mm、自重湿陷量的计算值 $\Delta_{zs} > 300$mm 时，可判为 III 级，其他情况可判为 II 级。

2. 湿陷性黄土的处理原理

如前所述，湿陷性黄土地基发生湿陷的内因是土的大孔性和多孔性，结构疏松；而水则是发生湿陷的主要外因之一。所以，要防止建（构）筑物地基发生湿陷，要么消除内因，要么改变外因。要消除内因，就必须进行地基处理，预先破坏黄土的大孔结构；要改变外因，就应采取必要的防水措施并控制基底压力。

1）湿陷性黄土地区建（构）筑物的设计措施

防止或减小湿陷性黄土地基浸水湿陷的设计措施可分为地基处理措施、防水措施和结构措施 3 种。一般情况下，应按照建（构）筑物的类别、湿陷性黄土的特性、当地的建筑经验、施工条件等综合考虑，确定采取上述 3 种中的一种或几种相结合的设防措施。

（1）地基处理措施。全部或部分消除建（构）筑物地基的湿陷性，或采用桩基础穿越全部湿陷性黄土层，或将基础设置在非湿陷性黄土层之上，是防止或减轻湿陷、保证建（构）筑物安全的可靠措施。

当需要消除地基的全部湿陷性时，一般可采用换填垫层、重锤夯实等方法。对非自重湿陷性黄土地基，如基础下的地基处理厚度达到了压缩层下限，或达到饱和土的自重应力与附加应力之和等于或小于该标高处土的湿陷起始压力，就可以认为地基的湿陷性已全部消除。当采用桩基础时，则应将桩穿越全部湿陷性土层。也可采用加大基础底面积的方法，以减小基底压力，使之小于基底土的湿陷起始压力。对自重湿陷性黄土地基，由于地基的湿陷量与自重湿陷性土层的厚度、浸水面积有关，而与压缩层厚度无关，所以要全部消除地基的湿陷性，就必须处理基础底面以下的全部湿陷性黄土层。

部分消除地基的湿陷性时，也常用换填垫层、重锤夯实等地基处理措施。

（2）防水措施，是防止或减少建（构）筑物和管道地基受水浸湿而引起的湿陷以保证建（构）筑物和管道安全使用的重要措施。地基浸水的原因不外乎是自上而下的浸水和地下水位的上升，前者是由于建筑场地积水、给排水和采暖设备的渗水漏水等〔其中又以给水设备的渗水漏水对建（构）筑物的危害最大〕和施工临时积水等原因造成的。浸水的原因不同，就应采取相应不同的措施。此处主要讨论防止或减少自上而下浸水的措施。

防水措施主要有：

①基本防水措施。在总平面设计、场地排水、地面防水、排水沟、管道敷设、建筑物散水、屋面排水、管道材料和连接等方面采取措施，防止雨水或生产、生活用水的渗漏。

②检漏防水措施。在基本防水措施的基础上，对防护范围内的地下管道增设检漏管沟和检漏井。

③严格防水措施。在检漏防水措施的基础上，提高防水地面、排水沟、检漏管沟和检漏井等设施的材料标准，如增设可靠的防水层、采用钢筋混凝土排水沟等。

④侧向防水措施。在建筑物周围采取防止水从建筑物外侧渗入地基中的措施，如设置防水帷幕、增大地基处理外放尺寸等。

（3）结构措施，是减小或调整建（构）筑物的不均匀沉降（差异沉降），以避免或减轻不均匀沉降所造成的危害，或使建（构）筑物适应地基湿陷变形的结构处理措施，可对地基处理和防水措施起到补充作用。

结构措施主要有：

①选择适应差异沉降的结构体系和适宜的基础形式。

这方面的措施有：选择合适的结构形式，如对单层工业厂房（包括山墙处）宜选用铰接排架，围护墙下宜采用钢筋混凝土基础梁，当不处理地基时，对多层厂房和空旷的多层民用建筑宜选用钢筋混凝土框架结构和钢筋混凝土条形或筏形基础；建筑体型应力求简单等。

②增强建（构）筑物的整体刚度。

这方面的措施有：对多层砌体结构房屋宜控制其长高比，一般不大于3；设置沉降缝；增设横墙；设置钢筋混凝土圈梁；增大基础刚度等。

此外，构件还应有足够的支承长度，并应在相应部位预留适应沉降的净空。

在上述措施中，地基处理是主要的工程措施。防水措施和结构措施应根据地基处理的目标不同而进行选择。当采取地基处理措施消除了地基土的全部湿陷性，就不必再考虑其他措施；若地基处理只消除了地基土的部分湿陷性，为了避免湿陷对建(构)筑物产生危害，还应辅以防水和结构措施。

2)湿陷性黄土地区建(构)筑物的施工措施

除了以上 3 种设计措施外，还可结合施工措施来保证建(构)筑物的安全可靠和正常使用。湿陷性黄土地基上建(构)筑物的施工措施主要有：

(1)合理安排施工顺序，先做好防洪、排水设施，再安排主要建(构)筑物的施工；先进行地下工程施工，后实施地上工程；对体型复杂的建(构)筑物，先对深、重、高的部分进行施工，后对浅、轻、低的部分进行施工；敷设管道时先对防洪、排水管道进行施工，并保证其畅通。

(2)临时防洪沟、水池、洗料场等应距建(构)筑物外墙不小于 12m(在自重湿陷性黄土场地不宜小于 25m)，严防地面水流入基坑或基槽内。

(3)基础施工完毕，应用素土在基础周围分层回填夯实至散水垫层底面或室内地坪垫层底面，其压实系数不得小于 0.9。

(4)屋面施工完毕，应及时安装天沟、落水管和雨水管道等，将雨水引至室外排水系统。

8.3.2　红黏土

红黏土是指在热带、亚热带的湿热气候条件下，出露地表的碳酸盐系岩石(如石灰岩、泥灰岩、白云岩等)经风化、淋滤和红土化作用，形成并覆盖于基岩上的棕红、褐红或褐黄色的高塑性黏土。

由于在红土化过程中土中大部分种类的阳离子被带走，使得铁铝元素相对集中而造成其色相带红。红黏土主要为第四系的残积、坡积类型，其中以残积为主。液限 $w_L \geqslant 50\%$ 的高塑性黏土称为原生红黏土，而原生红黏土经搬运、沉积后仍保留其基本特征，且其液限 $w_L > 45\%$ 的则称为次生红黏土。由于红黏土具有独特的物理力学性质，且其在分布上的厚度变化较大，因而它属于一种区域性的特殊土。

红黏土一般分布在盆地、洼地、山麓、山坡、谷地或丘陵等地区，形成缓坡、陡坎、坡积裙等微地貌。在部分地区，地表存在因塌陷而形成的土坑、碟形洼地。

1. 红黏土的基本特性

红黏土湿度状态的主要特征为从地表向下土体呈现逐渐变软的规律。地层上部的红黏土呈坚硬或硬塑状态。硬塑状态的土，占红黏土层的大部分，构成有一定厚度的地基持力层。向下逐渐变软过渡为可塑、软塑状态，这些土多埋藏在溶沟或溶槽的底部(见图 8.3.2)。这种由上至下状态变化的原因，一方面系地表水往下渗滤过程中，靠近地表部分易于蒸发，愈往深部则愈易聚集保存下来；另一方面也可能是直接由下卧基岩裂隙水的补给和毛细作用所致。

红黏土可按含水比 α_w($\alpha_w = w/w_L$，其中 w 为土的天然含水率，w_L 为土的液限)的大小进行湿度状态分类，如表 8.3.4 所示。

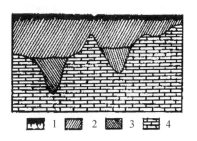

1—耕土；2—硬塑红黏土；
3—软塑红黏土；4—石灰岩。

图 8.3.2　红黏土层的剖面

表 8.3.4　红黏土的湿度状态分类

湿度状态	坚硬	硬塑	可塑	软塑	流塑
含水比 α_w	$\alpha_w \leqslant 0.55$	$0.55 < \alpha_w \leqslant 0.70$	$0.70 < \alpha_w \leqslant 0.85$	$0.85 < \alpha_w \leqslant 1.00$	$\alpha_w > 1.00$

红黏土因受基岩起伏的影响和风化深度的不同,其厚度变化很大。红黏土中的裂隙普遍发育,主要是竖向的,也有斜交和水平的。它是在湿热交替的气候环境中,因土的干缩而形成的。裂隙破坏了土体的完整性,将土体切割成块状,水沿裂隙活动,对红黏土的工程性质非常不利。斜坡或陡坎上的竖向裂隙为土体中的软弱结构面,沿此面可形成崩塌或滑坡。此外,红黏土层中还可能存在由地下水或地表水形成的土洞。

红黏土的物理力学性质指标因地区的不同而有差异,但概括起来其物理力学性质具有下述特点:

(1)天然含水率的分布范围大($w = 20\% \sim 75\%$)而液性指数小($I_L = 0.1 \sim 0.4$),说明土的天然含水率以结合水为主,而自由水较少。

(2)饱和度较大(一般的 $S_r > 85\%$),常处于饱和状态。

(3)天然孔隙比大($e = 1.1 \sim 1.7$),密度小。

(4)塑性指数高。

(5)颗粒细而均匀,黏粒含量高(粒径小于 0.005mm 的颗粒含量达 $55\% \sim 70\%$),具高分散性。

(6)抗剪强度较高,压缩性较低。

(7)收缩性明显,失水后强烈收缩,原状土体的线缩率一般为 $2.5\% \sim 8\%$,最大可达 14%。浸水后多数膨胀性轻微(膨胀率一般仅为 $0.1\% \sim 2\%$),但也有个别例外。

(8)除少数红黏土具有湿陷性外,一般不具有湿陷性。

2. 红黏土的处理原理

针对前述红黏土的基本特性,在实际工程建设中,应注意以下问题。

(1)在一般情况下,表层红黏土的压缩性较低且强度较高,属于较好的地基土。因此当采用天然地基,基础持力层和下卧层均满足承载力和变形的要求时,基础宜尽量浅埋,但应避免建(构)筑物跨越地裂密集带或深长地裂地段;如土层下部有软弱下卧层存在,在设计时,应注意验算地基变形值(如沉降量、沉降差等),确定其是否合乎要求。

(2)当基础浅埋,外侧地面倾斜或有临空面,或承受较大水平荷载时,应考虑土体结构及裂隙的存在对地基承载力的影响。

(3)对热能工程设施,以及气温高、旱期长、雨量集中地区的低层轻型建(构)筑物,必须考虑地基土的收缩对建(构)筑物的影响。当地基土的收缩变形量超过容许值,或在建(构)筑物场地的挖方地段,房屋转角处应采取防护措施。对胀缩明显的土层应决定是否按膨胀土考虑。

(4)红黏土一般分布在岩溶化的地层上部,可能有土洞发育,对建(构)筑物的稳定不利。

(5)在一般情况下,可不考虑红黏土层中地下水对混凝土的腐蚀性,只有在腐蚀性水源补给或其他污染源影响的情况下,才应采取地下水试样进行水质分析,评价其腐蚀性。因此,在评价地下水时,应着重研究地下水的埋藏、运动条件与土体裂隙特征的关系以及与地表水、上层滞水、岩溶水之间的连通性,根据赋存于土中宽大裂隙的地下水流分布的不均性、季节性评价其对建(构)筑物的影响。

(6)红黏土有干缩的特点,在施工时,若基槽开挖后长时间不砌基础,基土遭受日晒、风干,就会产生干缩。如雨水下渗,土被软化,强度也会降低。因此,在开挖基坑后,应及时砌筑基础。不能做到时,最好留一定厚度的土层待基础施工时挖除,或用覆盖物保护开挖的基槽,防止基土干缩和湿化。

(7)在红黏土分布的斜坡地带,施工中必须注意斜坡和坑壁的崩滑现象。由于红黏土具有胀缩特性,在反复干、湿的条件下会产生裂隙,雨水等沿裂隙渗入,致使坑壁容易崩塌,斜坡也容易出现滑坡,应予以重视。

(8)地基不均匀是丘陵山地中红黏土地基普遍存在的情况。对不均匀地基,应确立以地基处理为主的原则,以下几种情况下相应的地基处理原则和方法是:

①石芽密布,不宽的溶槽中有红黏土。若溶槽中红黏土的厚度 h 满足 $h < h_1$(对于独立基础 $h_1 = 1.10$m;对于条形基础 $h_1 = 1.20$m)时可不必处理而将基础直接坐落于其上;当条件不符时,可全部或部分挖除溶槽中的土,使其满足 h_1 的要求;当槽宽较大时,可将基底做成台阶状,保持相邻点上可压缩土层厚度呈渐变过渡,也可在溶槽中布设若干短桩(墩),使基底荷载传至基岩上。

②石芽零星出露,周围为厚度不等的红黏土。单独的石芽出露于建(构)筑物的中部,比同时分布于建(构)筑物的两端危害性要大,位于中部的石芽相当于简支梁上的支点,而两端呈悬臂状态,使得建(构)筑物顶部受拉,从而造成建(构)筑物开裂。在这种情况下,可打掉一定厚度的石芽,铺以 300～500mm 厚水稳定性好的褥垫材料,如煤渣、中细砂等。

③对基底下有一定厚度,但厚度变化较大的红黏土地基,由于红黏土层的厚薄不均易导致建(构)筑物出现不均匀沉降。此时的地基处理措施应主要用于调整沉降差,常用的措施有:挖除土层较厚端的部分土,把基底做成阶梯状,使相邻点可压缩层厚度相对一致或呈渐变状态。如挖除一定厚度土层后,下部可塑土层更加接近基底,承载力和变形检验都难以满足要求,此时可在挖除后做置换处理。换土应选用压缩性低的材料,在纵断面上铺垫,做成阶梯状过渡,其顶应与基底齐平,然后在其上施作基础。

总之,在选择不均匀地基处理措施时,一般的原则是:在以硬为主的地段(岩石外露处)处理软的(指土层);在以软为主的地段,则处理硬的,以减小处理工作面。处理中应以调整应力状态与调整变形并重,选用的措施要施工简单,质量易于控制。

(9)若基岩面起伏较大、岩质较硬,可采用穿越红黏土层的大直径嵌岩桩基或墩基。

(10)若使用红黏土作为填筑土时,应控制其干重度为 14～15kN/m³,使其含水率接近塑限。

(11)采用强夯的夯击能将级配良好、力学性质优良的填筑材料夯入地基中,对红黏土进行置换。

8.3.3 软土

软土一般系指在静水或缓慢的流水环境中沉积,经生物化学作用形成,含有机质,天然孔隙比 $e > 1.0$ 且天然含水率 $w > w_L$ 的细粒土,包括淤泥(天然孔隙比 $e > 1.5$)和淤泥质土(天然孔隙比 $1.5 > e > 1.0$)等。

1. 软土的基本特性

软土的物理力学性质主要有以下特点:

(1)天然含水率 w 高(一般均大于 30%,山区软土甚至高达 200%)。

(2)天然孔隙比 e 大(一般为 $1\sim2$,山区软土可达 6)。

(3)压缩系数大($a_{1\text{-}2}$ 通常为 $0.5\sim2.0\text{MPa}^{-1}$,最大可达 4.5MPa^{-1})。

(4)抗剪强度低。软土的抗剪强度很低(不排水抗剪强度一般小于 30kPa),其内摩擦角的大小与加荷速度及排水条件密切相关,而其黏聚力的数值一般小于 20kPa。

(5)渗透系数小(一般为 $10^{-5}\sim10^{-8}\text{cm/s}$)。

(6)灵敏度高,触变性显著。灵敏度 S_t 的高低可以反映土体结构性的强弱。土体的灵敏度以原状土的强度与该土经重塑(土体的结构被彻底破坏后)后的强度之比来表示

$$S_t = \frac{q_u}{q_u'} \tag{8.3.5}$$

式中,q_u 为原状土样的无侧限抗压强度(kPa);q_u' 为重塑土样(与原状土样的密度和含水率相同)的无侧限抗压强度(kPa)。

根据灵敏度可将黏性土分为:低灵敏($1<S_t\leqslant2$)、中灵敏($2<S_t\leqslant4$)和高灵敏($S_t>4$)。土体的灵敏度越高,其结构性就越强,受扰动后的强度降低就越显著。软土的灵敏度 S_t 一般为 $3\sim4$,有时可达 $8\sim9$,对于某些地质成因特殊的黏性土,其 S_t 甚至高达 500 以上。

触变性是指土体在受扰动后强度显著减弱,但静置后,其强度又能恢复,并随着静置时间的增长而增长的性质。

(7)流变性比较显著。流变性是指土体在荷载作用下长期处于变形过程中的现象。流变性又包括蠕变特性、流动特性、应力松弛特性和长期强度特性。蠕变特性是指土体在荷载不变的情况下,变形随着时间而发展的特性;流动特性是指土体的变形速率随应力变化的特性;应力松弛特性是指在恒定的变形条件下土体中的应力随时间的发展而减小的特性;长期强度特性是指土体在长期荷载作用下土体的强度随时间而变化的特性。

软土地基的变形规律通常为:

(1)沉降量大。当地基土质不均匀和/或荷载分布不均匀,上部结构和基础刚度不足时,会导致沉降量的不均匀。

(2)沉降速率大。一般在加荷终止时沉降速率最大,随着时间的推移,沉降速率逐渐衰减。

(3)沉降稳定历时长。由于软土的渗透性较低,受荷后土中的孔隙水不易排出,导致超孔隙水压力的消散与土体中有效应力的增大需要较长的时间。此外,软土的流变特性也决定了沉降稳定历时长的变形特性。

2. 软土的处理原理

在软土地基上建造建(构)筑物时,应考虑上部结构、基础与地基三者的共同作用。许多工程实践表明,考虑上部结构、基础与地基之间的共同作用是一项十分成功的经验。如果仅从上部结构、基础或地基的某一方面采取措施,往往不能获得既可靠又经济的效果,必须对建(构)筑物体型、荷载情况、结构类型和地质条件等进行综合分析,确定应采取的建筑措施、结构措施和地基处理方法,这样就可以确保软土地基上建(构)筑物的安全和正常使用。

软土地基设计中经常采取的措施有:

(1)减小建(构)筑物的基底附加压力,如采用轻型结构、轻质墙体、空心构件或设置地下室、半地下室等。

（2）同一建（构）筑物有不同结构形式时必须妥善处理（尤其在地震区），采用不同基础形式的，上部结构必须断开。因为在地震中，软土上各类基础的附加沉降量是不同的。

（3）当一个建筑群中有不同形式的建（构）筑物时，应当从沉降控制的角度出发，考虑不同建（构）筑物之间的相互影响以及其对地面以下一系列管道设施的影响。

（4）当软土地基的表层有密实土层（硬壳层）时，应充分利用其作为天然地基的持力层，尽量做到"轻基浅埋"。

（5）铺设砂垫层。一方面可减小作用在软土地基之上的附加压力，从而减小建（构）筑物的沉降量；另一方面有利于软土中水的排出，从而缩短土层的固结时间，使建（构）筑物的沉降较快地达到稳定。

（6）采用砂井、砂井预压、电渗等方法促使土层排水固结，以提高软土地基的承载力，降低其压缩性并缩短沉降历时。

（7）由于软土地基的承载力较低，当软土地基上的加载过大过快时，容易发生地基土体的塑流挤出，防止软土塑流挤出的措施有：

①控制加载速率。可进行现场加载试验，根据沉降情况控制加载速率，掌握加载的时间间隔，使地基土体逐渐固结，强度逐渐提高，这样可使地基土体不发生塑流挤出。

②在建（构）筑物的四周打设板桩墙。板桩应有足够的刚度和锁口抗拉力，以抵抗向外的水平压力。

③用反压法防止地基土的塑流挤出。软土是否会发生塑流挤出，主要取决于作用在基底处土体上的压力与侧限压力之差，压力差越小，发生塑流挤出的可能性也就越小。如在基础周围堆土反压，即可减小压力差，增大地基的稳定性。

（8）对有局部软土和暗埋的塘、浜、沟、谷、洞等情况，应查清其范围，使建（构）筑物的布置尽量避开这些不利地段，或根据具体情况，采取基础局部深埋、换土垫层、短桩、基础梁跨越等办法处理。

（9）施工时，应注意对软土基坑的保护，减少扰动。

（10）建（构）筑物附近有大面积堆载或相邻建（构）筑物间距过小时，可采用桩基。

（11）在建（构）筑物附近或建（构）筑物内开挖深基坑时，应考虑坑壁稳定以及降水可能引发的问题。

（12）在建（构）筑物附近不宜采用深井取水，必要时应通过计算确定深井的位置及限制抽水量，并采取回灌的措施。

综上所述，软土地基的变形和承载力问题都是在工程中必须十分注意的问题，尤其是变形问题，在软土地区中因过大的沉降及不均匀沉降已造成了大量的工程事故。因此，在软土地区进行建（构）筑物的设计与施工时，必须从地基、建筑、结构、施工、使用等各方面全面综合考虑，采取相应的措施，以减小地基的沉降和差异沉降，保证建（构）筑物的安全和正常使用。

8.3.4　填土

填土是指由于人类活动而堆填的各种土，按其组成物质、特性和堆填方式可分为素填土、杂填土、冲填土（又称为吹填土）和压实填土。素填土是指由碎石土、砂土、粉土和黏性土等一种或几种材料组成，不含杂物或含杂物很少的填土；杂填土是指含有大量建筑垃圾、工

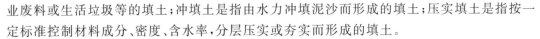
业废料或生活垃圾等的填土;冲填土是指由水力冲填泥沙而形成的填土;压实填土是指按一定标准控制材料成分、密度、含水率,分层压实或夯实而形成的填土。

在进行工程建设时,如填方数量大,应尽可能事先确定建(构)筑物的位置,利用分层压实的方法来处理填方。只要填土土料合适,而且严格控制施工方法,就能完全保证压实填土地基的质量,使其具有较好的力学性能,直接作为建(构)筑物的地基。实质上,压实填土地基相当于整片素土垫层。故以下针对物理力学性质较差的素填土、杂填土和冲填土进行介绍。

1. 填土的基本特性

填土中的素填土、杂填土和冲填土的特点是均匀性差、强度低、压缩性高。其主要特点有:

(1)不均匀性。填土由于其组织成分复杂,回填方法、时间和厚度的任意性,不均匀性是其突出的特点,其中以杂填土尤为显著。

(2)自重压密性。填土是一种欠密土,在土自身重量及大气降水下渗的作用下有自行压密的特点,其密实度与填土的压密时间、物质成分和颗粒组成有关。

(3)湿陷性。填土由于土质疏松,孔隙率大,在浸水后会产生较强的湿陷。

(4)低强度和高压缩性。填土由于土质疏松,密实度差,所以抗剪强度低,压缩性高。

一般地,堆积年限较长的素填土、冲填土及由建筑垃圾和性能稳定的工业废料组成的杂填土,当其均匀性和密实度较好时,可作为一般工业与民用建(构)筑物的天然地基。对有机质含量较多的生活垃圾和对基础有腐蚀性的工业废料组成的杂填土,若未经处理则不宜作为天然地基。当填土厚度变化较大,或堆积年限在 5 年以内,应注意地基的不均匀变形。

1)素填土

在山区或丘陵地带建造建(构)筑物时,由于地形起伏较大,在平整场地时,常会出现较厚的填土层。为了充分利用场地面积,少占或不占农田,并减少土石方量,部分建(构)筑物不得不建造在填土上。此外,在工矿区或一些古老城市的新建、扩建工程中,也常会遇到一些由于人类活动而堆填形成的素填土。因此,必须研究解决素填土地基的设计和施工问题。虽然填土地基的均匀性不易控制,黏性素填土在自重作用下的压密稳定也需要较长的时间,但并不是所有建在填土地基上的建(构)筑物都会出现事故。能否直接利用填土作为持力层,关键在于能否搞好调查研究,查清填土的分布及性质,结合建(构)筑物情况,因地制宜地采取设计措施。

2)杂填土

杂填土是由于人类长期的生活和生产活动而形成的地面填土层,其填筑物随着地区的生产和生活水平的不同而异。按其组成物质的成分和特征可以分为:

(1)建筑垃圾土。在填土中含有较多的碎砖、瓦砾、腐木、砂石等杂物,一般组成成分较单一,有机物含量较少。

(2)生活垃圾土。在填土中含有大量从居民日常生活中排出的废物,如炉灰、布片等杂物,成分极为复杂,混合极不均匀,含有大量的有机物,土质极为疏松软弱。

(3)工业垃圾土。由现代工业生产排放的渣滓堆填而成,其成分、形状和大小随生产性质而有所不同,如矿渣、煤渣等各种工业废料。

杂填土的厚度一般变化较大。在大多数情况下,这类土由于填料物质不一,其颗粒尺寸相差较为悬殊,颗粒之间的孔隙大小不一,因此往往都比较疏松,抗剪强度低,压缩性较高,一般还具有浸水湿陷性。在同一建筑场地内,杂填土地基的承载力和压缩性往往差别较大。

3)冲填土

冲填土是在疏浚江河航道或从河底取土时用泥浆泵将已装在泥驳船上的泥沙,直接或用定量的水加以混合形成一定浓度的泥浆,再通过输泥管输送到四周筑有围堤并设有排水挡板的填土区内,经沉淀排水后所形成的人工填土。它具有以下特点:

(1)冲填土的颗粒组成随泥沙的来源而变化,有的以砂粒为主,也有的以黏粒和粉粒为主。在吹泥的入口处,沉积的土粒较粗,甚至有石块,沿着入口处向出口处的方向冲填土的颗粒逐渐变细。除出口处局部范围以外,一般尚属均匀。但是,有时在冲填过程中由于泥沙的来源有所变化,则造成冲填土在纵横方向上的不均匀性。

(2)由吹泥的入口处到出口处,土粒沉淀后常形成约1‰的坡度。坡度的大小与土粒的粗细有关,一般含粗颗粒多的坡度要大些。

(3)由于土粒的不均匀分布以及自然坡度的影响,越靠近出口处,土粒越细,排水速率就越小,土的含水率也越大。

(4)冲填土的含水率较大,一般都大于液限。当土粒很细时,水分难以排出,土体在形成初期呈流动状态。当其表面经自然蒸发后,常呈龟裂状。但下面的土由于水分不易排出,仍处于流动状态,稍加扰动,即呈现出触变性。

(5)冲填前的地形对冲填土的固结排水有很大影响。如原地面高低不平或局部低洼,冲填后土体内的水分不易排出,就会使它在较长时间内仍处于饱和状态,压缩性很高。而当冲填于坡岸上时,则其排水固结条件就比较好。

冲填土的工程性质主要与它的颗粒组成、均匀性和排水固结条件有关。如冲填年代较久、含砂粒较多的冲填土,其固结情况和力学性质就较好。冲填土与自然沉积的同类土相比较,具有强度较低、压缩性较高的特点。

2. 素填土、杂填土和冲填土的处理原理

素填土地基的承载力取决于土的均匀性和密实度。未经人工压实的填土,一般比较疏松,但堆积时间较长的,由于土的自重压密作用,也能达到一定的密实度。未经人工压实的素填土地基,其承载能力除与填料的种类、性质和均匀程度等有关外,还与填土的龄期有很大的关系,一般随着填龄的增加而提高。如堆填时间超过10年的黏土和粉质黏土,超过5年的粉土以及超过2年的砂土,由于在自重作用下土体已得到一定程度的压密,从而具有一定的强度,可以作为一般工业与民用建(构)筑物的天然地基。对于堆填时间较短又未经分层压实的素填土,一般不能利用其作为建(构)筑物的天然地基,因为它一般比较疏松,不均匀,压缩性高,承载力低,且往往具有浸水湿陷性。在实际工程中由此而造成的地基不均匀沉陷事故已屡见不鲜。

如杂填土比较均匀,填龄较长又较为密实,在加强上部结构刚度的同时,可以直接将其作为一般小型建(构)筑物的地基。而对有机质含量较多的生活垃圾土或对基础有侵蚀性的工业垃圾土,以及其他不能满足承载力和变形要求的杂填土均应进行人工处理。

多年来的实践表明,冲填土一般可以作为建(构)筑物的天然地基。若冲填土的颗粒较细,黏粒含量较高或冲填在低洼地形内且原地表又有渗透性较差的土层存在,冲填后的水分不易排出,土体长期处于流动状态,则应进行加固处理。

当上述人工填土不能作为建(构)筑物的天然地基而需要处理时,应根据上部结构情况和技术经济比较,因地制宜地采用有效的地基处理方法。

如填土不厚,可将其全部挖除,将基础落深或采用加厚垫层(如采用灰土垫层或毛石混凝土垫层);如填土分布宽度不大(如暗浜),可用基础梁跨越。

对于素填土和杂填土地基,通常采用的地基处理方法主要有:换填法、表面挤密法、表层压实法(包括机械碾压压实和机械振动压实)、重锤夯实法、强夯法、短桩法、灰土挤密桩法、灰土井桩法、振冲碎石桩法、干振砂石桩法等。

综上所述,对人工填土地基的处理可归纳为如下方法:

1)直接利用法

填土不经处理直接作为基础持力层是最为经济的,但有一定的限制条件。若填土具有一定的分布范围且为稍密-中密的一般性稳定填土,经分析验算可直接作为低层(1～3层)、多层(4～6层)、中高层(7～9层)建(构)筑物基础的持力层。直接利用填土作为天然地基时,应采用适宜的基础形式和相应的建筑和结构措施,以提高建(构)筑物对抗不均匀沉降的能力。

2)局部置换法

若填土为小范围分布、松散且含较多生活垃圾和有机易分解物质的新填土,可以采取开挖清除并用砂卵石置换的方法。在换填时应注意回填料的级配并应分层夯实。若填土的分布范围较大,松散,含易分解物质较多且场地周边宽阔,可采用强夯置换法,填置块石、卵石等。

3)压实法

若填土为松散、稳定的填土,可采用压路机碾压、夯实以及用强夯法、堆载预压法等处理。

4)挤密、胶结法

若填土的分布范围较大,松散且含生活垃圾较少,可以根据当地经验和施工条件,采用振冲碎石桩法、深层搅拌法、CFG桩法等方法进行处理,以形成复合地基,再按复合地基理论进行设计。

5)桩基础法

若填土的厚度较大且变化剧烈,其下有良好桩端持力层,建筑荷载较大且对沉降敏感时,可以考虑采用桩基础法。

8.3.5 多年冻土

冻土是指温度不高于0℃,含有冰的土。冻土按其保持冻结状态的时间长短可分为三类:①瞬时冻土,冻结时间小于1个月,一般为数天或数小时(夜间冻结)。冻结深度从数毫米至数十毫米不等。②季节冻土,冻结时间不小于1个月,冻结深度从数十毫米至1～2m不等,为地表层寒季冻结、暖季全部融化的土。③多年冻土,冻结状态持续2年或2年以上的土。

多年冻土地基的表层常覆盖有季节冻土(或称融冻层)。在多年冻土上建造建(构)筑物后,建(构)筑物传到地基中的热量改变了多年冻土的地温状态,使冻土逐年融化而强度显著降低,压缩性明显增高,从而导致上部结构破坏或妨碍正常使用。多年冻土与季节冻土不同,埋藏深而厚度大,设计中很难处理,因此有必要作为特殊地基来考虑。

1. 多年冻土的基本特性

多年冻土按其发展趋势,可分为发展的和退化的。如土层每年的散热比吸热多,多年冻土逐渐变厚,即为发展的多年冻土;如土层每年吸热比散热多,地温逐渐升高,多年冻土层逐渐融化变薄以致消失,即为退化的多年冻土。当然,在自然条件下,不论是发展还是退化都是十分缓慢的过程。但了解其发展趋势,对于应采取怎样的设计原则是十分重要的,因为可以能动地顺应自然和改造自然,视工程要求加速或延缓其变化。如清除地表草皮等覆盖,可加速多年冻土的退化,而采用厚填土则可加速多年冻土的发展。

多年冻土的融沉性是评价其工程性质的重要指标。冻土的融沉性可由试验测定的融化下沉系数表示,根据平均融化下沉系数 δ_0 的大小,多年冻土可分为不融沉、弱融沉、融沉、强融沉和融陷五个类别(见表 8.3.5)。冻土的平均融化下沉系数 δ_0 可按下式计算:

$$\delta_0 = \frac{h_1 - h_2}{h_1} = \frac{e_1 - e_2}{1 + e_1} \times 100\%　\qquad (8.3.6)$$

式中,h_1、e_1 分别为冻土试样融化前的高度(mm)和孔隙比;h_2、e_2 分别为冻土试样融化后的高度(mm)和孔隙比。

表 8.3.5　多年冻土的融沉性分类

土的名称	总含水率 $w/\%$	平均融化下沉系数 $\delta_0/\%$	融沉等级	融沉类别	冻土类型
碎(卵)石,砾、粗、中砂(粒径小于 0.075mm 的颗粒含量不大于 15%)	$w<10$	$\delta_0 \leqslant 1$	I	不融沉	少冰冻土
	$w \geqslant 10$	$1 < \delta_0 \leqslant 3$	II	弱融沉	多冰冻土
碎(卵)石,砾、粗、中砂(粒径小于 0.075mm 的颗粒含量大于 15%)	$w<12$	$\delta_0 \leqslant 1$	I	不融沉	少冰冻土
	$12 \leqslant w < 15$	$1 < \delta_0 \leqslant 3$	II	弱融沉	多冰冻土
	$15 \leqslant w < 25$	$3 < \delta_0 \leqslant 10$	III	融沉	富冰冻土
	$w \geqslant 25$	$10 < \delta_0 \leqslant 25$	IV	强融沉	饱冰冻土
粉、细砂	$w<14$	$\delta_0 \leqslant 1$	I	不融沉	少冰冻土
	$14 \leqslant w < 18$	$1 < \delta_0 \leqslant 3$	II	弱融沉	多冰冻土
	$18 \leqslant w < 28$	$3 < \delta_0 \leqslant 10$	III	融沉	富冰冻土
	$w \geqslant 28$	$10 < \delta_0 \leqslant 25$	IV	强融沉	饱冰冻土
粉土	$w<17$	$\delta_0 \leqslant 1$	I	不融沉	少冰冻土
	$17 \leqslant w < 21$	$1 < \delta_0 \leqslant 3$	II	弱融沉	多冰冻土
	$21 \leqslant w < 32$	$3 < \delta_0 \leqslant 10$	III	融沉	富冰冻土
	$w \geqslant 32$	$10 < \delta_0 \leqslant 25$	IV	强融沉	饱冰冻土
黏性土	$w < w_P$	$\delta_0 \leqslant 1$	I	不融沉	少冰冻土
	$w_P \leqslant w < w_P + 4$	$1 < \delta_0 \leqslant 3$	II	弱融沉	多冰冻土
	$w_P + 4 \leqslant w < w_P + 15$	$3 < \delta_0 \leqslant 10$	III	融沉	富冰冻土
	$w_P + 15 \leqslant w < w_P + 35$	$10 < \delta_0 \leqslant 25$	IV	强融沉	饱冰冻土
含土冰层	$w \geqslant w_P + 35$	$\delta_0 > 25$	V	融陷	含土冰层

注:1. 总含水率 w 包括冰和未冻水,w_P 为塑限。
　　2. 盐渍化冻土、冻结泥炭化土、腐殖土、高塑性黏土不在表列。

土冻结时,不仅其温度处于0℃或以下,更重要的是土体中出现冰晶体,逐步将原来矿物颗粒间的水分联结为冰晶胶结,使土体具有特殊的性质:具有很高的抗压强度;压缩性显著降低;土体的导热系数和电阻率增大;较其融化状态时具有更高的流变性等。

由于水在冻结为冰时,其体积将增大约9%。因此土的冻胀是指土在冻结过程中,土中水分(包括外界向冻结锋面迁移的水分及土体孔隙中原有的部分水分)冻结成冰,并形成冰层、冰透镜体、多晶体冰晶等形式的冰侵入土体,引起土颗粒之间产生相对位移,使土体体积产生的不同程度的扩胀现象。

因土质、土中含水率及冻结条件、附加荷载等条件的不同,土体可产生不同程度的冻胀,在其融化后又会产生不均匀下沉(融沉)现象。

融沉又称热融沉陷,是指土中冰融化所产生的水的排出以及土体在融化固结过程中局部地面的向下运动。一般是由于自然(气候转暖)或人为因素(如砍伐与焚烧树木、房屋采暖)改变了地面的温度状况,引起季节融化深度加大,使地下冰或多年冻土层发生局部融化所造成的。

当土体的温度发生变化时,由土中水分冻结与融化所引起的物态的变化,严重地影响着土的性质,进而影响着建(构)筑物地基的稳定性。多年冻土地区中每年融化季节所能影响到冻土的最大融化深度,称为季节融化层。它将随着季节变化而产生冻胀和融沉,使建(构)筑物丧失稳定性或产生强度破坏。

工程建(构)筑物的修建和运营对多年冻土地基将产生热变迁作用,使得原有的热平衡条件发生变化,导致多年冻土的上限下降,出现融沉。

在多年冻土地区修建的建(构)筑物,有可能因地基土中水的冻结与融化而受到损害。引起建(构)筑物受损的原因主要有:

1)冻胀引起的破坏

冻胀的外观表现是土表层不均匀的升高,冻胀变形常常可以形成冻胀丘及隆起等一些地形外貌。当地基土的冻结线侵入基础的埋置深度范围内时,将会引起基础产生冻胀。当基础底面置于季节冻结线之下时,基础侧表面将受到地基土切向冻胀力的作用;当基础底面置于季节冻结线之内时,基础将受到地基土切向冻胀力及法向冻胀力的作用。在上述冻胀力作用下,建(构)筑物基础将明显地表现出随季节而上抬和下落的变化。当这种冻融变形超过房屋所允许的变形值时,便会产生各种形式的裂缝和破坏。

2)融沉引起的破坏

在天然情况下发生的融沉往往表现为热融凹地、热融湖沼和热融阶地等,这些都是不利于建(构)筑物安全和正常运营的条件。融沉是多年冻土地区引起建(构)筑物破坏的主要原因。建(构)筑物地基融沉主要是由于施工和运营的影响,改变了原自然条件的水热平衡状态,使多年冻土的上限下降。具体原因可能有:①施工期造成热平衡条件破坏;②地表水渗入;③建(构)筑物采暖散热使多年冻土融化。

2. 多年冻土的处理原理

在冻土地区修建建(构)筑物,除了要满足非冻土区建(构)筑物所要求的强度与变形条件外,还要考虑以冻土为建(构)筑物地基时,其强度随温度和时间发生变化的情况。所以采取什么样的防冻胀和融沉措施来保证冻土区建(构)筑物地基的稳定,是关系到冻土区工程建设成败的关键所在。

在我国多年冻土地区,多年冻土的连续性不是很高,所以建(构)筑物的平面布置具有一定的灵活性。通常情况下,应尽量选择各种融区以及粗颗粒的不融沉性土作地基。当上述条件无法满足时,可利用多年冻土作地基,但一定要考虑到土在冻结与融化两种不同状态下,其力学性质、强度指标、变形特点、热稳定性等物理力学特征相差悬殊的特点。所以,在这种情况下首先应根据冻土的冻结与融化状态,确定多年冻土地基的设计状态。

多年冻土地基的设计,可以采取两种不同的设计原则:保持冻结状态、允许融化状态。

1)按"保持冻结状态"的原则进行地基处理

保持冻结状态即指在建(构)筑物施工和使用期间,地基土始终保持冻结状态。

一般说来,当冻土厚度较大,土温比较稳定,或者是坚硬的和融陷性很大的冻土时,采取保持冻结状态的设计原则比较合理,特别是对那些不采暖房屋和带不采暖地下室的采暖建(构)筑物最为适宜。对于采暖建(构)筑物,如能采取措施,保证冻土地基的温度不比天然状态高,也可按保持冻结状态法进行设计。

以多年冻土为地基的寒区建(构)筑物的破坏主要来自建(构)筑物运行中对冻土地基放热而引起的冻土地基融化下沉,按保持冻结状态原则来修建多年冻土区建(构)筑物便是寒区工程特殊措施中应用最为广泛的一个方法。依照此原则,不但可以克服冻土的融沉,还可利用冻土材料强度高于融土的特性。

2)按"允许融化状态"的原则进行地基处理

按允许融化状态原则设计的建(构)筑物基础,当基底以下的稳定融化盘形成后,建(构)筑物的总沉陷变形值不能超过建(构)筑物本身所允许的变形值。为了满足上述要求,往往需要采取减小融化深度,进而减小融化下沉量的一些工程措施,如在建(构)筑物地面下设保温材料阻止热量向下传导,换填砂砾石料等。为增强建(构)筑物结构适应变形的能力或减轻建(构)筑物的重量以减小沉降量,宜采用刚度大的整体式基础和轻型的上部结构。也可采用桩基础,使其埋置深度达到最大融化盘深度之下的多年冻土内,以减轻融化盘范围内冻土融沉对建(构)筑物的影响。此外,还可通过剥离土层或其他工业融化方法对冻土进行预融、预固结,从而达到减小工后融化下沉量的目的。

允许融化状态又可以根据具体条件分为两种:逐渐融化状态[即指在建(构)筑物施工和使用期间,地基土处于逐渐融化状态]和预先融化状态[即在建(构)筑物施工之前,使地基融化至计算深度或全部融化]。

当符合以下条件之一时,采取允许融化状态的设计原则较为合理:冻土是退化的,厚度不大;基岩或不融陷且承载力很高的土层埋藏较浅;不连续分布的小块岛状冻土或融陷量不大的冻土层。特别是对上部结构刚度较大或对差异沉降不敏感的建(构)筑物、大量散热的建(构)筑物(如高温车间、浴室等)且不允许采用通风地下室或其他保持地基冻结状态的方法,更应该按允许融化状态的原则进行设计。当预估融陷量超过地基容许变形值时,也可采取人工预融法将冻土融化后再建基础,或者适当加固地基(如换填融陷性不大的土等)。

为控制地基土的变形,可根据需要采用不同的地基处理措施和结构设计方法。以多年冻土区地基设计原则为出发点,表 8.3.6 对各种方法的加固原理及其适用范围进行了比较。为保持地基土冻结的状态,可根据地基土和建(构)筑物的具体形式选择使用架空通风基础、填土通风管基础、粗颗粒土垫高地基、热桩和热棒基础、保温隔热地板以及把基础底板延伸至计算的最大融化深度之下等措施。当采用逐渐融化状态原则进行设计时,以加大基础埋深、采用隔热地板、设置地面排水系统、提高结构的整体性和空间刚度或增大结构的柔性等设计措施来减小地基的变形。假如按预先融化状态设计,且融化深度范围内地基的变形量超过建(构)筑物的允许值时,可采取下列措施之一来达到减小变形量的目的:用粗颗粒土置换细颗粒土或预压加密、保持基础底面之下多年冻土的人为上限不变、加大基础埋深或必要时采取适应变形要求的结构措施等。

表 8.3.6　冻土区地基处理方法分类及其适用范围

使用原则	方法	使用原理	适用范围
保持冻结状态的设计原则	架空通风管基础法	这种基础形式一般是在桩顶部设置混凝土圈梁,与地面间保持一定空间,以防土体冻胀时把圈梁抬起。还可以使房屋架空,让空气自由地沿地面与房屋底面板间的空间的空气流通,将室内散发的热量带走,以保持地基土的冻结状态	稳定的多年冻土区,且热源较大,地质条件较差(如含冰量大的强融沉性土)的房屋建筑
	填土通风管基础法	将通风管埋入非冻胀性填土中,利用通风管自然通风带走建(构)筑物的附加热量,以保持建(构)筑物地基的天然上限不变,保持地基土的冻结状态	多用于多年冻土区不采暖的建(构)筑物,如油罐基础、公路或铁路路堤等
	垫层法	主要是利用卵石、砂砾石等粗颗粒材料的较大孔隙和较强的自由对流特性。这样做不仅可以保证冻结过程中不产生水分迁移和聚冰现象,且在冻结过程中水分从冻结锋面的高压端向非冻结面压出;可使冬夏冷热空气由于空气密度等差异而不断发生冷量交换和热量屏蔽,其结果有利于保护多年冻土	多用于卵石、砂砾石较多的多年冻土区
	热桩、热棒基础法	利用热桩、热棒基础内部的热虹吸将地基土中的热量传至上部散入大气中,以达到冷却地基的效果	热桩适用于多年冻土的边缘地带,在遇到高温冻土时,重要建筑与结构物下面的基础可用热桩隔开。而热棒是作为已有建(构)筑物在使用过程中遇到基础下冻土温度升高、变形加大等不利现象时的有效加固手段

续表

使用原则	方法	使用原理	适用范围
保持冻结状态的设计原则	保温隔热地板法	在建（构）筑物基础底部或四周设置隔热层,增大热阻,以推迟地基土的融化,降低土中温度,减小融化深度,进而达到防冻胀的目的	多用于多年冻土地区的采暖建（构）筑物
	桩基础法	当基础底面延伸至计算的最大融化深度以下时,可以消除地基土在冻结过程中法向冻胀力对基础底部的作用,同时也可以消除融化下沉的影响	多适用于多年冻土区的桩、柱和墩基等基础的埋置
	人工冻结法	冻土只能在负温下存在,且温度越低,冻土强度越大	只有保护冻土才能保持建（构）筑物的稳定,但以上措施都无法使用时,可考虑采用人工冻结法
逐渐融化状态的设计原则	加大基础埋深	加大基础埋深,并使基底之下的融化土层变薄,以控制地基土逐渐融化后,其下沉量不超过允许变形值	当持力层范围内的地基土处于塑性冻结状态,或室温较高、宽度较大的建（构）筑物以及热管道及给排水系统穿过地基时,由于难以保持土的稳定冻结状态,宜采用允许逐渐融化状态进行设计
	选择低压缩性土为持力层	压缩性低的土为地基时,其变形量也小	适用于具有低压缩性土地层条件的场地
	设置地面排水系统	降低地下水位及冻结层范围内土体的含水率,隔断外水补给来源和排除地表水以防止地基土过于潮湿	普遍适用
	采用保温隔热板或架空热管道及给排水系统	防止室温、热管道及给排水系统向地基传热,达到人为控制地基土融化深度的目的	适用于工业与民用建筑,热水管道的铺设以及给排水系统的铺设工程
	提高结构的整体性与空间刚度	可抵御一部分不均匀变形,防止结构裂缝	适用于允许有大的不均匀冻胀变形的建（构）筑物,但为防止有不均匀冻胀变形而导致某一部分结构产生强度破坏,应采取措施增大基础或上部结构的刚度或整体性
	增大结构的柔性	适应地基土逐渐融化后的不均匀变形	适用于寒冷地区的公路、铁路和渠道衬砌工程中,以及在地下水位较高的强冻胀土地段工程中

续表

使用原则	方法	使用原理	适用范围
预先融化状态的设计原则	用粗颗粒土置换细颗粒土或预压加密土层	利用粗颗粒材料较大的孔隙和较强的自由对流特性,降低土的冻胀对地基变形的影响	当预先使地基土(冻土层)融化至计算深度,其变形量超过建筑结构允许值,或地基为压缩性较大的土层时
	保持多年冻土人为上限相同	具有相同的多年冻土上限值,可消除建(构)筑物地基冻胀量和不均匀沉降量的相对变化	普遍适用
	预压加密土层	预压加密后可减小地基的变形量	适用于压缩性较大的土
	加大基础埋深	加大基础埋深,并使基底之下的融化土层变薄,以控制地基土逐渐融化后,其下沉量不超过允许变形值	普遍适用
	结构措施	提高建(构)筑物的整体刚度或增大其柔性,适应地基变形要求	普遍适用适用于工业与民用建筑等整体性较强的建(构)筑物

对地基处理方法的选用要力求安全使用、确保质量、经济合理、技术先进。我国地域辽阔,多年冻土区的工程地质和水文地质条件千差万别,各地的施工机械条件、技术水平、经验积累都不尽相同,所以在选用地基处理方法时一定要因地制宜,充分发挥各地的优势,有效利用当地条件。对每种处理方法的原理要有明确的认识,分清它的适用范围、局限性和优缺点。对每一具体工程应从地基条件、处理要求、工程费用以及材料等各方面进行具体细致的分析,因地制宜地确定合适的地基处理方法。

8.3.6 膨胀土

膨胀土是指黏粒成分主要由亲水性矿物组成,同时具有显著的吸水膨胀和失水收缩两种变形特性的黏性土。

1. 膨胀土的基本特性

在天然状态下,膨胀土的工程性质较好,呈硬塑至坚硬状态,强度较高,压缩性较低,因而在过去膨胀土地基常被看做一种较好的天然地基。但在经过了大量的工程实践后,人们才开始认识到它具有吸水膨胀、失水收缩并可往复变形的特性(亦称为膨胀与收缩的可逆性)。当它作为建(构)筑物地基时,如未经处理或处理不当,往往会造成不均匀的胀缩变形,导致轻型建筑、路基路面、边坡、地下建筑等的开裂和破坏,且不易修复,危害较大。

膨胀土常呈灰白、灰绿、灰黄、棕红或褐黄等色,以黏土为主,结构致密,多呈硬塑或坚硬状态。裂隙较发育,有竖向、斜交和水平裂隙3种。竖向裂隙有时出露地表,裂缝宽度上大下小,并向下逐渐减小以致消失。裂隙面光滑,呈油脂或蜡状光泽,有些裂隙面上有擦痕或水渍以及铁、锰氧化物薄膜,裂隙中常充填有灰绿、灰白色黏土。在大气影响深度范围内或不透水界面处附近常有水平裂隙。在邻近边坡处,裂隙往往构成滑坡的滑动面。我国各地膨胀土的含水率会随着季节的变化而变化,但总的说来,含水率大体在塑限左右变动,所以膨胀土多呈坚硬或硬塑状态。

膨胀土地区的地下水多为上层滞水或裂隙水,水位变化大,随季节而异。

按黏土矿物成分对膨胀土进行划分,可将其大致归纳为两大类,一类以蒙脱石为主,另一类以伊利石为主。蒙脱石的亲水性强,遇水浸湿时,膨胀强烈,对土建工程危害较大,伊利石则次之。云南蒙自、广西宁明、河北邯郸、河南平顶山等地的膨胀土多属第一类,安徽合肥、四川成都、湖北郧阳区、山东临沂等地的膨胀土多属第二类。

膨胀土的物理力学性质具有以下特点:

(1)粒径小于 0.002mm 的黏粒含量高,超过 20%。

(2)天然含水率 w 接近塑限 w_P,饱和度 S_r 一般大于 85%。

(3)塑性指数 I_P 一般大于 17,多数为 22~35。

(4)液性指数 I_L 小,在天然状态下呈硬塑或坚硬状态。

(5)缩限 w_S 一般大于 11%,但红黏土类型膨胀土的缩限偏大。

(6)土的压缩性低,多属低压缩性土。

(7)c、φ 值在浸水前后相差较大,尤其是 c 值可下降 2~3 倍以上。

膨胀土的主要工程特性指标有自由膨胀率、一定压力下的膨胀率、收缩系数和膨胀力。

自由膨胀率 δ_{ef} 应按下式计算

$$\delta_{ef} = \frac{V_{we} - V_0}{V_0} \times 100\% \qquad (8.3.7)$$

式中,V_{we} 为试样在水中膨胀后的体积(mL);V_0 为试样初始体积(等于 10mL)。

具有下列特征的土可初判为膨胀土:

(1)多分布在二级或二级以上阶地、山前丘陵和盆地边缘,地形平缓,无明显自然陡坎。

(2)常见浅层滑坡、地裂,新开挖的路堑、边坡、基槽易发生坍塌。

(3)裂隙发育,方向不规则,常有光滑面和擦痕,裂缝中常充填灰白、灰绿色黏土。

(4)干时坚硬,遇水软化,自然条件下呈坚硬或硬塑状态。

(5)自由膨胀率一般大于 40%。

(6)未经处理的建(构)筑物成群破坏,低层较多层严重,刚性结构较柔性结构严重。

(7)建(构)筑物开裂多发生在旱季,裂缝宽度随季节变化。

对初判为膨胀土的地区,应计算土的膨胀变形量、收缩变形量和胀缩变形量,并划分胀缩等级。计算和划分方法应符合现行国家标准《膨胀土地区建筑技术规范》(GB 50112—2013)的规定。有地区经验时,亦可根据地区经验分级。

当拟建场地或其邻近有膨胀土损坏的工程时,应判定为膨胀土,并进行详细调查,分析膨胀土对工程的破坏机制,估计膨胀力的大小和胀缩等级。

2. 膨胀土的处理原理

引起膨胀土灾害的内因主要为亲水性矿物、以 SiO_2、Al_2O_3 和 Fe_2O_3 为主的化学成分、黏粒含量、孔隙比、含水率、微结构和结构强度;外因是气候条件如降雨及蒸发、作用压力、地形地貌以及绿化、日照和室温。其中,膨胀土的水分转移与含水率变化是诱发其危害的关键因素。

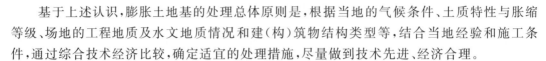

基于上述认识,膨胀土地基的处理总体原则是,根据当地的气候条件、土质特性与胀缩等级、场地的工程地质及水文地质情况和建(构)筑物结构类型等,结合当地经验和施工条件,通过综合技术经济比较,确定适宜的处理措施,尽量做到技术先进、经济合理。

按场地的地形地貌条件,可将膨胀土建筑场地分为两类。

(1)平坦场地:地形坡度小于5°;地形坡度大于5°小于14°且与坡肩水平距离大于10.0m的坡顶地带。

(2)坡地场地:地形坡度大于或等于5°;地形坡度小于5°,但同一座建(构)筑物范围内局部地形高差大于1.0m。

1)膨胀土地基处理的设计原则

膨胀土地基上建(构)筑物的设计原则是,从上部结构与地基基础两方面着手,设计中除着重抓住控制膨胀土胀缩性这一主要矛盾,选择合理的地基处理方法外,还需考虑加强上部结构的整体性与抗变形能力。

根据上述指导思想,膨胀土地基上建(构)筑物设计的基本原则为:

(1)位于平坦场地上的建(构)筑物,按变形控制设计,并考虑气候条件,充分估计季节循环中地基在很长时间(如10年后)可能发生的最大变形量及变形特征。

(2)位于坡地场地上的建(构)筑物,由于有顺层滑坡的可能性,所以除按变形控制设计外,还应验算地基的稳定性,结合排水系统、坡面防护和设置支挡建(构)筑物综合防治。

2)膨胀土地基处理的设计措施

膨胀土地基上建(构)筑物的设计措施如下:

(1)建筑措施。

①场地选择:建筑场地应尽量选地形条件比较简单、土质比较均匀、胀缩性较弱、便于排水且地面坡度小于14°的地段;应尽量避开地形复杂、地裂、陡坎、可能发生浅层滑坡以及地下水位变化剧烈等地段。

②总平面设计:同一建(构)筑物地基土的分级变形量之差不宜大于35mm,对变形有严格要求的建(构)筑物应布置在膨胀土埋藏较深、胀缩等级较低或地形较平坦的地段;竖向设计宜保持自然地形,并按等高线布置,避免大挖大填;所有排水系统都应采取防渗措施,并远离建(构)筑物。

③建筑设计:用于软弱地基上的各种建(构)筑物措施仍然适用,如建(构)筑物的体型力求简单,避免凹凸曲折及高低不一,在山梁处、建(构)筑物平面转折部位和高度(荷载)有显著差异部位、建筑结构类型(或基础)不同部位以及挖方与填方交界处或地基土显著不均匀处,宜适当设置沉降缝,以降低胀缩的不均匀性对建(构)筑物可能造成的危害。

④房屋四周场地种植草皮及蒸发量小的树种、花种,以减少水分蒸发。较大树种宜远离建(构)筑物8.0m以外,以避免水的集中。

(2)结构措施。

①适当增大基础埋置深度(>1.0m)或设置地下室,以减小膨胀土层的厚度并增大基础自重。

②采用对变形不敏感的结构,加强上部结构的刚度(如设置地梁、圈梁,在角端和内外墙连接处设置水平钢筋加强连结,承重砌体可采用拉结较好的实心砖墙等)。

（3）防水保湿措施。

①在建（构）筑物周围做好地表防水、排水措施，如渗、排水沟等，沟底应做防水处理，以防下渗，尽量避免挖土，明沟散水坡适当加宽，其下做砂或炉渣垫层，并设隔水层，防止地表水向地基渗入。

②对室内炉、窑、暖气沟等采取隔热措施（如做 300mm 厚的炉渣垫层），防止地基水分过多散失。

③管道与建（构）筑物外墙基础外缘距离不小于 3.0m，同时严防埋设的管道漏水，使地基尽量保持原有天然湿度。

④屋面排水宜采用外排水。排水量较大时，应采用雨水明沟或管道排水。

（4）地基处理措施。

①换填法：是将膨胀土全部或部分挖掉，换填非膨胀黏性土、砂土、砂砾土、灰土、砂或碎石，以消除或减小地基胀缩变形的一种方法。其本质是回避膨胀土的不良工程特性，从源头上改善地基，是膨胀土地基处理方法中最简单、有效的方法。

②物理改良法：是在膨胀土中添加其他非膨胀性固体材料，通过改变膨胀土原有的土颗粒组成及级配，减弱膨胀土的胀缩能力，达到改善其工程特性目的的方法。常见的掺合料有风积土、砂砾石、粉煤灰与矿渣等。

③化学改良法：是在膨胀土中掺入一定添加材料，利用添加材料与膨胀土中的黏土颗粒之间的化学反应，达到降低膨胀土膨胀潜势、提高强度和水稳定性目的的方法。该种处理方法的最大优点在于能从本质上改善膨胀土的工程性质，在理论上可以根本消除膨胀土的胀缩性，是国内外膨胀土工程处理技术中的研究热点。

④综合改良法：是利用物理改良法与化学改良法的加固机理，既改变膨胀土的物质组成结构，又改变其物理力学性质，集成化学改良土水稳定性较好、有较大的凝聚力和物理改良土有较高内摩擦角及无胀缩性的优势，达到强化膨胀土土质改良效果的方法。由于该法常充分利用一些固体废弃物与价格低廉的材料，如粉煤灰、矿渣与砂砾石等，有利于环境保护，改良质量又好，得到了工程界的普遍重视。当前在膨胀土工程建设中应用较多的有二灰土、石灰砂砾料与矿渣复合料等。

3）膨胀土地基处理的施工措施

除了以上设计措施外，还可结合施工措施来保证建（构）筑物的安全可靠和正常使用。膨胀土地基上建（构）筑物的施工措施主要有：

（1）合理安排施工顺序，先进行室外道路、排水沟、防洪沟、截水沟等工程的施工，疏通现场排水，避免建（构）筑物附近场地积水。

（2）施工临时用水点应距离建（构）筑物 5m 以上，水池、淋灰池、洗料场应距离建（构）筑物 10m 以上，加强施工用水管理，做好现场临时排水，防止管网漏水。

（3）基坑开挖采取分段连续快速作业，开挖到设计标高后立即进行基础施工，及时回填夯实，避免基槽泡水或曝晒。填土料不宜用膨胀土，也可掺入一定非膨胀性土料混合使用。

（4）混凝土砌体养护宜用湿草袋覆盖，浇水次数宜多，水量宜小。

8.3.7 盐渍土

盐渍土是指易溶盐含量大于或等于 0.3% 且小于 20%，并具有溶陷或盐胀等工程特性的土。易溶盐主要指氯盐、碳酸钠、碳酸氢钠、硫酸镁等，在 20℃ 时，其溶解度约为 9%～43%。

1. 盐渍土的基本特性

盐渍土的三相组成与一般土有所不同，其液相中含有盐溶液，固相中除土粒外，还含有较稳定的难溶结晶盐和不稳定的易溶结晶盐。在温度变化和有足够多的水浸入盐渍土的条件下，其中的易溶结晶盐将会被溶解，气体孔隙也将被水填充。此时，盐渍土由三相体转变成二相体。在盐渍土由三相体转变成二相体的过程中，通常伴随着土体结构的破坏和土体的变形（通常表现为溶陷）。而当自然条件变化时，盐渍土的二相体也会转化为三相体，此时土体也会产生体积变化（通常表现为盐胀）。因此，盐渍土中组成成分相态的变化可对盐渍土的大部分物理和力学性质指标产生影响，并可能对工程造成严重的危害。

盐渍土在工程上的危害较为广泛，可以概括为三个方面：溶陷性、盐胀性和腐蚀性。滨海盐渍土因常年处于饱和状态，其溶陷性和盐胀性不明显，主要是腐蚀方面的危害；内陆盐渍土则三种危害兼而有之，且较为严重。

根据盐的化学成分和含盐量，可对盐渍土按表 8.3.7 和 8.3.8 进行分类。

表 8.3.7　盐渍土按盐的化学成分分类

盐渍土名称	$\dfrac{c(Cl^-)}{2c(SO_4^{2-})}$	$\dfrac{2c(CO_3^{2-})+c(HCO_3^-)}{c(Cl^-)+2c(SO_4^{2-})}$
氯盐渍土	>2.0	—
亚氯盐渍土	>1.0,≤2.0	—
亚硫酸盐渍土	>0.3,≤1.0	—
硫酸盐渍土	≤0.3	—
碱性盐渍土	—	>0.3

注：$c(Cl^-)$、$c(SO_4^{2-})$、$c(CO_3^{2-})$、$c(HCO_3^-)$分别表示氯离子、硫酸根离子、碳酸根离子、碳酸氢根离子在 0.1kg 土中所含的毫摩尔数，单位为 mmol/0.1kg。

表 8.3.8　盐渍土按含盐量分类

盐渍土名称	盐渍土层的平均含盐量/%		
	氯盐渍土及亚氯盐渍土	硫酸盐渍土及亚硫酸盐渍土	碱性盐渍土
弱盐渍土	≥0.3,<1.0	—	—
中盐渍土	≥1.0,<5.0	≥0.3,<2.0	≥0.3,<1.0
强盐渍土	≥5.0,<8.0	≥2.0,<5.0	≥1.0,<2.0
超盐渍土	≥8.0	≥5.0	≥2.0

1）盐渍土的物理指标

对于非盐渍土来说，其三相体由固相（土颗粒）、液相（土中水）和气相（土中气）组成。盐渍土的三相组成虽然也可以用固相、液相和气相来表示，但其液相实际上不是水而是盐溶液，其固相除土颗粒外，还有不稳定的易溶盐结晶的存在，也就是说，盐渍土的液相与固相会因外界条件变化而相互转化，因此测定非盐渍土物理性质指标的常规土工试验方法对盐渍土并不完全适用。

(1)盐渍土的土粒比重。盐渍土的土粒比重一般有以下三种：

①纯土颗粒的比重,即去掉土中所有盐后的土颗粒比重。

②含难溶盐时的比重,即去掉土中易溶盐后的比重。

③含所有盐时的比重,即天然状态下盐渍土固体颗粒(包括结晶盐粒和土颗粒)的比重。其表达式为

$$G_{sc} = \frac{m_s + m_c}{(V_s + V_c)\rho_{iT}} \tag{8.3.8}$$

式中,m_s 为土颗粒和结晶难溶盐(在 105℃ 下烘干后)的质量(g);m_c 为结晶易溶盐的质量(g);V_s 为土颗粒和结晶难溶盐的体积(cm^3);V_c 为结晶易溶盐的体积(cm^3);ρ_{iT} 为 T℃ 时纯水或中性液体的密度(g/cm^3)。

在实际工程中,盐渍土地基可能会被水浸,而一旦被水浸,则土中的易溶盐则有可能溶解流失,此时,固体颗粒中就不含易溶盐结晶颗粒。因此,为满足实际工程的需要,最好分别测定上述②③两种情况下的比重值。

(2)天然含水率与含液量。目前,测定盐渍土中的含水率通常采用下式计算：

$$w' = \frac{m_w}{m_s + m_c} \times 100\% \tag{8.3.9}$$

式中,w' 为把盐当作土骨架的一部分时的含水率(%),可用烘干法求得;m_w 为土样中所含水的质量(g);其余符号同前。

又因为

$$c = \frac{m_c}{m_s + m_c} \times 100\% \tag{8.3.10}$$

将上式代入前式,可得

$$w' = w(1-c) \tag{8.3.11}$$

式中,w 为对一般土定义的含水率(%),即 m_w/m_s;c 为土中易溶盐的含量(%)。

由上式可知,w' 与一般土定义的含水率 w 相比偏小,且随着含盐量的增大而减小。所以,若用它来计算其他物理指标,会得出偏于不安全的结果。

另外,盐渍土三相体中的液体,实际上并不是水(强结合水除外),而是水将部分或全部易溶盐溶解而形成的一种盐溶液,也就是说,对于盐渍土,用含液(盐水)量来替代含水率这个指标,才能正确反映盐渍土的基本性质(液相与固相的关系)。

盐渍土中的含液量由下式定义

$$w_B = \frac{土样中含盐水的质量}{土样中土颗粒和难溶盐的总质量} \times 100\% \tag{8.3.12}$$

不考虑强结合水,则有

$$w_B = \frac{m_w + Bm_w}{m_s} \times 100\% = w(1+B) \tag{8.3.13}$$

将式(8.3.11)代入上式,可得

$$w_B = \frac{w'}{1-c}(1+B) \tag{8.3.14}$$

式中,w_B 为土的含液量(%);B 为土中水溶解的盐的含量(%),可按下式确定

$$B = m_c / m_w = c / w'$$

(8.3.15)

当 B 的计算值大于盐的溶解度时,取该盐的溶解度;当计算值小于盐的溶解度时,取计算值。

求得盐渍土的含液量 w_B 后,用 w_B 替代其他物理指标换算关系式中的含水率 w,就可得到能正确反映盐渍土基本性质的其他物理指标。

(3)天然密度。盐渍土的天然密度与一般土的定义相同,即等于土的三相物质总质量与其总体积之比,即

$$\rho = m / V$$

(8.3.16)

2)盐渍土的压缩性

我国的内陆盐渍土,大多数处于极干燥状态,且由于盐的胶结作用,其天然条件下的压缩性都比较低。但是,如果盐渍土地基一旦浸水,地基土体中的盐类就会被溶解,从而变成一种压缩性极大的软弱地基。

3)盐渍土的溶陷性

天然状态下的盐渍土,在土的自重应力或附加压力作用下受水浸湿时产生的变形称为盐渍土的溶陷变形。大量的研究表明,干燥和稍湿的盐渍土才具有溶陷性。

盐渍土的溶陷性可用溶陷系数 δ_{rx} 作为评定的指标。溶陷系数可由室内压缩试验或现场浸水载荷试验分别按式(8.3.17)或(8.3.18)确定。

(1)室内压缩试验。

$$\delta_{rx} = \frac{h_p - h_p'}{h_0}$$

(8.3.17)

式中,h_p 为浸水压力 p 作用下变形稳定后的土样高度(mm);h_p' 为浸水压力 p 作用下浸水溶滤变形稳定后的土样高度(mm);h_0 为盐渍土不扰动土样的原始高度(mm)。

(2)现场浸水载荷试验。该试验设备与一般的载荷试验设备相同。试坑宽度不宜小于承压板宽度或直径的 3 倍。承压板的面积可采用 0.5m^2;对浸水后软弱的地基,不应小于 1.0m^2。试坑深度通常为基础埋深,在试坑中心处铺设 $20 \sim 50\text{mm}$ 厚的中粗砂层。

按载荷试验方法逐级加荷至浸水压力 p。每级加荷后,按规定时间进行观测,待沉降稳定后测定承压板的沉降量。维持浸水压力 p 并向试坑内均匀注淡水,保持水头高为 0.3m,浸水时间根据土的渗透性确定,以 $5 \sim 12\text{d}$ 为宜。待溶陷稳定后,测得相应的总溶陷量 s_{rx}。

盐渍土地基试验土层的平均溶陷系数 $\bar{\delta}_{rx}$ 为

$$\bar{\delta}_{rx} = \frac{s_{rx}}{h_{jr}}$$

(8.3.18)

式中,s_{rx} 为承压板压力为 p 时,盐渍土层浸水的总溶陷量(mm);h_{jr} 为承压板下盐渍土的浸润深度(mm),通过钻探、挖坑或瑞利波速测定。

式(8.3.17)和(8.3.18)中所采用的浸水压力 p 应符合设计要求,一般不宜小于 200kPa。

当 $\delta_{rx} < 0.01$ 时,为非溶陷性盐渍土;当 $\delta_{rx} \geqslant 0.01$ 时,则为溶陷性盐渍土。根据溶陷系数的大小可将盐渍土的溶陷程度分为 3 类:①$0.01 < \delta_{rx} \leqslant 0.03$,溶陷性轻微;②$0.03 < \delta_{rx} \leqslant 0.05$,溶陷性中等;③$\delta_{rx} > 0.05$,溶陷性强烈。

盐渍土地基的溶陷等级,可按总溶陷量 s_{rx} 进行确定。总溶陷量 s_{rx} 除了可按现场浸水载

荷试验直接测定外,也可按下式计算

$$s_{rx} = \sum_{i=1}^{n} \delta_{rxi} h_i \tag{8.3.19}$$

式中,δ_{rxi} 为室内试验测定的第 i 层土的溶陷系数;h_i 为第 i 层土的厚度(mm);n 为基础底面以下可能产生溶陷的土层层数。

盐渍土地基的溶陷等级,可按表 8.3.9 中的规定确定。

表 8.3.9 盐渍土地基的溶陷等级

溶陷等级	总溶陷量 s_{rx}/mm
Ⅰ 级 弱溶陷	$70 < s_{rx} \leqslant 150$
Ⅱ 级 中溶陷	$150 < s_{rx} \leqslant 400$
Ⅲ 级 强溶陷	$s_{rx} > 400$

盐渍土地基一旦浸水后,由于土中可溶盐(尤其是易溶盐)的溶解,将造成土体结构强度的丧失,导致地基承载力降低并往往会产生很大的沉陷,使得其上的建(构)筑物发生较大的沉降。此外,由于浸水通常是不均匀的,造成了建(构)筑物的沉降也是不均匀的,从而导致建(构)筑物的开裂和破坏。

4)盐渍土的盐胀性

盐渍土在温度或含水率发生变化时,土体产生体积膨胀的现象称为盐渍土的盐胀。处于饱和状态的盐渍土(如滨海盐渍土)不会发生盐胀现象,只有含水率较低的内陆盐渍土,当温度或含水率发生改变时,土体才会发生膨胀。

盐渍土地基的盐胀一般可分为结晶膨胀和非结晶膨胀两类。结晶膨胀是指盐渍土因温度降低或失去水分后,溶于土体孔隙中的盐分浓缩并析出结晶所产生的体积膨胀,具有代表性的是硫酸盐渍土;非结晶膨胀是指由于盐渍土中存在着大量的吸附性阳离子,具有较强的亲水性,遇水后很快与胶体颗粒相互作用,在胶体颗粒和黏土颗粒的周围形成稳固的结合水膜,从而减小了固体颗粒之间的黏聚力,使之相互分离,引起土体膨胀,具有代表性的是碱性盐渍土(碳酸盐渍土)。

尽管有碱性盐渍土的吸水膨胀,但更多的主要是因失水或因温度降低而导致的盐类结晶膨胀(如硫酸盐渍土),且后者的危害一般比较大。因此,本节着重讨论硫酸盐渍土的盐胀(因硫酸钠吸水结晶后的体积膨胀量很大,因此,硫酸盐渍土的盐胀实质上是土中的硫酸钠吸水晶胀造成的)。

当温度低于 32.4 ℃时,硫酸钠的溶解度随温度升高而增大的现象很明显。因此,对日温差较大的地区,在一天之内土壤会产生"膨胀"和"收缩"的变化。因为在夜间温度较低时硫酸钠的溶解度较小,极易形成过饱和溶液,这时盐分从溶液中析出成为 $Na_2SO_4 \cdot 10H_2O$ 结晶,体积增大约 3.1 倍,土体即发生膨胀。而在昼间温度升高时,硫酸钠的溶解度增大,$Na_2SO_4 \cdot 10H_2O$ 又会溶于溶液中,使得土体积缩小。如此反复胀缩,可使土体结构遭到破坏。当然,这种危害的程度会随含盐量的增加而提高。

与由日温差所引起的上述胀缩破坏不同,年温差可导致地基土体产生膨胀破坏。在我国西北地区,年降雨量很小,天然地基常处于干燥状态,在夏季高温的作用下,土中的水分还会不断蒸发,使得在土中较深部位以上的 $Na_2SO_4 \cdot 10H_2O$ 结晶往往失水而变成无水芒硝。

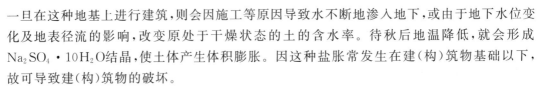

一旦在这种地基上进行建筑,则会因施工等原因导致水不断地渗入地下,或由于地下水位变化及地表径流的影响,改变原处于干燥状态的土的含水率。待秋后地温降低,就会形成 $Na_2SO_4 \cdot 10H_2O$ 结晶,使土体产生体积膨胀。因这种盐胀常发生在建(构)筑物基础以下,故可导致建(构)筑物的破坏。

盐渍土地基危害的调查资料表明,盐胀主要在地面以下一定深度范围内发生,所以只对基础埋深较浅的建(构)筑物构成威胁,基础埋深大于 $1.2m$ 的建(构)筑物,尚未发现因盐胀而引起的破坏。

盐渍土的盐胀性评价方法类似于溶陷性评价,详见《盐渍土地区建筑技术规范》(GB/T 50942—2014),不再赘述。

5)盐渍土的腐蚀性

盐渍土对基础或地下设施的腐蚀,一般来说属于结晶性质的腐蚀。可分为物理侵蚀和化学腐蚀两种,在地下水位埋藏深或地下水位变化幅度大的地区,物理侵蚀相对显著,而在地下水位埋藏浅、变化幅度小的地区,化学腐蚀作用显著。

(1)物理侵蚀。含于土中的易溶盐类,在潮湿情况下呈溶液状态,可通过毛细作用侵入建(构)筑物基础或墙体。在建(构)筑物表面,由于水分蒸发,盐类便结晶析出。而盐类在结晶时因体积膨胀会产生很大的内应力,所以,使建(构)筑物由表及里逐渐疏松剥落。在建(构)筑物经常处于干湿交替或温度变化较大的部位,由于晶体不断增加,其侵蚀作用相对明显。

(2)化学腐蚀。化学腐蚀分为两种情况,其一是溶于水中的 Na_2SO_4 与水泥水化后生成的游离 $Ca(OH)_2$ 反应,生成 $NaOH$ 和 $CaSO_4$,$NaOH$ 易溶于水,其水溶液通过毛细作用,到达建(构)筑物表面,与空气中的 CO_2 接触,生成 Na_2CO_3,其反应式为:

$$Na_2SO_4 + Ca(OH)_2 = 2NaOH + CaSO_4$$
$$2NaOH + CO_2 = Na_2CO_3 + H_2O$$

Na_2CO_3 结晶时体积膨胀,使建(构)筑物表皮形成麻面和疏松。这种腐蚀多见于对水泥砂浆的破坏。

化学腐蚀的第二种方式是处于地下水或低洼处积水中的混凝土基础或其他地下设施,当水中硫酸根含量超过一定限量时,它与混凝土中的碱性固态游离石灰和水泥中的水化铝酸钙相化合,生成硫铝酸钙结晶或石膏结晶。这种结晶体的体积增大,产生膨胀压力,使混凝土受内应力作用而破坏。化学反应方程式如下:

$$4CaO \cdot Al_2O_3 \cdot 12H_2O + 2Ca(OH)_2 + 3Na_2SO_4 + 20H_2O$$
$$= 3CaO \cdot Al_2O_3 \cdot 3CaSO_4 \cdot 31H_2O + 6NaOH$$
$$Ca(OH)_2 + Na_2SO_4 + 2H_2O = CaSO_4 \cdot 2H_2O + 2NaOH$$

对于钢筋混凝土基础或构件,一旦混凝土遭到破坏产生裂纹,则构件中的钢筋就会很快锈蚀。因此,在腐蚀严重的盐渍土地区,捣制钢筋混凝土基础或构件时,应加入适量的钢筋防锈剂。

盐渍土的腐蚀性评价的相关规定可参见《盐渍土地区建筑技术规范》(GB/T 50942—2014)。

2. 盐渍土的处理原理

由于盐的胶结作用,盐渍土在含水率较低的状态下,通常较为坚硬。因此,天然状态下盐渍土地基的承载力一般都比较高,可作为建(构)筑物的良好地基。但是,一旦浸水,地基土体中的易溶盐类被溶解,使得土体结构破坏,抗剪强度降低,造成地基承载力的降低。浸水后盐渍土地基承载力降低的幅度,取决于土的类别、含易溶盐的性质和数量。

盐渍土地基在浸水后不仅土体的强度降低,而且伴随着土体结构的破坏,将产生较大的溶陷变形,其变形速率一般也比黄土的湿陷变形速率快,所以危害更大。

1)盐渍土地基上建(构)筑物的设计原则

盐渍土地基上建(构)筑物的设计,应满足下列基本原则:

(1)应选择含盐量较低、类型单一的土层作为持力层,应尽量根据盐渍土的工程特性和建(构)筑物周围的环境条件合理地进行建(构)筑物的平面布置。

(2)做好竖向设计,防止大气降水、地表水体、工业及生活用水浸入地基及建(构)筑物周围的场地。

(3)对湿作业厂房应设防渗层,室外散水应适当加宽,绿化带与建(构)筑物距离应适当放大。

(4)对各类基础应采取防腐蚀措施,建(构)筑物下及其周围的地下管道应设置具有一定坡度的管沟并采取防腐及防渗漏措施。

(5)在基础及室内地面以下铺设一定厚度的粗颗粒土(如砂卵石)作为基底垫层,以隔断有害毛细水的上升,还可在一定程度上提高地基的承载力。

2)盐渍土地基上建(构)筑物的设计措施

盐渍土地基上建(构)筑物的设计措施可分为防水措施、防腐措施、防盐胀措施和地基处理措施 4 种。

(1)防水措施。

①做好场地的竖向设计,避免大气降水、洪水、工业及生活用水、施工用水浸入地基或其附近场地;防止土中含水率的过大变化及土中盐分的有害运移,造成建筑材料的腐蚀及盐胀。

②对湿润性生产厂房应设置防渗层;室外散水应适当加宽,一般不宜小于 1.5m,散水下部应做厚度不小于 150mm 的沥青砂或厚度不小于 300mm 的灰土垫层,防止下渗水流溶解土中的可溶盐而造成地基的溶陷。

③绿化带与建(构)筑物距离应加宽,严格控制绿化用水,严禁大水漫灌。

(2)防腐措施。

①采用耐腐蚀的建筑材料,并保证施工质量,一般不宜用盐渍土本身作防护层;在弱、中盐渍土地区不得采用砖砌基础,管沟、踏步等应采用毛石或混凝土基础;在强盐渍土地区,室外地面以上 1.2m 的墙体亦应采用浆砌毛石。

②隔断盐分与建筑材料接触的途径。对基础及墙的干湿交替区和弱、中、强盐渍土区,可视情况分别采用常规防水、沥青类防水涂层、沥青或树脂防腐层做外部防护措施。

③在强和超强盐渍土地区,基础防腐应在卵石垫层上浇 100mm 厚沥青混凝土。

(3)防盐胀措施。

①清除地基表层松散土层及含盐量超过规定的土层,使基础埋于盐渍土层以下,或采用含盐类型单一和含盐量低的土层作为地基持力层或清除含盐量高的表层盐渍土而代之以非盐渍土类的粗颗粒土层(碎石类土或砂土垫层),隔断有害毛细水的上升。

②铺设隔绝层或隔离层,以防止盐分向上运移。

③采取降排水措施,防止水分在土表层聚集,以避免土层中因盐分含量变化而引起盐胀。

(4)地基处理措施。

盐渍土地基处理的目的,主要在于改善盐渍土的力学性质,消除或降低地基的溶陷性或盐胀性等。与一般土地基不同的是,盐渍土地基处理的范围和厚度应根据其含盐类型、含盐量、盐渍土的物理和力学性质、溶陷等级、盐胀特性以及建(构)筑物类型等因素确定。

①消除或降低盐渍土地基溶陷性的处理方法。

大量的工程实践和试验表明,由于盐的胶结作用,盐渍土在天然状态下的强度一般都较高,因此盐渍土地基可作为建(构)筑物的良好地基。但当盐渍土地基浸水后,土中易溶盐被溶解,导致地基变成软弱地基,承载力显著下降,溶陷迅速发生。降低盐渍土地基溶陷性的处理方法主要有:

a. 浸水预溶法。

该法是对拟建的建(构)筑物地基预先浸水,使土中的易溶盐溶解,并渗入较深的土层中。易溶盐的溶解破坏了土颗粒之间的原有结构,使其在自重应力下压密。由于地基土预先浸水后已产生溶陷,所以建筑在该场地上的建(构)筑物即使再遇水,其溶陷变形也要小得多。因此,这实际上相当于一种简易的"原位换土法",即通过预浸水洗去土中的盐分,把盐渍土改良为非盐渍土。

浸水预溶法一般适用于厚度较大、渗透性较好的砂、砾石土、粉土和黏性土类盐渍土。对于渗透性较差的黏性土不宜采用浸水预溶法。浸水预溶法用水量大,场地要有充足的水源。此外,最好在空旷的新建场地中使用,如需在已建场地附近应用,则在浸水场地与已建场地之间要保证有足够的安全距离。

采用浸水预溶法处理盐渍土地基时,浸水场地面积应根据建(构)筑物的平面尺寸和溶陷土层的厚度确定,浸水场地平面尺寸每边应超过拟建建(构)筑物边缘不小于2.5m,预浸深度应达到或超过地基溶陷性土层厚度或预计可能的浸水深度。浸水水头高度不宜低于0.3m,浸水时间一般为2～3个月,浸水量一般可根据盐渍土类型、含盐量、土层厚度以及浸水时的气温等因素确定。

b. 强夯法。

有些盐渍土的结构松散,具有大孔隙的结构特征,土体密度很低,抗剪强度不高。对于含结晶盐不多、非饱和的低塑性盐渍土,采用强夯法是降低地基溶陷性的一种有效方法。

c. 浸水预溶＋强夯法。

浸水预溶＋强夯法将浸水预溶法与强夯法相结合,可应用于含结晶盐较多的砂石类土中。这种方法先浸水后强夯,可进一步提高地基土体的密实性,降低浸水溶陷性。但如果在使用中建(构)筑物地基的浸水深度超过有效处理深度,地基显然还要发生溶陷,所以在地基处理时应使预浸水深度和强夯的有效处理深度均达到设计要求(在砂石类土中一般为6～12m)。

d. 换土垫层法。

换土垫层法适用于溶陷性较高、厚度不大的盐渍土层的处理。将基础之下一定深度范围内的盐渍土挖除,然后回填不含盐的砂石、灰土等,再分层压实。以换土垫层为建(构)筑物的持力层,可部分或完全消除盐渍土的溶陷性,减小地基的变形,提高地基的承载力。

e. 盐化处理方法。

对于干旱地区含盐量较多、盐渍土层很厚的地基土,可采用盐化处理方法,即所谓的"以盐治盐"法。该方法是在建(构)筑物地基中注入饱和或过饱和的盐溶液,形成一定厚度的盐饱和土层,从而使地基土体发生下列变化:饱和盐溶液注入地基后随着水分的蒸发,盐结晶析出,填充了原来土体中的孔隙并起到土粒骨架的作用;饱和盐溶液注入地基并析出盐结晶后,土体的孔隙比变小,使盐渍土渗透性降低。

地基土体经盐化处理后,由于土体的密实性提高及渗透性降低,既保持或提高了土体的结构强度,又使地基受到水浸时也不会发生较大的溶陷。在地下水位较低、气候干旱的地区,可将这种方法与地基防水措施结合使用。

f. 桩基础法。

当盐渍土层较厚、含盐量较高时,可考虑采用桩基础。但与一般土地基不同,在盐渍土地基中采用桩基础时,必须考虑在浸水条件下桩的工作状况,即考虑桩周盐渍土浸水溶陷后会对桩产生负摩阻力而造成桩承载力的降低。桩的埋入深度应大于松胀性盐渍土的松胀临界深度。

②消除或降低盐渍土地基盐胀性的处理方法。

盐渍土的盐胀包括碱性盐渍土的盐胀和硫酸盐渍土的盐胀。前者在我国的分布面积较小,危害程度较低,而后者的分布面积较大,对工程造成的危害也较大。针对硫酸盐渍土的盐胀,主要有下述处理方法:

a. 化学方法。

化学方法的处理机理是:用掺入氯盐的方法来抑制硫酸盐渍土的膨胀;通过离子交换,使不稳定的硫酸盐转化成稳定的硫酸盐。研究表明,Na_2SO_4 在氯盐中的溶解度随着氯盐浓度的增大而减小,当使得 Cl^-/SO_4^{2-} 的比值增大到 6 倍以上时,对盐胀的抑制效果最为显著。因此,在处理硫酸盐渍土的盐胀时,可采取在土中灌入 $CaCl_2$ 溶液的办法。这是因为 $CaCl_2$ 溶液在土中可起到双重效果:一是可降低 Na_2SO_4 的溶解度,二是通过化学反应生成的 $CaSO_4$ 微溶于水且性质稳定,其反应方程式为:

$$Na_2SO_4 + CaCl_2 = 2NaCl + CaSO_4$$

因此,运用离子交换法处理盐胀时还可选用石灰做原料,其反应方程式为:

$$Na_2SO_4 + Ca(OH)_2 = 2NaOH + CaSO_4$$

上述反应生成的 $CaSO_4$(熟石膏)为难溶盐类,不会发生盐胀,从而可达到增强地基稳定性、消除盐胀的目的。

b. 设置变形缓冲层法。

该法是在地坪下设置一层一定厚度(约 200mm)的不含砂的大粒径卵石(小头朝下立栽于地),使盐胀变形得到缓冲。

c. 换土垫层法。

可采用此方法处理硫酸盐渍土层厚度不大的情况。当硫酸盐渍土层的厚度较大,但只有表层土的温度和湿度变化较大时,可不必将全部硫酸盐渍土层都挖除,而只需将有效盐胀区范围内的盐渍土挖掉,换填非盐渍土即可。

d. 设置地面隔热层法。

盐渍土地基盐胀量的大小,除与硫酸盐含量有关外,还主要取决于土的温度和湿度的变化。如在地面设置一隔热层,就能有效避免盐渍土层顶面的温度发生较大变化,从而能达到消除盐胀的目的。同时为保持隔热材料的持久性,通常在其顶面铺设一防水层,以防大气或地面水渗入隔热层。

e.隔断法。

所谓隔断法,是指在地基一定深度内设置隔断层,以阻断水分和盐分向上迁移,防止地基产生盐胀、翻浆及湿陷的一种地基处理方法。

隔断层按其材料的透水性可分为透水隔断层与不透水隔断层。透水隔断层材料有砾(碎)石、砂砾、砂等;不透水隔断层材料有土工合成材料(复合土工膜、土工膜)、沥青砂等。

砾(碎)石隔断层:适用于地下水位较高或降水较多的强盐渍土地区,隔断层厚度一般为0.3~0.4m,上下设反滤层,两侧用砾石土包边。砾(碎)石隔断层下承层双向外倾设有不小于1.5%的横坡。砾(碎)石隔断层材料的最大粒径为50mm,小于0.5mm的细颗粒含量不大于5%。反滤层可采用砂砾或中、粗砂,颗粒小于0.15mm的含量不大于5%,厚度为0.10~0.15m。

砂砾隔断层:适用于地下水埋藏较深,隔断层以下填料毛细水上升不是很剧烈以及地基含盐量不是很高的地段。砂砾隔断层厚度不宜小于0.9m,隔断层材料的最大粒径为100mm,粉黏粒含量应小于5%,总盐含量小于0.3%。

砂隔断层:砂(主要指风积砂或河砂)隔断层适用于地下水位较高且风积砂或河砂来源较近而砂砾料运距较远的地段。用作地基隔断层的风积砂或河砂,其粉黏粒含量应小于5%,总盐含量应小于0.3%,腐殖质含量小于1%。砂隔断层厚度一般不小于0.5m。上面应铺土工布及设置不小于0.2m的砂砾填料。隔断层两侧应设砾(碎)石类土包边,包边顶面宽度不小于0.5m。填筑施工时应先将两侧包边填筑压实后再进行砂隔断层的填筑。当砂层厚度小于等于0.5m时,可一次全厚度填筑;当厚度大于0.5m时,应分层填筑,每层摊铺厚度宜取0.3~0.4m。砂隔断层可采用洒水碾压,当取水不便时,亦可采用振动干压实,压实度应达到95%。砂隔断层的施工工艺流程如图8.3.3所示。

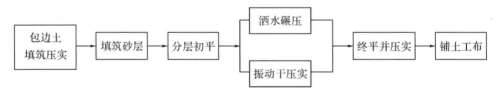

图8.3.3 砂隔断层的施工工艺流程

土工布隔断层:由于土工布具有较好的隔水、隔气性和耐久性且施工简便,因此对中、强盐渍土地区的地基宜采用土工布作隔断层。用作隔断层的土工布通常采用复合土工膜和土工膜两种,其性能指标如表8.3.10所示。为防止土工膜被顶破,在其上、下应设置80~100mm的砂土保护层,砂土的粉黏粒含量不大于15%。对于砾石土地基,复合土工膜可直接设置在地基一定深度,无须设保护层。当土工布隔断层设置于细粒土地基中时,应在复合土工膜上、下设置不小于200mm的砂砾排水层,排水层材料的最大粒径为60mm,粉黏粒含量不大于15%,下排水层底部埋置深度应大于当地最大冻深。对于土工膜,保护层可作为排水层,厚度不小于200mm。

表 8.3.10　用于隔断层的土工合成材料物理力学性能指标

技术指标	渗水性土工织物	复合土工膜（二布一膜）	复合土工膜（一布一膜）	土工膜	聚乙烯防渗薄膜	聚丙烯淋膜编织布
膜厚/mm		≥0.3	≥0.3	≥0.3	0.18～0.2	0.34
单位面积质量/(g/m²)	≥300	≥600	≥450	≥300		≥150
渗透率	透水 Q_{95}≤0.25mm	耐静水压≥0.6MPa	耐静水压≥0.6MPa	耐静水压≥0.6MPa	（不渗水）	（不渗水）
断裂强度	≥9.5kN/m	≥10kN/m	≥7.5kN/m	≥12MPa	≥10MPa	11.5(纵)MPa 9.25(横)MPa
顶破强度/N				≥250	≥50	≥665
CBR 顶破强度/kN	≥1.5	≥1.9	≥1.5			
撕裂强度	≥0.24kN（梯形）	≥0.32kN（梯形）	≥0.24kN	≥40N/mm（直角）	≥40N/mm（直角）	430N/cm²
断裂伸长率/%	≥30	≥30	≥30	≥30	≥250	15～20
剥离强度/(N/cm)		>6				2.5

注：CBR(California bearing ratio)，加州承载比。

土工布隔断层的埋置深度一般应大于等于 1.5m，并大于当地的最大冻深。

沥青砂隔断层：沥青砂隔断层的做法相当于公路路面中层铺法的单层沥青表面处治，厚 15～20mm，其设置深度同土工布隔断层。

③盐渍土地基的防腐处理原则。

由于盐渍土具有明显的腐蚀特性，盐渍土地基中的基础和地下设施，大多需要可靠的防腐处理，以满足使用安全和耐久性的要求。在判明腐蚀等级的基础上，应按下列原则考虑制订防腐蚀方案：用作基础或其他设施的材料应具有较好的抗腐蚀能力，或通过一定工艺条件的改变，提高基础材料的抗腐蚀能力；在基础材料尚不能满足抗腐蚀要求时，应考虑采取表面防护措施，如涂覆防腐层、隔离层等借以隔绝盐分的渗入；盐渍土中基础及其他设施，应重点防护的部位是经常处于干、湿交替的区段，如地下水位变化区及具有蒸发面的区域，对受冻融影响的区段也应加强防护。

3)盐渍土地基上建(构)筑物的施工措施

除了以上 4 种设计措施外，还可结合施工措施来保证建(构)筑物的安全可靠和正常使用。盐渍土地基上建(构)筑物的施工措施主要有：

(1)做好现场的排水、防洪等处理，防止施工用水、雨水浸入地基或基础周围，各用水点均应与基础保持 10m 以上距离；防止施工排水及突发性山洪浸入地基。

(2)先对埋置较深、荷载较大或需采取地基处理措施的基础进行施工。基坑开挖至设计

标高后应及时进行基础施工,然后及时回填,认真夯实填土。

(3)先对排水管道进行施工,并保证其畅通,防止管道漏水。

(4)换土地基应清除含盐的松散表层,应采用不含有盐晶、盐块或含盐植物根茎的土料分层夯实,并控制夯实后的干密度不小于 $15.5\sim16.5\text{kN/m}^3$(对黏土、粉土、粉质黏土、粉砂和细砂取低值,对中砂、粗砂、砾石和卵石取高值)。

(5)配制混凝土、砂浆应采用防腐蚀性较好的火山灰水泥、矿渣水泥或抗硫酸盐水泥;不应使用 $pH \leqslant 4$ 的酸性水和硫酸盐含量(按 SO_4^{2-} 计)超过 1.0% 的水;在强腐蚀的盐渍土地基中,应选用不含氯盐和硫酸盐的外加剂。

8.3.8 残积土

残积土是指岩石在风化营力作用下,完全风化而未经搬运的土。

1. 残积土的基本特性

风化岩与残积土都是新鲜岩层在风化作用下形成的物质,可统称为风化残留物(或残积物)。风化岩是原岩经受程度较轻的风化作用而形成的,其保存了较多的原岩性质,而残积土则是原岩经受了程度极重的风化作用而形成的,已基本上失去了原岩的性质。风化岩与残积土的共同特点是均保持在其原岩所在的位置,没有受到过搬运。

在我国的广东、福建等沿海地区,广泛分布着花岗岩残积土层,该层为燕山期花岗岩类岩石在湿热条件下经长期物理、化学风化作用而形成的。

由于花岗岩本身及其所含岩脉存在差异风化,因而其残积土层在水平和垂直方向上存在不均匀的问题。尤其是在垂直剖面上,土层可能呈袋状、透镜体等产状,其下部可能夹有未完全风化的大的花岗岩球体(孤石)。

2. 残积土的处理原理

由于以前在基岩暴露地区的建设规模较小,对残积土的研究不多,随着社会和经济的发展,对残积土的研究逐步深入。但是,应当看到,当前对这类土的研究距工程建设的要求仍甚远。因此,在残积土分布地区进行岩土工程活动时,必须慎重对待。

以下为残积土地基的设计原则和施工措施:

(1)对具有膨胀性和湿陷性的残积土,在设计、施工时应按膨胀土和湿陷性土的要求采取措施。

(2)对建在软硬互层或风化程度不同地基上的工程,应分析不均匀沉降对工程的影响。

(3)当在地下水位以下开挖深基坑时,应采取预先降水或挡土等防护措施。基坑开挖后应及时检验,对易风化的岩类,应及时砌筑基础或采取其他措施,防止风化发展。

(4)在岩溶地区,应对石芽与沟槽间的残积土采取工程措施。对地下溶洞,应根据其埋藏深度、顶板厚度及完整程度、洞跨大小及洞内充填情况采取措施,选用适宜的地基基础方案及施工方法。

(5)对于较宽的岩脉,应根据其岩性、风化程度和工程性质采取直接利用、换土或挖除等措施。

(6)对残积土中的球状风化体(孤石),应根据建(构)筑物的实际情况、残积土的物理力学性质等因素区别对待,分析评价其对地基(包括桩基)的影响。

8.3.9　污染土

污染土是指致污物质的侵入,使土的成分、结构和性质发生了显著变异的土。污染土的定名可在原分类名称前冠以"污染"二字。

污染土的定义是基于岩土工程意义给出的,并不包含环境评价的意义。

污染土主要是由于某些工厂在生产过程中所产生的对土有腐蚀作用的废渣、废液、废气等渗入地基土中,经与土发生化学变化,改变了土的性状而产生的。这类污染源主要有各种化工厂、处理厂、煤气厂、金属矿冶炼厂以及燃料库等。因此,污染土分布及特点没有区域性规律,仅与污染源及地基土的特性有关。

一般情况下,污染物是通过渗透作用侵入土中,在土与污染物的相互作用下,导致土体的性质发生改变。液态污染物可直接渗入土中;固态污染物往往由大气降水、地表水或其他液态介质对它产生溶蚀、淋滤后渗入土中,固态污染物直接与土接触所引起的污染影响及范围较小;气态污染物对土直接产生污染的机会更少,而往往是溶解于大气降水中后再回落到土体中并对土产生影响。

地基土受污染腐蚀后,一般出现两种变形特征:沉陷变形、膨胀变形。

1. 污染土的基本特性

(1)当土被污染后,其工程性质发生明显的变化,土粒之间的胶结盐类在地下水作用下溶解流失,土体的孔隙比和压缩系数增大,抗剪强度降低,地基承载力显著下降。

(2)土粒本身受腐蚀后形成的新物质,在土体的孔隙中产生相变结晶而膨胀。

(3)酸、碱等腐蚀性物质与地基土中的盐类进行离子交换,从而改变土体的性质。

(4)地基土体的腐蚀,有结晶类腐蚀、分解类腐蚀、结晶分解复合类腐蚀三种。地基土体的污染,可能是由其中的一种或一种以上的腐蚀造成的。

2. 污染土的处理原理

污染土场地包括可能受污染的拟建场地、受污染的拟建场地和受污染的已建场地三类。目前,在上述三类场地中,受污染已建场地所占的比重较大,上部建(构)筑物已出现破坏的情况尤为突出。

污染土地基的处理原则主要有:

(1)对可能受污染的拟建场地,当确定污染源可能对地基土体产生有害结果时,应采取防止污染物侵蚀地基的措施,如迁移或隔离污染源、减少或消除污染物以及采取隔离措施等。

(2)对于已经污染的场地则应根据勘察结果视污染程度和污染性质进行相应处理,主要措施有:

①换土垫层法。

将已污染的土挖除,换为填素土或灰土夯实。也可采用可与污染物质产生有利化学反应的材料、耐腐蚀的砂石作为回填材料。但应注意挖除的污染土需及时处理,或专门储存,或原位隔离,以避免造成二次污染。

②复合地基法。

根据污染土的性质,可采用碎石或其他的材料增强地基土体,以形成复合地基。

③桩基础法。

该法使桩穿越污染土层并支承在未污染的、有足够承载能力的土层上，同时对桩身要采取防腐蚀措施。

④防渗墙法。

该法采用桩基、深层搅拌桩等穿透污染土层以构筑防渗墙，减少污染物的渗透，从而降低腐蚀程度。此方法最好与地基加固同时进行，以防止污染的再次发生。但采用该方法时应注意采用防腐措施或特种水泥。

⑤涂层法。

对置入污染土中的金属建(构)筑物，可在金属表面使用涂层使其与腐蚀介质相隔离，在加涂层前应清除金属表面的氧化皮、铁锈、油脂等，涂料应与金属具有较强的黏结性。

⑥净化法。

采用水力净化、真空抽气净化、生物净化和臭氧化等方法净化地基土。

水力净化法可表述为注水入土，冲洗污染物。该法的主要缺点在于很难达到较高的净化度，通常只能冲走易移动及可溶性的污染物。

真空抽气净化是在地基土中建立真空抽气，只能抽走土体中易挥发的有害物(如氮化碳氢化合物)，无法除去不易挥发的碳氢化合物，而且这种方法的净化程度也很有限。

生物净化法是在水力冲洗净化的同时，随水带入或直接注入一些有利于微生物生长的养分(如氧、氮等无机养分)并形成利于微生物繁殖的环境(适当的温度和足够的水分)，从而利用微生物将土体中的有机污染物降解为无害的无机物质(H_2O 和 CO_2)，以达到净化的目的。生物净化法的实施，是将适当温度的水以及空气同时注入非饱和碳氢化合物污染的地基中，水流可将空气输入土体的孔隙中。在净化过程中，水流的作用可概括为三个方面：为微生物的繁殖以及分解碳氢化合物提供水分；带入生物繁殖的养分以及促成碳氢化合物分解的外加剂；直接带走部分碳氢化合物。空气的作用也包括三个方面：为碳氢化合物的分解以及生物的繁殖提供氧气；与氢原子化合成水；直接带出易挥发的有害物。由此可见，生物净化法是生物分裂碳氢化合物净化、空气携带净化以及水流冲洗净化的综合作用。

臭氧化法作为一种高级氧化技术已经应用于废水和有机废气的治理，现在该方法已经开始拓展到土体修复领域。与其他修复方法相比较，臭氧化法具有以下优势：如设计得当，臭氧气体容易通过土壤；臭氧是一种强氧化剂，能分解大多数有机物；结构复杂的有机物通常能够分解为 CO_2、H_2O 或结构简单、易溶于水的有机产物，从而能被生物降解；臭氧化反应非常迅速，可以缩短修复时间。其缺点是臭氧产生的成本较高。

参考文献

[1]《工程地质手册》编委会. 工程地质手册[M]. 5 版. 北京：中国建筑工业出版社，2018.

[2] 龚晓南. 地基处理手册[M]. 3 版. 北京：中国建筑工业出版社，2008.

[3] 建设部. 岩土工程勘察规范(2009 年版)：GB 50021—2001[S]. 北京：中国建筑工业出版社，2009.

［4］饶卫国.污染土的机理、检测及整治［J］.建筑技术开发,1999(1):20-21.

［5］徐攸在,等.盐渍土地基［M］.北京:中国建筑工业出版社,1993.

［6］《岩土工程师实务手册》编写组.岩土工程师实务手册［M］.北京:机械工业出版社,2006.

［7］住房和城乡建设部.湿陷性黄土地区建筑标准:GB 50025—2018［S］.北京:中国建筑工业出版社,2018.

［8］住房和城乡建设部.建筑地基处理技术规范:JGJ 79—2012［S］.北京:中国建筑工业出版社,2013.

［9］住房和城乡建设部.建筑地基基础设计规范:GB 50007—2011［S］.北京:中国建筑工业出版社,2012.

［10］住房和城乡建设部.膨胀土地区建筑技术规范:GB 50112—2013［S］.北京:中国建筑工业出版社,2012.

［11］水利部.土工试验方法标准:GB/T 50123—2019［S］.北京:中国计划出版社,2019.

［12］住房和城乡建设部.盐渍土地区建筑技术规范:GB/T 50942—2014［S］.北京:中国计划出版社,2015.

［13］住房和城乡建设部.冻土地区建筑地基基础设计规范:JGJ 118—2011［S］.北京:中国建筑工业出版社,2012.

第9章 基础抗震与隔震

9.1 工程地震的基础知识

9.1.1 地震机制与成因

1. 地震的分类

按地震成因主要分为诱发地震和天然地震两大类。其中诱发地震指由爆炸、水库蓄水或深井注水等引起的地震,其地震震级很小,对人类基本不构成威胁;天然地震又分为火山地震、陷落地震和构造地震。火山地震和陷落地震相对于构造地震来说能量和影响都小得多。构造地震占地震总量的90%以上,故一般认为构造地震是主要研究对象,并且构造地震释放的能量影响范围也很广。构造地震按其地震序列可分为孤立型地震、主震型地震、震群型地震。本章仅介绍根据地震成因的分类方法,其余方法不再赘述。

2. 地震的成因

地震成因的研究主要有两个观点,一是断层破裂学说,另一个是板块运动学说。断层破裂学说认为地壳是由弹性的、有断层的岩层组成的,地壳运动产生的能量以弹性应变能的形式在断层及其附近岩层中长期积累,原始水平状态的岩层就会发生形变,当岩层脆弱部分岩石强度承受不了强大力的作用时,岩层便产生了断裂和错动,即断层上某一点两侧岩体向相反方向突然滑动,地震因此产生。

板块学说则说明了地球表面的岩石圈不是一块整体,分为六大板块。在板块的构造运动中,当两个板块相遇时,其中一个板块俯冲插入另一个板块之下,板块内的复杂应力状态引起其本身与附近地壳和岩石层的脆性破裂而发生地震。另一方面,软流层与板块之间的界面是很不平坦的,且软流层本身仍具有较大刚度,因此造成板块内部的复杂应力状态和不均匀变形,这是发生板块内地震的根本原因。

3. 地震的分布

从全世界范围来看,地震带主要有环太平洋地震带与欧亚地震带这两条地震带。另外,在大西洋、印度洋等大洋的中部也有呈条状分布的地震带。

我国东临环太平洋地震带,南接亚欧地震带,地震分布相当广泛。我国大致可划分为六个地震活动区:台湾及其附近海域、喜马拉雅山脉活动区、南北地震带、天山地震活动区、华北地震活动区、东南沿海地震活动区。

9.1.2 地震波

地震引起的震动以波的形式从震源向各个方向传播并释放能量,这就是地震波。根据在地壳中传播路径的不同,地震波可以分为体波和面波。其中地球内部岩层破裂引起振动的地方称为震源,震源是地震发生的起始位置,如图 9.1.1 所示。

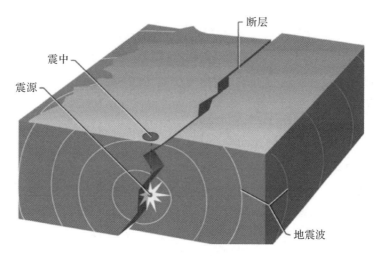

图 9.1.1　地震及其相关概念

体波又可以根据介质质点振动方向与波传播方向的不同分为纵波(P 波)和横波(S 波)。体波在地球内的传播见图 9.1.2。纵波是指质点的振动方向与波的传播方向一致时的地震波,纵波在固体、液体里都能传播。纵波的特点是周期短、振幅小、波速大,在地面上引起上下颠簸。横波是指质点的振动方向与波的前进方向垂直的地震波。横波只能在固体介质中传播,横波一般周期较长,振幅较大,波速较小,可引起地面水平方向的运动。

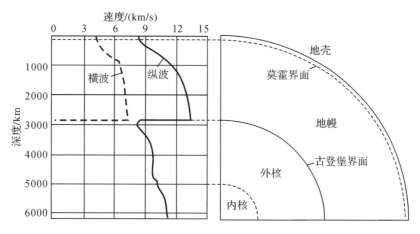

图 9.1.2　体波的传播

面波是指沿地表或地壳不同地质层界面传播的波。面波是体波经地层界面多次反射、折射所形成的次声波。面波包括瑞利波(R 波)和勒夫波(L 波)。瑞利波传播时在地面上表现为滚动。勒夫波传播时在地面上表现为蛇形运动。面波的传播速度较小,周期长、振幅大、衰减慢,故能传播到很远的地方。面波使地面既产生垂直振动又产生水平振动。

9.1.3 地震震级及其灾害

1. 震级分类

震级是衡量一次地震释放能量大小的指标,用符号 M 表示。计算公式如下:

$$M = \lg A \tag{9.1.1}$$

式中,M 为地震震级;A 为标准地震仪(周期为 0.8s,阻尼系数为 0.8,放大倍率为 2800 倍的地震仪)距离震中 100km 处记录到的以微米($1\mu m = 10^{-6}m$)为单位的最大水平地动位移(单振幅)。

一般认为,小于 2 级的地震,称为微震;2~4 级称为有感地震;5 级称为破坏性地震;7 级以上称为强烈地震或大地震;8 级以上称为特大地震。

利用震级可以估算出一次地震所释放的能量,震级与地震释放的能量之间有如下关系:

$$\lg E = 11.8 + 1.5M \tag{9.1.2}$$

式中,E 为地震能量(J)。

2. 震级烈度

地震烈度是指某一地区的地面和各类建筑物遭受一次地震影响的平均强弱程度。一次地震只有一个震级,但是同一次地震对不同地点的影响是不一样的,随震中距的不同会出现地震烈度的差异。

为便于评定地震烈度,可以查阅我国 2021 年颁布实施的《中国地震烈度表》(GB/T 17742—2020)。

3. 震中烈度与震级的关系

一般来说,震中烈度是地震大小和震源深度两者的函数,下面给出了估定震级的经验公式:

$$M = 0.58I_0 + 1.5 \tag{9.1.3}$$

表 9.1.1 给出了震源深度为 10~30km 时,震级 M 与震中烈度 I_0 的大致对应关系。

表 9.1.1 震级 M 与震中烈度 I_0 的关系

震级 M	2	3	4	5	6	7	8	8 以上
震中烈度 I_0	1~2	3	4~5	6~7	7~8	9~10	11	12

4. 地震灾害

地震灾害因其发生具有突然性,具有较强的破坏性,被认为是威胁人类生存发展的最大的自然灾害之一。地震灾害主要表现在三个方面:地表破坏、建筑物破坏以及各种次生灾害。

地震造成的地表破坏有山石崩裂、滑坡、地面开裂、地陷及喷砂冒水等。

建筑物破坏主要表现为:①承重结构承载力不足及变形过大而造成破坏;②结构丧失整体性而造成的破坏;③地基失效引起三种形式的破坏。

地震的次生灾害有水灾、火灾、毒气污染、滑坡、泥石流、海啸等,由此引起的破坏也很严重。

9.1.4　抗震设计理念

1. 抗震设防类别

1）建筑抗震设防类别划分的因素

建筑工程抗震设防类别划分的基本原则是从抗震设防的角度进行分类,应根据下列因素的综合分析确定:

(1)建筑破坏造成的人员伤亡、直接和间接经济损失及社会影响的大小。

(2)城镇的大小、行业的特点、工矿企业的规模。

(3)建筑使用功能失效后,对全局的影响范围大小、抗震救灾影响及恢复的难易程度。

(4)建筑各区段的重要性有显著不同时,可按区段划分抗震设防类别。下部区段的类别不应低于上部区段。

(5)不同行业的相同建筑,当所处地位及地震破坏所产生的后果和影响不同时,其抗震设防类别可不相同。

上文中提到的区段指由防震缝分开的结构单元、平面内使用功能不同的部分或上下使用功能不同的部分。

2）建筑工程的四个抗震设防类别

(1)特殊设防类:指使用上有特殊设施,涉及国家公共安全的重大建筑工程和地震时可能发生严重次生灾害等特别重大灾害后果,需要进行特殊设防的建筑,简称甲类。

(2)重点设防类:指地震时使用功能不能中断或需尽快恢复的生命线相关建筑,以及地震时可能导致大量人员伤亡等重大灾害后果,需要提高设防标准的建筑,简称乙类。

(3)标准设防类:指大量的除(1)、(2)、(4)款以外按标准要求进行设防的建筑,简称丙类。

(4)适度设防类:指使用上人员稀少且震损不致产生次生灾害,允许在一定条件下适度降低要求的建筑,简称丁类。

2. 抗震设防标准

抗震设防标准(seismic fortification criterion)是衡量抗震设防要求高低的尺度,由抗震设防烈度或设计地震动参数及建筑抗震设防类别确定。

各抗震设防类别建筑的抗震设防标准,应符合下列要求:

(1)标准设防类,应按本地区抗震设防烈度确定抗震措施和地震作用,达到在遭遇高于当地抗震设防烈度的预估罕遇地震影响时,不致倒塌或发生危及生命安全的严重破坏的抗震设防目标。

(2)重点设防类,应按高于本地区抗震设防烈度一度的要求加强抗震措施;但抗震设防烈度为 9 度时应按比 9 度更高的要求采取抗震措施;地基基础的抗震措施,应符合有关规定。同时,应按本地区抗震设防烈度确定其地震作用。

(3)特殊设防类,应按高于本地区抗震设防烈度提高一度的要求加强其抗震措施;但抗震设防烈度为 9 度时应按比 9 度更高的要求采取抗震措施。同时,应按批准的地震安全性评价的结果且高于本地区抗震设防烈度的要求确定其地震作用。

(4)适度设防类,允许比本地区抗震设防烈度的要求适当降低其抗震措施,但抗震设防烈度为 6 度时不应降低。一般情况下,仍应按本地区抗震设防烈度确定其地震作用。

上文中对于划为重点设防类而规模很小的工业建筑,当改用抗震性能较好的材料且符合抗震设计规范对结构体系的要求时,允许按标准设防类设防。

3. 抗震设防的目标

我国最新的《建筑抗震设计规范(2016 年版)》(GB 50011—2010)在 2016 年修订后,沿用之前规范中抗震设防的三个水准目标,即"小震不坏、中震可修、大震不倒"。《建筑抗震设计规范(2016 年版)》(GB 50011—20101)中提出的具体的基本的抗震设防目标为:

(1)当遭受低于本地区抗震设防烈度的多遇地震影响时,主体结构不受损坏或不需修理可继续使用;

(2)当遭受相当于本地区抗震设防烈度的设防地震影响时,可能发生损坏,但经一般性修理仍可继续使用;

(3)当遭受高于本地区抗震设防烈度的罕遇地震影响时,不致倒塌或发生危及生命的严重破坏;

(4)使用功能或其他方面有专门要求的建筑,当采用抗震性能化设计时,具有更具体或更高的抗震设防目标。

当采用隔震技术时,建筑物的抗震设防目标将会有所提升。我国最新的《建筑隔震设计标准》(GB/T 51408—2021)在抗震设防目标问题上,将原有的"小震不坏、中震可修、大震不倒"提升为"中震不坏、大震可修、巨震不倒"。其具体的描述为:

(1)当遭受相当于本地区基本烈度的设防地震时,主体结构基本不受损坏或不需修理即可继续使用;

(2)当遭受罕遇地震时,结构可能发生损坏,经修复后可继续使用;

(3)特殊设防类建筑遭受极罕遇地震时,不致倒塌或发生危及生命的严重破坏。

多遇地震、设防地震和罕遇地震,一般按地震基本烈度区划或地震动参数区划对当地的规定采用,分别为 50 年超越概率 63%、10% 和 2% 的地震,或重现期分别为 50 年、475 年和 1600~2400 年的地震。

基本烈度是抗震设防的依据。50 年内超越概率约为 63% 的地震烈度为对应于统计"众值"的烈度,比基本烈度约低一度半,本规范取为第一水准烈度(众值烈度),称为"多遇地震";50 年超越概率约 10% 的地震烈度,即 1990 中国地震区划图规定的"地震基本烈度"或中国地震动参数区划图规定的峰值加速度所对应的烈度,规范取为第二水准烈度(基本烈度),称为"设防地震";50 年超越概率 2%~3% 的地震烈度,规范取为第三水准烈度,称为"罕遇地震",当基本烈度 6 度时为 7 度强,7 度时为 8 度强,8 度时为 9 度弱,9 度时为 9 度强。

4. 抗震设防目标的实现

当遭受第一水准烈度影响时,采用弹性反应谱进行弹性分析;当遭遇第二水准烈度影响时,结构进入非弹性工作阶段,但非弹性变形或结构体系的损坏控制在可以修复使用的范围内;当遭遇第三水准烈度影响时,结构有较大的非弹性变形,但应控制在规定的范围内,以免坍塌。

第一阶段设计是承载力验算,取第一水准的地震动参数计算结构的弹性地震作用标准值和相应的地震作用效应,然后与其他荷载效应按一定的组合系数进行组合,对结构构件的截面承载力抗震验算,对较高的建筑物还要进行变形验算,以控制侧向变形不要过大,并因非抗震构件设计可靠性水准的提高而有所提高,既满足在第一水准下具有必要的承载力可靠度,又满足第二水准的损坏可修的目标。对大多数的结构,可只进行第一阶段设计,而通过概念设计和抗震构造措施来满足第三水准的设计要求。

第二阶段设计是弹塑性变形验算,对地震时易倒塌的结构、有明显薄弱层的不规则结构以及有专门要求的建筑,除进行第一阶段设计外,还要进行结构薄弱部位的弹塑性层间变形验算并采取相应的抗震构造措施,实现第三水准的设防要求。

9.2 建筑场地与地基液化

9.2.1 建筑场地的划分与选择

1. 概述

场地是指工程群体所在地,具有相似的反应谱特征。研究建筑物在地震作用下的震害形态、破坏机理及抗震设计等问题,都离不开对场地土和地基的研究。有必要将建筑场地按其对建筑物地震作用的强弱和特征进行分类,以便根据不同的场地类别,采用相应的设计参数进行建筑物的抗震设计。

2. 场地

《建筑抗震设计规范(2016 年版)》(GB 50011—2010)对地段类别的划分标准如表 9.2.1 所示。

表 9.2.1 地段类别的划分

场地地段类别	地质、地形、地貌
有利地段	稳定基岩,坚硬土,开阔、平坦、密实、均匀的中硬土等
一般地段	不属于有利、不利和危险的地段
不利地段	软弱土,液化土,条状突出的山嘴,高耸孤立的山丘,陡坡,陡坎,河岸和边坡的边缘,平面分布上成因、岩性、状态明显不均匀的土层(含古河道、疏松的断层破碎带、暗埋的塘浜沟谷和半填半挖地基),高含水量的可塑黄土,地表存在结构性裂缝等
危险地段	地震时可能发生滑坡、崩塌、地陷、地裂、泥石流等及发震断裂带上可能发生地表位错的部位

3. 场地土的划分

场地土是指在场地范围内的地基土,其类别主要取决于土的刚度,土的刚度可按土的剪切波速划分,如表 9.2.1 所示。

根据震害调查,即使在同一烈度区内,由于场地土质条件不同,建筑物的震害有很大差异,表现在对地面运动的影响上。一般软弱地基对建筑物有增长周期、改变振型和增大阻尼的作用。

建筑场地一般由各种类别的土层构成,而不同类型土的性质有明显的差异。因此,应按反映各土层综合刚度的等效剪切波速 v_{se} 来确定土的类型。等效剪切波速是以剪切波在地面至计算深度各层土中传播的总时间不变的原则定义的总土层的平均剪切波速。土层的等效剪切波速,可按下式计算:

$$v_{se} = \frac{d_0}{t} \qquad (9.2.1)$$

$$t = \sum_{i=1}^{n} \frac{d_i}{v_{si}} \qquad (9.2.2)$$

式中,v_{se} 为土层等效剪切波速(m/s);d_0 为计算深度(m),取覆盖层厚度和 20m 两者的较小值;t 为剪切波在地表至计算深度之间的传播时间(s);d_i 为计算深度范围内第 i 土层的厚度(m);v_{si} 为计算深度范围内第 i 土层的剪切波速(m/s);n 为计算深度范围内土层的分层数。

对丁类建筑及丙类建筑中层数不超过 10 层、高度不超过 24m 的多层建筑,当无实测剪切波速时,可根据岩土名称和性状,按表 9.2.2 划分土的类型,再利用当地经验估算各土层的剪切波速。

表 9.2.2　土的类型和剪切波速范围

土的类型	岩土名称和状态	土层剪切波速范围/(m/s)
岩石	坚硬、较硬且完整的岩石	$v_s > 800$
坚硬土或软质岩石	破碎和较破碎的岩石或软和较软的岩石、密实的碎石土	$800 \geqslant v_s > 500$
中硬土	中密、稍密的碎石土,密实、中密的砾、粗、中砂,$f_{ak} > 150$ 的黏性土和粉土,坚硬黄土	$500 \geqslant v_s > 250$
中软土	稍密的砾、粗、中砂,除松散外的细、粉砂,$f_{ak} \leqslant 150$ 的黏性土和粉土 $f_{ak} > 130$ 的填土,可塑新黄土	$250 \geqslant v_s > 150$
软弱土	淤泥和淤泥质土,松散的砂,新近沉积的黏性土和粉土,$f_{ak} \leqslant 130$ 的填土,流塑黄土	$v_s \leqslant 150$

注:f_{ak} 为由载荷试验等方法得到的地基承载力特征值(kPa);v_s 为岩土剪切波速。

4. 场地覆盖层厚度

目前,国内外对覆盖层厚度的定义有两种方法。一种是绝对的,即从地面至基岩顶面的距离;另一种是相对的,即定义两相邻土层波速比($v_{s下}/v_{s上}$)大于某一定值的埋深为覆盖层厚度。

《建筑抗震设计规范(2016 年版)》(GB 50011—2010)规定,建筑场地覆盖层厚度的确定,应符合下列要求:

(1)一般情况下,应按地面至剪切波速大于 500m/s 且其下卧各层岩土的剪切波速均不小于 50m/s 的土层顶面的距离确定。

(2)当地面 5m 以下存在剪切波速大于其上部各土层剪切波速 2.5 倍的土层,且该层及其下卧各层岩土的剪切波速均不小于 400m/s 时,可按地面至该土层顶面的距离确定。

（3）剪切波速大于500m/s的孤石、透镜体，应视同周围土层。

（4）土层中的火山岩硬夹层，应视为刚体，其厚度应从覆盖土层中扣除。

5．场地类别

为了定量考虑场地条件对建筑抗震设计的影响，《建筑抗震设计规范（2016年版）》（GB 50011—2010）根据土层等效剪切波速和场地覆盖层厚度将建筑场地划分为四类，如表9.2.3所示。

表9.2.3　各类建筑场地的覆盖层厚度

岩石的剪切波速或土的等效剪切波速/(m/s)	场地类别				
	I		II	III	IV
	I_0	I_1			
$v_s > 800$	0				
$800 \geqslant v_s > 500$		0			
$500 \geqslant v_s > 250$		<5	$\geqslant 5$		
$250 \geqslant v_s > 150$		<3	3～50	>50	
$v_s \leqslant 150$		<3	3～15	15～80	>80

注：表中 v_s 是岩石的剪切波速。

此外，场内存在发震断裂时，应对断裂的工程影响进行评价，并应符合下列要求：

（1）对符合下列规定之一的情况，可忽略发震断裂错动对地面建筑的影响：①抗震设防烈度小于8度；②非全新世活动断裂；③抗震设防烈度为8度和9度时，隐伏断裂的土层覆盖厚度分别大于60m和90m。

（2）对不符合上述规定的情况，应避开主断裂带，其避让距离不宜小于表9.2.4对发震断裂最小避让距离的规定。在避让距离的范围内确有需要建造分散的，低于三层的丙、丁类建筑时，应按提高一度的要求采取抗震措施，并提高基础和上部结构的整体性，且不得跨越断层线。

表9.2.4　发震断裂的最小避让距离　　　　　　单位：m

烈度	建筑抗震设防类别			
	甲	乙	丙	丁
8	专门研究	200	100	—
9	专门研究	400	200	—

9.2.2　地基基础液化

1．地基土液化的概念

饱和松散的砂土或粉土在强烈地震作用下，地震时的剪切波由下卧土层向上传播，并在土体中引起交变应力，从而产生振动孔隙水压力，土的颗粒结构趋于密实，如土本身的渗透系数较小，则孔隙水在短时间内排泄不走而受到挤压，孔隙水压力将急剧上升。当孔隙水力增加到与剪切面上的法向压应力接近或相等时，砂土或粉土受到的有效压应力下降乃至完全消失,这时土颗粒全部或局部处于悬浮状态,土体丧失抗剪强度,形成犹如"液体"的现象,称为场地的"液化"。

根据土力学原理,饱和砂土的抗剪强度 s 可写成:

$$s \leqslant (\sigma - u)\tan\varphi \qquad (9.2.3)$$

式中,σ 为作用于剪切面上的总法向压应力(kPa);u 为剪切面上孔隙水压力(kPa);φ 为土的内摩擦角(°)。

2. 影响地基液化的主要因素

国内外震害调查表明,影响场地土地基液化的主要因素有:

(1)土层的地质年代:越古老的土层,抵抗液化的能力就越强。

(2)土的组成:对饱和土而言,细砂、粉砂比粗砂、中砂更容易液化。

(3)土层的相对密度:相对密实程度较小的松砂容易液化。

(4)土层的埋深:砂土层的埋深越大就越不容易液化。

(5)地下水位的深度:地下水位越深,越不容易液化。

(6)地震烈度和地震持续时间:地震烈度越高,越容易发生液化;地震持续时间越长,越容易发生液化。

9.2.3 液化的判别方法

根据《建筑抗震设计规范(2016 年版)》(GB 50011—2010)规定:6 度时,一般情况下可不进行判别和处理,但对液化沉陷敏感的乙类建筑可按 7 度的要求进行判别和处理,7～9度时,乙类建筑可按本地区抗震设防烈度的要求进行判别和处理。另外,地面下存在饱和砂土和饱和粉土时,除 6 度外,应进行液化判别;存在液化土层的地基,应根据建筑的抗震设防类别、地基的液化等级,结合具体情况采取相应的措施。

1. 初步判别

《建筑抗震设计规范(2016 年版)》(GB 50011—2010)规定,对于饱和的砂土或粉土(不含黄土),当符合下列条件之一时,可初步判别为不液化或可不考虑液化影响:

(1)地质年代为第四纪晚更新世(Q_3)及以前时,地震烈度为 7 度、8 度时可判为不液化。

(2)粉土的黏粒(粒径小于 0.005mm 的颗粒)含量百分率,7 度、8 度和 9 度分别不小于10％、13％和 16％时,可判为不液化土。其中,用于液化判别的黏粒含量采用六偏磷酸钠作分散剂测定,采用其他方法时应按有关规定换算。

(3)浅埋天然地基的建筑,当上覆非液化土层厚度和地下水位深度符合下列条件之一时,可不考虑液化影响

$$d_u > d_0 + d_b - 2 \qquad (9.2.4)$$

$$d_w > d_0 + d_b - 3 \qquad (9.2.5)$$

$$d_u + d_w > 1.5d_0 + 2d_b - 4.5 \qquad (9.2.6)$$

式中,d_w 为地下水位深度(m),宜按设计基准期内年平均最高水位采用,也可按近期内年最高水位采用;d_u 为上覆盖非液化土层厚度(m),计算时宜将淤泥和淤泥质土层扣除;d_b 为基础埋置深度(m),不超过 2m 时应采用 2m;d_0 为液化土特征深度(m),可按表 9.2.5 采用。

表 9.2.5　液化土特征深度

饱和土类别	地震烈度		
	7 度	8 度	9 度
粉土	6	7	8
砂土	7	8	9

注:当区域的地下水位处于变动状态时,应按不利的情况考虑。

2. Seed 法

Seed 法又称"抗液化剪应力法",它以振动在土层中引起的动剪应力比的大小(CSR)来表示动力作用的大小,以液化所需的动剪应力比(CRR)来表示土层抗液化的能力。

(1)土层的有效动剪应力比:

$$\text{CSR} = \frac{\tau_{\text{av}}}{\sigma_{\text{v0}}} \approx 0.65 \frac{a_{\max}}{g} \frac{\sigma_{\text{v0}}}{\sigma_{\text{v01}}} r_{\text{d}} \tag{9.2.7}$$

式中,CSR 为有效动剪应力比;$a_{\max}$ 为峰值水平加速度(m/s^2);g 为重力加速度(m/s^2);σ_{v0},σ_{v01} 为计算点的竖向总应力与有效应力(kN);r_{d} 为应力折减系数;τ_{av} 为平均循环剪应力(kPa)。

(2)土层的抗液化剪应力比:

$$\text{CRR} = \frac{\tau_{\text{c}}}{\sigma_{\text{v0}}} = c_{\text{r}} \frac{\tau_{\text{d}}}{\sigma_{\text{c}}} \frac{D_{\text{r}}}{D_{\text{r}}'} r_{\text{d}} \tag{9.2.8}$$

式中,CRR 为抗液化剪应力比。D_{r},D_{r}' 为现场土与取样土的相对密实度。τ_{d} 为动剪切应力(kPa),对于三轴试验,$\tau_{\text{d}} = \sigma_{\text{d}}/2$,$\sigma_{\text{d}}$ 为振动三轴的动应力;对于振动三轴试验,τ_{c} 为土样的固结应力;对于直剪试验,τ_{c} 为土样受到的初始有效竖直应力。c_{r} 为应力校核系数,如果利用直剪试验进行测定,则 $c_{\text{r}} = 1$;如果利用振动三轴进行测定,c_{r} 按照表 9.2.6 进行确定。

表 9.2.6　应力校核系数

相对密实度/%	30	40	50	60	70	80	85
c_{r}	0.52	0.55	0.58	0.61	0.65	0.68	0.70

当 $\text{FS} = \dfrac{\text{CRR}}{\text{CSR}} > 1$ 时,土体不液化;当 $\text{FS} = \dfrac{\text{CRR}}{\text{CSR}} < 1$ 时,则土体液化。

3. 剪应变判别法和剪切波波速判别法

Dobry 等(1980)提出了以剪应变来判别砂土液化的方法。该判别方法采用的是一个临界剪应变 γ_{cr},如果地震造成的某一深度的饱和砂土的剪应变小于临界剪应变 γ_{cr},则不发生液化;否则判断为液化。

地震等效剪应变可以表示为

$$\gamma_{\text{e}} = \frac{\tau_{\text{e}}}{G} = 0.65 \gamma_{\text{d}} \frac{\sigma_{\text{v}}}{g} a_{\text{h max}} \frac{1}{G_{\max} \dfrac{G}{G_{\max}}} \tag{9.2.9}$$

式中,G 为剪切模量(kPa);$G_{\max}$ 为小应变下的剪切模量(kPa);σ_{v} 为竖向总应力(kN/m^2)。

选取临界剪应变 $\gamma_{\text{cr}} = 0.02\%$,低于此界限时,土中几乎不会有孔压产生,根据 $G/G_{\max}\text{-}\gamma$ 关系曲线可以大致得到此临界剪应变对应的剪切模量比 $G/G_{\max} = 0.75$,将此关系式代入式

(9.2.9)得

$$\gamma_{c}=\frac{\tau_{e}}{G}=0.87\gamma_{d}\frac{\sigma_{v}a_{h\,max}}{g}\frac{1}{G_{max}} \tag{9.2.10}$$

根据 G_{max} 与剪切波速 v_{s} 之间的关系,上式可进一步改写为

$$\gamma_{c}=\frac{\tau_{e}}{G}=0.87\gamma_{d}\frac{\sigma_{v}a_{h\,max}}{\rho g}\frac{1}{v_{s}^{2}} \tag{9.2.11}$$

式中,ρ 为土的天然密度(g/cm^3)。这样,只要确定深度、地面运动最大加速度及剪切波速,就可以采用式(9.2.11)计算得到地震等效剪应变 γ_{c},如果 $\gamma_{c}<\gamma_{cr}$,则不液化;如果 $\gamma_{c}>0.01\%$,则应进一步考察液化的可能性。

Dobry 等进一步将这种方法转化为一种剪切波速判别法。式(9.2.11)可改写为

$$v_{s}=\left(0.87\frac{a_{h\,max}}{g}\frac{\sigma_{v}\gamma_{d}}{\gamma_{c}\rho}\right)^{1/2}=\left(0.87\frac{a_{h\,max}}{g}\frac{gd_{s}\gamma_{d}}{\gamma_{c}}\right)^{1/2} \tag{9.2.12}$$

式中,d_{s} 为饱和砂土的埋深(m)。

取临界剪应变 $\gamma_{cr}=0.01\%$,可以得到临界剪切波速 v_{Scr} 的表达式为

$$v_{Scr}=291\left(\frac{a_{h\,max}}{g}d_{s}\gamma_{d}\right)^{\frac{1}{2}} \tag{9.2.13}$$

如果实测波速大于临界波速,则不液化,否则需进一步考察液化的可能性。其中

$$\gamma_{d}=1-0.0133d_{s} \tag{9.2.14}$$

代入式(9.2.13)得到烈度为 7、8 和 9 度下 $a_{h\,max}/g$ 分别取 0.1、0.2 和 0.4 时,对应的砂土液化临界剪切波速 v_{Scr} 的统一表达式

$$v_{Scr}=v_{s0}(d_{s}-0.0133d_{s}^{2})^{\frac{1}{2}} \tag{9.2.15}$$

式中,v_{s0} 在地震烈度为 7、8 和 9 度时分别为 92m/s、130m/s 和 184m/s。

3. 液化指数与液化等级

为了衡量液化场地的危害程度,对于存在液化土层的地基,应在探明各液化土层的深度和厚度后,先用式(9.2.9)确定液化场地的液化指数 I_{1E},然后根据液化指数 I_{1E} 来划分场地的液化等级,以反映场地液化可能造成的危害程度。

$$I_{1E}=\sum_{i=1}^{n}\left(1-\frac{N_{i}}{N_{cri}}\right)d_{i}d\omega_{i} \tag{9.2.16}$$

式中,I_{1E} 为液化指数;N 为在判别深度范围内每一个钻孔标准贯入试验点的总数;N_{i},N_{cri} 分别为 i 点贯入锤击数的实测值和临界值,当 $N_{i}>N_{cri}$ 时应取临界值的数值;d_{i} 为 i 点所代表的土层厚度(m),可采用与该标准贯入试验点相邻的上下两标准贯入试验点深度差的一半,但上界不高于地下水位深度,下界不低于液化水面深度;ω_{i} 为 i 土层单位土层厚度的层位影响权函数值(m^{-1}),若判别深度为 20m,当该层中点深度不大于 5m 时应采用 10,等于 20m 时应采用零值,5~20m 时应按线性内插法取值。

计算对比表明,液化指数 I_{1E} 与液化危害程度之间存在明显的对应关系,其分级结果及相应震害情况如表 9.2.7 所示。

表 9.2.7　液化等级和相应震害情况

液化等级	液化指数 I_{1E} 判别深度 20m	地面喷水冒砂情况	对建筑物的危害情况
轻微	$0<I_{1E}\leqslant16$	地面无喷水冒砂,或仅在洼地、河边有零星的喷水冒砂	危害性小,一般没有明显的沉降或不均匀沉降
中等	$6<I_{1E}\leqslant18$	喷水冒砂的可能性大,从轻微到严重均有,多数液化等级属中等	危害性较大,可能造成不均匀沉降,有时不均匀沉降可达 200mm
严重	$18<I_{1E}$	一般喷水冒砂都很严重,涌砂量大,地面变形明显,覆盖面广	危害性大,不均匀沉降可达 200～300mm,高重心结构可能产生不允许的倾斜,修复影响使用,修复工作难度大

9.3　基础抗震

9.3.1　天然地基抗震承载力验算

1. 天然地基的抗震承载力

由于天然地基一般具有良好的抗震性能,故《建筑抗震设计规范(2016 年版)》(GB 50011—2010)中规定了可不进行天然地基及基础的抗震承载力验算的建筑。

(1)规范规定可不进行上部结构抗震验算的建筑。

(2)地基主要受力层范围内不存在软弱黏性土层的下列建筑:

①一般的单层厂房和单层空旷房屋;

②砌体房屋;

③不超过 8 层且高度在 24m 以下的一般民用框架和框架-抗震墙房屋;

④基础荷载与③项相当的多层框架厂房和多层混凝土抗震墙房屋。

上述软弱黏性土层指 7 度、8 度和 9 度时,地基承载力特征值分别小于 80kPa、100kPa 和 120kPa 的土层。

2. 天然地基的抗震承载力校核

在地震荷载作用下,天然地基的承载力校核方法的要点如下:

1)考虑荷载

校核所考虑的荷载包括:上部结构通过基础作用于天然地基上的静荷载;上部结构通过基础作用于天然地基上的地震惯性力。

2)地基表面上的压应力

将作用于地基表面上的静力和地震力组合起来,可确定在静荷载和地震荷载共同作用下地基表面上的压应力。

3)地基抗震承载力

地基抗震承载力是指抵抗静荷载和地震荷载共同作用的地基承载力。由于地震荷载的瞬时性及速率效应,地基抗震承载力通常要比静荷下的地基承载力高。因此,地基抗震承载力为静荷载下的地基承载力乘以抗震调整系数:

$$f_{aE} = \xi_a f_a \tag{9.3.1}$$

式中,f_{aE} 为调整后的地基抗震承载力特征值(kPa);ξ_a 为地基抗震承载力调整系数,按表 9.3.1 采用;f_a 为考虑基础埋深和宽度影响后的地基抗震承载力特征值(kPa)。

表 9.3.1　地基抗震承载力调整系数

岩土名称和性状	ξ_a
岩石,密实的碎石土,密实的砾、粗、中砂,$f_{ak} \geqslant 300$kPa 的黏性土和粉土	1.5
中密、稍密的碎石土,中密和稍密的砾、粗、中砂,密实和中密的细、粉砂,150kPa$\leqslant f_{ak} < 300$kPa 的黏性土和粉土,坚硬黄土	1.3
稍密的细、粉砂,100kPa$\leqslant f_{ak} < 150$kPa 的黏性土和粉土,可塑黄土	1.1
淤泥、淤泥质土,松散的砂、杂填土、新近沉积的黄土及流塑黄土	1.0

4)承载校核的要求

验算天然地基地震作用下的竖向承载力时,按地震作用效应标准组合的基础底面平均压力和边缘最大压力应符合下列各式要求:

$$p \leqslant f_{aE} \tag{9.3.2}$$

$$p_{max} \leqslant 1.2 f_{aE} \tag{9.3.3}$$

式中,p 为地震作用效应标准组合的基础底面平均压力(kN);p_{max} 为地震作用效应标准组合的基础边缘的最大压力(kN)。

3. 地震引起的天然地基附加沉降的简化计算

王忆等人(1992)提出了基于永久应变式、软化模型和分层总和法这三个基本概念的简化方法。

1)简化法的要求

(1)简化法的途径必须与基本力学原理相符合,也就是在理论上要有根据。

(2)简化法必须能有根据地考虑一些重要因素的影响,为了简化还必须忽略一些次要因素的影响。

(3)简化法的计算结果必须与实际观测结果基本一致,也就是必须具有相当高的精度。

2)三个基本概念

(1)永久应变势:永久应变势是地震时,土单元永久应变的一个近似值。它根据土单元所受的静应力、地震应力及由试验确定的土的永久应变发展规律得出的。其表达式如下:

$$\varepsilon_{a,p} = 0.1 \left(\frac{1}{C_5} \frac{\sigma_{a,d}}{\sigma_3} \right)^{\frac{1}{s_5}} \left(\frac{N}{10} \right)^{-\frac{s_1}{s_5}} \tag{9.3.4}$$

式中,$C_5 = C_6 + s_6(K_c - 1)$,$s_5 = C_7 + s_7(K_c - 1)$;N 为荷载作用次数。

(2)软化模型:软化模型认为土在地震荷载作用下发生软化,其静变形模量降低了,在静荷载作用下要发生附加变形。土的割线模量的表达式如下：

$$E_1 = k p_a \left(\frac{\sigma_3}{p_a} \right)^n \left[1 - \frac{R_f (1 - \sin\varphi)(\sigma_1 - \sigma_3)}{2(\cos\varphi + \sigma_3 \sin\varphi)} \right] \tag{9.3.5}$$

式中，σ_1、σ_3 分别为土单元所受的最大静主应力和最小静主应力（kPa）；k、n 为两个参数；p_a 为大气压力，量纲与 σ_3 相同；R_f 为破坏比；c、φ 为土黏结力和内摩擦角。

图 9.3.1 是由式（9.3.5）确定的模量，即为动荷作用之前土的静模量。图中 A 点表示地震前土单元的工作状态，ε_a 为地震前土单元的静应变。设地震引起的土单元永久应变势为 $\varepsilon_{a,p}$，地震后土单元的静应变为 $\varepsilon_a + \varepsilon_{a,p}$。

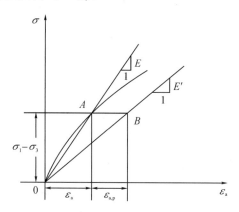

图 9.3.1　软化后土的静模量 E_2 的确定

按割线模量的定义，与主应力差 $\sigma_1 - \sigma_3$ 相应的轴向应变 ε_a 可由式（9.3.6）确定：

$$\varepsilon_a = \frac{\sigma_1 - \sigma_3}{E_1} \tag{9.3.6}$$

在软化模型中，假定地震前后土单元所受的静力相同，则地震后土单元的工作状态为图 9.3.1 中的 B 点。显然，与 B 点相应的割线模量即为地震后土单元的模量（以 E' 表示）为：

$$E_2 = \frac{\sigma_1 - \sigma_3}{\varepsilon_{a,1} + \varepsilon_{a,p}} = \frac{1}{\dfrac{\varepsilon_{a,1} + \varepsilon_{a,p}}{\sigma_1 - \sigma_3}} \tag{9.3.7}$$

令 $E_d = \dfrac{\sigma_1 - \sigma_3}{\varepsilon_{a,p}}$，则上述 E_2 可以写成如下格式：

$$E_2 = \frac{1}{\dfrac{1}{E_1} + \dfrac{1}{E_d}} \tag{9.3.8}$$

式中，E_d 被称为附加模量（kPa）。

令 $\eta = \dfrac{1}{1 + \dfrac{E_1}{E_d}}$，则 $E_2 = \eta E_1$。

（3）分层总和法：地基附加沉降量以 s 表示，第 i 层压缩量以 Δs_i 表示，按分层总和法：

$$s = \sum_{i=1}^{n} \Delta s_i = \sum_{i=1}^{n} \Delta \varepsilon_i h_i \tag{9.3.9}$$

式中，ε_i 为考虑侧胀时第 i 层土的压缩应变；h_i 为第 i 层土的厚度。

3)简化法的具体步骤

(1)确定地基中指定点的静应力分量;

(2)确定地基中指定点的水平动剪应力分量;

(3)根据地基中指定点的净应力分量及水平动剪应力分量,按经验公式确定永久应变势;

(4)确定在地震作用后降低的静弹性模量;

(5)按软化模型确定地震作用在指定点引起的附加竖向正应变;

(6)按分层总和法确定地震作用引起的地基附加沉降。

4)简化法的具体计算方法

(1)确定地基中指定点的静应力分量。地基中指定点的净应力分量由土的自重应力和上部静荷载作用在地基土体中产生的静应力两部分组成。

将这两部分静应力叠加,可得到地基中指定点的总的静应力:

$$\begin{cases} \sigma_z = \sigma_{z,1} + \sigma_{z,2} \\ \sigma_x = \sigma_{x,1} + \sigma_{x,2} \\ \tau_{xz} = \tau_{xz,2} \end{cases} \tag{9.3.10}$$

(2)确定地基中指定点的水平动剪应力分量。

①在自由场条件下,由地基土体惯性力引起的水平地震剪应力,以 $\tau_{xz,d,1}$ 表示:

$$\tau_{xz,d,1} = 0.65\gamma_d \frac{a_{\max}}{g} \sum_i \gamma_i h_i \tag{9.3.11}$$

$$\gamma_d = 1 - 0.0133 h_i$$

式中,$a_{\max}$ 为地面运动的最大加速度(m/s^2);γ_d 为变形影响系数;γ_i 为第 i 层土容重(kN/m^3),地下水位以下取饱和容重;h_i 为第 i 层土的厚度(m)。

②由上部结构地震惯性力在地基表面上产生的附加剪力引起的水平地基剪应力,以 $\tau_{xz,d,2}$ 表示。上部地震惯性力在地基表面上产生的附加剪力可按基地剪力法确定:

$$Q = C\alpha p_z \tag{9.3.12}$$

$$Q_{eq} = 0.65Q \tag{9.3.13}$$

式中,Q 为地基表面上的附加地震剪力(kN);α 为相应于结构基本周期 T 的地震影响系数,并应按所在地区的基本加速度或烈度取值;C 为结构影响系数;Q_{eq} 为地基表面上的等价的附加地震剪力(kN),同样可采用土力学方法计算在地基指定点引起的水平地震剪应力,即 $\tau_{xz,d,2}$。

将上述两部分水平地震剪应力叠加起来,可求出总的地震剪应力 $\tau_{xz,d}$,即

$$\tau_{xz,d} = \sqrt{\tau_{xz,d,1}^2 + \tau_{xz,d,2}^2} \tag{9.3.14}$$

(3)确定地基中指定点的永久应变势。永久应变势可根据之前给出的计算公式进行计算:

$$\varepsilon_{a,p} = 0.1 \left(\frac{1}{C_5} \frac{\sigma_{a,d}}{\sigma_3}\right)^{\frac{1}{s_5}} \left(\frac{N}{10}\right)^{-\frac{s_1}{s_5}} \tag{9.3.15}$$

式中,$C_5 = C_6 + s_6(K_c - 1)$,$s_5 = C_7 + s_7(K_c - 1)$;N 为荷载作用次数,按照液化判别的方法确定;s_1、c_6、s_6、c_7、s_7 根据表 9.3.2 确定。

表 9.3.2　永久应变势计算参数

土类	参数				
	s_1	c_6	s_6	c_7	s_7
淤泥	-0.159	0.44	0.22	0.16	0
淤泥质黏土	-0.145	0.47	0.24	0.18	0
淤泥质粉质黏土	-0.194	0.50	0.20	0.16	0
黏土	-0.129	0.90	0.60	0.18	0
粉质黏土	-0.129	0.85	0.55	0.17	0
粉土（密）	-0.150	0.45	0.50	0.16	0
粉土（松）	-0.170	0.25	0.40	0.15	0
密实砂	-0.120	1.00	0.60	0.18	0.05
中密砂	-0.10	0.45	0.50	0.10	0.05
松砂	-0.063	0.25	0.44	0.01	0.05

设地基中的土单元处于平面应变状态，土体中平面应变状态下最大静剪应力比为：

$$\alpha_{s,f} = \frac{2\alpha_s}{\sqrt{(1+\xi)^2 - 4\alpha_s^2}} \tag{9.3.16}$$

式中，$\alpha_s = \dfrac{\tau_{xz,J}}{\sigma_{xz,max}}$，$\xi = \dfrac{\sigma_{xz,min}}{\sigma_{xz,max}}$，其中 $\sigma_{xz,min}$ 和 $\sigma_{xz,max}$ 分别为总的竖向正应力和水平向正应力两者之间的小值和大值（kPa）。

土体中平面应变状态下最大动剪应力比为：

$$\alpha_{d,f} = \frac{2\alpha_d}{\sqrt{(1+\xi)^2 - 4\alpha_s^2} - (1-\xi)} \tag{9.3.17}$$

式中，$\alpha_d = \dfrac{\tau_{xz,d}}{\sigma_{xz,max}}$。

在三轴试验应力状态下，静剪应力比为：

$$\alpha_{s,f} = \frac{K_c - 1}{2\sqrt{K_c}} \tag{9.3.18}$$

动剪应力比为：

$$\alpha_{d,f} = \frac{1}{2\sqrt{K_c}} \frac{\sigma_{a,d}}{\sigma_3} \tag{9.3.19}$$

由式（9.3.18）与式（9.3.19）相等可得：

$$\frac{\sigma_{a,d}}{\sigma_3} = \frac{4\sqrt{K_c}\,\alpha_d}{\sqrt{(1+\xi)^2 - 4\alpha_s^2} - (1-\xi)} \tag{9.3.20}$$

由式（9.3.18）导出：

$$K_c = 1 + 2\alpha_{s,f}\left(\alpha_{s,f} + \sqrt{1 + \alpha_{s,f}^2}\right) \tag{9.3.21}$$

将式（9.3.20）得到的 $\dfrac{\sigma_{a,d}}{\sigma_3}$ 和式（9.3.21）得到的 K_c（转换固结比）代入式（9.3.15），即可计算得出地基土体中指定点的永久应变势 $\varepsilon_{a,p}$。

(4)计算地震作用后的弹性模量。按照前述软化模型进行计算,根据式(9.3.5)至式(9.3.8)进行计算得到。其中各类土的各种参数可以参照表9.3.3选取。

表 9.3.3　各类土的邓肯-张(Duncan-Chang)模型参数值

土类	K/kPa	N	Φ/(°)	C/kPa	R_f
淤泥	422	0.655	12.0	20	0.45
淤泥质黏土	1237	0.465	12.0	20	0.48
淤泥质粉质黏土	2930	0.39	12.0	44	0.69
黏土	1500	0.50	23.8	50	0.36
粉质黏土	3000	0.40	25.0	35	0.55
粉土(密)	3500	0.60	33.0	22	0.69
粉土(松)	2500	0.50	30	14	0.73
密实砂	9600	0.60	40	0	0.85
中密砂	4800	0.50	32	0	0.84
松砂	3500	0.55	28	0	0.77

注:表中某些土类 R_f 值偏小,建议 R_f 小于 0.7 时取 0.7。

(5)确定地震作用引起的附加竖向应变。

根据广义胡克定律得

$$\varepsilon_z = \frac{1}{E}\left[\sigma_x - \mu(\sigma_x + \sigma_y)\right] \tag{9.3.22}$$

在平面应力状态下,$\varepsilon_y = 0$,$\sigma_y = \mu(\sigma_x - \sigma_z)$,将其代入式(9.3.22)中得:

$$\varepsilon_z = \frac{1}{E}\left[\sigma_z(1-\mu^2) - \mu(1-\mu)\sigma_x\right] \tag{9.3.23}$$

分别用地震前后的割线弹性模量 E_1、E_2,泊松比 μ_1、μ_2 替换式(9.3.23)中的 E 和 μ,可求得地震前后土的竖向应变 $\varepsilon_{z,1}$ 和 $\varepsilon_{z,2}$,由地震引起的附加竖向应变:

$$\varepsilon_{z,p} = \varepsilon_{z,2} - \varepsilon_{z,1}$$

可得:

$$\varepsilon_{z,p} = \frac{1}{E_1}\left\{\left[\frac{1-\mu_2^2}{\eta} - (1-\mu_1^2)\right]\sigma_z - \left[\frac{\mu_2(1-\mu_2)}{\eta} - \mu_1(1+\mu_1)\right]\sigma_x\right\} \tag{9.3.24}$$

(6)计算地震作用引起的地基附加沉降。

①计算平均附加沉降。地基表面这些点的附加沉降可按式(9.3.25)计算:

$$s_p = \sum_{i=1}^{N}\Delta\varepsilon_{z,p,i}h_i \tag{9.3.25}$$

令地基表面左边缘点、中心点和右边缘点的沉降为 $s_{p,1}$、$s_{p,2}$、$s_{p,3}$,则平均附加沉降可取它们的平均值。

②计算地基的倾斜。令地基的倾斜以 α_p 表示,则可按式(9.3.26)计算:

$$\alpha_p = \frac{\left|s_{p,1} - s_{p,r}\right|}{B} \tag{9.3.26}$$

式中,B 为地基宽度(m)。

9.3.2　桩基抗震设计

1. 桩基础抗震承载力验算

1）可不进行桩基抗震验算的条件

对平时主要承受竖向荷载的低承台桩基,当地面下无液化土层,且桩承台周围无淤泥、淤泥质土和地基承载力特征值不大于 100kPa 的填土时,下列建筑可不进行桩基抗震承载力验算:

(1)7～8 度时的下列建筑:一般的单层厂房和单层空旷房屋;不超过 8 层且高度在 24m 以下的一般民用框架房屋和框架-抗震墙房屋;基础荷载与不超过 8 层且高度在 24m 以下的一般民用框架房屋和框架抗震墙房屋相当的多层框架厂房和多层混凝土抗震墙房屋。

(2)《建筑抗震设计规范(2016 年版)》(GB 50011—2010) 规定可不进行上部结构抗震验算的建筑。

(3)砌体房屋。

2）非液化土中的桩基抗震验算

当建筑物桩基不满足上述条件时,应按下列规定进行桩基抗震验算:

(1) 单桩的竖向和水平向抗震承载力特征值,可均比非抗震设计时提高 25%。

(2) 当承台周围的回填土夯实至干密度不小于《建筑地基基础设计规范(2016 年版)》(GB 50011—2010) 对填土的要求时,可由承台正面填土与桩共同承担水平地震作用;但不应计入承台底面与地基土间的摩擦力。

当地下室埋深大于 2m 时,桩所承担的地震剪力可按下式计算

$$V = V_0 \frac{0.2 \sqrt{H}}{\sqrt[4]{d_f}} \qquad (9.3.27)$$

式中,V_0 为上部结构的底部水平地震剪力(kN);V 为桩承担的地震剪力(kN),当小于 $0.3V_0$ 时取 $0.3V_0$,大于 $0.9V_0$ 时取 $0.9V_0$;H 为建筑地上部分的高度(m);d_f 为基础埋深(m)。

3）液化土中的桩基抗震验算

存在液化土层的低承台桩基抗震验算,应符合下列规定:

(1)承台埋深较浅时,不宜计入承台周围土的抗力或刚性地坪对水平地震作用的分担作用。

(2)当桩承台底面上、下分别有厚度不小于 1.5m、1.0m 的非液化土层或非软弱土层时,可按下列两种情况进行桩的抗震验算,并按不利情况设计。

①桩承受全部地震作用,桩承载力按非液化土层中的桩基取用,此时土尚未充分液化,只是刚度下降很多,所以液化土的桩周摩阻力及桩水平抗力均应乘以表 9.3.4 中的折减系数。

②地震作用按水平地震影响系数最大值的 10% 采用,桩承载力仍按单桩的竖向和水平向抗震承载力特征值均比非抗震设计时提高 25% 取用,但应扣除液化土层的全部摩阻力及桩承台下 2m 深度范围内非液化土的桩周摩阻力。

(3)打入式预制桩及其他挤土桩,当平均桩距为 2.5～4 倍桩径且桩数不少于 5×5 时,

表 9.3.4 土层液化影响折减系数

实际标贯锤击数/临界标贯锤击数	深度 d_s/m	折减系数
≤0.6	$d_s \leqslant 10$	0
	$10 \leqslant d_s \leqslant 20$	1/3
>0.6～0.8	$d_s \leqslant 10$	1/3
	$10 \leqslant d_s \leqslant 20$	2/3
>0.8～1.0	$d_s \leqslant 10$	2/3
	$10 \leqslant d_s \leqslant 20$	1

可计入打桩对土的加密作用及桩身对液化上变形限制的有利影响。当打桩后桩间土的标准贯入锤击数值达到不液化的要求时,单桩承载力可不折减,但对桩尖持力层作强度校核时,桩群外侧的应力扩散角应取为零。打桩后桩间土的标准贯入锤击数宜由试验确定,也可按下式计算:

$$N_1 = N_p + 100\rho(1 - e^{-0.3N_p}) \tag{9.3.28}$$

式中,N_1 为打桩后的标准贯入锤击数;ρ 为打入式预制桩的面积置换压入率;N_p 为打桩前的标准贯入锤击数。

2. 桩基础的选型与布置要求(见表 9.3.5)

表 9.3.5 桩基础的选型与布置要求

序号	项目	内容
1	桩基的选用	(1)宜优先采用普通混凝土或预应力混凝土预制桩(以下简称预制桩),也可采用配筋的混凝土灌注桩(以下简称灌注桩);当技术经济合理时,也可采用钢管桩。 (2)宜优先采用长桩,当承台底面标高上下土层为软弱土或液化土时,7～9 度地区不宜采用桩端未嵌固于稳定岩石中的短桩(长桩指桩长不小于 $4/\alpha$ 的桩,短桩指桩长小于 $2.5/\alpha$ 的桩,α 为 m 法的桩长变形系数)。 (3)一般宜采用竖直桩,当竖直桩不能满足抗震要求且施工条件容许时,可在适当部位布置少量的斜桩,如高层建筑抗震墙或单层厂房桩间支撑桩基承台的两端。 (4)同一结构单元中,桩基类型宜相同。不宜部分采用端承桩,部分采用摩擦桩;不宜部分采用预制桩,部分采用灌注桩;不宜部分采用扩底桩(即桩端带扩大头的灌注桩,上部桩身直径不小于 800mm,又称大直径扩底墩),部分采用不扩底桩。 (5)同一结构单元中,桩的材料、截面、桩顶标高和长度宜相同;当桩的长度不同时,桩端宜支承在同一土层或抗震性能基本相同的土层上。 (6)桩顶与承台的连接应按固接设计。 (7)桩基承台宜埋于地下,即为低承台桩基
2	桩基的布置	(1)作用于承台的水平力,宜通过群桩平面的刚心(即各桩身截面刚度的中心),避免或减少承台和上部结构受扭。 (2)在不能设置基础系梁的方向(如单层厂房跨度方向),单独桩基不宜设置单桩,条形基础不宜设置单排桩,否则应在该方向增设基础系梁。 (3)独立桩承台宜沿两主轴方向设基础系梁,系梁按拉压杆设计。其值为桩基竖向承载力的 1/10

3. 桩基础抗震设计（见表9.3.6）

表 9.3.6　桩基础抗震设计

序号	项目	内容
1	桩基础抗震等级	桩基础的抗震等级见表9.3.7
2	D 级桩抗震构造要求	(1)承台四周回填土应分层夯实。 (2)桩顶嵌入承台内应不小于100mm。 (3)桩的纵向钢筋锚入承台不宜小于30倍钢筋直径；对预制桩也可在桩打入后凿开桩顶，再在桩的纵向钢筋头上焊接直径相同的短筋。 (4)混凝土强度等级不应低于：预制桩C30；灌注桩一般情况下为C20；水下灌注或大直径灌注桩（桩身直径不小于800mm）为C25；承台为C20。 (5)混凝土桩的纵向钢筋配筋率不宜小于：预制桩0.8%；灌注桩0.4%，且不少于6根；大直径灌注桩0.4%，且不少于8根，钢筋直径均不小于$\phi 12$。 (6)灌注桩纵向钢筋长度，从承台底面算起应不小于$4/\alpha$（对硬土，约相当于7倍桩径；对软土，14倍桩径；另加受拉钢筋锚固长度，下同）。当遇下列情况之一时，应通长配筋： ①当桩长小于$4/\alpha$时。 ②当为不利地基（指液化土、软弱黏性土、新近填土、不均匀地基等，下同）时。 ③有抗滑、抗拔或抗拉要求时。 ④端承桩。 ⑤大直径灌注桩，在承台底面$4/\alpha$以下，纵向钢筋可减少50%伸至桩底，但不少于8根
3	C 级桩抗震构造要求	除应满足 D 级桩要求外，尚应增加下列措施： (1)承台四周回填土干密度不小于1.6t/m³，或采用混凝土在原坑浇筑。 (2)桩身纵向钢筋锚入承台内的长度应满足受拉钢筋抗震锚固长度的要求。 (3)混凝土桩身箍筋末端应做成135°弯钩。端头平直部分应不小于10倍箍筋直径，或采用焊接接头；灌注桩宜采用螺旋箍筋或焊接箍筋。 (4)混凝土桩身在软硬土层（两层土层剪切波速比小于0.6）或液化、非液化土层交界面上、下各1.2m范围内，其箍筋（数量）应按相应桩顶箍筋的直径和间距采用。 (5)预制桩： ①桩身纵向钢筋率应不小于1%。 ②桩的上段在桩头钢筋网区（一般为300mm）以下600m，且不小于1.0倍桩径或截面宽度范围内，箍筋间距不大于100mm，箍筋直径应不小于$\phi 6$，对不利地基不宜小于$\phi 8$。 ③沿桩长方向拼接时，应采用钢板焊接接头，接头上下的箍筋间距宜取100mm。 (6)灌注桩： ①桩身上部纵向钢筋的长度应不小于10倍桩径。 ②当桩径为300～700mm时，纵向钢筋配筋率应不小于0.4%～0.65%（小直径取高值，大直径取低值）。

续表

序号	项目	内容
3	C 级桩抗震构造要求	③桩顶在承台底面下 600mm,且不小于 1.0 倍桩径范围内,箍筋间距应不大于 100mm,箍筋直径应不小于 $\phi6$,对不利地基不宜小于 $\phi8$。 ④桩身下部非加密区箍筋,间距可取 200~300mm,箍筋直径同桩顶部分。 (7)大直径灌注桩: ①纵向钢筋宜伸到底,在承台底面 10 倍桩径以下可减少钢筋 50%,但不少于 8 根。 ②桩顶在承台底面以下 1.2m 或 1.5 倍桩径范围内,箍筋间距应不大于 100mm,箍筋直径应不小于 $\phi8$,对不利地基不宜小于 $\phi10$。 ③桩身下部非加密区箍筋间距可按 200~300mm 采用,箍筋直径同桩顶部分
4	B 级桩抗震构造要求	除应满足 C 级的要求外,尚应增加下列措施: (1)预制桩: ①纵向钢筋配筋率应不小于 1.2%。 ②桩的上段在桩头钢筋网区(一般为 300mm)以下 1.2m,且不小于 1.5 倍桩截面宽度或桩径范围内,箍筋间距应不大于 75mm,箍筋直径应不小于 $\phi10$。 (2)灌注桩: ①桩身纵向钢筋应通长配置。 ②桩顶在承台底面以下 1.2m,且不小于 1.5 倍桩径范围内,箍筋间距应不大于 75mm;箍筋直径应不小于 $\phi8$,对不利地基不宜小于 $\phi10$。 (3)大直径灌注桩: ①桩身纵向钢筋应通长配置。满足一般静力设计的要求。 ②桩顶在承台底面以下 1.5m,且不小于 1.5 倍桩径范围内,箍筋间距应不大于 75mm;箍筋直径应不小于 $\phi8$,对不利地基不宜小于 $\phi10$
5	A 级桩抗震构造要求	特殊研究,但不低于 B 级桩基的要求
6	液化地基中的桩基抗震构造要求	(1)当承台底面标高上下为液化土层时,除丁类建筑外,7~9 度地区宜进行浅层地基抗液化处理,处理深度不宜浅于承台下 2m,处理宽度宜延伸至建筑物外缘桩基承台以外不小于 6m (2)对第(1)条的情况,当不能进行地基处理时,应在计算上和构造上采取相应的抗震措施,如: ①承台应作为一个质点,并按高承台桩基计。 ②桩下端伸入液化深度下界以下稳定土层的深度不宜小于 $4/\alpha$。 ③基础系梁应符合有关要求。 (3)当承台底面标高上下为非液化土层,且承台底面下非液化土层厚度不小于 $4/\alpha$ 时,桩下端伸入液化深度下界以下稳定土层的深度,可按桩基竖向抗震承载力确定,对于碎石类土,可减至 1~2 倍桩径;对其他土,可减至 2~3 倍桩径

续表

序号	项目	内容
7	基础系梁抗震构造要求	桩基承台在下列条件下应设置基础系梁： (1)设置条件： ①A 级桩基和有抗滑要求的桩基。 ②严重不均匀地基上的 B、C、D 级桩基。 ③软弱土或新近填土地基上的 B、C 级桩基。 ④一般液化地基上的 B、C 级桩基，7～9 度承台底面上下有未经处理的液化土层时的 B、C、D 级桩基。 ⑤一、二级框架柱的桩基。 (2)单层厂房除下列情况外，一般可仅沿纵向柱列设置；当纵向柱列设置基础梁时，可不再设基础系梁，但应符合下列要求： ①单桩承台以及单独承台底面上下有未经处理的液化土层时，除丁类建筑外，宜在纵横两个方向设置基础系梁。 ②采用单排桩的条形承台，以及条形承台底面上下有未经处理的液化土层时，除丁类建筑外，宜在垂直承台方向设置基础系梁。其最大间距，A、B 级桩基为 12m，C、D 级桩基为 18m。 (3)框架柱单独承台，应在纵、横两个方向设置基础系梁。 (4)基础系梁的设计宜符合下列要求： ①混凝土强度等级、保护层厚度与承台(基础)相同。 ②截面高度不小于系梁净长的 1/30，且不小于 250mm；截面宽度不小于 200mm，且不小于截面高度的 1/2。 ③纵向钢筋配筋率不小于 1%，直径不小于 ϕ12，箍筋直径不小于 ϕ6，间距不大于 250mm。 ④系梁纵向钢筋应穿过承台(基础)，或按受拉钢筋要求，与承台(基础)伸出的钢筋焊接或搭接。 ⑤同一承台(基础)在同一方向的系梁应位于同一标高，一般系梁底面与承台(基础)底面标高相同；当各承台(基础)埋置标高不同时，也可将部分系梁与承台(基础)连接处的标高上移，力求同一方向的系梁标高相同或基本相同。 ⑥系梁纵向钢筋和连接应经计算确定： a.一般按承受承台(基础)竖向压力设计值的 10%(8、9 度)、5%(6、7 度)的拉力和压力计算，承台(基础)竖向压力应包括上部结构、承台(基础)自重及其上的土重，重力荷载分项系数均取 1.2，承载力抗震调整系数取 0.85(拉)及 0.80(压)。 b.当系梁位于框架柱承台(基础)顶面时，尚应考虑框架柱底传递的部分弯矩，适当增加配筋。 c.当下柱支撑柱承台(基础)不能满足自身承受下柱支撑传来的水平剪力，需将水平剪力传递给相邻两端柱间柱基时，上述系梁承受的拉力和压力尚应不小于下柱支撑水平剪力设计值的 1/4。 d.当采用基础梁代替纵向柱列系梁时，基础梁应用现浇或装配整体式接头，基础梁的纵向配筋及其与承台(基础)和柱的连接，应满足传递上述拉力和压力的要求

表 9.3.7　桩基抗震等级

地震设防烈度	构筑物类别			
	甲	乙	丙	丁
6	需专门研究，但不低于 B 级			
7		C	C	C
8		B	C	C
9		A	A	C

注：1. 桩基抗震等级以 A 级为最严格，D 级相当于非抗震设计的要求。

　　2. 表中烈度系指建筑所在地设防烈度（基本烈度），即未按建筑重要性类别进行调整前的设防烈度。

9.3.3　可液化地基的抗震措施

当液化土层较平坦且均匀时，可按表 9.3.8 选用合理的抗液化措施；同时也可考虑上部结构的重力荷载对液化危害的影响，根据液化震陷量的估计适当调整抗液化措施。

表 9.3.8　抗液化措施

建筑抗震设防类别	地基的液化等级		
	轻微	中等	严重
乙类	部分消除液化沉陷，或对基础和上部结构处理	全部消除液化沉陷，或部分消除液化沉陷且对基础和上部结构处理	全部消除液化沉陷
丙类	基础和上部结构处理，亦可不采取措施	基础和上部结构处理，或更高要求的措施	全部消除液化沉陷，或部分消除液化沉陷且对基础和上部结构处理
丁类	可不采取措施	可不采取措施	基础和上部结构处理，或其他经济的措施

注：甲类建筑的地基抗液化措施应进行专门研究，但不宜低于乙类的相应要求。

1. 全部消除地基液化沉陷

（1）采用桩基时，桩端伸入液化深度以下稳定土层中的长度（不包括桩尖部分）应通过计算确定，碎石土、砾砂、粗砂、中砂、坚硬黏性土和密实粉土不应小于 0.8m，其他非岩石土不宜小于 1.5m。

（2）采用深基础时，基础底面应埋入液化深度以下的稳定土层中，其深度不应小于 0.5m。

（3）采用加密法（如振冲、振动加密、挤密碎石桩、强夯等方法）对可液化地基进行加固时，应处理至液化深度下界，振冲或挤密碎石桩加固后，复合地基的标准贯入锤击数不应小于液化标准贯入临界值。

（4）用非液化替换全部液化土层，即当直接位于基底下的可液化土层较薄时，可采用替换全部液化土层的办法，即先采用局部降水，挖去全部的可液化土层，然后分层回填砂、砾、碎石、矿渣等，并逐层夯实，也可增加上覆非液化土层的厚度。

（5）采用加密法或换土法处理时，在基础边缘以外的处理宽度，应超过基础底面下处理深度的 1/2，且不小于基础宽度的 1/5。

2. 部分消除地基液化沉陷

部分消除地基液化沉陷的措施，应符合以下要求：

（1）处理深度应使地基液化指数减小，其值不宜大于 5；大面积筏基、箱基的中心区域，处理后的液化指数可比上述规定降低 1；对独立基础和条形基础，不应小于基础底面下液化特征深度和基础宽度的较大值。其中，中心区域指位于基础边界以外内沿长宽方向距外边界大于相应方向 1/4 长度的区域。

（2）采用振冲或挤密碎石桩加固后，桩间土的标准贯入锤击数不宜小于液化判别标准贯入锤击数临界值。

（3）基础边缘以外的处理宽度，应符合 1 中（5）的要求。

（4）采取减小液化震陷的其他方法，如增厚上覆非液化土层的厚度和改善周边的排水条件等。

3. 基础和上部结构处理

（1）选择合理的基础埋置深度，调整基础底面积以减小基础的偏心。

（2）加强基础的整体性和刚性，如采用箱基、筏基或钢筋混凝土交叉条形基础，加设基础圈梁等。

（3）减轻荷载，增强上部结构的整体刚度和均匀对称性，合理设置沉降缝，避免采用不对称均匀沉降敏感的结构形式等。

（4）管道穿过建筑处应预留足够的尺寸或采用柔性接头等。

4. 软土地基的抗震措施

为了保证建筑物的安全，首先应做好静力条件下的地基基础设计，然后再结合场地土的具体情况，经过对软土地基的综合分析后，考虑采取适当的抗震措施。

地基主要受力层范围内存在软弱黏性土层和高含水量的可塑性黄土时，应结合具体情况综合考虑，采用桩基、地基加固处理或采取减轻液化影响的基础和上部结构处理的各项措施。

软土地基的抗震措施除了采用桩基、地基加固处理或减轻液化对基础和上部结构影响的各种方法外，也可根据对软土震陷量的估计采取相应的抗震措施。当需要考虑液化土和软土震陷的影响时，液化土、软土和自重湿陷性黄土地基的震陷量估计和抗震措施的调整，可按《建筑地基基础设计规范》（GB 50007—2011）的有关规定采用。

在古河道以及邻近河岸、海岸和边坡等有液化侧向扩展或流动可能的地段内不宜修建永久性建筑，否则应进行抗滑动验算，采取防土体滑动措施或结构抗裂措施。

（1）宜考虑滑动上体的侧向作用力对结构的影响。

（2）结构抗地裂措施应符合下列要求：建筑的主轴应平行于河流放置；建筑的长高比宜小于 3，应采用筏基或箱基，且基础板内应根据需要加配抗拉裂钢筋，抗拉裂钢筋可中部向基础边缘逐渐减少。配筋计算时基础底板端部的撕拉力可取零，基础底板中部的最大撕拉

力可按下式计算:

$$F = 0.5G\mu \tag{9.3.29}$$

式中,F 为其础底板中部的最大撕拉力(kN),应均匀分布于流动方向的基础宽度内;G 为建筑基础底板以上的竖向总重力(kN);μ 为基础底面与土间的摩擦系数,可按《建筑地基基础设计规范》(GB 50007—2011)取值。

9.4 基础隔震

9.4.1 基础隔震简介

基础隔震是起抗地震作用的常见方法。它是一种被动式控制装置,安装在建筑物的基础和基础之间。基础隔振器以两种方式保护结构免受地震力的影响:①转移地震能量;②吸收地震能量。

一般来说,基础隔振器可分为叠层支座和摩擦支座。

9.4.2 基础隔震系统

1. 层压橡胶支座(LRB)

一般来说,LRB(lead-rubber bearing)系统[见图9.4.1(a)]具有较好的阻尼能力、水平柔性和垂直刚度。低阻尼橡胶支座,其侧向应力应变关系模型为线性关系,如图9.4.1(b)所示。

横向刚度 K_r 为:

$$K_r = \frac{GA}{H} \tag{9.4.1}$$

式中,G、A 和 H 分别是剪切模量(kPa)、横截面积(mm^2)和橡胶的总厚度(mm)。

垂直刚度 K_v 由下式给出:

$$K_v = \frac{\alpha A}{H} \frac{E_0(1+2k S_1^2) E_b}{E_0(1+2k S_1^2) + E_b} \tag{9.4.2}$$

式中,S_1 为主要形状因子;k 为橡胶硬度修正模量;E_0 和 E_b 分别是纵向弹性模量和体积弹性模量(kPa);α 为纵向弹性的修正模量。

线性阻尼系数可以取为10%左右。高阻尼橡胶支座,由于图9.4.1(c)所示的滞后效应,其等效阻尼显著增加,约为15%~20%。

2. 新西兰轴承系统

新西兰轴承是类似的层压橡胶轴承,但其有一个中央铅芯或橡胶芯,可增加磁滞回线的大小,从而提供额外的能量耗散[见图9.4.2(a)]。铅橡胶轴承的典型理想化应力应变关系如图9.4.2(b)所示。初始刚度 K_u 由下式给出:

$$K_u = \beta K_d$$

即

$$\beta = \frac{K_u}{K_d} \tag{9.4.3}$$

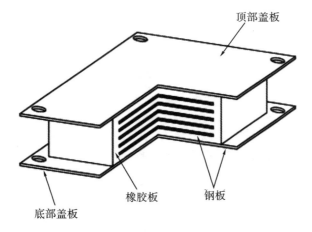

(a) 截面和元件

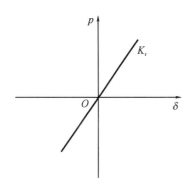

(b) 低阻尼橡胶支座的理想化的应力应变

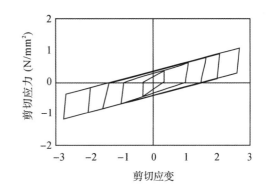

(c) 高阻尼橡胶支座的理想化的应力应变

图 9.4.1　层压橡胶支座系统

K_d 由下式给出：

$$K_d = C_d(K_r + K_p) \qquad (9.4.4)$$

其中，

$$K_r = \frac{GA}{H}$$

$$K_p = \alpha \frac{A_p}{H}$$

式中，A_p 为流量塞的面积（mm^2）；α 为铅的剪切模量（kPa）。

其中，

$$C_d = \begin{cases} 0.78\gamma^{-0.43}, & \gamma < 0.25 \\ \gamma^{-0.25}, & 0.25 \leqslant \gamma < 1.0 \\ \gamma^{-0.12}, & 1.0 \leqslant \gamma < 2.5 \end{cases} \qquad (9.4.5)$$

式中，γ 是最大剪切应变（rad）。

屈服应力 Q 由下式给出：

$$Q = C_q \sigma_p A_p \qquad (9.4.6)$$

其中，

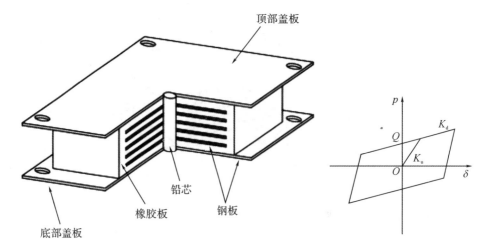

(a) 截面和元件   (b) 理想化的应力应变

图 9.4.2　铅橡胶轴承(新西兰制)

$$C_{\mathrm{d}}=\begin{cases}2.04\gamma^{0.41}, & \gamma<0.1 \\ 1.11\gamma^{0.45}, & 0.1\leqslant\gamma<0.5 \\ 1, & 0.5\leqslant\gamma\end{cases} \tag{9.4.7}$$

线性分析的等效刚度(K_{eq})和阻尼(ξ_{eq})由下式给出：

$$K_{\mathrm{eq}}=\frac{Q}{\gamma H}+K_{\mathrm{d}} \tag{9.4.8}$$

$$\xi_{\mathrm{eq}}=\frac{2}{\pi}\frac{Q\left[\gamma H-\dfrac{Q}{(\beta-1)K_{\mathrm{d}}}\right]}{K_{\mathrm{eq}}(\gamma H)^2} \tag{9.4.9}$$

1)橡胶层面积

$$\left(\sigma_{\mathrm{c}}=\frac{P_{\mathrm{DL+LL}}}{A_0}, \gamma_{\mathrm{DL+LL}}=6S\frac{p_{\mathrm{DL+LL}}}{E_{\mathrm{c}}A_1}\leqslant\frac{\varepsilon_{\mathrm{b}}}{3}, A_{\mathrm{sf}}(\mathrm{reduced})=\frac{K_{\mathrm{r}}H}{G}\right)_{\max} \tag{9.4.10}$$

式中，A_0 和 A_1 为橡胶层面积(mm^2)；A_{sf} 为无载荷面积(mm^2)；g 为剪切应变(rad)；S 为形状系数；ε_{b} 是橡胶的断裂伸长率；A_{p} 为铅塞面积(mm^2)。

$$A_{\mathrm{p}}=\frac{Q_{\mathrm{d}}}{f_{\mathrm{py}}} \tag{9.4.11}$$

式中，f_{py} 是铅的屈服剪应力(kN)。每个橡胶层的厚度(圆形)可以从

$$S=\frac{荷载面积}{无荷载面积}=\frac{\pi d^2/4}{\pi dt}=\frac{d}{4t} \tag{9.4.12}$$

式中计算得到。式中 t 是每个橡胶层的厚度；d 是橡胶层的直径。

橡胶层数为：

$$N=\frac{H}{t}, \quad H=\frac{s_{\mathrm{d}}}{\gamma_{\max}} \tag{9.4.13}$$

式中，s_{d} 是设计位移(mm)；H 是橡胶层的总厚度(mm)。

钢垫板厚度为：

$$t_{\mathrm{s}}\geqslant\frac{2(t_i+t_{i+1})(\mathrm{DL+LL})}{A_{\mathrm{re}}F_{\mathrm{S}}}\geqslant2\mathrm{mm} \tag{9.4.14}$$

式中，t_i 和 t_{i+1} 为钢板顶部和底部橡胶层的厚度（mm）；A_{re} 为钢板的面积（mm²）；F_s 为钢的剪切屈服强度（kPa）。

3. 弹性摩擦基础隔震（R-FBI）

摩擦基础隔振器由聚四氟乙烯涂层板的同心层组成，这些同心层相互摩擦接触，并包含一个橡胶中心芯[见图 9.4.3(a)]。它结合了摩擦阻尼和橡胶弹性的有益效果。橡胶芯沿 R-FBI(resilient friction base isolation)支座的高度分布滑动位移和速度。该系统通过摩擦力、阻尼力和恢复力的并行作用提供隔离，并由固有频率（ω_b）、阻尼特征常数（ξ_b）和摩擦系数（μ）表征。这些参数的推荐值是 $\omega_b=0.5\Pi\mathrm{rad/s}$，$\xi_b=0.1$，$0.03\leqslant\mu\leqslant0.05$，隔振器的应力应变如图 9.4.3(b)所示。

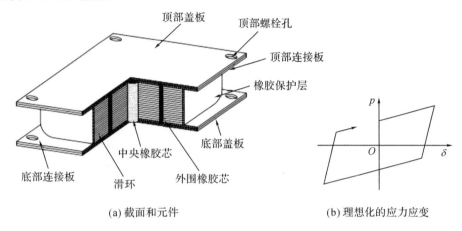

(a) 截面和元件　　　　(b) 理想化的应力应变

图 9.4.3　基于弹性摩擦的隔振系统

4. 纯摩擦系统

纯摩擦基础隔振器基本上以滑动摩擦机制[见图 9.4.4(a)]为基础。水平摩擦力提供运动阻力并耗散能量。摩擦系数取决于发生滑动的表面的性质。隔振器的应力-应变特性如图 9.4.4(b)所示。

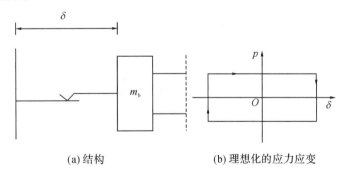

(a)结构　　　　(b)理想化的应力应变

图 9.4.4　纯摩擦系统

5. 弹性滑动轴承

弹性滑动轴承主要由橡胶层、连接钢板、滑动材料、滑动板和一个底板组成。滑动材料设置在滑动板和连接板之间，如图 9.4.5(a)和(b)所示。在侧向力作用下，剪切变形仅限于层压橡胶。

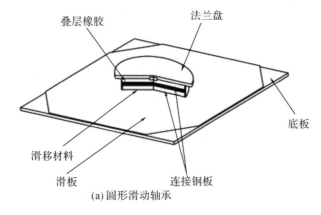

(a) 圆形滑动轴承

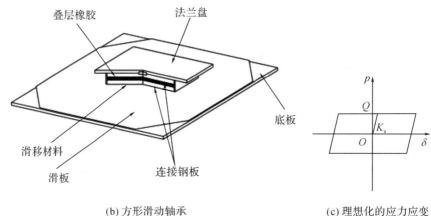

(b) 方形滑动轴承

(c) 理想化的应力应变

图 9.4.5　弹性滑动轴承

在侧向力作用下,剪切变形仅限于叠层橡胶。直到超过与滑动相关的屈服力,达到屈服力后,轴承组件滑动。因此,应力-应变曲线的形状如图 9.4.5(c)所示。最初的刚度由式(9.4.1)给出的 K_r 控制。轴承屈服力 Q 由 $Q=\mu W$ 给出,其中 W 为垂直力,μ 与应力和速度有关,由下式给出:

$$\mu=[0.0801-0.437\exp(-0.005v)]\sigma^{-0.33} \tag{9.4.15}$$

式中,v 是速度(m/s);σ 是应力(kPa)。

等效刚度由下式给出:

$$K_{eq}=\frac{Q}{\gamma H} \tag{9.4.16}$$

式中,γ 为橡胶的最大剪切应变(rad)。

6. 摩擦摆系统(FPS)

FPS(friction pendulum system)由凹板、滑块、滑动材料和防尘罩组成[见图 9.4.6(a)],它基于钟摆运动原理并使用几何和重力来实现地震隔离。隔振器的应力-应变行为如图 9.4.6(b)所示。

K_2 由下式给出:

$$K_2=\frac{W}{2R} \tag{9.4.17}$$

$$R = g\left(\frac{T_d}{2\pi}\right)^2 \tag{9.4.18}$$

式中,W 为滑动面的垂直载荷;R 是球面半径;T_d 是目标设计时间。曲面滑动轴承的屈服力 Q 由下式确定:

$$Q = \mu W \tag{9.4.19}$$

其中 μ 与速度和应力有关。确定 μ 的经验公式为:

$$\mu = [0.197 - 0.121\exp(-0.009v)]\sigma^{-0.57} \tag{9.4.20}$$

式中,v 是速度(m/s),σ 是应力(kPa)。

等效刚度为:

$$K_{eq} = \frac{Q}{\gamma H} + K_2 \tag{9.4.21}$$

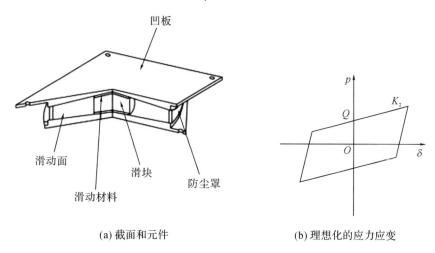

(a) 截面和元件   (b) 理想化的应力应变

图 9.4.6 摩擦摆系统(FPS)

9.4.3 基础隔振器及其特性

隔振器的一般理想化载荷变形曲线如图 9.4.7(a)所示。如果等效刚度包络线是一条直线,则称为线性隔振器,如图 9.4.7(b)所示。对于非线性隔振器,等效刚度包络线不是一条直线,而可能是双线性的或三线性的[见图 9.4.7(c)]。等效刚度(割线刚度)随位移而变化,并且对于任何位移都可以获得如图 9.4.7(c)所示曲线。类似地,等效阻尼的非线性隔振器也随着变形程度的变化而变化。隔振器的等效刚度和阻尼可以通过以下方式计算:

$$K_{eq} = \frac{F^+ - F^-}{\Delta^+ - \Delta^-} \tag{9.4.22}$$

$$\xi_{eq} = \frac{1}{2\pi}\frac{S_l}{F_{max}\Delta_{max}} \tag{9.4.23}$$

式中,Δ 是图 9.4.7(a)所示的位移(cm);S_l 为回路面积(cm²)。

等效刚度和阻尼随位移的典型变化如图 9.4.8(a)和(b)所示。将隔振器设计为具有所需的等效刚度和阻尼特性。经验 K_{eq} 和 ξ_{eq} 的表达式取决于隔振器的材料特性。

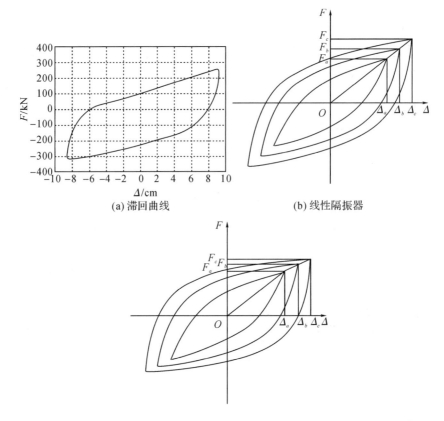

(a) 滞回曲线　　　　　　(b) 线性隔振器

(c) 非线性（双线性或三线性等）隔振器

图 9.4.7　隔振器在循环载荷作用下的载荷变形曲线

9.4.4　基础隔震建筑分析

在对基础隔震建筑物的分析中,考虑两种类型的基础隔震,即隔离基脚处的基础隔震(见图 9.4.9)和带底板的基础隔震[见图 9.4.10(a)]。

基础处的基础隔震,柱的底端被理想化,如图 9.4.10(b)所示,横向非线性弹簧在循环载荷下具有与隔振器相同的应力应变行为。对于用筏板进行基座隔离,假设三个反作用力作用于筏板质心的三个自由度。这三个反作用力是因基础运动产生的隔振器变形而在每个隔振器中产生的力的合成结果[见图 9.4.10(b)]。假设柱的下端固定以防止绕水平轴旋转。

1. 基础隔震建筑的隔震支座分析

由于隔振器的应力应变关系大多可以理想化为双线性,因此可以认为隔振器在基座处的主干曲线如图 9.4.11(b)所示。主干曲线的其他可能变化如图 9.4.11(c)和(d)所示。具有基础柔性的多层二维框架的运动方程可以用增量形式写成:

$$\begin{bmatrix} m_{ss} & m_{sb} \\ m_{bs} & m_{bb} \end{bmatrix}\begin{bmatrix} \Delta\ddot{v}'_s \\ \Delta\ddot{v}'_b \end{bmatrix} + \begin{bmatrix} c_{ss} & c_{sb} \\ c_{bs} & c_{bb} \end{bmatrix}\begin{bmatrix} \Delta\dot{v}'_s \\ \Delta\dot{v}'_b \end{bmatrix} + \begin{bmatrix} k_{ss} & k_{sb} \\ k_{bs} & k_{bb} \end{bmatrix}\begin{bmatrix} \Delta v'_s \\ \Delta v'_b \end{bmatrix} + \begin{bmatrix} 0 & 0 \\ 0 & \dot{k}_{bb} \end{bmatrix}\begin{bmatrix} \Delta v_s \\ \Delta v_b \end{bmatrix} = \begin{bmatrix} 0 \\ 0 \end{bmatrix}$$

(9.4.24)

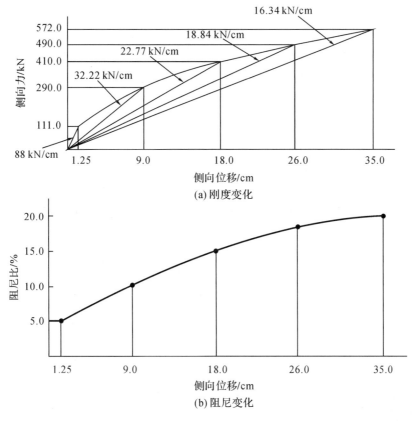

(a) 刚度变化

(b) 阻尼变化

图 9.4.8　等效刚度和阻尼随位移的变化

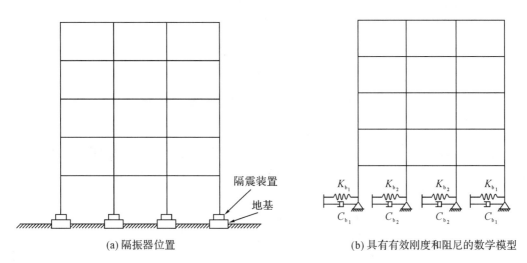

(a) 隔振器位置　　　　　　(b) 具有有效刚度和阻尼的数学模型

图 9.4.9　基础隔震

式中，m_{ss} 和 m_{bb} 分别为对应于无支撑自由度（v_s）和基自由度（v_b）的对角矩阵。类似地，可以定义阻尼和刚度矩阵的元素 k_{bb} 是大小等于基自由度数的对角矩阵或非对角矩阵。矩阵的元素由基础隔振器的切线刚度对应的横向自由度位移确定。总的位移增量为：

$$\Delta v_s^t = \Delta v_s + \Delta v_{sg} \tag{9.4.25}$$

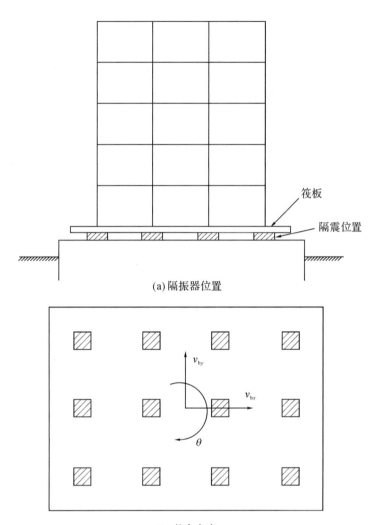

(a) 隔振器位置

(b) 基自由度

图 9.4.10　带底板的底座隔离

$$\Delta v_b^t = \Delta v_b + \Delta v_g \tag{9.4.26}$$

式中，Δv_s 和 Δv_b 分别为支座的动位移；Δv_g 是地面位移；Δv_{sg} 为由于支撑自由度的移动而在非支撑自由度处产生的准静态位移。代入方程（9.4.24）中的 Δv_s^t 和 Δv_b^t 并将 m_{sb} 和 m_{bs} 设为零，得到的运动方程变为

$$\begin{bmatrix} m_{ss} & 0 \\ 0 & m_{bb} \end{bmatrix}\begin{bmatrix} \Delta \ddot{i}_s \\ \Delta \ddot{v}_b \end{bmatrix} + \begin{bmatrix} c_{ss} & c_{sb} \\ c_{bs} & c_{bb} \end{bmatrix}\begin{bmatrix} \Delta \dot{v}_s \\ \Delta \dot{v}_b \end{bmatrix} + \begin{bmatrix} k_{ss} & k_{sb} \\ k_{bs} & k_{bb}+\dot{k}_{bb} \end{bmatrix}\begin{bmatrix} \Delta v_s \\ \Delta v_b \end{bmatrix}$$
$$= -\begin{bmatrix} m_{ss} & 0 \\ 0 & m_{bb} \end{bmatrix}\begin{bmatrix} \Delta \ddot{v}_{sg} \\ \Delta \ddot{v}_g \end{bmatrix} - \begin{bmatrix} c_{ss} & c_{sb} \\ c_{bs} & c_{bb} \end{bmatrix}\begin{bmatrix} \Delta v_{sg} \\ \Delta \dot{v}_g \end{bmatrix} - \begin{bmatrix} k_{ss} & k_{sb} \\ k_{bs} & k_{bb} \end{bmatrix}\begin{bmatrix} \Delta v_{sg} \\ \Delta v_g \end{bmatrix} \tag{9.4.27}$$

等式（9.4.27）可以分为两个等式：

$$m_{ss}\Delta \ddot{v}_s + c_{ss}\Delta \dot{v}_s + c_{sb}\Delta \dot{v}_b + k_{ss}\Delta v_s + k_{sb}\Delta v_b = -m_{ss}\Delta \ddot{v}_{sg} - c_{ss}\Delta \dot{v}_{sg} - c_{sb}\Delta \dot{v}_g - k_{ss}\Delta v_{sg} - k_{sb}\Delta v_g \tag{9.4.28}$$

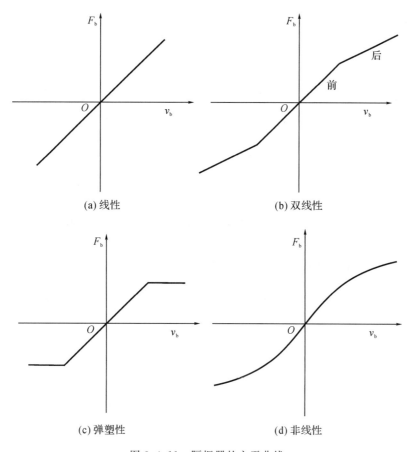

(a) 线性　　　　　　　　　(b) 双线性

(c) 弹塑性　　　　　　　　(d) 非线性

图 9.4.11　隔振器的主干曲线

$$m_{\mathrm{bb}}\Delta\ddot{v}_{\mathrm{b}}+c_{\mathrm{bs}}\Delta\dot{v}_{\mathrm{s}}+c_{\mathrm{bb}}\Delta\dot{v}_{\mathrm{b}}+k_{\mathrm{bs}}\Delta v_{\mathrm{s}}+(k_{\mathrm{bb}}+\dot{k}_{\mathrm{bb}})\Delta v_{\mathrm{b}}=-m_{\mathrm{bb}}\Delta\ddot{v}_{\mathrm{g}}-c_{\mathrm{sb}}\Delta\dot{v}_{\mathrm{sg}}-c_{\mathrm{bb}}\Delta\dot{v}_{\mathrm{g}}-k_{\mathrm{bs}}\Delta v_{\mathrm{sg}}$$
$$\tag{9.4.29}$$

公式(9.4.28)可以写成：

$$m_{\mathrm{ss}}\Delta\ddot{v}_{\mathrm{b}}+c_{\mathrm{ss}}\Delta\dot{v}_{\mathrm{s}}+k_{\mathrm{ss}}\Delta v_{\mathrm{s}}+k_{\mathrm{sb}}\Delta v_{\mathrm{b}}=-m_{\mathrm{ss}}\Delta\ddot{v}_{\mathrm{sg}}=-m_{\mathrm{ss}}r\Delta\ddot{v}_{\mathrm{g}} \tag{9.4.30}$$

其中

$$r=-k_{\mathrm{ss}}^{-1}k_{\mathrm{sb}} \tag{9.4.31}$$

即支撑自由度与非支撑自由度之间阻尼矩阵中的耦合项,以及阻尼项对方程右边的影响。

由 $k_{\mathrm{bs}}\Delta v_{\mathrm{sg}}+k_{\mathrm{bb}}\Delta v_{\mathrm{g}}=0$ 考虑到支座移动引起的上部结构拟静力分析(不发生任何动态运动的隔离器),方程(9.4.29)可以写成：

$$m_{\mathrm{bb}}\Delta\ddot{v}_{\mathrm{b}}+c_{\mathrm{bb}}\Delta\dot{v}_{\mathrm{b}}+k_{\mathrm{bs}}\Delta v_{\mathrm{s}}+(k_{\mathrm{bb}}+\dot{k}_{\mathrm{bb}})\Delta v_{\mathrm{b}}=-m_{\mathrm{bb}}\Delta\ddot{v}_{\mathrm{g}} \tag{9.4.32}$$

现在可以将方程(9.4.30)和(9.4.32)结合起来,得到：

$$\begin{bmatrix} m_{\mathrm{ss}} & 0 \\ 0 & m_{\mathrm{bb}} \end{bmatrix}\begin{bmatrix} \Delta\ddot{v}_{\mathrm{s}} \\ \Delta\ddot{v}_{\mathrm{b}} \end{bmatrix}+\begin{bmatrix} c_{\mathrm{ss}} & 0 \\ 0 & c_{\mathrm{bb}} \end{bmatrix}\begin{bmatrix} \Delta\dot{v}_{\mathrm{s}} \\ \Delta\dot{v}_{\mathrm{b}} \end{bmatrix}+\begin{bmatrix} k_{\mathrm{ss}} & k_{\mathrm{sb}} \\ k_{\mathrm{bs}} & k_{\mathrm{bb}}+\dot{k}_{\mathrm{bb}} \end{bmatrix}\begin{bmatrix} \Delta v_{\mathrm{s}} \\ \Delta v_{\mathrm{b}} \end{bmatrix}=-\begin{bmatrix} rm_{\mathrm{ss}} \\ m_{\mathrm{bb}} \end{bmatrix}\Delta\ddot{v}_{\mathrm{g}}=p(t)$$
$$\tag{9.4.33}$$

式中 c_{bb} 为隔振器的线性阻尼。在许多情况下,c_{bb} 是可以被忽略的,因此阻尼矩阵由上部结构的阻尼矩阵组成。此外,当假定所有支座的地震动相同时,影响系数矩阵成为一个统一向

量。然后,方程(9.4.33)的右端变为

$$p(t) = -\begin{bmatrix} m_{ss} & 0 \\ 0 & m_{bb} \end{bmatrix} [I] \Delta \ddot{v}_g \tag{9.4.34}$$

式中,$\Delta \ddot{v}_g$ 是所有支撑处的相同地面加速度(m/s^2)。

2. 带底板的基础隔震建筑分析

带底板的基础隔震建筑模型如图 9.4.10(a)所示。隔离器可能具有不同的应力应变关系。

运动方程采取形式

$$M\ddot{v}^t + C\dot{v} + Kv = 0 \tag{9.4.35}$$

$$M_b \ddot{v}_{bg} + C_b \dot{v}_b + R - \bar{V} = 0 \tag{9.4.36}$$

式中,M、C 和 K 分别是对应于上部结构的动力自由度的质量、阻尼和刚度矩阵;v 是上部结构相对于底板的相对位移矢量;$\dot{v}_b$ 是隔振器位移引起的底板位移向量;R 是由隔振器提供的恢复力矢量;$\bar{V}$、v^t 和 v_{bg} 定义为:

$$\bar{V} = C\dot{v} + Kv \tag{9.4.37}$$

$$v^t = v + I_b v_b + I v_g \tag{9.4.38}$$

$$v_{bg} = v_b + I v_g \tag{9.4.39}$$

代入方程(9.4.35)和(9.4.36)中的 v^t 和 v_{bg},运动方程的形式为

$$M\ddot{v} + C\dot{v} + Kv = -MI\ddot{v}_g - MI_b \ddot{v}_b \tag{9.4.40}$$

$$M_b \ddot{v}_b + C_b \dot{v}_b + R - \bar{V} = -M_b I\ddot{v}_g \tag{9.4.41}$$

式中 I 和 I_b 是适当的影响系数矩阵/向量;对于双分量地震 $\ddot{v}_g = [\ddot{v}_{gx}, \ddot{v}_{gy}]$,对于单分量地震,$\ddot{v}_g$ 是一个标量。恢复力矢量 R 从隔振器的应力应变关系中获得。恢复力 F_{xi} 和 F_{yi} 隔振器由以下关系给出

$$\begin{bmatrix} F_{xi} \\ F_{yi} \end{bmatrix} = \alpha K_{oi} \begin{bmatrix} u_{xi} \\ u_{yi} \end{bmatrix} + (1-\alpha) K_{oi} q_i \begin{bmatrix} z_{xi} \\ z_{yi} \end{bmatrix} \tag{9.4.42}$$

在缩写形式中,公式(9.4.42)可以写为:

$$F_i = \alpha K_{oi} u_i + (1-\alpha) K_{oi} z_i q_i \tag{9.4.43}$$

式中,u_{xi} 和 u_{yi} 是第 i 个隔振器的横向位移;α 是屈服后与屈服前刚度比;$K_{oi} = Q_i / q_i$ 为初始刚度;Q_i 和 q_i 分别为第 i 个隔振器的屈服力和屈服位移;z_{xi} 和 z_{yi} 分别是在 x 和 y 方向上恢复力的滞后位移分量,并满足以下耦合非线性微分方程:

$$z_i = G_i \dot{u}_i \tag{9.4.44}$$

$$G_i = \begin{bmatrix} A - \beta \mathrm{sgn}(\dot{u}_{xi}) |z_{xi}| z_{xi} - \tau z_{xi}^2 & -\beta \mathrm{sgn}(\dot{u}_{yi}) |z_{yi}| z_{xi} - \tau z_{yi} z_{xi} \\ -\beta \mathrm{sgn}(\dot{u}_{xi}) |z_{xi}| z_{yi} - \tau z_{xi} z_{yi} & A - \beta \mathrm{sgn}(\dot{u}_{yi}) |z_{yi}| z_{yi} - \tau z_{xi}^2 \end{bmatrix} \tag{9.4.45}$$

式中,β、τ 和 A 是控制磁滞回线形状和大小的参数;sgn 表示符号函数。

通过合理选择参数 $Q, q, \alpha, \beta, \tau$ 和 A,可以对不同类型的隔离器的应力-应变行为进行建模。对应于基础自由度[见图 9.4.10(b)]的隔振器的初始刚度之和是

$$K_{bx} = K_{by} = \sum_i K_{oi} \tag{9.4.46}$$

$$K_{b\theta} = \sum_i K_{oi} x_i^2 + K_{oi} y_i^2 \tag{9.4.47}$$

基于初始刚度的隔振器的非耦合基础隔震频率为

$$\omega_{bx} = \omega_{by} = \sqrt{\frac{K_{bx}}{\sum_j m_j + M_b}} \qquad (9.4.48)$$

$$\omega_{b\theta} = \sqrt{\frac{K_{b\theta}}{\sum_j m_j r_j^2 + M_b r_b^2}} \qquad (9.4.49)$$

式中，j 是地板编号；m_j 是地板质量；M_b 是基础质量；r_j 是第 j 个地板质量的回转半径；r_b 是基础质量的回转半径。三个基自由度的恢复力矢量自由度随隔振器位移而变化，由方程(9.4.44)控制。结果可由运动方程以增量形式求解。增量方程可以写成：

$$M(\Delta\ddot{v} + I_b \Delta\ddot{v}_b) + C\Delta\dot{v} + K\Delta v = -MI\Delta\ddot{z}_g \qquad (9.4.50)$$

$$M_b\Delta\ddot{v}_b + C_b\Delta\dot{v}_b + \Delta R - \Delta\bar{V} = -M_b I\Delta\ddot{v}_g \qquad (9.4.51)$$

因为隔振器刚度随位移而变化，而且在加载和卸载过程中，ΔR 基于隔振器的切线刚度和伪力矢量获得增量。一般来说，ΔR 可以分为两部分，即

$$\Delta R = K_t \Delta v_b + \Delta R_s \qquad (9.4.52)$$

K_t 和 ΔR_s 由下式给出

$$K_t = \sum_i T_i^T R_{ti} T_i \qquad (9.4.53)$$

其中

$$R_{ti} = \mathrm{diag}(\alpha K_{oi}, \alpha K_{oi}) \qquad (9.4.54)$$

$$T_i = \begin{bmatrix} 1 & 0 & -y_i \\ 0 & 1 & x_i \end{bmatrix} \qquad (9.4.55)$$

式中，x_i 和 y_i 是第 i 个隔振器的 x 和 y 坐标。

相似地，

$$\Delta R_s = \sum_i T_i^T R_{si} T_i \qquad (9.4.56)$$

其中

$$R_{si} = \mathrm{diag}\left[(1-\alpha)qK_{oi}\Delta z_{xi}, (1-\alpha)qK_{oi}\Delta z_{yi}\right] \qquad (9.4.57)$$

由于 ΔR 的计算涉及增量位移向量 Δv_b 中各隔振器的滞后位移分量 Δz，因此在解每一个增量时都需要迭代程序。

为了求解方程(9.4.50)和(9.4.51)，使用 Newmark 方法，增量向量 $\Delta\ddot{v}$ 和 $\Delta\dot{v}$ 为：

$$\Delta\ddot{v} = a_0\Delta v + a_1\dot{v}(t) + a_2\ddot{v}(t) \qquad (9.4.58)$$

$$\Delta\dot{v} = b_0\Delta v + b_1\dot{v}(t) + b_2\ddot{v}(t) \qquad (9.4.59)$$

其中

$$a_0 = \frac{6}{(\Delta t)^2}, a_1 = -\frac{6}{\Delta t}, a_2 = -3, b_0 = -\frac{3}{\Delta t}, b_1 = -3, b_2 = -\frac{\Delta t}{2}$$

同理，$\Delta\ddot{v}_b$ 和 $\Delta\dot{v}_b$ 可以根据 $\Delta v_b, \dot{v}_b(t), \ddot{v}_b(t)$ 等，表示前一个时间站的速度。

使用方程(9.4.58)和(9.4.59)，方程(9.4.50)和(9.4.51)可以写成：

$$\begin{bmatrix} K_{vv} & K_{vv_b} \\ K_{v_b v} & K_{v_b v_b} \end{bmatrix} \begin{bmatrix} \Delta v \\ \Delta v_b \end{bmatrix} = \begin{bmatrix} \Delta p_v \\ \Delta p_{v_b} \end{bmatrix} \qquad (9.4.60)$$

其中

$$K_{vv} = a_0 M + b_0 C + K \qquad (9.4.61)$$

$$K_{vv_b} = a_0 I_b M \tag{9.4.62}$$

$$K_{v_b v} = -b_0 C - K \tag{9.4.63}$$

$$K_{v_b v_b} = a_0 M_b + b_0 C_b + K_t \tag{9.4.64}$$

$$\Delta p_v = -MI\Delta\ddot{v}_g - (a_1 M + b_1 C)\dot{v}(t) - (a_2 M + b_2 C)\ddot{v}(t) - a_1 MI_b \dot{v}_b(t) - a_2 MI_b \ddot{v}_b(t) \tag{9.4.65}$$

$$\Delta p_{v_b} = -M_b \Delta\ddot{v}_g - (a_1 M_b + b_1 C_b)\dot{v}_b(t) - (a_2 M_b + b_2 C_b)\ddot{v}_b(t) + b_1 C\dot{v}(t) + b_2 C\ddot{v}(t) - \Delta R_s \tag{9.4.66}$$

9.4.5 基础隔震建筑设计

基础隔震建筑的设计包括三个步骤,即:①隔振器设计;②基础隔震建筑设计;③采用非线性时程分析,对设计进行校核。其中,最后一步确保基础隔振器和基础隔震建筑的设计满足所需标准。因此原则上,迭代法通过步骤①和②进行计算,并最终通过步骤①、②和③进行计算。

1. 初步设计(隔振器的设计和隔震结构的初始尺寸)

在初步设计中,上部结构被视为安装在隔振器上的一个刚性块体,因此隔振器的周期可以通过将其视为单自由度体系来确定。隔振器的设计中采用双谱,该谱是通过组合加速度反应谱和位移反应谱获得的。双谱上的任意一点表示一组兼容的谱位移和谱加速度,以及相应的周期,如图9.4.12所示。

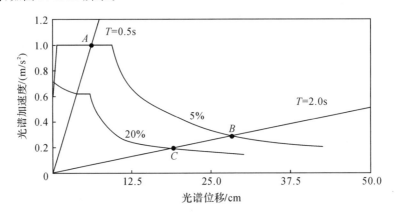

图 9.4.12　双谱在隔振器设计中的应用(第一准则)

许多准则可以用于隔振器的设计,但是,隔振器的设计一般采用以下三个准则:①固定的基础结构与基础隔震结构之间具有良好的时间间隔;②隔振器指定的最大位移;③隔振器指定的最大谱加速度。

利用第一个准则,计算作为固定基础的上部结构的基本周期(T)。然后可以取隔振器周期 nT,以便在两个周期之间有良好的间隔。通常,n 的取值为 $3\sim4$,隔振器周期保持在 2s 以上。一旦确定了隔振器的周期并假定隔振器的等效阻尼,就可以从双谱中获得最大隔振器位移和绝对加速度(谱速度),如图9.4.12所示。根据上部结构的谱加速度和总质量能计算得到隔震建筑物的近似基底剪切力。通过设置隔振器,可以看出与固定基础结构相比,隔震建筑物的基底剪力减少了多少。隔振器的等效刚度为 $K_{eq} = 4\pi2M/(nT)^2$,其中 M

是建筑物的总质量。

对于第二个准则,隔振器的最大容许位移是依据实际问题考虑并规定的。一旦知道最大隔振器位移,就可以从双谱中得到谱加速度和隔振器周期(见图 9.4.13)所示,作为隔振器等效阻尼的假定值。根据规范规定检查周期。已知周期后,可以如前所述计算隔振器的等效刚度。使用横向载荷分析的上部结构的初步设计如前所述。

第三个准则通常适用于需要严格控制楼层绝对加速度的敏感设备和机器所在的建筑物,人类同样需要通过控制加速度来达到所需的舒适度。根据第三个准则中对应于等效阻尼的假定值,我们可以获得如图 9.4.14 所示的最大隔振器位移和隔振器周期。在已知周期的情况下,隔振器的等效刚度和上部结构的初步设计如前所述。

在框架和隔振器的初步设计完成后,对基础隔震结构进行反应谱分析,以便更好地估计隔振器位移。

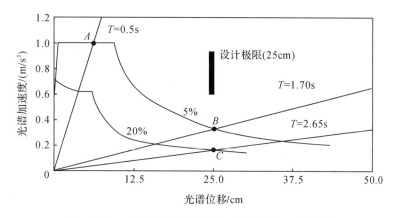

图 9.4.13　双谱在隔振器设计中的应用(第二个准则)

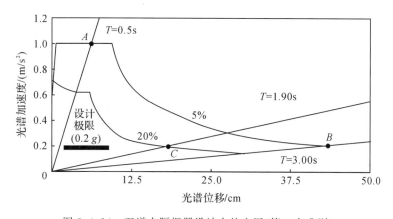

图 9.4.14　双谱在隔振器设计中的应用(第三个准则)

2. 基础隔震结构反应谱分析

对于独立基础来说,对公式(9.4.32)进行修正,以便进行反应谱分析。修改包括将 c_{bb_i} 和 k_{bb_i}(对角矩阵 c_{bb} 和 k_{bb} 的元素)写为:

$$c_{bb_i} = \dot{c}_{bb_i} + c_{beq_i} \tag{9.4.67}$$

$$\dot{k}_{bb_i} = k_{beq_i} \tag{9.4.68}$$

式中，$\dot{c}_{bb_i}$ 是第 i 个隔振器的线性阻尼；c_{beq_i} 是第 i 个隔振器对于滞后效应的等效阻尼；类似地，k_{beq_i} 是第 i 个隔振器的等效刚度。结构阻尼矩阵 c_{ss} 是通过假设结构的瑞利阻尼来获得的。通过忽略非对角线项，可以计算每种振动模式的模态阻尼，并可以采用反应谱分析方法。

对于使用底板进行基础隔震的情况，建筑物 3D 模型的基础连接到三个弹簧和三个缓冲器。参考图 9.4.9，弹簧刚度由每个隔振器的等效弹簧刚度获得：

$$\dot{K}_{xeq} = \sum_{i=1}^{n} K_{xeq_i} \; ; \dot{K}_{yeq} = \sum_{i=1}^{n} K_{yeq_i} \tag{9.4.69}$$

$$\dot{K}_{feq} = \sum_{i=1}^{n} K_{xeq_i} y_i^2 + K_{yeq_i} x_i^2 \tag{9.4.70}$$

假定每一层都有三个自由度（假设各楼层为刚性隔板），就可以使用标准过程计算得到柔性基础建筑的运动方程。这样，整个系统的阻尼矩阵转化为非经典形式。通过忽略模态阻尼矩阵的非对角项，可以进行与前述相同的反应谱分析。

通过反应谱分析法，得到基础隔振器的平均峰值位移，将其与从隔振器初步设计中获得的隔振器位移的峰值位移进行比较。如果两者之间的差异很大，则隔振器特性将会发生变化，可以根据反应谱分析方法的隔振器的位移来计算新的等效刚度和阻尼，然后根据规范规定检查隔振器的相应的新的周期，最后重复初步设计和反应谱分析，直到收敛为止。

3. 非线性时程分析

在完成初步设计和基础隔震结构分析之后，最终确定了隔振器各个设计参数。然后按照第 9.4.4 节所述对符合反应谱的地震动进行非线性时程分析。如果发现时程分析得到的最大基础位移与反应谱分析得到的结果有很大差异，则重复初步设计、反应谱分析和时程分析整个过程，直到得到满意的结果。

参考文献

[1] 高彦斌,费涵昌.土动力学基础[M].北京:机械工业出版社,2019.

[2] 王忆,张克绪,谢君斐.地震引起建筑物沉降的简化分析[J].土木工程学报,1992:63-70.

[3] 张克绪.岩土地震工程及工程振动[M].北京:科学出版社,2016.

[4] 住房和城乡建设部,国家质量监督检验检疫总局.建筑抗震设计规范(2016 年版):GB 50011—2010[S].北京:中国建筑工业出版社,2016.

[5] Datta T K. Seismic Analysis of Structures[M]. New York: John Wiley & Sons, Inc., 2010.

[6] Dobry R, Powell D J. Liquefaction potential of saturated sand-the stiffness method[C]. Proceedings of Seventh World Conference on Earthquake Engineering, 1980, 3: 25-32.

[7] HeW L, Agrawal A K, Mahmoud K. Control of seismically excited cable-stayed bridge using resetting semiactive stiffness dampers[J]. Journal of Bridge Engi-

neering，2001，6(6)：376-384.

[8] Higashino M，Okamoto S. Response Control and Seismic Isolation of Building [M]. London：Taylor and Francis Group，2006.

[9] Housner G W，Bergman L A.，Caughey T K，et al. Structural control：past，present and future [J]. Journal of Engineering Mechanics，1997，123 (9)：897-971.

[10] Jangid R S，Datta T K. Seismic behavior of base isolated building-a state of art review[J]. Journal of Structures and Buildings，1995，110：186-203.

[11] Soong T T. State-of-the-art review：active structure control in civil engineering [J]. Engineering Structures，1988，10(2)：73-84.

第 10 章　基坑工程

10.1　发展概况

基坑工程是一个古老而又有时代特点的岩土工程分支。放坡开挖和简易木桩围护可以追溯到远古时代。人类土木工程活动促进了基坑工程的发展。特别是改革开放以来随着城市化和地下空间开发利用的不断发展,高层和超高层建筑日益增多,地铁车站、铁路客站、地下停车场、地下商场和地下通道、桥梁基础等各类大型工程不断涌现,推动了基坑工程理论与技术水平的快速发展。

20 世纪 90 年代以来,我国地下空间的开发越来越得到重视。地下空间作为新型国土资源已成为世界性发展趋势,并以此为衡量城市现代化的重要标志,城市地下空间开发逐渐向更深的地下推进。以上海为例,目前地下空间规模已超过 7000 万 m^2,并以每年约 600 万 m^2 的速度增长。以地铁为主的城市轨道交通成为城市可持续发展的重要需求。城市大型交通枢纽、大型商业综合体、大型中央商务区、地下停车库等的建设,使基坑工程的数量、面积和开挖深度均大幅度增加,很多城市基坑工程的规模、深度与难度都在经历跨越式发展。

1. 基坑开挖深度快速增加,向超深方向发展

我国基坑工程大发展主要自 20 世纪 90 年代开始,至今不过二十余年。20 世纪 80 年代末期之前,由于高层建筑不多,地铁建设也很少,涉及的基坑深度大多在 10m 以内。90 年代初期开始,高层建筑逐渐增多;90 年代中期后,以北京、上海、深圳、广州、杭州等为代表的城市,高层建筑如雨后春笋般大量开始建设,基坑开挖最大深度逐渐接近 20m;90 年代末期以来,基坑开挖最大深度迅速增大至 30~40m。例如杭州中心基坑最大开挖深度为 34.5m,上海的苏州河深隧调蓄工程 8 个工作竖井挖深达 45~72m。

2. 基坑开挖面积越来越大,向超大方向发展

例如,上海虹桥综合交通枢纽工程,是集航空、城际铁路、高速铁路、轨道交通、长途客运、市内公交等多种换乘方式于一体的综合交通客运站,基坑开挖面积达 50 万 m^2。南京江北新区 CBD(central business district,中心商务区)一期工程,包含 24 个地块,基坑总面积达近 30 万 m^2。

3. 周边环境条件越来越复杂,基坑工程进入按变形控制设计的阶段

早期的基坑工程主要以放坡和悬臂支护为主,即使需要设置水平支撑或锚杆,也多是为了减小结构内力和保证稳定。而目前的深基坑工程往往在城市建筑物、道路及地下设施密集的区域进行,存在施工场地狭小、环境条件限制严格等问题。在围护结构施工、降水、土方开挖、支撑拆除等过程中都可能诱发周边建筑物、道路、地下管线和既有隧道等产生不均匀沉降或开裂破坏,影响其正常使用功能,造成不利的社会影响。因此基坑工程不仅要保证自身的安全,还需严格控制基坑开挖引起的周边土体变形,保证周围建(构)筑物的安全和正常使用。随着对位移要求越来越严格,基坑工程从传统的稳定控制设计进入了变形控制设计阶段。

4. 深基坑工程中的地下水控制日益成为突出问题

以天津、上海、杭州、宁波、武汉、太原等地为代表的地区,由于基坑深度的大幅度增加,承压水控制成为超深基坑分析与设计的一个重要组成部分,有时甚至是制约性的关键问题。国内外已经有不少因承压水引发的坑底突涌事故或流土引发的工程事故,造成严重后果。此外,当承压含水层分布厚度或埋深较大,即使采用超深的地下连续墙或止水帷幕也难以可靠截断时,承压水的大量抽降可能引起区域性的地下水位大幅度下降和地层大范围沉降。因此,承压含水层抽水降压对环境的影响及控制就成为一个重要课题。

深基坑工程是一门涉及工程地质、土力学、结构力学、施工技术、施工装备等的综合性学科,也是一门非常复杂的学科。我国基坑工程领域的科研和工程技术人员面对基坑工程规模越来越大、复杂程度越来越高和难度越来越大的挑战,开展了相关理论、设计方法、施工装备和施工技术等方面的研究,在新型支护结构、地下水控制技术、设计计算理论、环境保护技术、监测技术和信息化施工技术等各方面都取得了很大的发展和提高。

基坑围护结构从早期的放坡开挖,发展至现在多种多样的围护方式。目前常用的围护形式主要有放坡开挖、土钉墙和复合土钉墙围护结构、水泥土重力式围护结构、冻结土围护结构、内撑式围护结构、拉锚式围护结构等。另外,还有各种组合型围护结构,如拱式组合型围护结构、门架式围护结构、重力-门架式围护结构等。

基坑工程中不确定性因素较多,坚持信息化施工可以及时排除隐患,减小工程失效概率,确保工程安全、顺利地进行。坚持信息化施工首先要做好基坑监测工作,目前基坑监测技术已从原来的单一参数人工现场监测,发展为现在的多参数远程监测。在基坑施工过程中,应根据监测结果,及时正确评判当前基坑的安全状况,然后根据分析结果,采取相应的工程措施,指导后续施工。

10.2 基坑围护体系的作用与选型

10.2.1 围护体系的作用

基坑工程的最基本作用是给地下结构的顺利施工创造条件。因此,基坑围护体系应满足下列要求:

(1)保证基坑四周边坡的稳定性,并满足地下结构施工的空间要求。也就是说,基坑围护体系要能起到"挡土"的作用,这是土方开挖和地下结构施工的必要条件。

(2)保证施工作业面在地下水位以上进行。基坑围护体系通过降水、止水、排水等措施,对地下水进行合理控制,保证地下结构施工作业面在地下水位以上。

(3)保证基坑四周相邻建(构)筑物和地下管线在施工期间不受损害。这要求在围护体系施工、土方开挖、降排水及地下结构施工过程中控制土体的变形,使基坑周围地面沉降和水平位移控制在容许范围以内。

基坑围护体系为地下工程施工创造条件的特点,决定了基坑围护体系的临时性,地下工程施工结束往往就意味着围护体系的使命终结。为了节约工程造价,人们尝试将基坑围护结构的部分或者全部作为地下室外墙或楼板的一部分,采用分离式、叠合式、复合式等多种方式与地下室结构结合,这就改变了围护结构的临时性特点,必须满足主体结构作为永久性结构的要求,在强度、变形、防渗、耐久性等方面的要求均要提高。

10.2.2 围护体系的类型与适用范围

基坑围护体系一般包括挡土体系和地下水控制体系两部分。基坑围护结构一般要承受土压力和水压力,起到挡土和挡水的作用。地下水控制体系包括止水帷幕和降(排)水两部分。止水帷幕通常在围护结构的外侧单独设置;但也有部分围护结构本身起止水帷幕的作用,如水泥土重力式挡墙、地下连续墙、咬合桩、型钢水泥土连续墙等。本节主要介绍围护结构的类型及适用范围,止水帷幕形式及适用范围详见10.5节。

基坑围护结构主要可以分为下述几类:

1. 放坡开挖及简易支护

放坡开挖及简易支护类主要有:①放坡开挖,通常辅以喷锚网加固坡面,以防雨水冲刷;②放坡开挖为主,坡脚辅以短桩、隔板及其他简易支护等超前支护措施;③放坡开挖为主,辅以喷锚网加固。

2. 加固边坡土体形成自立式围护结构

加固边坡土体形成自立式围护结构主要有:①水泥土重力式围护结构;②加筋水泥土重力式围护结构;③土钉墙围护结构;④复合土钉墙围护结构;⑤冻结法围护结构等。

3. 挡墙式围护结构

挡墙式围护结构主要有:①悬臂式排桩墙围护结构;②排桩墙加内撑式围护结构;③地下连续墙加内撑式围护结构;④加筋水泥土墙加内撑式围护结构;⑤排桩墙加拉锚式围护结构;⑥地下连续墙加锚拉式围护结构。

挡墙式围护结构中常用的挡墙类型包括:

1)混凝土排桩墙

通常采用柱列式排列的现浇钢筋混凝土灌注桩形成,也有少量采用预制管桩、预制方桩、预制矩形桩等预制桩插入土中或先行施工的水泥土桩中形成。排桩墙外侧可结合地下水控制要求设置相应的止水帷幕。如因场地狭窄等原因,无法同时设置排桩和止水帷幕时,可采用混凝土桩与混凝土桩之间相互咬合的形式,形成可起到止水作用的咬合式排桩墙。

2)地下连续墙

地下连续墙可分为现浇地下连续墙和预制地下连续墙两大类。现浇地下连续墙的槽段形式主要有一字形、L形和T形等,并可通过将各种形式槽段组合,形成格构形、圆筒形等结构形式。预制地下连续墙采用常规施工方法成槽后,在泥浆中先插入预制墙段等预制构件,然后以自凝泥浆或注浆置换成槽用的护壁泥浆;也可直接以自凝泥浆护壁成槽插入预制构件,以自凝泥浆的凝固体填塞墙后空隙和防止构件接缝渗水,形成地下连续墙。

3)型钢水泥土地下连续墙

型钢水泥土地下连续墙是在连续套接施工的三轴搅拌桩或采用TRD工法(trench cutting and remixing deep wall method,等厚度水泥土连续墙施工工法)、CSM(cutter soil mixing,铣削水泥土搅拌墙)工法等形成的等厚度水泥土连续墙内插入型钢形成的兼具挡土和止水功能的围护结构。在基坑土方回填后可回收型钢,因此具有较好的经济性。

4)钢板墙

钢板墙采用钢板桩、钢管桩和 H 型钢等钢材中的一种或多种通过锁口或钳口相互连接咬合形成。钢板墙打入土中后无需养护,具有施工快捷的特点。在基坑施工结束后钢板墙可拔除,循环利用,经济性较好。由于钢板墙抗侧刚度相对较小,在软土基坑中一般变形较大。同时,钢板墙打入和拔除时对土体扰动较大,且拔除后需对土体中留下的空隙进行注浆处理。

4. 其他形式围护结构

其他形式围护结构主要有:①门架式围护结构;②重力-门架式围护结构;③拱式组合型围护结构;④沉井围护结构等。

围护形式及适用范围如表 10.2.1 所示。

表 10.2.1　常用基坑围护形式分类及适用范围

类别	围护形式	适用范围	备注
放坡开挖及简易支护	放坡开挖	地基土质较好、地下水位低或采取降水措施,以及施工现场有足够放坡场所的工程。允许开挖深度取决于地基土的抗剪强度和放坡坡度	费用较低,条件许可时采用
	放坡开挖为主,辅以坡脚采用短桩、隔板及其他简易支护	基本同放坡开挖。坡脚采用短桩、隔板及其他简易支护,可减小放坡占用场地面积,或提高边坡稳定性	
	放坡开挖为主,辅以喷锚网加固	基本同放坡开挖。喷锚网主要用于提高边坡表层土体稳定性	
加固边坡土体形成自立式围护结构	水泥土重力式围护结构	可采用深层搅拌法施工,也可采用旋喷法施工。适用土层取决于施工方法。软黏土地基中一般用于支护深度小于 6m 的基坑	可布置成格栅状,围护结构宽度较大,变形较大
	加筋水泥土墙围护结构	基本同水泥土重力式围护结构,一般用于软黏土地基中深度小于 6m 的基坑	常用钢筋、型钢、预制混凝土工形桩等加筋材料。采用型钢加筋时需考虑回收
	土钉墙围护结构	一般适用于地下水位以上或降水后的基坑边坡加固。土钉墙支护临界高度主要与地基土体的抗剪强度有关。软黏土地基中应控制使用,一般可用于深度小于 5m 且允许产生较大变形的基坑	可与拉锚、内撑式排桩支护联合使用,用于浅层围护
	复合土钉墙围护结构	基本同土钉墙围护结构。将土钉墙与深层搅拌桩、旋喷桩、树根桩、混凝土桩或预应力锚杆中的一种或多种相结合	复合土钉墙形式很多,应具体情况,具体分析
	冻结法围护结构	可用于各类地基	应考虑冻融过程对周围的影响以及工程费用等问题

基础工程原理

续表

类别	围护形式	适用范围	备注
挡墙式围护结构	悬臂式排桩墙围护结构	开挖深度较小,而且可允许产生较大变形的基坑。软黏土地基中一般用于深度小于6m的基坑	常辅以水泥土止水帷幕
	排桩墙加内撑式围护结构	适用范围广,可适用各种土层和基坑深度	常辅以水泥土止水帷幕
	地下连续墙加内撑式围护结构	适用范围广,可适用各种土层和基坑深度。一般用于深度大于10m的基坑	
	加筋水泥土墙加内撑式围护结构	适用土层取决于形成水泥土施工方法。新型水泥土搅拌桩墙(soil mixed wall, SMW)施工工法三轴深层搅拌桩机械不仅适用于黏性土层,且能用于砂性土层的搅拌;TRD工法则适用于各种土层,且形成的水泥土连续墙水泥土强度沿深度均匀分布,水泥土连续墙连续性好,加固深度可达60m	常用型钢、预制混凝土工形桩等加筋材料。采用型钢加筋时需考虑回收。TRD工法形成的水泥土连续墙连续性好,止水效果好
	排桩墙加拉锚式围护结构	常用于可提供较大锚固力的砂性土地基和硬黏土地基基坑。对于大面积基坑,其优越性显著。浆囊式锚杆可用于软黏土地基	应尽量采用可回收式锚杆
	地下连续墙加锚拉式围护结构	常用于可提供较大的锚固力地基中的基坑。对于大面积基坑,其优越性显著	
其他形式围护结构	门架式围护结构	常用于开挖深度已超过悬臂式围护结构的合理围护深度,但深度也不是很大的情况。一般用于软黏土地基中深度为7~8m且允许产生较大变形的基坑	
	重力-门架式围护结构	基本同门架式围护结构	对双排桩门架内土体采用深层搅拌法加固
	拱式组合型围护结构	一般用于软黏土地基中深度小于6m且允许产生较大变形的基坑	辅以内支撑可增加支护深度,减小变形
	沉井围护结构	软土地基中面积较小且呈圆形或矩形等较规则的基坑	

10.3　围护结构受力分析

10.3.1　概述

随着基坑工程的发展和计算技术的进步,围护结构的受力分析方法也经历了从早期的古典分析方法—解析方法—数值分析方法的发展过程。

古典分析方法主要包括静力平衡法、等值梁法、塑性铰法等。静力平衡法适用于围护结构入土较浅、底端自由的悬臂式围护结构和单支点(撑或锚)式围护结构。图 10.3.1 为单锚式围护结构在砂性土中的计算简图。具体计算方法是:利用水平力对锚系点 A 的弯矩平衡,求得围护结构的插入深度,再代入水平力平衡方程求得锚系点的锚系拉力,进而求解围护结构的内力。

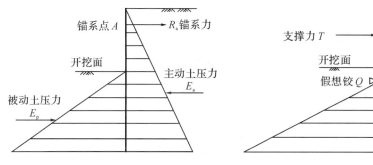

图 10.3.1　静力平衡法计算简图　　　　图 10.3.2　等值梁法计算简图

等值梁法可以求解多支点(撑或锚)围护结构的内力。首先假定围护结构上假想铰(即弯矩零点)的位置,然后把围护结构划分为上部简支梁和下部超静定结构两部分(见图 10.3.2),这样即可根据各部分的受力平衡求解围护结构的弯矩、剪力和支撑轴力。等值梁法的关键是确定假想铰的位置,通常可假设为土压力为零的位置;也有假定假想铰位置在坑底以下 y 处,具体 y 值可根据地质条件和结构特性确定,一般为 $0.1 \sim 0.2$ 倍开挖深度。

塑性铰法,又称太沙基法,该方法假定围护结构在支撑(除第一道撑)点和开挖面处形成塑性铰,然后根据塑性铰之间各分段的受力平衡解得围护结构内力。围护结构受力分析的解析方法是通过将围护结构分成有限个区间,分别建立弹性微分方程,再根据边界条件和连续条件求解围护结构内力和支撑轴力。常见的解析方法主要有山肩帮男法、弹性法和弹塑性法。山肩帮男法的基本假定为:①黏土地层中围护结构为无限长弹性体;②开挖面主动侧土压力在开挖面以上为三角形,开挖面以下抵消被动侧的静止土压力后取矩形;③被动侧土的横向反力分为塑性区和弹性区;④支撑设置后作为不动支点;⑤下道支撑设置后,上道支撑轴力均保持不变,且下道支撑点以上围护结构变形不变。山肩帮男法将结构分成三个区间,即第 k 道支撑到开挖面区间、开挖面以下塑性区及弹性区(见图 10.3.3)。基本求解过程是首先建立弹性微分方程,再根据边界条件和连续条件,推导出第 k 道支撑轴力、围护结构的变形和内力。由于山肩帮男法的精确解计算方程中有未知数的五次函数,计算较为复杂。弹性法与山肩帮男法的主要差别在于土压力的假定。弹性法中假设主动侧土压力已知，但开挖面以下只有被动侧的土抗力，被动侧的土抗力数值与墙体变位成正比（见图 10.3.4）。

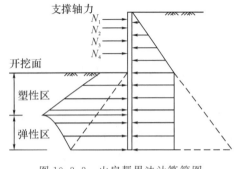
图 10.3.3　山肩帮男法计算简图

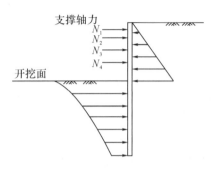
图 10.3.4　弹性法计算简图

弹塑性法与上述两种方法的主要差别在于：山肩帮男法和弹性法都假定土压力已知，且围护结构上部弯矩及支撑轴力在下道支撑设置后保持不变，而弹塑性法假定土压力已知但围护结构弯矩及支撑轴力随开挖过程不断调整，因此更为接近实际情况。弹塑性法的基本假定为：①支撑以弹簧表示，即考虑其弹性变位；②主动侧土压力假设为竖向坐标的二次函数并采用实测资料；③围护结构入土部分分为达到朗肯被动土压力的塑性区和土抗力与围护结构变位成正比的弹性区；④围护结构有限长，端部支承可为自由、铰接或固定。

早期的古典分析方法和解析方法由于在理论上存在各自的局限性而难以满足复杂基坑工程的计算分析要求，因而现在已很少采用。目前常用的分析法主要有平面弹性地基梁法和连续介质有限元法。平面弹性地基梁法将单位宽度的围护墙作为竖向放置的弹性地基梁，采用杆系有限元法进行求解，但只能分析围护结构的变形和内力。连续介质有限元法能模拟土体的变形特性、复杂开挖过程和边界条件等，并且能考虑土和围护结构的相互作用，可同时得到整个基坑施工过程围护结构的位移、内力以及对应的地表沉降和坑底回弹等。

平面弹性地基梁法和平面连续介质有限元法适合于分析诸如地铁车站等狭长形基坑。对于有明显空间效应或不规则形状的基坑，采用平面分析方法不能反映基坑的三维变形规律，无法得到所有支挡结构的受力和变形状况。因此，对有明显空间效应或不规则形状的基坑有必要采用三维分析方法进行分析。目前空间弹性地基板法和三维连续介质有限元法在环境条件复杂的基坑工程中都得到了实际运用。

10.3.2　平面弹性地基梁法

1. 基本原理

平面弹性地基梁法的基本原理为：假定围护结构处于平面应变受力状态，计算时取单位宽度的墙体作为竖向放置的弹性地基梁，支撑与锚杆简化为弹簧支座，坑内开挖面以下的土体亦采用文克尔（Winkler）弹簧进行模拟，围护结构外侧作用已知的水土压力，从而通过杆系有限元的方法即可计算弹性地基梁的内力和变形。

图 10.3.5 为一典型基坑开挖过程的平面弹性地基梁法计算简图，取计算宽度 b_0 的墙体作为分析对象，其变形微分方程为：

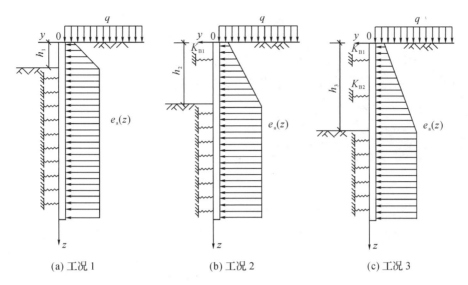

(a) 工况 1　　　　　　(b) 工况 2　　　　　　(c) 工况 3

图 10.3.5　平面弹性地基梁法计算简图

$$EI \frac{\mathrm{d}^4 y}{\mathrm{d}z^4} - e_\mathrm{a}(z) = 0 \ (0 \leqslant z \leqslant h_n) \tag{10.3.1}$$

$$EI \frac{\mathrm{d}^4 y}{\mathrm{d}z^4} + m b_0 (z - h_n) y - e_\mathrm{a}(z) = 0 \ (z \geqslant h_n) \tag{10.3.2}$$

式中，EI 为围护墙的抗弯刚度（kN·m²）；y 为围护墙的侧向位移（m）；z 为深度（m）；$e_\mathrm{a}(z)$ 为 z 深度处的主动土压力（kN/m）；m 为地基土水平抗力比例系数（kN/m⁴）；h_n 为第 n 步的开挖深度（m）。

　　在具体的计算过程中，将地基梁划分为若干单元，并对每个单元利用上述的微分方程计算，采用杆系有限元法进行求解。划分地基梁单元时，应尽量考虑开挖深度、土层分布、地下水位深度、支撑位置等因素。同时，为了保证墙体在基坑开挖的各个阶段均能满足强度和刚度的要求，需要对基坑开挖、支撑架设和拆除等各个工序进行内力及变形计算，且计算中需考虑各个工况下边界条件和荷载形式的变化，并取上一工况计算所得的围护结构位移作为下一工况的初始值。

2. 支撑刚度和支撑力计算

各道支撑的反力可由下式计算：

$$T_i = K_{Bi}(y_i - y_{0i}) \tag{10.3.3}$$

式中，T_i 为第 i 道支撑的弹性支座反力（kN/m²）；K_{Bi} 为第 i 道支撑的弹簧刚度（kPa）；y_i 为第 i 道支撑处的侧向位移（m）；y_{0i} 为第 i 道支撑设置之前该处的侧向位移（m）。

　　对于采用十字交叉对撑布置的钢筋混凝土支撑或钢支撑（见图 10.3.6），内支撑刚度的取值可按下式确定。对于复杂杆系结构的水平支撑系统，不能简单地采用式（10.3.4）来确定支撑的刚度，可采用考虑围护结构和水平支撑系统空间作用的协同分析方法确定。

$$K_{Bi} = EA/(sL) \tag{10.3.4}$$

式中，A 为支撑杆件的横截面积（m²）；E 为支撑材料的弹性模量（kPa）；L 为水平支撑杆件的计算长度（m）（见图 10.3.6）；s 为水平支撑杆件的间距（m）。

 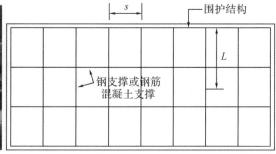

图 10.3.6　十字交叉内支撑刚度计算简图

3. 地基土水平抗力比例系数 m 值确定

弹性地基梁法的关键是确定地基土的水平抗力比例系数和主动土压力。基坑围护结构的平面竖向弹性地基梁法实质上是从水平向受荷桩的计算方法演变而来的,因此严格地讲地基土水平抗力比例系数 m 值的确定应根据单桩的水平荷载实验结果确定。在没有单桩水平荷载实验资料时,可根据各地区基坑规程中各种土层 m 值的经验范围并结合设计人员的工程经验确定。

4. 主动土压力计算

对于土压力的计算,目前仍主要采用经典的朗肯(Rankine)土压力理论。朗肯土压力理论适合于砂土、黏土及成层土,并能考虑地表有均布超载和墙后有地下水的情况,其假设的墙面竖直、墙后地表水平也符合一般基坑工程的实际情况,因此在基坑工程中得到了广泛的应用。但由于假定墙背光滑,其计算结果与实际比较,往往主动土压力偏大,而被动土压力偏小,对于工程来说是偏于安全的。

水土压力的计算根据采用总应力法还是有效应力法可以分为水土合算和水土分算两种计算方法。水土合算采用土的饱和重度计算水土压力,不再另外考虑水压力的作用。水土分算将地下水位以下的水土压力区分为有效土压力和水压力,分别计算后再叠加得到总的水土压力。土压力的计算非常复杂,具体采用何种计算方法及强度指标,目前在工程界和学术界中仍然存在争议,还有待于更进一步的研究。

在基坑工程中,经典土压力理论计算的结果是极限值,即达到主动极限状态或被动极限状态的接触压力,此时土体变形达到相应临界状态所对应的临界值。当围护结构处于正常的工作状态时,这种极限状态往往不可能同时达到,尤其是被动极限状态时对应的位移,往往是基坑围护结构所不容许的。针对基坑开挖中位移的限制,建立考虑位移条件的非极限状态下土压力计算方法是非常必要的。经典土压力理论是在只产生平移或转动两种刚体位移的挡土墙条件下得到的,而现代深基坑支护中的围护结构本身将产生复杂的变形,导致土压力分布与大小发生改变,呈现与经典土压力理论不同的形态。目前国内的基坑规程基本均采用开挖面以上线性增加,开挖面以下矩形分布的土压力分布模式(见图 10.3.5)。大量工程的成功实践表明,这样的假设是可行的。

通过上述的分析,可以确定弹性地基梁的位移约束及荷载情况,采用杆系有限元法进行计算,最终求得弹性地基梁的内力及变形。

10.3.3 空间弹性地基板法

由于计算模型作了过多的简化,平面弹性地基梁法应用于有明显空间效应的深基坑工程时往往不能反映基坑实际的空间变形性状。空间弹性地基板法在继承竖向平面弹性地基梁法基本原理的基础上,建立围护结构、水平支撑与竖向支承系统共同作用的三维计算模型并采用有限元法进行求解,其计算原理简单明确,同时又克服了传统竖向平面弹性地基梁法模型过于简化的缺点。该法有助于从整体上把握围护结构的受力变形特性,分析挡土结构与支撑系统在各个开挖工况下的位移及内力;同时相对于考虑土与结构共同作用的三维有限元分析,其工作量大大减小,因而便于在实际工程中应用。

图 10.3.7 为基坑支护结构的空间弹性地基板法三维分析模型(以矩形基坑为例,取 1/4 模型表示)。按实际支护结构的设计方案建立三维有限元模型,模型包括围护结构、水平支撑体系、竖向支承系统和土弹簧单元。对采用连续墙的围护结构可采用三维板单元来模拟;对采用灌注桩的围护结构可采用梁单元来模拟,也可采用板单元来近似模拟。对临时水平支撑体系可采用梁单元来模拟;竖向支承体系包括立柱和立柱桩,一般也可用梁单元来模拟。根据施工工况和工程地质条件确定坑外土体对围护结构的水土压力荷载,由此分析支护结构的内力与变形。

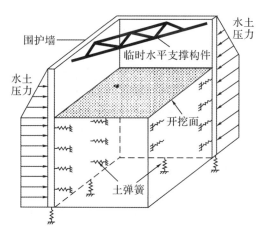

图 10.3.7 空间弹性地基板法计算简图

另外,通过调整地基土的水平基床系数,空间弹性地基板法还可以模拟分析实际工程中基坑内土方分区开挖和盆式开挖的情况。

10.3.4 连续介质有限元法

平面弹性地基梁法和空间弹性地基板法均只能分析围护结构的内力和变形,而不能评价基坑开挖对周边环境的影响。因此,为分析基坑开挖对周边环境如既有建筑物、隧道和地下管线等的影响,尚需考虑土与结构的共同作用,即采用连续介质有限元法。连续介质有限元法包括平面有限元分析方法和三维有限元分析方法。对于具有明显空间效应或环境条件复杂的基坑工程,应优先考虑三维有限元分析方法。

连续介质有限元分析中的关键问题是土体本构模型的选取和模型技术参数的准确性。

虽然土的本构模型有很多种,但广泛应用于岩土工程中的仍只有少数几种,如线弹性模型、邓肯-张(Duncan-Chang,DC)模型、摩尔-库仑(Mohr-Coulomb,MC)模型、德鲁克-普拉格(Drucker-Prager,DP)模型、修正剑桥(Modified Cam-Clay,MCC)模型、硬化土(Hardening Soil,HS)模型等。线弹性模型由于对拉应力没有限制且不能反映土体的塑性性质,较少用于基坑开挖的数值分析。理想弹塑性的 MC 或 DP 模型不能区分加荷和卸荷,且其刚度不能考虑应力历史和应力路径,应用于基坑分析时往往会得到不合理的很大的坑底回弹。虽然这两个模型在有些情况下能获得一定满意度的墙体变形,但难以同时获得合理的墙后土体变形。考虑软黏土硬化特征、能区分加荷和卸荷且其刚度依赖于应力历史和应力路径的硬化类弹塑性模型,如 HS 模型和 MCC 模型,相对而言能给出较为合理的墙体变形及墙后土体变形情况,但由于不能考虑土体小应变的特性,所得出的墙后地表沉降的影响范围往往偏大。

20 世纪 70 年代以来,学者们意识到土在小应变范围内的应力应变关系对预测土体的变形起着十分重要的作用。Atkinson 和 Stallfors(1991)将土体应变定义为微小应变($\leqslant$0.001%)、小应变(0.001%~1%)和大应变(>1%)三个范畴。Callisto 和 Rampello(2002)的研究表明,土体刚度随着应变水平增加呈现明显的非线性衰减特性,其衰减程度受应力水平、应力路径、应力主轴方向等因素影响。大量的工程应用表明,能反映土体在小应变时变形特征的弹塑性模型应用于基坑开挖分析时具有更好的适用性,因此当需分析基坑开挖对周边环境影响时,宜采用能反映土体小应变特性的弹塑性本构模型,如贾丁(Jardine)模型、MIT-E3 模型、小应变硬化土(hardening soil model with small strain stiffness,HSS)模型等。HSS 模型可以考虑小应变范围内土体剪切模量随应变增大而衰减的特点,同时可以考虑软黏土的压硬性与剪胀性,区分加载和卸载刚度,因此近年来在复杂环境下深基坑开挖的数值分析中得到了广泛应用。除了选择合理的本构关系外,还需合理确定模型的计算参数。HSS 模型共包含 11 个 HS 参数和 2 个小应变参数,需通过有效的室内土工试验、现场试验、工程经验以及工程实测数据反演分析来确定。

基坑工程中,围护结构与土体之间存在相互作用。一方面,围护结构与周围土体的材料模量差异很大;另一方面,围护体如钻孔桩或地下连续墙等与土体之间往往残留泥皮,使得界面抗剪强度降低,可能发生相对滑移。这使得围护结构与土接触面间的力学行为非常复杂。围护结构与土体的接触面性质对围护结构的变形和内力、坑外土体的沉降及其影响范围、坑底土体的回弹会产生显著的影响。有限元法是在连续介质力学理论的基础上推导出来的分析方法,这种方法无法有效地评估材料间发生相对位移的受力和变形形态。因此基坑的有限元分析中,常利用接触面单元来处理围护结构与土体的界面接触问题。根据厚度选择,接触面单元可分为有一定厚度的薄层单元和无厚度的接触面单元。前者如德赛(Desai)单元,后者如应用最为广泛的古德曼(Goodman)单元。

连续介质有限元法能考虑复杂的因素如土层的分层情况和土的性质、基坑的几何尺寸、围护结构和支撑系统的布置及其性质、土方分步开挖、支撑结构支设和拆除等施工全过程,因此是分析复杂基坑开挖问题的有效方法。随着有限元技术、计算机软硬件和土体本构关系的发展,出现了 PLAXIS、MIDAS、FLAC、ABAQUS 等适合于基坑分析的大型岩土工程专业软件,有限元法在基坑工程中的应用取得了长足的进步。

10.4 基坑稳定性分析

10.4.1 概　述

基坑工程的倒塌或破坏会对开挖基地、坑内工程桩及周边环境造成很大的破坏,国内外都曾出现不少基坑失稳导致重大损失和人员伤亡的实例,因此防止基坑倒塌或破坏是基坑工程设计的首要任务。

对于设置围护结构的基坑而言,其稳定性的影响因素主要包括:场地的水文及地质条件、基坑的几何参数(平面形状、尺寸及开挖深度等)、支护结构体系和施工因素等。基坑失稳一般可分为两种主要形态:①因基坑土体强度不足、地下水渗流作用而造成基坑失稳,包括基坑内外侧土体整体滑动失稳、基坑底土体隆起、地层突涌、管涌渗漏等导致基坑破坏;②因围护结构体系的强度、刚度或稳定性不足引起围护系统破坏而造成基坑倒塌、破坏。本节主要讨论第一类基坑失稳破坏的形式及其稳定性验算方法,而根据 10.3 节内容,对围护结构的受力进行可靠的分析可以避免第二类基坑失稳事故的发生。

对于悬臂式围护结构,一般较容易发生转动倾覆破坏,其坑底以下围护结构的插入深度主要由倾覆破坏控制,如图 10.4.1(a)所示。在荷载作用下,如果坑底土体抗剪强度较低,内撑式或拉锚式围护结构的坑底土体有可能随围护结构踢脚而产生失稳破坏。对于单支点围护结构,踢脚破坏时以支点为转动点;对于多支点围护结构,踢脚破坏则有可能绕最下层支点转动而产生。在支撑和桩墙的强度和刚度都很大时,单支点围护结构更容易发生踢脚稳定破坏,如图 10.4.1(b)所示,多支点围护结构发生踢脚破坏的可能性相对较小。当多支点围护结构的支撑强度和刚度足够时,基坑的水平方向位移被有效地限制了,这时比较容易发生的就是坑底隆起稳定破坏。基坑土体开挖的过程,实际上是对基坑底部土体的卸荷过程,基坑外的土体因基坑内的土体上部卸载而向坑内挤入,从而发生坑底隆起破坏,这种现象在基坑底部为软土时尤其容易发生,如图 10.4.1(c)所示。另外,在围护体系中,基坑的整体稳定也是很重要的一方面,如图 10.4.1(d)所示。

由地下水造成的基坑稳定性问题主要包括基坑渗流失稳破坏和突涌失稳破坏。当基坑内外存在水位差时,地下水从高水位向低水位渗流,产生渗流力。在基坑底部以下渗流自下而上运动时,如果渗流力大于土体有效重度,基坑底部的土颗粒将产生管涌、流土的现象,导致基坑渗流失稳,如图 10.4.2(a)所示。如果基坑底部下的不透水层较薄,而且在不透水层下面为具有较大水压的承压含水层时,基坑底部可能会出现网状或树枝状裂缝,地下水从裂缝中涌出,并带出下部土颗粒,发生流砂及喷水现象,形成基坑突涌,如图 10.4.2(b)所示。

悬臂式围护结构的抗倾覆稳定根据被动土压力和主动土压力分别绕围护结构底端产生的抗力力矩和倾覆力矩的比值进行验算。内撑式和拉锚式围护结构的抗踢脚稳定根据被动土压力和主动土压力分别绕最下道支点产生的抗力力矩和转动力矩的比值进行验算。这两种破坏模式的稳定性验算方法比较简单,本书不做详细介绍。

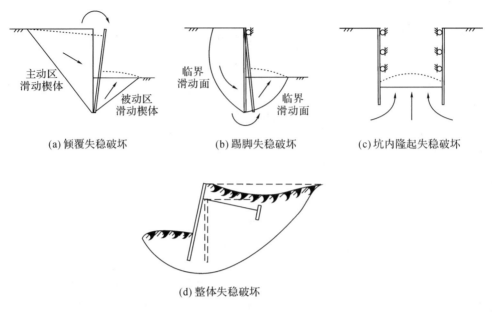

(a) 倾覆失稳破坏   (b) 踢脚失稳破坏   (c) 坑内隆起失稳破坏

(d) 整体失稳破坏

图 10.4.1 围护体系失稳破坏模式

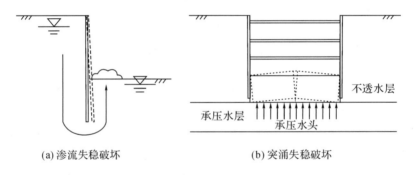

(a) 渗流失稳破坏   (b) 突涌失稳破坏

图 10.4.2 地下水引起的基坑稳定破坏模式

10.4.2 基坑整体稳定性分析

基坑围护体系整体稳定性验算的目的就是防止基坑围护结构与周围土体整体滑动失稳破坏。目前其分析方法主要沿用边坡整体稳定的分析方法,包括极限平衡法、极限分析法、弹塑性有限元(有限差分)法等。

基于极限平衡理论的条分法是边坡整体稳定分析中最常用的方法,表 10.4.1 列出了常用的一些条分法满足的平衡情况和考虑的条间力情况。圆弧滑动法虽然有很多缺点,例如事先假定滑动面,没有考虑土体内部的应力应变关系,无法分析边坡失稳的渐进发展过程等,但它抓住了边坡稳定问题的关键方面,而且经过数十年的应用已积累了很多经验,所以在边坡工程中得到大量应用。目前基坑工程中应用最广泛的是瑞典圆弧条分法。

表 10.4.1　各种条分法比较

分析方法	满足平衡条件		条间力的假设	滑面形状
	力的平衡	力矩平衡		
瑞典法	部分满足	部分满足	不考虑土条间作用力	圆弧
毕晓普(Bishop)法	部分满足	满足	条间力合力方向水平	圆弧
郎畏勒法	部分满足	部分满足	条间力合力方向水平	任意
詹布(Janbu)法	满足	满足	假定条间力作用于土条底以上 1/3 处	任意
斯宾塞(Spencer)法	满足	满足	假定各条间的合力方向相互平行	任意
摩根斯坦-普赖斯(Morgenstern-Price)法	满足	满足	法向和切向条间力存在一个函数关系	任意
萨拉姆(Saram)法	满足	满足	对土条侧向力大小分布做出假定	任意
不平衡推力法	满足	不满足	条间的合力方向与前一土条滑动面倾角一致	任意

　　极限分析法是应用理想弹塑性体(或刚塑性体)处于极限状态的普遍定理——上限定理和下限定理求解极限荷载的一种分析方法。通过假定机动允许位移场和静力允许应力场,分别应用上限定理和下限定理极限分析法可以得到极限荷载的上限解和下限解,从而得到极限荷载可能所处的区间,从下限和上限两个方向逼近真实解。但是这个方法需要作一些人为假设,求解范围有限,限制了其发展与应用。近些年来将极限分析法与有限元相结合的极限分析有限元法开始在岩土工程中得到应用。

　　弹塑性有限元(有限差分)法在基坑和边坡稳定问题分析中具有以下优点:①能够对具有复杂地貌、地质的边坡进行计算;②可以考虑土体的非线性弹塑性本构关系,以及变形对应力的影响;③能计算出土坡内的应力场和位移场分布,还可以模拟土坡或基坑的逐步破坏机理,跟踪土坡内塑性区的开展情况;④能够模拟土体与围护结构的共同作用;⑤求解安全系数时,可以不需要假定滑移面的形状,也无需进行条分。目前常采用的有限元数值分析方法,主要分为两种:①基于有限元应力分析的极限平衡法,它是基于弹塑性的计算原理,首先通过有限元计算出土坡内的应力场,然后依据数学规划的方法和极限平衡原理确定临界滑移面及相应的安全系数;②抗剪强度折减法,它是将折减技术与弹塑性有限元方法相结合,一般利用二分法对抗剪强度进行一系列折减,直到边坡达到临界状态,此时折减系数即为边坡的安全系数。边坡临界状态的判断标准主要有敛散性、位移突变、广义剪应变贯通等。目前在基坑工程稳定性分析中应用强度折减有限元法较多。

　　《建筑基坑支护技术规程》(JGJ 120—2012)以瑞典圆弧条分法为基础,考虑地下水的影响和锚杆的抗滑作用。假定滑动面上土的剪力达到极限强度的同时,滑动面外锚杆拉力也达到极限拉力。滑弧稳定性验算时,最危险滑弧的搜索范围限于通过围护结构底端和围护结构下方的各个滑弧(见图 10.4.3)。采用下列公式验算基坑的整体稳定:

$$\min\{K_{s,1}, K_{s,2}, \cdots, K_{s,i}, \cdots\} \geqslant K_s \tag{10.4.1}$$

$$K_{s,j} = \frac{\sum\{c_j l_j + [(q_j l_j + \Delta G_j)\cos\theta_j - u_j l_j]\tan\varphi_j\} + \sum R'_{k,k}[\cos(\theta_k + \alpha_k) + \psi_v]/s_{x,k}}{\sum(q_j b_j + \Delta G_j)\sin\theta_j}$$

$$\tag{10.4.2}$$

式中，K_s 为圆弧滑动整体稳定安全系数；安全等级为一级、二级、三级的围护结构，分别不应小于 1.35,1.3,1.25。$K_{s,i}$ 为第 i 个圆弧滑动体的抗滑力矩与滑动力矩的比值；抗滑力矩与滑动力矩之比的最小值宜通过搜索不同圆心及半径的所有潜在滑动圆弧确定。c_j,φ_j 为第 j 土条滑弧面处土的黏聚力（kPa）、内摩擦角（°）。b_j 为第 j 土条的宽度（m）。θ_j 为第 j 土条滑弧面中点处的法线与垂直面的夹角（°）。l_j 为第 j 土条的滑弧段长度（m），取 $l_j = b_j/\cos\theta_j$。q_j 为作用在第 j 土条上的附加分布荷载标准值（kPa）。ΔG_j 为第 j 土条的自重（kN），按天然重度计算。u_j 为第 j 土条滑弧面上的水压力（kPa）；采用落底式截水帷幕时，对地下水位以下的砂土、碎石土、粉土，在基坑外侧，可取 $u_j = \gamma_w h_{wa,j}$，在基坑内侧，可取 $u_j = \gamma_w h_{wp,j}$；滑弧面在地下水位以上或对地下水位以下的黏性土，取 $u_j = 0$。γ_w 为地下水重度（kN/m³）。$h_{wa,j}$ 为基坑外地下水位至第 j 土条滑弧面中点的压力水头（m）。$h_{wp,j}$ 为基坑内地下水位至第 j 土条滑弧面中点的压力水头（m）。$R'_{k,k}$ 为第 k 层锚杆在滑动面以外的锚固段的极限抗拔承载力标准值与锚杆杆体受拉承载力标准值的较小值（kN）。α_k 为第 k 层锚杆的倾角（°）。θ_k 为滑弧面在第 k 层锚杆处的法线与垂直面的夹角（°）。$s_{x,k}$ 为第 k 层锚杆的水平间距（m）。ψ_v 为计算系数，可按 $\psi_v = 0.5\sin(\theta_k + \alpha_k)\tan\varphi$ 取值。φ 为第 k 层锚杆与滑弧交点处土的内摩擦角（°）。

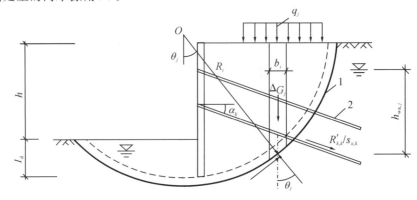

1—任意圆弧滑动面；2—锚杆

图 10.4.3　圆弧滑动条分法验算基坑整体稳定性

当围护结构底端以下存在软弱下卧土层时，整体稳定性验算滑动面中尚应包括由圆弧与软弱土层层面组成的复合滑动面。

10.4.3　基坑抗隆起稳定性分析

对于开挖深度较大的基坑，当嵌固深度较小、地基土的强度较低时，土体从围护结构底端以下向基坑内隆起挤出是软土地基围护结构比较常见的一种破坏模式，即隆起失稳破坏。基坑抗隆起稳定性验算不仅关系着基坑的稳定安全问题，也与基坑的变形密切相关（详见 10.6 节）。目前已出现的基坑抗隆起稳定分析方法仍可归纳为三大类：极限平衡法、极限分析法以及弹塑性有限元（有限差分）法。基于承载力模式的极限平衡方法是黏土地基基坑不排水条件下抗隆起稳定分析的传统方法，太沙基以及比耶鲁姆（Bjerrum）和艾德（Eide）的极限平衡法目前仍有使用。同时考虑土体 c-φ 的抗隆起稳定分析方法是我国基坑工程实践中最常用的抗隆起验算方法，该法可分为地基承载力模式和圆弧滑动模式两种分析方法。

1. 地基承载力模式的抗隆起稳定性分析

基于太沙基和普朗特地基承载力公式,以围护墙底为基准面,按基坑开挖后坑内外土体自重和竖向荷载作用下,墙底以下地基土的承载力和稳定来判别坑底的抗隆起稳定性。该法仅对设定的计算基面进行验算,也没有考虑基坑开挖面以上土体抗剪强度的影响,有一定的近似性。其滑动线形状如图 10.4.4 所示。

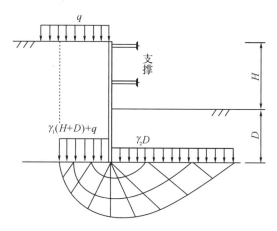

图 10.4.4　同时考虑 c-φ 抗隆起分析法的滑动线形状

根据太沙基解,抗隆起安全系数为:

$$F_s = \frac{\gamma_2 D N_q + c N_c}{\gamma_1 (H+D) + q} \tag{10.4.3}$$

$$N_q = \frac{\tan\varphi \cdot e^{3\pi/4 - \varphi/2}}{\cos(\pi/4 + \varphi/2)} \tag{10.4.4}$$

$$N_c = \frac{(N_q - 1)}{\tan\varphi} \tag{10.4.5}$$

根据普朗特解,抗隆起安全系数为:

$$F_s = \frac{\gamma_2 D N_{qp} + c N_{cp}}{\gamma_1 (H+D) + q} \tag{10.4.6}$$

$$N_{qp} = \tan^2(\pi/4 + \varphi/2) e^{\tan\varphi} \tag{10.4.7}$$

$$N_{cp} = \frac{(N_{qp} - 1)}{\tan\varphi} \tag{10.4.8}$$

式中,γ_1 为坑外地表至基坑围护墙底各土层天然重度标准值的加权平均值(kN/m³);γ_2 为坑内开挖面至围护墙底各土层天然重度标准值的加权平均值(kN/m³);H 为基坑开挖深度(m);D 为围护墙在基坑开挖面以下的入土深度(m);q 为坑外地面超载(kPa);N_q、N_c 为太沙基解地基的承载力系数,根据围护墙底的地基土特性计算;N_{qp}、N_{cp} 为普朗特解地基土的承载力系数,根据围护墙底的地基土特性计算;c、φ 分别为围护墙底地基土黏聚力(kPa)和内摩擦角(°);F_s 为抗隆起安全系数。

2. 圆弧滑动模式的抗隆起稳定性分析

假设土体沿围护墙体底面滑动,且滑动面为一圆弧,不考虑基坑尺寸的影响,如图 10.4.5 所示。取圆弧滑动的中心位于最下一道支撑处,基坑抗隆起安全系数通过计算绕 O 点的抗滑力矩和滑动力矩之比获得。

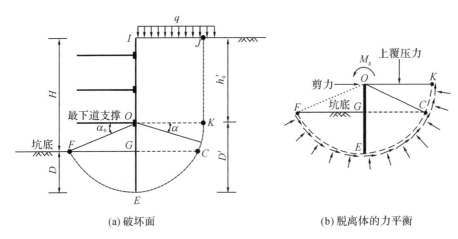

(a) 破坏面   (b) 脱离体的力平衡

图 10.4.5   圆弧滑动模式的坑底抗隆起稳定性验算图式

产生滑动力矩的项有:IJ 段作用的地面超载 q 产生的滑动力矩,$OKJI$ 区域内土体自重产生的滑动力矩,$OKCG$ 区域内土体自重产生的滑动力矩。抗滑动力矩为滑动面 $JKCEF$ 上抗剪强度产生的抗滑动力矩。GCE 区域内土体产生的滑动力矩与 GFE 区域内土体重量产生的抗滑动力矩相抵消。各部分滑动力矩的计算相对较为简单。在计算滑动面上的抗剪强度时采用公式 $\tau = c + \sigma\tan\varphi$。滑动面上 σ 的取值做如下处理:在 KJ 面上的 σ 应该是水平侧压力,该侧压力介于主动土压力和静止土压力之间,因此近似地取为:$\sigma = \gamma z \tan^2(45° - \varphi/2)$,而不再减去 $2c\tan(45° - \varphi/2)$;KE 滑动面上的法向应力可以认为由两部分组成,即土体自重在滑动面法向上的分力加上该处的水平侧压力在滑动面法向上的分力,水平侧压力的计算与 KJ 段相同;EF 滑动面上的法向应力也由两部分组成,为土体自重在滑动面法向上的分力和该处的水平侧压力在滑动面法向上的分力,从偏安全考虑,EF 上的水平侧压力仍按前述 KJ 段水平侧压力计算方法计算。

根据上述原则,分别计算各部分的抗滑力矩和滑动力矩并累计之后,将总抗滑力矩除以总滑动力矩,即可求得抗隆起稳定安全系数。对于等效之后的均质地基,可按如下简化公式计算:

$$M_{RLk} = K_a \tan\overline{\varphi}_k \left\{ \frac{\pi}{4}\left(q_k + \overline{\gamma}h_0'\right)D'^2 + \overline{\gamma}D'^3 \left[\frac{1}{3} + \frac{1}{3}\cos^3\alpha_0 - \frac{1}{2}\left(\frac{\pi}{2} - \alpha_0\right)\sin\alpha_0 + \right.\right.$$
$$\left.\left. \frac{1}{2}\sin\alpha_0\cos\alpha_0 \right]\right\} + \tan\overline{\varphi}_k \left\{\frac{\pi}{4}\left(q_k + \overline{\gamma}h_0'\right)D'^2 + \overline{\gamma}D'^3 \left[\frac{2}{3} + \frac{2}{3}\cos\alpha_0 - \right.\right.$$
$$\left.\left. \frac{\sin\alpha_0}{2}\left(\frac{\pi}{2} - \alpha_0\right) - \frac{1}{6}\sin^2\alpha_0\cos\alpha_0 \right]\right\} + \overline{c}_k D'^2 \left(\pi - \alpha_0\right) + M_{sk} \qquad (10.4.9)$$

$$M_{SLk} = \frac{1}{3}\overline{\gamma}D'^3\sin\alpha_0 + \frac{1}{6}\overline{\gamma}D'^2(D' - D)\cos^2\alpha_0 + \frac{1}{2}\left(q_k + \overline{\gamma}h_0'\right)D'^2 \qquad (10.4.10)$$

式中,M_{sk} 为围护墙的容许弯矩(kN·m/m);M_{RLk} 为抗滑动力矩(kN·m/m);M_{SLk} 为滑动力矩(kN·m/m);α_0 如图 10.4.5(a)所示,单位为弧度(rad);$\overline{\gamma}$ 为土层重度的加权平均标准值(kN/m³);D' 为围护墙在最下道支撑以下部分的深度(m);K_a 为对应土层的主动土压力系数;$\overline{c}_k$、$\overline{\varphi}_k$ 为土层黏聚力(kPa)和内摩擦角的加权平均标准值(°);h_0' 为最下道支撑距地面的距离(m);q_k 为地面超载(kPa)。

10.4.4　基坑抗渗流稳定性分析

基坑渗透破坏主要表现为管涌、流土(俗称流砂)和突涌,这三种渗透破坏的机理是不同的。管涌是指在渗透水流作用下,土中细粒在孔隙通道中被移动、流失,土的孔隙不断扩大,渗流量也随之加大,最终导致土体内形成贯通的渗流通道,土体发生破坏的现象。管涌是一个渐进破坏的过程,可以发生在任何方向渗流的逸出处,这时常见混水流出,或水中带出细粒;也可以发生在土体内部。在一定级配的(特别是级配不连续的)砂土中常有发生。而流土则是指在向上的渗流水流作用下,当渗流出口的水力坡降大于临界水力坡降时,表层局部范围的土体和土颗粒同时发生悬浮、移动的现象。不均匀系数小于 10 的均匀砂土,更多发生的是流土。由此可见,管涌和流土是两个不同的概念,发生的土质条件和水力条件不同,破坏的现象也不相同。在基坑工程中只要土体级配条件满足,在水力坡降较小的条件下也可能会发生管涌。例如当止水帷幕失效时,水从帷幕的孔隙中渗漏,水流夹带细粒土流入基坑内,将土体掏空,在墙后地面形成下陷。但大部分的基坑工程渗流破坏主要表现为流土破坏,现有的验算方法也是验算流土是否发生的水力条件。

基坑抗渗流稳定性验算简图如图 10.4.6 所示。要避免基坑发生流土破坏,需要在渗流出口处保证满足下式:

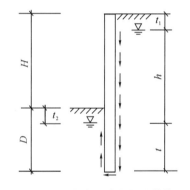

图 10.4.6　抗渗流稳定性验算简图

$$\gamma' \geqslant i\gamma_w \qquad (10.4.11)$$

式中,γ' 和 γ_w 为土体的有效重度和地下水的重度(kN/m^3);i 为渗流出口处的水力坡降。

对于底端位于透水性较好地层的悬挂式止水帷幕,计算水力坡降 i 时,渗流路径可近似地取最短的路径,即紧贴围护结构位置的路线以求得最大水力坡降值:

$$i = \frac{h}{h+2t} \qquad (10.4.12)$$

则抗渗流安全系数可按下式计算(式中变量见图 10.4.6):

$$K_s = \frac{\gamma'}{i\gamma_w} = \frac{\gamma'(h+2t)}{\gamma_w h} \qquad (10.4.13)$$

10.4.5　基坑抗突涌稳定性分析

当基坑坑底以下有承压水存在时,基坑开挖减小了承压含水层上覆的不透水层的厚度。当不透水层的厚度减小到一定程度时,承压水的水头压力能顶破或冲毁基坑底板,造成基坑突涌现象。地下水涌出并带出下部土颗粒,发生流砂、喷水及冒砂现象,从而造成基坑积水,降低地基强度,给施工带来很大的困难,严重时还可能造成基坑失稳。

承压水作用下的坑底抗突涌稳定性可按下式验算(见图 10.4.7):

$$K_t = \frac{D\gamma}{h_w \gamma_w} \qquad (10.4.14)$$

式中,K_t 为突涌稳定性安全系数,K_t 不应小于 1.1;D 为承压含水层顶面至坑底的土层厚度(m);γ 为承压含水层顶面至坑底土层的天然重度(kN/m^3),对成层土,取按土层厚度加权的平均天然重度;h_w 为承压含水层顶面的压力水头高度(m)。

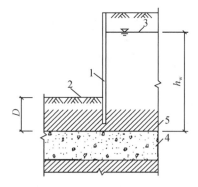

1—截水帷幕;2—基底;3—承压水测管水位;
4—承压水含水层;5—隔水层。

图 10.4.7　抗突涌稳定性验算简图

对空间效应较强的小型基坑或者较窄的条形基坑,可以考虑基坑底部土体与支护结构侧壁的摩擦力作用,土与支护结构的摩擦系数根据具体工程的条件由试验选取;并且为了偏于安全,土与支护结构侧壁的正压力可以采用主动土压力。

如上所述,目前判断基坑突涌的常用计算方法多是从压力平衡的角度分析,即隔水层土重小于承压水的扬压力时,基坑可能发生突涌。但在实际工程中,不少基坑在抗突涌稳定安全系数为 0.5~0.7 的不平衡条件下,并未出现坑底开裂、涌水及冒砂等突涌现象。由此说明按压力平衡的方法忽略了坑底隔水层强度对突涌的抑制作用,也没有考虑基坑平面尺寸等因素对突涌的影响,其结果大大偏于保守。

总之,基坑突涌破坏的机理还需要深入研究。只有清楚地掌握其破坏机理,才能对基坑突涌稳定性做出合理的分析判断与计算。

10.5　基坑工程地下水控制

10.5.1　概述

基坑工程需要采取合理的地下水控制措施,为地下结构的施工创造干燥的作业面,同时保证基坑周边的地下水位变化不会影响邻近建(构)筑物和地下管线的安全及正常使用。因此,基坑工程的地下水控制及其环境保护是基坑工程设计和施工中的重要问题。

基坑工程地下水控制主要有止水和降(排)水两种方法(见图 10.5.1)。其中降水是基坑开挖过程中最常见的地下水处理方式,其目的在于降低地下水位、增加边坡稳定性、给基坑开挖创造便利条件。当基坑开挖到基底标高时,承压含水层上覆土的重量不足以抵抗承压水头的扬压力时,需要采取减压措施、设置竖向或水平向止水帷幕以防止坑底突涌。降水系统的有效工作需要通畅的排水系统,但除了将坑内抽降的地下水及时排出外,排水系统还需对地表明水、开挖期间的大气降水等及时排出。为了避免降、排水造成地面沉降,影响周边建(构)筑物、市政管线等的正常使用,需要设置止水帷幕,切断或减缓基坑内外的水力联系及补给。两种方法地下水处理方式不同,在基坑工程中常常需要组合使用,采用止水和降水相结合的方式,保证地下水控制的合理、可行、有效的实施。

具体来说,基坑工程地下水控制可以采用以下几种方式:

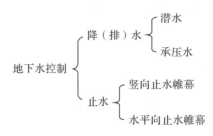

图 10.5.1 基坑工程地下水控制

1. 基坑降(排)水

降(排)水方法主要分为集水明排、井点降水、管井降水等类型,适用于各类含水层,在有条件时可优先考虑采用。通过基坑降(排)水措施,将基坑内的地下水位降低至基底以下不小于 0.5m。根据基坑开挖的需要和基坑降水的水位情况,对降水设施进行动态管理,实现按需降水,尽量减小基坑抽排水量以避免过量抽取地下水资源或影响地下水环境。

2. 止水帷幕

当基坑周边环境比较复杂,建(构)筑物和地下管线对地基沉降较敏感,采用基坑降水可能影响邻近建(构)筑物和地下管线的安全或正常使用时,可在基坑周边设置封闭的止水帷幕。同时止水帷幕宜尽量插入坑底以下渗透性相对较低的土层中,形成落底式止水帷幕,以切断基坑内外地下水的水力联系,并选用可靠性较高的工法形成止水帷幕。

3. 止水帷幕结合控制性降水

对于以下几种情况,可考虑在基坑周边设置止水帷幕并结合控制性降水措施:

(1)基坑周边环境条件相对复杂,但允许地基产生一定量的沉降,此时可在基坑外采取控制性降水措施。在基坑外采取控制性的降低潜水位措施,可以带来三方面好处:①减小基坑降水对周围环境的影响;②减小作用在围护结构上的侧压力,从而减小围护结构的内力和变形,提高基坑安全性和稳定性;③减小基坑内外水头差,降低止水帷幕渗漏水发生的可能性,同时也有利于在止水帷幕局部渗漏时进行堵漏补救。

(2)基坑开挖深度大,地下水位高,地基土体渗透性强,完全依靠基坑降水难以将地下水位降低至坑底以下。

(3)坑底下存在承压含水层且坑底抗突涌稳定不满足要求,且由于施工设备能力的限制落底式止水帷幕施工困难、止水效果难以保证或经济性差,此时可考虑采用悬挂式止水帷幕结合基坑内外减压降水措施,以满足环境保护要求和坑底抗突涌稳定性要求。目前杭州、天津、上海、武汉等地均有较成熟的经验,但此时必须评估承压水头降低对环境的影响。

4. 坑外降水结合回灌

当基坑外地下水位降低引起的地面沉降对周边环境安全产生影响时,可以考虑采用回灌的方法,控制基坑降水对周边敏感建(构)筑物的影响。

另外,冻结法通过人工制冷使地层中的水冻结,可增加土体的强度和稳定性并隔绝地下水。目前已广泛应用于盾构隧道联络通道工程中,也有少量应用在规模较小的深基坑工程中。但在基坑工程中应用冻结法,应充分考虑冻胀和融沉对周边环境的影响,加强环境保护,并与其他地下水控制方法进行技术经济比较。

综上,基坑工程中的地下水控制应根据场地水文地质条件、基坑开挖深度以及周边环境情况等综合考虑确定。地下水处理方案与控制措施都应该满足技术可行和经济合理,并能保障基坑工程本身的安全,减小对基坑周边环境的影响。

10.5.2 基坑止水帷幕

基坑工程竖向止水帷幕可采用水泥搅拌桩、高压喷射注浆、地下连续墙、咬合桩、TRD或 CSM 工法形成的水泥土搅拌墙或板桩墙等形成。当地质条件、环境条件复杂时,可联合采用多种止水措施。部分围护结构如地下连续墙、型钢水泥土挡墙、咬合桩和钢板桩等可兼具挡土和止水的功能。分离式的排桩墙在透水性较好的砂性土地基中往往需要单独设置止水帷幕。

最常见的止水帷幕是采用水泥搅拌桩或旋喷桩相互搭接、咬合形成一排或多排连续的水泥土搅拌桩墙。止水帷幕通常设置在排桩围护体外侧,如图 10.5.2(a)所示。当场地狭窄时,可采用图 10.5.2(b)所示的方式,在两根混凝土桩之间设置旋喷桩,将两桩之间的土体加固,形成嵌入型止水加固体。但该方法容易产生渗漏水,此时也可采用图 10.5.2(c)和(d)所示的咬合型止水;先进行水泥土搅拌桩施工,待其凝固之前在其间进行钻孔灌注桩施工,实现灌注桩与搅拌桩之间的咬合,达到止水的效果。

图 10.5.2 常用的止水帷幕形式

随着开挖深度的增加,当基坑可能发生突涌稳定破坏时,常用的预防基坑突涌措施主要有三种:①竖向止水帷幕插入承压含水层以下,隔断承压水,形成落底式帷幕;②采用减压井降低承压水头;③对基坑底部土体进行封底加固形成水平向止水帷幕。水平向止水帷幕可采用水泥土搅拌桩或高压旋喷桩等相互搭接形成。

竖向和水平向止水帷幕的深度或厚度应根据抗渗流或抗突涌稳定性计算确定,其渗透系数不宜大于 10^{-6} cm/s。水泥搅拌桩止水帷幕经济性较好,但施工深度有限。目前国内双轴水泥搅拌桩成桩深度一般不超过 15m,三轴搅拌桩国内施工深度基本在 30m 以内。随着当前基坑开挖深度的迅速增加,传统的止水帷幕深度常不能满足工程要求。因此近些年来新近引入和研发了 TRD 工法形成的等厚度水泥土连续墙和 CSM 工法形成的铣削水泥土搅拌墙工艺,大大提高了止水帷幕的施工能力和止水可靠性。

1. TRD 工法

1)加固机理

TRD 工法,即等厚度水泥土连续墙施工工法(trench cutting and remixing deep wall method)是由日本神户制钢所于 1993 年开发的一种新型水泥土搅拌墙施工技术。21 世纪以来,美国、西欧、东南亚均引进了 TRD 工法技术。我国于 2009 年引进首台 TRD 工法设备——TRD Ⅲ型机,并成功应用于杭州某基坑支护工程。同年中日企业(沈阳抚挖岩土工程有限公司和日本合资)联合研制 TRD-CMD850 型主机,试车成功并正式投产,填补了我国 TRD 主机生产的空白。2011—2012 年中日相关制造企业又针对国内特殊的土质条件、施工条件以及国情等,分别对发动机配置、机械横向行程、动力装置、底盘形式、刀具提升系统和刀具节长度等作了调整和改进,联合研制出系列 TRD 主机。

　　TRD 工法是将链式切削刀具插入地基,切削土体至墙体设计深度;在链式刀具围绕刀具立柱转动作竖向切割的同时,刀具立柱横向移动、水平推进并由其底端喷射切割液和固化剂。由于链式刀具的转动切削和搅拌作用,切割液、固化剂与原位土体进行混合搅拌,如此连续施工而形成等厚度的水泥土连续墙(见图 10.5.3)。该工法兼有自行切削土体和混合搅拌固化液的功能。如果将水泥土连续墙用于围护结构,则可在水泥土墙中插入型钢,以增强连续墙的强度和刚度,提高其抗变形能力。

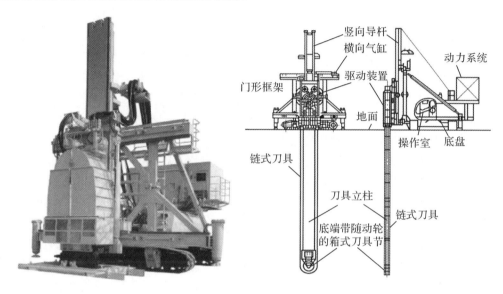

图 10.5.3　TRD 工法机械

　　2)技术特点

　　TRD 工法是针对三轴水泥搅拌桩桩架过高,稳定性较差,成墙垂直度偏低和成墙深度较小等缺点研发的新工法。该工法具有以下特点:

　　(1)施工机架重心低,稳定性好,安全度高。整机的地上高度不高过 12m,同时刀具立柱插入地下,故而机械设备的整体稳定性好,适用于对机械高度有限制的场所。

　　(2)施工机械功率大,施工深度深。2020 年我国自行研发的 TRD-80E 设备在上海创下了 TRD 工法施工深度 86m 的世界纪录。

　　(3)机械切割能力强,适用土层广,对砂砾、硬土、砂质土及黏性土等所有土质均能实现高速掘削。

　　(4)施工精度高,墙面垂直度和平整度好。水泥土连续墙的垂直度可达 1/1000。

　　(5)墙体上下固化性质均一,墙体质量均匀。在垂直方向上实现全深度纵向切削、混合、搅拌工作,使水泥浆与原状地基土充分混合搅拌均匀,形成均一品质的地下连续墙体。

　　(6)连续成墙施工,墙体等厚度,接缝少,止水性能强,并可按设计要求以任意间距设置芯材。经过 TRD 工法加固的水泥土渗透系数在砂质土中为 $10^{-7} \sim 10^{-8}$ cm/s,在砂质粉土中约 10^{-9} cm/s,止水性能好。

　　(7)施工机架水平、竖向所需的施工净空间小,适用于周边建(构)筑物紧邻的工况。

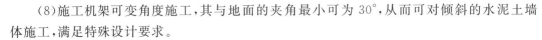

（8）施工机架可变角度施工，其与地面的夹角最小可为 30°，从而可对倾斜的水泥土墙体施工，满足特殊设计要求。

3）适用范围

TRD 工法适用于人工填土、黏性土、淤泥和淤泥质土、粉土、砂土、碎石土等地层，还可以在直径小于 100mm，$q_u \leqslant 5MPa$ 的卵砾石、泥岩和强风化基岩中施工，适用的地层广泛。在施工中必须切削硬质地基时，需进行试成槽施工，以确定施工速度和刀头磨损程度。必要时可采用旋挖钻机或铣槽机换土后再用 TRD 工法施工。

4）应用范围

TRD 工法可用于岩土工程中地基土体加固、止水帷幕以及挡土结构。

（1）地基土体加固，提高地基承载力，改善地基变形特性。TRD 工法相当于地基处理中的深层搅拌法，其水泥土增强体和天然土形成复合地基，有效提高地基承载力，减少地基上建筑物的沉降；也可形成基坑工程被动区加固土体，提高土体的侧向变形能力，控制基坑围护结构的变形。由于 TRD 工法水泥土连续墙较为均匀，强度高，采用格子状被动区加固体可在坑底形成纵、横向刚度较大的墙体，有效加固坑底被动区土体。格子状被动区加固体的置换率低，当基坑宽度较小时，格子状加固体的加固效率将大大提高。

（2）止水帷幕。由于 TRD 工法独特的施工工艺，其在地基中形成的等厚度水泥土墙防渗效果优于柱列式连续墙和其他非连续防渗墙。在渗透系数较大的土层且地下水流动性较强的潜水含水层中，TRD 工法水泥土连续墙作为基坑、堤坝工程中的止水帷幕，可有效阻隔地下水的渗流，具有较大的优势。当基坑开挖深度加深，基底存在承压水突涌的可能时，采用 TRD 工法水泥土墙可有效切穿深层承压含水层，不仅大大降低承压水突涌以及降水不可靠带来的工程安全风险，而且和地下连续墙相比，工程造价也大大降低。TRD 工法也可用于防止污染物扩散或迁移的隔离墙。

（3）挡土结构。当基坑或边坡高度较低时，在 TRD 工法墙体受弯、受剪承载力满足要求的前提下，可采用 TRD 工法水泥土连续墙形成重力式挡墙。当基坑或边坡较高，墙体受弯、受剪不满足要求时，可选择在墙体内插入芯材以改善受力特性。当 TRD 工法水泥土连续墙内插入芯材形成较强的围护结构时，可和内支撑、锚杆、土钉组合形成 TRD 工法水泥土连续墙内插芯材的内支撑体系、锚杆体系以及土钉墙等组合支护形式。

2. CSM 工法

1）加固机理

CSM 工法，即铣削水泥土搅拌墙（cutter soil mixing）工法，是德国保尔（Bauer）公司于 2003 年开发的采用深层切削搅拌设备（见图 10.5.4）的施工技术。该工法将液压双轮铣槽机和深层搅拌技术相结合，通过两个铣轮绕水平轴垂直对称旋转，水平轴通过竖向钻杆和动力系统连接，在两个铣轮之间设置喷浆口。铣轮对称内向旋转切削破碎原位土体，同时注入水泥浆液充分搅拌形成均匀的水泥土墙体（见图 10.5.5），可以用于防渗墙、挡土墙、地基加固等工程。

2）技术特点

CSM 工法具有以下特点：

（1）通过两个铣轮的对称内向旋转，阻止固化浆液上行，保证墙体质量。

（2）一次可施工长度为 2m 以上的墙体，因此接头数量少，从而减小了帷幕渗漏的可能性。

图 10.5.4　CSM 工法施工设备

图 10.5.5　CSM 工法形成的墙体

（3）设备对地层的适应性强，从软土到岩石地层均可实施切削搅拌，尤其适合在坚硬的岩土层中搅拌。

（4）设备成桩深度大，施工过程中几乎无振动；设备重量较大的铣头驱动装置和铣头均设置在钻具底端，因此设备整体重心较低，稳定性高。

（5）设备的自动化程度高，各功能部位设置大量传感器，成桩尺寸、深度、注浆量、垂直度等参数控制精度高，施工过程中实时控制施工质量。

（6）履带式主机底盘，可 360 度旋转施工，便于转角施工。可紧邻已有建构筑物施工，可实现零间隙施工。

（7）可在直径不是很大的管线下施工，实现在管线下方帷幕的封闭，其施工方法如图 10.5.6 所示。

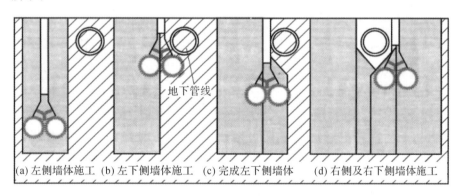

(a) 左侧墙体施工　(b) 左下侧墙体施工　(c) 完成左下侧墙体　(d) 右侧及右下侧墙体施工

图 10.5.6　CSM 工法施工管线下止水帷幕

3）适用范围

CSM 工法对地层的适应性更高，适用于填土、淤泥质土、黏性土、粉土、砂性土、卵砾石等地层，也可以切削坚硬地层（卵砾石层、岩层），而 TRD 工法在上述坚硬地层中的施工能力相对较弱。

采用 CSM 工法,一次性可形成类似地下连续墙一个槽段的水泥土墙,墙厚 500～1200mm,槽段长度有 2200mm、2400mm 和 2800mm 三种规格。采用钻杆与切削搅拌头连接时,最大施工深度为 35m;当采用缆绳悬挂切削搅拌头施工时,最大施工深度可达 70m。

CSM 工法的工程应用范围与 TRD 工法类似,也可用于岩土工程中地基土体加固、止水帷幕以及挡土结构,但其在坚硬地层中的施工能力要强于 TRD 工法。CSM 工法形成的铣削水泥土搅拌墙中也可插入型钢等芯材,起止水和挡土的作用。

3. 止水帷幕的选型

对于砂性土地基中的基坑工程,地下水的处理是关键。砂性土地基中,止水帷幕渗漏或失效引发的基坑事故屡见不鲜。因此应加强止水帷幕的合理选型和质量检验。

止水帷幕的选型和设计,需综合考虑基坑的开挖深度、地基土层的渗透性、周围环境条件及止水帷幕渗漏的后果、地下水特性、支护结构形式和施工条件等因素。对于漏水后果严重(如建/构筑物及公共设施损坏等)的基坑,应提高止水帷幕的可靠性,选择 TRD 工法、CSM 工法或多排三轴搅拌桩形成止水帷幕。同时在环境条件许可的情况下采取坑外控制性降水措施,以减小基坑内外的水头差,降低止水帷幕渗漏的风险。选择的止水帷幕的施工工艺还需适合场地的地层特性。围护结构的变形控制设计尚需考虑止水帷幕的抗变形能力,围护结构或土体变形过大可能引起止水帷幕开裂,导致漏水。对于某些围护结构类型,如拉锚式围护结构,地下水位以下的锚杆施工打穿止水帷幕破坏了帷幕的完整性,极易导致渗漏。

10.5.3　基坑降(排)水

当基坑开挖深度范围内存在渗透性较强的土层或坑底以下存在承压含水层时,往往需要选择合适的方法进行基坑降水和基坑排水。基坑降(排)水的主要作用为:

(1)防止基坑底面与坡面渗水,保证基坑干燥,便于施工。

(2)增加边坡和坑底的稳定性,防止边坡和坑底的土颗粒流失,防止流砂产生。

(3)减小被开挖土体含水量,便于机械挖土、土方外运、坑内施工作业。

(4)提高土体的抗剪强度与基坑稳定性。对于放坡开挖而言,可以提高边坡稳定性。对于支护开挖,可以增加被动区土抗力,减小主动区土体侧压力,从而提高基坑的稳定性,减小围护体系的变形和内力。

(5)减小承压水水头对坑底隔水层的顶托力,防止坑底突涌。承压水水头的降低值可通过基坑抗突涌稳定性验算确定。

目前常用的降排水方法和适用条件如表 10.5.1 所示。

在工程实践中,应综合考虑基坑降水的目的、深度、环境条件和地基土质条件,选择合适的基坑降水方法。基坑降水设计一般是先确定基坑的总涌水量,然后根据单井出水量的计算结果确定所需降水井数量,最后进行降水井布置。

表 10.5.1　常用降排水方法和适用条件

降排水方法	降水深度/m	渗透系数/(cm/s)	适用地层
集水明排	<5	$1 \times 10^{-7} \sim 1 \times 10^{-4}$	含薄层粉砂的粉质黏土、黏质粉土、砂质粉土、粉细砂
轻型井点	<6		
多级轻型井点	6~10		
喷射井点	8~20		
真空管井	>6	$>1 \times 10^{-6}$	
降水管井(深井)	>6	$>1 \times 10^{-4}$	
电渗井点	根据选定的井点确定	$<1 \times 10^{-7}$	淤泥质黏土、粉质黏土、黏土

10.5.4　基坑降水环境影响的防治措施

基坑降水引起基坑四周水位降低,土中孔隙水压力转移、消散,土体有效应力增加;同时在水位降落范围内,水力梯度增加,以体积力形式作用在土体上的渗透力增大。两者共同作用的结果导致坑周土体发生沉降变形。另外,当降水井点反滤层效果不佳时,由于渗透力的作用常会带走许多土颗粒,进一步加剧对周边环境的影响。这些地面沉降和变形都可能导致基坑周围建(构)筑物发生破坏,例如地面开裂、地下管道拉断、建筑物裂缝(倾斜)、室内地坪坍陷等不利现象。因此,一方面要保证开挖施工的顺利进行;另一方面要采取相应的措施,防范对周围环境的不利影响。

1. 在降水前认真做好对工程地质和周围环境的调研工作

(1)查明场地的工程地质及水文地质条件,包括地层分布,含水层、隔水层和透镜体情况,各层土体的渗透系数,土体的孔隙比和压缩系数等。

(2)查明周边地下管线的分布和类型、埋设的年代和对差异沉降的承受能力。

(3)查清周围建(构)筑物的基础形式、埋深,上部结构形式和现状,以及对差异沉降的承受能力。

2. 合理使用井点降水,尽可能减少对周围环境的影响

(1)按需降水,严格控制水位降深。

(2)防范抽水带走土层中的细颗粒。在降水时要随时注意抽出的地下水是否有混浊现象。抽出的水中带走细颗粒不但会增加周围地面的沉降,而且还会使井管堵塞、井点失效。

(3)适当减小降水水位曲线的坡度。把滤管布置在水平向连续分布的砂性土中可获得较平缓的降水曲线,从而减小对周围环境的影响。

(4)井点应连续运转,尽量避免间歇和反复抽水。

3. 降水场地外侧设置止水帷幕,减小降水影响范围

在建(构)筑物和地下管线密集等对地面沉降控制有严格要求的地区,宜利用围护体本身或单独设置止水帷幕切断或减缓基坑内外的水力联系,采用坑内降水方法,以利于开挖施工,如图 10.5.7 所示。

4. 降水场地外缘设置回灌水系统

在降水场地外缘或保护对象周边设置回灌水系统,保持需保护部位的地下水位,可消除

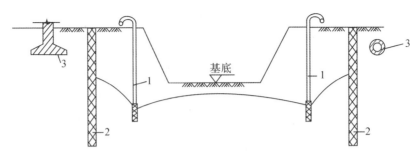

1—井点管；2—隔水帷幕；3—坑外浅基础、地下管线。
图 10.5.7　设置止水帷幕减小降水影响

基坑降水所产生的危害。回灌水系统可采用回灌井以及回灌砂沟、砂井等。

10.6　基坑工程环境影响及控制

10.6.1　概述

20 世纪 90 年代以前，基坑开挖深度较小，因此对周边环境的影响较小，基坑工程的环境保护问题并不突出，基坑的稳定控制往往是主要问题。随着我国地下空间开发利用的飞速发展，基坑的规模越来越大，且城市区域往往建筑物密集、道路管线繁多、地铁车站密布、地铁区间隧道纵横交错。因此，在复杂环境条件下的深基坑工程，除了需关注基坑本身的安全以外，尚需重点关注其实施对周边已有建（构）筑物及管线的影响。

基坑工程对环境产生的不良影响一般发生在施工的三个阶段：一是基坑围护结构施工阶段；二是基坑土方开挖和降水阶段；三是基坑土方开挖结束并完成底板浇筑后的阶段。围护结构地下连续墙及钻孔灌注桩等的施工会引起土体侧向应力的释放，进而引起周围的地层移动；基坑开挖时产生的不平衡力、软黏土流变以及地下结构施工时的拆换撑也会引起围护结构的变形及墙后土层的变形；基坑开挖期间的降水活动引起地下水的渗流及土体的固结，也会造成基坑周围地层的沉降。基坑工程施工对环境产生的不良影响主要发生在第二阶段，但也不能轻视第一和第三阶段的不良影响。灌注桩、地下连续墙、高压旋喷桩、深层搅拌桩和注浆法施工等都会对周边环境产生不良影响。

当基坑周边地基土体附加变形过大时就会引起既有结构的开裂和破坏，从而影响周边建（构）筑物的正常使用。随着我国城市区域大量地下空间开发利用的发展，由基坑工程引起的环境保护问题变得日益突出复杂。复杂环境条件下的基坑工程环境保护要求高，设计和施工难度大，稍有不慎就可能酿成工程事故，并产生恶劣的社会影响。因此基坑围护结构除满足强度要求外，还要满足基坑周边环境的变形控制要求，基坑围护结构设计已由传统的稳定控制转变为变形控制。对于复杂环境条件下的基坑工程，应事先全面掌握基坑周边环境的状况，确定周边环境的容许变形值，并采用合理的方法分析基坑开挖后围护结构产生的变形及其对周边环境的影响；在施工中应对周边环境进行系统的全过程监测，必要时采取相应措施加强对周边环境的保护。

10.6.2　基坑变形规律

基坑开挖过程中,基坑开挖面及侧面的卸荷作用,使得坑底发生隆起变形,围护结构在两侧土压力差作用下产生侧移;同时,在坑底隆起和围护结构位移的共同作用下,坑外土体也将发生相应的变形,故基坑开挖变形表现为围护结构变形、坑底隆起以及基坑周围土体的变形。基坑开挖引起坑外土体产生位移的主要原因是围护结构产生位移和坑底隆起,三者之间存在耦合关系。

1. 围护结构变形

基坑围护结构变形指从水平向改变基坑外土体的原始应力状态而引起地层移动。围护结构外侧主动区的土体向坑内产生水平位移,使外侧土体水平应力减小,剪力增大,出现塑性区;而基坑内侧被动区土体向坑内水平位移后,坑底土体水平向应力和剪应力增大,从而发生水平向挤压和向上隆起的位移,在坑底处形成局部塑性区。基坑围护结构的变形形状同围护结构的形式、刚度、施工方法等都有着密切关系。龚晓南根据大量实测资料总结认为,挡墙变形曲线形态大体上可分为如图10.6.1所示的四种类型,具体如下:

1)弓形变形曲线

如图10.6.1(a)所示,常见于深厚软土中围护墙插入坑底以下深度不太大的内撑式围护结构,此时墙身中部向坑内拱出,在基坑坑底以下无明显的反弯点。

2)变形曲线上段呈正向弯曲,下段呈反向弯曲

当内撑式围护墙插入深度较大时,其变形形式如图10.6.1(b)所示,其特点为坑底附近存在一反弯点,反弯点以上变形曲线呈正向弯曲,以下则为反向弯曲,墙底位移很小或接近于零。

3)前倾型变形曲线

对于无支撑的悬臂挡墙结构,墙身呈前倾型,如图10.6.1(c)所示,此时的墙顶位移最大,在墙底有时会出现向坑外发生位移的情况。

4)踢脚型变形曲线

当基坑位于深厚软土层,且围护墙体插入深度较小时,围护墙上部在支撑约束下位移小,而墙底发生较大向坑内的位移,其墙身的变形曲线则如图10.6.1(d)所示。

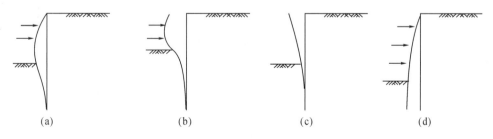

图 10.6.1　围护墙变形的形式

在基坑开挖的初始阶段,围护结构的水平位移常常表现为前倾型的变形曲线,最大的水平位移发生在墙顶;随着开挖深度的增大及支撑(或锚杆)的设置,墙顶位移不会再明显增加,墙身中部向坑内凸出,最大水平位移发生在基坑开挖面附近,且随着开挖深度增大而逐渐下移。围护结构水平位移的影响因素很多,如土质条件、围护结构刚度和插入深度、支撑

或锚杆布置及刚度、施工工艺等均对围护结构的水平位移有重要影响。围护结构水平位移的大小直接关系到坑外土体位移的大小,也间接地影响坑外建(构)筑物及管线、设施等的安全,因此,围护墙的水平位移始终是基坑施工过程中的监测重点。

2. 坑外地表沉降

大量的工程实测数据表明,基坑外地表的沉降分布模式可分为凹槽形和三角形两种基本模式(见图 10.6.2):①凹槽形,即坑外地表沉降最大值发生在距离围护结构一定的距离处[见图 10.6.2(a)]。根据统计数据,凹槽形沉降最大值的发生位置一般在围护结构外侧(0.4~0.7)倍开挖深度范围内;(2)三角形,即坑外地表沉降最大值发生在围护结构边,且随相对围护结构距离的增大而逐渐减小[见图 10.6.2(b)]。三角形沉降分布模式主要发生在悬臂开挖或围护结构变形较大的情况。

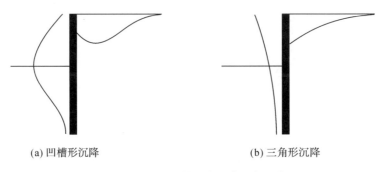

(a) 凹槽形沉降　　　　　　　　　　(b) 三角形沉降

图 10.6.2　基坑外地表沉降基本形态

另外,工程实践中还发现,坑外地表的最大沉降与围护结构的最大水平位移存在一定比例关系。因此,在确定围护结构的最大水平位移之后,可以预估坑外地表的最大沉降量。上海地区的统计结果表明,基坑外地表最大沉降基本介于 0.4~2.0 倍的围护结构最大位移,平均值为 0.81 倍的围护结构最大位移。

Hsieh et al.(1998)提出了三角形和凹槽形两种沉降形态的预测方法,如图 10.6.3 所示,并提出了主影响区域和次影响区域的概念。三角形和凹槽形沉降的影响范围均包括主影响区域和次影响区域,其中主影响区域的范围为 2 倍开挖深度 H_e,而次影响区域为主影响区域之外的 2 倍开挖深度。在主影响区域的范围内,沉降曲线较陡,会使建筑物产生较大的角变量,而次影响区域的沉降曲线较缓,对建筑物的影响较小。对于三角形沉降,预测曲线如图 10.6.3(a)所示,曲线在 2 倍开挖深度处发生转折,由主影响区域进入次影响区域,

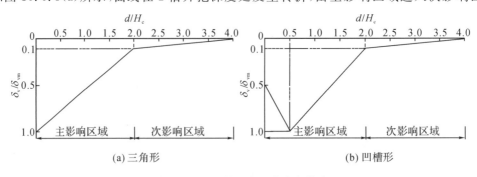

(a)三角形　　　　　　　　　　(b)凹槽形

图 10.6.3　坑外地表沉降分布模式

转折点的沉降值为 0.1 倍的最大沉降值。对于凹槽形沉降,如图 10.6.3(b)所示,曲线分为三段折线,最大沉降发生在距离墙后 $0.5H_e$ 的位置处,紧靠围护墙处的沉降为最大沉降值的 0.5 倍,主次沉降影响区域的转折点沉降值仍为 0.1 倍的最大沉降值。

3. 坑底隆起

坑底隆起是基坑垂直向卸荷而改变坑底土体原始应力状态的反应。在基坑开挖深度不大时,坑底表现为垂直向的弹性隆起,其特征为坑底中部隆起最高[见图 10.6.4(a)];当开挖达到一定深度且基坑较宽时,出现塑性隆起,隆起量也逐渐由中部最大转变为两边大中间小的形式[见图 10.6.4(b)]。但较窄的基坑或长条形基坑,仍是中间大两边小的分布。

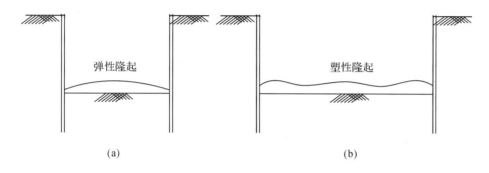

图 10.6.4　坑底的隆起变形

坑底弹性隆起的特征是坑底中部隆起最高,而且坑底隆起在开挖停止后很快停止。这种坑底隆起基本不会引起围护墙外侧土体向坑内移动。随着开挖深度增加,基坑内外的土面高差不断增大;当开挖到一定深度时,基坑内外土面高差所形成的加载和地面各种超载的作用,就会使围护墙外侧土体向基坑内移动,基坑底产生向上的塑性隆起,同时在基坑周围产生较大的塑性区,并引起地面沉降。

10.6.3　基坑的时空效应

基坑工程具有显著的时空效应,尤其是位于软土地区的深基坑工程。基坑的平面形状、尺寸、开挖深度、开挖步骤及支撑前的暴露时间等均对基坑的变形及稳定性有较大影响。考虑基坑的时空效应、科学地利用土体自身控制地层位移的潜力,是解决软土深基坑稳定和变形控制问题的有效措施。

1. 基坑的时间效应

软黏土强度低、含水量高,有很强的流变性,所以在软土地基中基坑工程受土体流变性的影响很大。土的流变性是指土体应力和变形与时间相关的特性,在基坑工程中则表现为基坑的变形随时间不断发展,作用在围护结构上的土压力随时间不断变化。软土的流变特性不仅会影响到深基坑的稳定性,而且对于基坑的变形控制也至关重要。因此,在软土地基深基坑变形控制中减少每步开挖到支撑架设完毕的时间,即无支撑暴露时间,可明显控制围护结构的流变位移,这在无支撑暴露时间小于 24h 时的效果尤其明显。另外,分层分块开挖不仅能够有效地调动地层的空间效应,减小变形,而且可以降低土体应力水平,控制流变位移。

2. 基坑的空间效应

深基坑是一个具有长、宽、深的三维空间结构,其变形同土体的性质、基坑的形状与尺寸、支护系统的刚度等因素紧密相关,因而基坑支护系统的分析是一个复杂的三维空间问题。平面应变受力状态仅仅适用于坑边较长且位于坑边中部截面的应力应变情况,而临近坑角的部位,其受力变形与平面应变状态有较大差异。因此,考虑三维空间效应对于基坑的受力分析与变形控制有着重要的意义。

俞建霖(1999)采用有限元和无限元相结合的方法研究了基坑的空间性状。结果表明:①围护结构的水平位移和土压力分布具有明显的空间效应。在深度相同的情况下,基坑边角处围护结构的水平位移和被动土压力较小,随后逐步增大,至基坑中部达到最大值;而主动土压力的变化规律则反之。说明基坑边角附近的空间作用较强,而中部较弱。②随着基坑长宽比的增大,基坑中剖面的主动土压力不断减小,被动土压力和围护结构长边的最大水平位移不断增大,基坑空间效应减弱,其间存在一临界长宽比。当基坑长宽比超过临界长宽比后,上述参数均接近于按二维平面应变问题分析的结果。因此,基坑空间效应有利于减小围护结构的变形和内力,提高基坑的整体稳定性。

在工程实践中,充分考虑基坑的时空效应,合理地选取施工工序和施工参数,确定每步开挖的空间尺寸和空间顺序、每步开挖和架设支撑所需时间,可以使基坑的变形得到有效的控制,并且在保证安全的前提下取得比较好的经济性。

10.6.4 基坑工程环境影响分析

基坑开挖对周边环境影响的分析方法主要有经验方法和数值分析方法。

1. 经验方法

经验方法是建立在大量基坑统计资料基础上的预估方法。该方法不考虑周围建(构)筑物存在,对坑外地表的沉降进行预测,可以间接评估基坑开挖对周围环境的影响。由于没有考虑建(构)筑物自身刚度对坑外土体变形的有利影响,因此其分析结果略偏于保守。经验分析方法预测过程分为以下三个步骤。

(1)预估基坑开挖引起的地表沉降曲线。

基坑开挖引起的地表差异沉降是造成基坑周边建(构)筑物损坏的主要原因,因此要判断基坑开挖引起的建筑物损坏程度需要先预估基坑开挖引起的地表沉降曲线。经验方法是根据地表最大沉降与围护结构最大侧移的关系来预估地表的沉降曲线。

首先采用竖向弹性地基梁法计算基坑开挖后围护结构的水平位移。为考虑基坑的时空效应,可结合每步基坑挖土的空间尺寸和暴露时间,对土体水平基床系数进行修正。然后,可根据第10.6.2节地表最大沉降量与围护结构最大水平位移的关系以及地表沉降的分布模式,预估地表沉降曲线及最大沉降值。

(2)预估建(构)筑物因基坑开挖引起的附加变形。

根据建(构)筑物的所处位置,由预估的地表沉降曲线确定最大沉降值和倾斜值。

(3)判断建(构)筑物的损坏程度。

根据建(构)筑物的最大沉降值和倾斜值,结合现状,判断建(构)筑物损坏程度。对于建筑物可参照表10.6.1确定。

表 10.6.1 角变量与建筑物损坏程度的关系

角变量 β	建筑物损坏程度	角变量 β	建筑物损坏程度
1/750	对沉降敏感的机器的操作发生困难	1/250	刚性的高层建筑物开始有明显的倾斜
1/600	对具有斜撑的框架结构发生危险	1/150	间隔墙及砖墙有相当多的裂缝
1/500	对不容许裂缝发生的建筑物的安全限度	1/150	可挠性砖墙的安全限度（墙体高宽比 $L/H>4$）
1/300	间隔墙开始发生裂缝	1/150	建筑物产生结构性破坏
1/300	吊车的操作发生困难		

2. 数值分析方法

基坑工程与周围环境是一个相互作用的系统，连续介质有限元法能考虑复杂的因素，如土层的分层情况和土的性质、支撑系统的分布和性质、土层分块开挖、支撑结构分层设置和拆撑的施工过程以及周边建（构）筑物存在的影响等，是分析基坑开挖环境效应的有效方法。但是，由于有限元法分析的复杂性使得其容易出现不合理甚至错误的分析结果，因此有限元法分析结果宜与其他方法（如经验方法）进行相互校核，以确认分析结果的合理性。基坑工程有限元分析中需注意的一些问题可参见 10.3.4 节。

为了综合考虑时间效应和空间效应对基坑的影响，可采用能考虑时间效应的土体黏弹性本构模型，并利用三维有限元分析方法考虑空间效应。在基坑开挖的初始段可采用反分析法调整土体流变参数，再用以推测后续开挖工序所引起的基坑周围土层位移。

10.6.5 基坑工程的环境保护技术

基坑工程的环境保护首先应在设计上采取按变形控制设计。应根据基坑的开挖深度与规模、地质条件、周边的环境等因素选择合适的基坑支护结构类型，并确定初步的支护设计方案；然后采用上节方法预估基坑施工对周边环境可能产生的影响，并根据有关准则评价周边环境的损坏程度。若周边环境的损坏程度可以接受，则满足基坑周边环境的保护要求，从而确定最终的基坑支护方案。若周边环境的损坏程度不可接受，则应修改设计方案，例如调整围护结构的刚度、支撑道数和刚度等设计参数，优化土方开挖顺序、分块尺寸和暴露时间要求，采取地基加固等措施，并重新评估基坑施工对周围环境的影响。当周边建（构）筑物对变形控制的要求比较严格，采用上述措施仍不能满足变形控制标准或围护造价过高时，应采取其他合理的环境保护措施来满足变形控制要求。

1. 隔断法

隔断法是在既有建（构）筑物与基坑之间设置隔断墙，从而尽量避免或者减小坑外土体的位移对建（构）筑物的影响，如图 10.6.5 所示。隔断墙主要承受坑外土体位移引起的侧向土压力及地基差异沉降所产生的负摩擦力，可以采用钻孔桩、钢板桩、地下连续墙、树根桩、深层搅拌桩、注浆加固等形成。

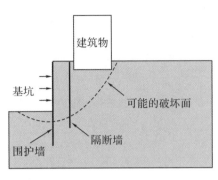

图 10.6.5 隔断法

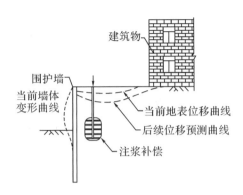

图 10.6.6 补偿注浆法

2. 补偿注浆法和跟踪注浆法

补偿注浆法(见图 10.6.6)利用围护结构变形与建(构)筑物位置处相应的地基变形之间的时间差,在基坑变形传递到建(构)筑物之前,将围护结构的变形和坑底隆起造成的土体损失通过注浆补偿坑外土体,从而有效地减少坑外土体位移传播,达到保护基坑周边建(构)筑物的目的。跟踪注浆法是在基坑开挖过程中,当邻近建(构)筑物变形超过容许值时对其进行注浆加固,并根据变形的发展情况,实时调整注浆位置和注浆量,使保护对象的变形处于控制范围内。跟踪注浆法常用于基坑边的地铁隧道保护。

注浆法的关键是确定注浆的位置、注浆量和注浆时机。注浆期间必须加强监测,严格控制注浆压力和注浆量,以免引起结构损坏。

3. 基础托换法

基础托换法(见图 10.6.7)是在基坑开挖前,采用锚杆静压桩、树根桩或钻孔灌注桩等方式,在建筑物下方进行基础补强,将建筑物荷载传至深处刚度较大的土层,从而减小建筑物基础沉降,提高保护对象抵抗变形的能力。

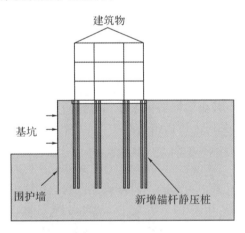

图 10.6.7 基础托换法

4. 注浆加固法

基坑开挖前,在邻近建(构)筑物基础下预先进行注浆加固也是常用的保护方法之一。一般在保护对象的侧面和底部设置注浆管,对其下土体进行注浆加固,提高其抗变形能力。

注浆加固的深度宜从建筑物的基础下方延伸到潜在滑动面以下。

由于岩土工程具有对自然条件的依赖性和条件的不确知性、设计计算条件的模糊性和信息的不完全性、设计计算参数的不确定性以及测试方法的多样性等特性,在复杂环境条件下进行基坑施工,应坚持信息化施工。对围护结构、周边环境的受力及位移等进行持续观测,为优化设计参数和合理组织施工提供可靠的信息,保障基坑和周边环境的安全。

10.7　发展展望

基坑工程是一门综合性、系统性很强的工程学科,涉及岩土工程、结构工程和环境工程等方面。我国基坑工程领域的科研和工程技术人员面对基坑工程规模越来越大、复杂度越来越高、难度越来越大的挑战,开展了相关理论、设计、施工装备和施工技术的研究和实践,取得了很大进步,但还不能完全满足目前工程建设发展对基坑工程的技术要求。因此,以下几方面工作还需予以重视:

1. 完善设计计算理论和方法

随着基坑工程向大深度方向发展,已有计算理论和方法已不能完全满足工程实践需要。需要进一步开展超深地层水土压力特性研究、土与结构共同作用研究,同时加强对土的相关参数研究,提高原位测试水平并重视从原位测试结果中确定合理的计算参数,完善基坑工程的计算理论和方法,从而更有效地指导工程设计。

2. 发展基坑围护新技术

近年来不少新技术在基坑工程中得到应用,如组合钢管桩、组合式型钢支撑、鱼腹式钢支撑、可回收锚杆、TRD 工法、MJS 工法、CSM 工法等。但仍需在新型围护桩墙、支撑体系、锚杆体系和止水体系等方面进一步加强研发,尤其是发展绿色节能、环境友好的基坑围护新技术,满足各种复杂条件工程的需要,减小环境影响,提升工程质量,提高基坑工程的安全性,促进其可持续发展。

3. 提高基坑工程的环境保护水平

基坑工程的环境效应十分复杂,与场地工程地质和水文地质条件、周边环境条件、基坑规模及围护结构、施工组织等因素有关。在进一步发展按变形控制设计理论、研究环境效应的同时,还要加强关于既有建(构)筑物、市政设施对地基土体变形的适应能力,特别是对不均匀沉降的抵御能力的研究,提升既有建(构)筑物和市政设施的保护技术。努力做到精心设计、加强监测、坚持信息化施工,不断提高基坑工程的环境保护水平。

4. 提高基坑工程地下水控制水平

对基坑工程事故原因的分析表明,未能有效控制地下水是发生基坑工程事故的主要原因之一。基坑工程渗漏水处理不好,往往会酿成大的工程事故。要重视对基坑工程地下水控制设计计算理论、控制技术和施工装备的研究。在满足工程施工和环境保护要求的前提下,合理控制地下水位,提高止水帷幕的可靠性,并且节约工程造价。

5. 研发基坑施工新装备

基坑工程的不断发展,在很大程度上取决于工程机械装备的不断进步。伴随"中国制造2025"国家战略的实施,工程机械装备行业有望为基坑工程提供精度高、质量可靠、适应性强、施工效率高、智能化和可视化的施工设备，为各类高难度和高复杂度的深基坑工程施工提供装备和技术保障。

6. 发展自动化监测和远程监控的信息化施工技术

做好监测工作是坚持信息化施工的前提，要重视发展基坑工程监测新仪器、新技术，实行监测过程的自动化和数据处理的软件化，实现全过程监测和远程监控。未来有望通过建立在因特网上的分布式远程监控管理终端，把建筑工地和工程管理单位联系在一起，形成高效简便的数字化信息网络；同时结合地质条件、设计参数及现场施工工况，对监测数据进行分析并预测下一步发展趋势，提出相应的工程措施，确保工程顺利进行，实现信息化施工。

参考文献

[1] 龚晓南,侯伟生.深基坑工程设计施工手册[M].2 版.北京:中国建筑工业出版社,2018.

[2] 黄茂松,王卫东,郑刚.软土地下工程与深基坑研究进展[J].土木工程学报,2012,45(6):146-161.

[3] 刘国彬,王卫东.基坑工程手册[M].2 版.北京:中国建筑工业出版社,2009.

[4] 王卫东,王建华.深基坑支护结构与主体结构相结合的设计、分析与实例[M].北京:中国建筑工业出版社,2009.

[5] 王卫东,丁文其,杨秀仁,郑刚,徐中华.基坑工程与地下工程——高效节能、环境低影响及可持续发展新技术[J].土木工程学报,2020,53(7):78-98.

[6] 俞建霖,龚晓南.深基坑工程的空间性状分析[J].岩土工程学报,1999,21(1):21-25.

[7] 俞建霖,龚晓南.基坑工程变形性状研究[J].土木工程学报,2002,35(4):86-90.

[8] 郑刚,焦莹.深基坑工程设计理论及工程应用[M].北京:中国建筑工业出版社,2010.

[9] 郑刚,朱合华,刘新荣,杨光华.基坑工程与地下工程安全及环境影响控制[J].土木工程学报,2016,49(6):1-24.

[10] Atkinson J H, Stallfors S E. Experimental determination of stress-strain-time characteristics in laboratory and in situ tests[C]. Proceedings of 10th European Conference on Soil Mechanics and Foundation Engineering. Rotterdam: A. A. Balkema, 1991: 915-956.

[11] Callisto L, Rampello S. Shear strength and small-strain stiffness of a natural clay under general stress conditions[J]. Geotechnique, 2002, 52(8): 547-560.

[12] Hsieh P, Ou C Y. Shape of ground surface settlement profiles caused by excavation[J]. Canadian Geotechnical Journal, 1998, 35: 1004-1017.

第 11 章　既有建筑地基基础加固与纠倾技术

11.1　概述

基础是上部结构体系当中最下面的部分,其作用是将上部结构的荷载通过自身传递给下面的岩土层(即地基),并保持上部结构与地基的和谐关系:既不因上部结构作用而导致地基破坏、变形过大和发生稳定性破坏,同时也保证上部结构的安全与稳定。上部结构的荷载最终要由地基来承担,如果没有基础,上部结构就无法与地基和谐相处,所以对于整个建筑结构体系而言,地基基础的作用至关重要,它是上部结构的根基,没有根基,建筑物与构筑物也就不复存在了。

既有建筑是指已实现或部分实现使用功能的建筑物。正常情况下,既有建筑地基基础终将发挥其全部功能,直至其使用寿命期满之后。但在实际使用或者建造过程中,有时会发生条件变化,这些条件的改变可能是人为原因,亦可能是客观的原因导致的,结果原有地基基础的强度、变形和稳定性不再满足要求,降低甚至丧失了安全性与可靠性和耐久性的基础,在这种情况下必须对地基基础进行加固处理。

从本质上讲,地基与基础是很难区分的:如果地基为完整的岩体,此时上部结构就可以直接置于完整岩体之上,即完全可以由岩体直接承托上部结构;如果地基为土体或破碎岩体,上部结构不能直接置于其上,否则地基就会因为自身强度和抗变形能力远低于上部结构,而发生破坏或过大变形,此时必须于地基之上与上部结构底部设置基础(只是因为其是人工设置,且设置于上部结构底部并作为结构体系的一部分,为区别于地基才称之为基础罢了),地基承托基础,基础承托上部结构,地基基础共同承托上部结构。总之,地基基础的作用是有效地承托上部结构。如果既有建筑在建筑过程或使用过程或将来使用过程中原设计条件发生变化,包括实际条件与设计条件有差异,实际条件发生变化等,那么就需要对既有建筑地基基础进行评估,判断其是否适应新的实际条件,如果不适应就需要对其进行加固处理。如果经过评估,既有地基基础需要加固处理,一般应该分三种情况:一是仅地基加固处理;二是仅基础加固处理;三是地基与基础均加固处理。

既有建筑地基基础加固传统上也称基础托换,是为满足新条件下建筑物或构筑物使用功能与耐久性功能,对既有建筑地基与基础采取加固处理技术措施的总称。具体讲,既有建筑地基基础加固是解决以下问题而采取的技术与措施总称:既有建筑的地基需要处理、基础需要加固和纠偏;既有建筑基础下需要修建地下工程,其中包括地下隧道要穿越既有建筑;因邻近新建工程而影响既有建筑的安全;等等。

11.1.1　既有建筑地基基础加固的原因和目的

地基基础的功能有三个方面,即抗破坏、抗变形和抗失稳。既有建筑地基基础只有在其功能已经失效(含功能不足、部分失效和全部失效,下同)或者将来可能失效的情况下才需要加固处理。既有建筑地基基础需要加固的原因,有如下几种情况:

(1)既有建筑上部结构不变,因勘察信息错误或不全、设计方案不合理、施工不规范等原因而导致地基基础功能失效。

具体包括:因勘察资料不真实而导致基础设计方案错误;因勘察取样缺乏代表性或试验过程存在偏差,地基强度、抗变形指标被夸大而导致地基发生强度破坏,地基产生过大变形;因勘察孔过少,场地水平向地质条件变化(如软土层厚度变化)情况不清等,而导致不均匀沉降,如图 11.1.1 所示;设计时选错设计参数;对结构荷载分布缺乏认识;基础形式和形态设计不合理等,导致地基基础失效;地基均匀,但荷载偏心,导致建筑物倾斜,如图 11.1.2 所示;施工时不按设计和规范要求做,导致地基基础有缺陷等。

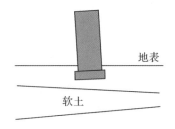

图 11.1.1　土层厚度分布不均
导致不均匀沉降

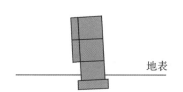

图 11.1.2　上部结构荷载分布不均
导致不均匀沉降

(2)既有建筑上部结构范围扩展,如结构纵向扩增、基础水平扩增等(见图 11.1.3),结构荷载或范围增大,导致原有地基基础功能失效。

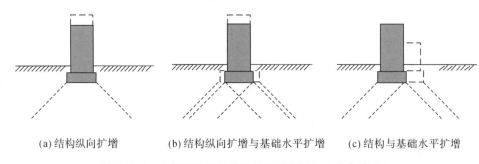

(a)结构纵向扩增　　(b)结构纵向扩增与基础水平扩增　　(c)结构与基础水平扩增

图 11.1.3　上部结构扩展导致的地基范围和应力条件变化

因为荷载增大或荷载范围增大,原来的地基受力条件发生变化,新增荷载在地基基础中产生的应力与原地基基础应力叠加,导致地基基础中应力增加,分布范围加大,变形加大,致使原地基基础功能失效。

(3)既有建筑的环境条件发生变化,导致原有地基基础功能失效。

邻近新建建筑,邻近工程基坑开挖,邻近修建地下工程(见图 11.1.4),处于自然灾害影响区等,可能导致地基基础功能失效。

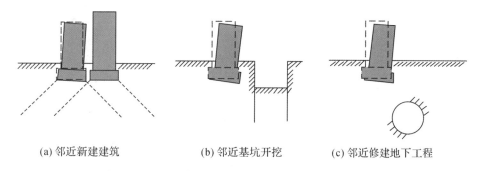

| (a) 邻近新建建筑 | (b) 邻近基坑开挖 | (c) 邻近修建地下工程 |

图 11.1.4　环境条件变化导致的既有建筑地基基础失效

因为上述原因,在新条件下,可能导致既有建筑地基基础发生如下情况:

(1)地基承载力不足或地基抗变形能力不足;

(2)基础本身承载力不足或基础支撑能力不足;

(3)地基与基础及上部结构稳定性不足,如倾斜等。

为此,为适应因前述原因而导致既有地基基础可能失效或将来可能失效的情况,需要对既有地基基础进行加固处理,以保证新条件下地基基础在强度、变形和稳定性方面获得应有的安全性和可靠性,进而保证上部结构的安全性和可靠性。

既有地基基础加固处理具体包括:

(1)通过处理地基,达到提高地基承载力和减小地基变形目的。

(2)通过加固基础,达到提高基础支撑能力,减小基底压力和减小地基变形的目的。

(3)通过结合地基基础加固及偏斜纠正等,达到提高建筑物和地基基础稳定性的目的。

11.1.2　既有建筑地基基础加固的方法及分类

1. 按照加固时序和加固性质分类

1)补救性加固

出现既有建筑地基基础不满足承载力和变形要求的情况时需进行补救性加固,这些情况包括:原有地基基础勘察资料有漏洞和错误导致设计方案不合理、勘察资料合理而设计方案不合理、勘察和设计正常而施工不正常等;环境条件变化,如新建建筑物过近,附近有工程基坑、隧道施工等。由于地基基础问题已经显现或已出现苗头,即与设计条件相比条件已经发生变化,既有建筑处于危险状态,故该类情况下必须在保证不增加建筑危险的前提下,在条件已经改变的状况下进行加固处理,技术难度和危险性大。

2)预防性加固

预防性加固是指为适应既有建筑地基基础原设计条件将要发生变化的情况,而在变化之前进行地基基础加固。例如,按规划将有地铁线路穿越本建筑物下方,附近将进行基坑施工等,经过评估后,在工程施工前,对既有建筑地基基础进行加固。该类加固依然是持载情况下进行的,但因加固前既有建筑地基基础并没有出现问题,故相对于补救性加固,预防性加固技术难度和危险性更小。

2. 按照加固的目标和性质分类

1)因既有建筑地基基础方案不合理而进行的地基基础加固

如没有考虑土层厚度变化或者荷载偏心,导致建筑物偏斜,对此进行建筑物纠倾;设计

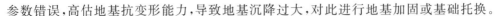

参数错误,高估地基抗变形能力,导致地基沉降过大,对此进行地基加固或基础托换。

2)因既有建筑上部结构形态和荷载扩展而进行的地基基础加固

建筑物增层,荷载增加,地基中应力增大,导致承载力不足和地基变形超标;建筑物横向扩展,荷载范围加大,地基中应力分布范围与大小发生变化,导致地基不均匀沉降和变形加大。对此进行地基加固或基础托换。

3)因既有建筑环境条件变化而进行的地基基础加固

既有建筑周边开挖基坑、地下地铁穿越等,引起地基土产生位移,导致既有建筑地基基础发生沉降和不均匀沉降,对此进行基础托换或地基加固。

4)因文物和古建筑长期保护而进行的地基基础加固与处理

古建筑因年代久远,结构强度和刚度均降低,对环境条件的变化的敏感性很大,且随着时间的推移,这种情况会进一步加剧,为此进行地基基础及上部结构加固,甚至有时会进行建筑迁移等。

3. 既有地基基础加固方法及分类

既有地基基础加固包含地基加固处理、基础加固处理两类。

1)地基加固处理

既有地基基础之地基加固不同于新建基础前期地基处理,此时地基基础和上部结构或部分上部结构已经完成,致使地基进一步加固处理的难度加大,原有很多处理方法不便使用。这种后期地基加固处理方法主要有灌浆(注浆)加固、旋喷桩加固、热加固等。其中灌浆加固与旋喷桩加固使用广泛且效果显著。

2)基础加固处理(托换)

基础加固方法很多,应该针对地基与基础和上部结构特点及工程实际情况有针对性地选择。常用方法有基础加宽、基础加深、静压桩托换、树根桩托换、旋喷桩托换、灰土桩托换、灌注桩和打入桩托换等。

不同的既有建筑情况,不同的条件改变情况,决定了基础加固或托换方法的多样性。故既有基础加固方案的选择一定要具体问题具体分析。

11.1.3 既有建筑倾斜的原因

既有建筑倾斜实际上也属于既有地基基础失效问题,但因涉及上部结构倾斜情况,整个结构体系的稳定性大大降低,严重时可能导致倾覆。针对此情况,除了地基基础必须加固处理外,还需在加固之前进行建筑物的倾斜纠正。正因为上面这种特殊性,常常将建筑倾斜和纠倾问题单独列出进行分析和研究。

既有建筑倾斜的具体原因很多,但从本质上讲,基本上都源于下面三个方面。

1. 地基方面的原因

1)地基土软弱

地基压缩层范围持力层与下卧层土软弱,抗变形能力差,对荷载作用敏感,如欠固结土等。

2)地基土分布不均

地基土层水平方向土质分布不均或土层厚度横向薄厚不均,如基底下地基半硬半软,附近有暗浜暗塘,土层面倾斜,土层厚度变化等。

3）地基土土性特殊

如湿陷性黄土，当单方向浸水时，由湿陷性导致沉降差；膨胀土局部分布，当含水量变化时，由胀缩性导致沉降差；等等。

2. 基础方面的原因

1）设计方案不合理

基础选型错误，选择不适用上部结构和地基特点的基础形式。设计方案没有考虑到上部结构荷载分布特点，如在存在竖向荷载偏心和风荷载导致的偏心情况下，没有调整基础的布局；没有考虑到地基土的分布和特点；用错参数或选错参数，这可能是设计者的原因，也可能是勘察者提供的勘察资料有误，设计者未能正确辨别，如著名的加拿大特朗斯康谷仓的倾倒就是未经勘察，高估和错用了地基承载力导致的。很多地基原因导致的建筑物倾斜，实际上其原因也可以归为设计方案不合理范畴。

2）施工不规范

未按设计要求和施工规程与科学的工艺流程施工，偷工减料，野蛮施工等，也是后期建筑物倾斜的原因。如地基处理未达规定效果，基础尺寸与基础埋深未达标准，桩基础桩未达预定深度，桩施工过程中出现断桩等。

3. 既有建筑自身条件及周围环境条件变化的原因

既有建筑增层或水平扩增，产生偏心附加荷载，引起地基不均匀沉降；邻近工程开挖基坑，引起既有建筑下地基土位移，引起地基不均匀沉降；邻近新建建筑荷载影响范围波及既有建筑地基，引起地基不均匀沉降；邻近地下工程如隧道工程施工引起既有建筑地基不均匀沉降；等等。

11.1.4　既有建筑纠倾方法和分类

既有建筑的纠倾工作包括纠倾扶正和地基基础加固两部分，既有地基基础的加固如前所述，这里介绍建筑物的纠倾方法和分类。

既有建筑的纠倾按照原理分为迫降法、顶升法及迫降顶升综合法三大类，其中迫降顶升综合法是迫降法和顶升法相结合的方法。迫降法是指通过技术手段迫使偏斜方向相对较高一侧下降，直至倾斜得以纠正的一类方法，包括堆载纠倾法、降水纠倾法、浸水纠倾法、掏土纠倾法，其中掏土纠倾法主要有干式掏土纠倾法和水冲掏土纠倾法。顶升法是指通过技术手段强制使偏斜方向相对较低一侧升高，直至倾斜得以纠正的一类方法，包括整体顶升纠倾法和局部顶升纠倾法。顶升法主要通过设置顶升托换梁柱体系，利用千斤顶实现顶升。

11.2　既有建筑地基基础评价

如果存在以下情况，必须对既有建筑地基基础状态和将来状态做出评价：

（1）既有建筑地基基础的原设计条件与实际条件不符。

（2）既有建筑地基基础的现有实际条件与过去实际条件不符或发生变化。

在做出正确的评价后，才能决定既有地基基础是否需要加固，才能确定正确加固的方向和合理、有针对性的加固方案。所以，既有建筑地基基础的评价工作是既有地基基础加固流程中的最重要的一步,如果评价错误或评价模糊,则后期加固很难成功。

既有建筑地基基础的评价包括:

(1)既有建筑地基现状调查与分析,重点分析如下内容:

①地基土层的分布及其均匀性,尤其是沟、塘、古河道、墓穴、岩溶、墓穴、岩溶、土洞等的分布情况。

②地基土的物理力学性质,特别是软土、湿陷性土、液化土、膨胀土、冻土等的特殊性质。

③地下水位变化情况。

④建造在斜坡上或相邻深基坑建筑物场地的稳定性。

⑤自然灾害或环境条件变化,对地基土工程特性的影响。

(2)既有建筑基础现状调查与分析,重点包括如下内容:

①基础的外观质量。

②基础的类型、尺寸及埋置深度

③基础的开裂、腐蚀或损坏程度。

④基础的倾斜、弯曲、扭曲等情况。

(3)对不清楚或不清晰的既有建筑地基基础现状部分进行试验检验。

(4)对既有建筑地基基础现状与原有设计条件进行对比,对现有条件与过去条件进行对比,分析既有建筑地基基础失效或将可能失效的原因。

(5)分析既有建筑地基基础安全性,进行耐久性评价,判断既有地基基础加固的必要性。

(6)如有必要加固,则根据上述分析针对具体情况提出既有地基基础加固方案意见。

11.3　既有建筑地基基础加固设计计算原理和方法

既有建筑地基基础加固应满足加固后地基承载力、变形、稳定性的要求,同时要满足基础本身结构承载力要求。

11.3.1　地基承载力计算

1. 浅基础

(1)既有建筑地基基础加固或增加荷载后,地基承载力应满足如下要求:

轴心受荷时:

$$p_k \leqslant f_a \tag{11.3.1}$$

式中,p_k 为地基基础加固或增加荷载后,相应于作用标准组合时的基础底面平均压力值(kPa);f_a 为既有建筑地基加固或增加荷载后修正后的地基承载力特征值(kPa)。

偏心受荷时:

$$p_k \leqslant f_a \tag{11.3.2}$$

$$p_{k\,max} \leqslant 1.2 f_a \tag{11.3.3}$$

式中,$p_{k\,max}$ 为地基基础加固或增加荷载后,相应于作用标准组合时的基础底面最大压力值(kPa)。

（2）计算基底压力：

$$p_k = \frac{F_k + G_k}{A} \tag{11.3.4}$$

$$p_{k\,max} = \frac{F_k + G_k}{A} + \frac{M_k}{W} \tag{11.3.5}$$

式中，F_k 为地基基础加固或增加荷载后，相应于作用标准组合时的上部结构传至基础上的竖向荷载（kPa）；M_k 为地基基础加固或增加荷载后，相应于作用标准组合时的作用于基底的力矩（kN·m）；G_k 为加固后的基础自重和基础上的土重（kN）；A 为加固后的基础底面（m²）；W 为基础的底面抵抗矩（m³）。

（3）确定地基承载力特征值。

确定加固后的地基承载力相对于原有地基要复杂得多，应该针对具体情况进行具体分析。与既有建筑原设计的地基承载力相比，地基基础加固后的地基承载力确定的总的原则是要考虑如下的三个方面影响。

第一方面，因既有建筑荷载作用，相对于原始地基，地基承载力提高。图 11.3.1 为地基试验 p-s 曲线。其中曲线 a：从基底压力为 0 开始持续加载。曲线 b：原地基持续加载至建筑荷载，保持此建筑荷载至地基变形稳定后，再持载（建筑荷载）继续增加荷载。显然，在既有建筑荷载作用下，原地基土因受到压缩而变得密实，抗变形能力和强度均较原地基更高，所以地基承载力也相应提高，此时需要判断地基变形的完成程度，变形完成的程度越高，承载力提高越多。

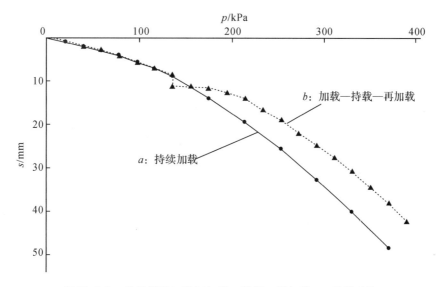

图 11.3.1　地基持续加载与加载—持载—再加载 p-s 曲线对比

第二方面，地基基础加固过程导致地基土的部分承载力降低。如基础加宽加深和钻孔过程中，扰动及应力释放等因素使原地基土变松，抗变形能力与强度下降。

第三方面，地基加固导致地基土的承载力提高。若基础尺寸增加，如宽度加大，深度加深，则地基承载力必定提高；如地基土得到加固，使土体强度提高，地基承载力也相应提高。

既有建筑地基基础地基承载力确定最可靠的方法是借助试验和工程实际情况。试验对

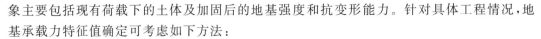

象主要包括现有荷载下的土体及加固后的地基强度和抗变形能力。针对具体工程情况,地基承载力特征值确定可考虑如下方法:

(1)如果不改变基础底面尺寸及埋深,而直接增加建筑物荷载,相当于载荷试验的加载稳定,持载再加载,则可按持载再加载载荷试验方法确定。

(2)如果既有建筑水平扩增,即建筑水平向有外接结构,由于既有建筑荷载对地基影响区域与外接结构地基变形区域既有重叠又有不重叠的部分,极易发生沉降与不均匀沉降,外接结构的地基变形控制变得尤为重要,故外接结构的地基承载力宜按地基变形允许值确定。

(3)如果地基需要加固,则加固后的地基承载力应由加固后地基承载力检验确定。

(4)如果扩大既有基础,鉴于基底下有原有地基部分与新增地基部分,加之基础扩大施工影响,地基承载力宜按原有地基承载力计算。

2. 桩基础

(1)既有建筑地基基础加固或增加荷载后,既有建筑单桩承载力应满足如下要求:

竖向轴心受荷时:

$$Q_k \leqslant R_a \tag{11.3.6}$$

式中,Q_k 为地基基础加固或增加荷载后,相应于作用标准组合时作用于任一单桩的桩顶竖向力(kN);R_a 为既有建筑单桩竖向承载力特征值(kN)。

竖向偏心受荷时:

$$Q_k \leqslant R_a \tag{11.3.7}$$

$$Q_{k\,max} \leqslant 1.2R_a \tag{11.3.8}$$

式中,Q_k 为地基基础加固或增加荷载后,相应于作用标准组合时作用于基础所有单桩的桩顶竖向力平均值(kN);$Q_{k\,max}$ 为地基基础加固或增加荷载后,相应于作用标准组合时的所有单桩桩顶所受竖向力的最大值(kN)。

水平受荷时:

$$H_{ik} \leqslant R_{Ha} \tag{11.3.9}$$

式中,H_{ik} 为地基基础加固或增加荷载后,相应于作用标准组合时作用于任一单桩桩顶的桩水平力(kN);R_{Ha} 为既有建筑单桩水平承载力特征值(kN)。

(2)桩顶受力计算:

①竖向力:

轴心受荷:

$$Q_k = \frac{F_k + G_k}{n} \tag{11.3.10}$$

偏心受荷:

$$Q_k = \frac{F_k + G_k}{n} \tag{11.3.11}$$

$$Q_{ik} = \frac{F_k + G_k}{n} \pm \frac{M_{xk} y_i}{\sum y_j^2} \pm \frac{M_{yk} x_i}{\sum x_j^2} \tag{11.3.12}$$

式中,F_k 为地基基础加固或增加荷载后,相应于作用标准组合时作用于承台顶面的竖向荷载(kPa);G_k 为加固后的承台自重和承台上土重(kN);n 为桩基中的桩数;M_{xk}、M_{yk} 为地基基础加固或增加荷载后,相应于作用标准组合时作用于承台底面通过桩群形心的 x、y 轴的力矩(kN·m);Q_{ik} 为地基基础加固或增加荷载后,偏心竖向力作用下第 i 根桩的竖向力(kN);$x_i(x_j)$、$y_i(y_j)$ 为桩 $i(j)$ 至桩群形心在 x、y 轴方向的距离(m)。

②水平力：

$$H_{ik} = \frac{H_k}{n} \tag{11.3.13}$$

式中，H_k 为地基基础加固或增加荷载后，相应于作用标准组合时作用于承台底面的水平荷载（kN）。

（3）确定单桩承载力特征值。

针对既有建筑增加荷载或地基基础加固，桩基础需区分下面几种情况。

第一种情况：增加建筑荷载，不改变原桩基础方案。这种情况通常适用于少量增加建筑荷载，如少量增层。针对这种情况，仅需验算现条件下桩的承载力和变形即可。

第二种情况：在既有建筑的桩基础内增设新桩。这种情况需要考虑新设桩与既有桩的荷载分担问题，对于因新增荷载而增桩的情况，原则上新增加的荷载全部由新桩承担；而对于因原有地基基础承载力或抗变形能力不足而增桩的情况，需分析实际情况确定既有桩和新桩的荷载分担比例。

第三种情况：扩大既有建筑桩基础，并增设新桩。由于新设桩位于原桩基础外围，该范围地基土受既有建筑荷载影响的程度低于原桩基础范围的地基土（即在既有建筑荷载作用下既有基础范围内地基土比其周围地基土压实程度大），在相同桩顶荷载情况下，新桩抗位移能力低于原有基础桩，故针对此情况，新增荷载宜按新增设的桩与原有基础桩共同承担的情况考虑。

第四种情况：扩大既有建筑的独立基础、条形基础，并增设桩。由于基础扩大，既有建筑原地基承载力相应提高，如新增荷载全部由新增加的桩承担则偏于保守，故针对这种情况，可按由原有地基增加的承载力来承担部分新增荷载，而其余新增荷载由桩来承担的情况考虑。至于基础底地基土分担多少荷载，《既有建筑地基基础加固技术规范》（JGJ 123—2012）规定基础底面积按原基础面积计算。

综合上述情况，可见既有建筑桩基础验算时，桩归结为两类，即原有基础中的桩和新增加的桩。由于这两类桩的受荷历史不同，所以它们的承载力确定有所区别。与浅基础类似，既有桩通常持载工作一定时间后，承载力会有一定程度的提高（见图 11.3.2），此时基础中

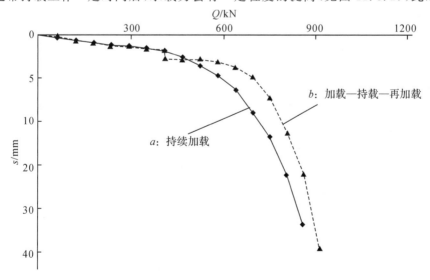

图 11.3.2　桩持续加载与加载—持载—再加载 Q-s 曲线对比

的原有单桩可以按照持载再加载载荷试验确定单桩承载力,具体方法参考《既有建筑地基基础加固技术规范》(JGJ 123—2012);如果有地区经验也可按地区经验确定。新增设的桩宜按《建筑地基基础设计规范》(GB 50007—2011)的规定确定。

11.3.2　地基变形计算

(1)既有建筑地基基础加固或增加荷载后,地基变形应该满足如下要求:

$$s \leqslant [s] \tag{11.3.14}$$

式中,s 为相应于荷载作用效应准永久组合时,地基最终变形特征值(最终变形量),具体可分为沉降量(mm)、沉降差(mm)、倾斜、局部倾斜;$[s]$ 为地基变形允许值,具体可分为沉降量允许值(mm)、沉降差允许值(mm)、倾斜允许值、局部倾斜允许值。

至于具体验算哪一项或哪几项地基变形特征值,应按国家标准《地基基础设计规范》(GB 50007—2011)规定和具体建筑物的特殊要求而定。

(2)计算地基最终变形量。

考虑到既有建筑荷载增加或地基基础加固前地基变形可能已稳定(即变形已全部完成),也可能未稳定(即变形部分已完成,部分尚未完成),地基最终变形量的计算需包括如下三个部分:①截至建筑荷载增加前及地基基础加固前,在原建筑荷载及原地基基础条件下地基已完成的变形量 s_1;②在原建筑荷载及原地基基础条件下地基未完成的变形量 s_2,如果在建筑荷载增加前及地基基础加固前,原有地基变形已全部完成(即变形已稳定),则该部分变形量为 0;③由建筑荷载增加及地基基础加固引起的地基最终变形量 s_3。地基最终变形量为:

$$s = s_1 + s_2 + s_3 \tag{11.3.15}$$

增加荷载前或地基基础加固前已经完成的沉降量 s_1,可以由沉降观测资料确定,或根据当地经验估算。

原有建筑荷载作用下及原地基条件下地基尚未完成的变形量 s_2,可由沉降观测资料推算或根据当地经验估算。如果地基性质发生改变,如进行加固,则此部分变形计算需重新考虑。

由建筑荷载增加及地基基础加固引起的地基最终变形量 s_3,需根据具体情况选择合适的变形参数进行计算。

①如果地基不加固,依然为天然地基,且不改变基础尺寸,仅增加建筑荷载,则由于地基已持载一定时间,可以按增加的荷载量,采用持载再加载载荷试验确定的变形模量计算该变形量。

②如果扩大基础尺寸或改变基础形式,会有原基础底面范围以外的土体范围进入地基范围,而该部分土体浅部基本未受到原荷载的压密作用,在这种情况下,可以根据增加荷载量和扩大后或改变后的基础面积,采用原地基压缩模量计算该部分变形量。

③如果地基加固,地基抗变形能力提高,则可采用加固后经检验测得的地基压缩量或变形模量计算该部分变形量。

④如果采用增加桩进行地基基础加固,则变形协调性决定了基础新旧部分之间的荷载分配,按新桩与原基础荷载分担能力分下面三种情况计算该部分变形量。

a.若不改变既有建筑桩基础承台尺寸,在原基础内增加新桩,新桩与原桩分担能力相近,故可按增加荷载由原桩和新桩全部桩承担的情况,采用桩基沉降计算方法计算。

b. 既有建筑独立基础、条形基础扩大增桩,桩的抗位移能力强于原基础,故可按增加荷载全部由桩承担的情况,采用桩基础沉降计算方法计算。

c. 既有建筑桩基础扩大增桩,可按新增荷载由原基础桩和新增桩共同承担的情况,采用桩基础沉降计算方法计算。

(3)确定地基允许变形量。

地基允许变形量应符合国家和地方现行地基基础设计规范的规定(见浅基础与桩基础相关章节),同时要满足具体建筑物或构筑物对变形的要求。

11.3.3　基础结构计算

在既有建筑基础加固过程中和加固后,基础需满足抗弯、抗剪、抗冲切、局部受压等承载力要求及耐久性要求,同时需满足构造要求。基础加固时,新旧连接部分需牢固,在构造上需采取加强措施,以使其不成为薄弱点。

在结构计算时,要充分分析荷载在新旧部分之间的分配情况,特别是新增荷载。正确的内力计算是保证基础加固合理性的关键。

11.4　既有建筑地基基础加固方法与技术

无论是新建建筑还是既有建筑,其地基基础的最终功能还是一样的,最终都是要保证地基土不失稳、不破坏、不产生过大变形,基础和上部结构安全可靠。但不同的工程,上部结构和基础条件、地质条件和环境条件均不相同,更重要的是加固需在已经存在的地基基础条件下进行,故与新建建筑相比,既有建筑地基基础的加固难度更大。由于具体的工程情况不同,加固的目标和对象不同,采用的加固方法与技术也不同。根据与既有建筑原地基基础设计条件的差异情况,按照加固对象,既有建筑地基基础的加固分为地基加固、基础加固和地基基础同时加固三类。地基基础方法和技术很多,但这些技术原理依然源于前述浅基础、深基础和地基处理等章节,只不过技术处理上不同罢了。注浆技术、搅拌桩技术、高压旋喷技术等很多地基处理与加固技术和方法都可以用于既有地基基础加固。地基处理原理和方法可见本教材前述章节,本节仅就几种常用的地基基础加固方法与技术进行简单介绍,如地基基础注浆补强加固技术、基础尺寸扩大技术、桩体加固技术等。

11.4.1　既有地基加固技术

新建建筑地基加固是在基础形成前进行的,而既有建筑则不同,因为基础已经存在,在这种情况下加固地基难度相对变大,这就决定了有些原来可以用的地基处理方法不再适用了,但多数地基处理方法在一定条件下仍可以应用,如注浆法(见图 11.4.1)、搅拌桩法(见图 11.4.2)、高压旋喷注浆法等(见图 11.4.3)。

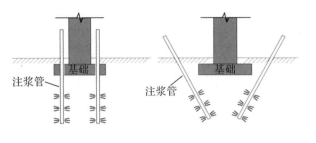

图 11.4.1　注浆法加固既有地基

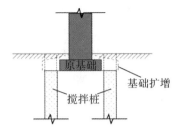

图 11.4.2　搅拌桩法既有地基

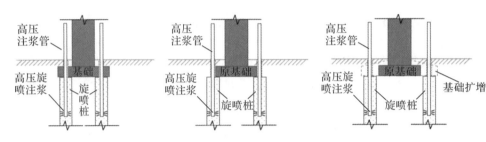

图 11.4.3　高压旋喷注浆法加固既有地基

既有地基加固注(灌)浆是加固既有建筑地基基础很有效的一种技术。当既有建筑基础机械损伤、不均匀沉降或冻胀等某种原因引起基础开裂或损坏时,可采用注(灌)浆法加固基础。当地基强度或抗变形能力不足时,对于可注性较好的地基,注(灌)浆加固技术也是加固既有地基非常好的选择方案;对于可注性较差的地基可以用旋喷注浆法。

11.4.2　基础尺寸扩大技术(水平面积增大,深度增大)

浅基础一章的地基承载力公式表明,地基承载力与基础底面尺寸及基础埋置深度有关,基础底面尺寸越大,基础埋置深度越大,地基承载力越高。而从基础的角度来看,基础剖面尺寸(厚度)越大,基础结构承载力(如抗弯、抗剪、抗冲切)越高。故可以通过增大基础水平尺寸和增大基础厚度,来提高地基承载力;通过增大基础厚度,提高基础结构承载力。

1. 基础宽度扩增法

当因既有建筑的基础底面积不足而导致或可能导致不满足地基承载力不足问题或者不均匀沉降问题时,可以采用基础水平尺寸增大法(基础宽度扩增法)。

如果仅增加平面尺寸,而不增加剖面尺寸,虽然地基承载力提高,但结构内力加大,结构承载力不容易满足,而且增加部分与原基础部分的整体性难以保障。所以通常该类方法是保持基础埋深不变,水平增大基础尺寸,同时基础剖面尺寸适当增大,相当于在原基础顶与侧形成混凝土套或钢筋混凝土套(见图 11.4.4)。

如对于增层改建工程,当原基础中心受荷时,条形基础水平向可以双面扩增,独立基础水平向可以四面扩增;当原基础偏心受荷,或者受相邻建筑条件限制,或者基础位于沉降缝处,或为不影响正常使用时,基础可以不对称加宽,或者单面加宽等。

如果该种扩增形式仍无法满足要求,则可以将基础进一步扩增,如将独立基础扩增成条形基础(见图 11.4.5)、十字交叉基础、筏板基础等,将条形基础扩增为十字交叉基础、筏板

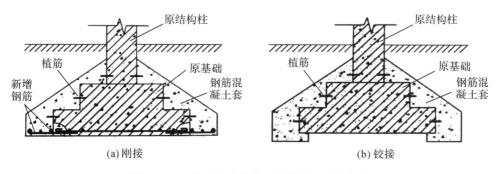

图 11.4.4　基础宽度扩增法加固既有建筑基础

基础等,将十字交叉基础扩增成筏板基础等。视原基础受荷情况与新增荷载情况及环境条件决定基础水平尺寸扩增形式。

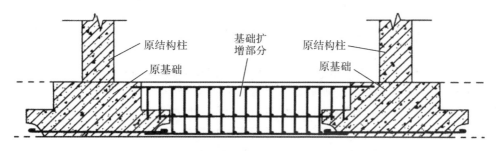

图 11.4.5　既有建筑柱下独立基础扩增为条形基础

当采用水平尺寸增大法时,关键应保证基础扩增施工阶段不产生次生的危害,保证扩增后地基基础满足规范规定的设计要求,具体主要体现在如下几个方面:

(1)新旧基础连接牢固,形成整体。如扩增前将原基础凿毛洗净,用高等级砂浆进行涂层,设置锚固钢筋与穿孔钢筋,新增部分的主筋与原基础主筋焊接等。

(2)扩增后基础受力合理,新旧部分地基基础变形协调,如扩增部分下铺设垫层等。

(3)扩增后基础满足结构与构造设计要求,如刚性基础满足台阶宽高比要求,柔性基础满足抗冲切、抗剪切、抗弯曲要求等。

(4)对于条形基础等分段施工,对于面积较大独立基础对称施工等,避免因施工引起的不均匀沉降等。

2. 基础深度扩增法

当基础不能满足地基承载力和变形要求,而地下水位埋藏较深且浅层有较好的土层可以作为持力层时,可以采用基础加深法,使原有基础通过加深坐落于较好的地基土层上。

基础深度扩增法,也称基础加深托换、坑式托换、墩式托换等,常用于条形基础。基础加深施工时,直接在贴近既有建筑原基础外侧竖向开挖导坑,然后将竖向导坑横向扩展至基础下面,并继续深挖至目标持力层,再从坑底浇筑混凝土到基底,间隔区段、跳筑,直至完成全部托换工作(见图 11.4.6)。

基础深度扩增法适用于土层易于开挖且开挖深度范围内无地下水或易于采取降低水位措施的情况。尽管在托换时,通常需进行坑壁支挡,但仍难以解决施工时开挖后土的流失问题,所以基础扩增的深度一般不大。

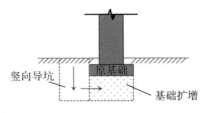

图 11.4.6 深度扩增法加固既有基础

用基础深度扩增法加固后,会有效提高地基承载力并减小地基变形。需要注意的是,由于基础扩增法施工时,需挖空基础下部部分空间,故会产生一定的附加沉降。

11.4.3 增设桩体加固技术

增设桩体加固技术又称桩式托换技术,其在原基础条件下增设新的桩体或形成新的桩体,使其与原有基础共同分担原有和新增上部结构荷载,达到满足地基承载力与变形要求的目的。

既有建筑基础尺寸扩增技术通常适用范围有限。而在原浅基础下增设桩体、原浅基础水平尺寸扩增后加设桩体、原桩基础承台下增设桩体、原桩基础承台水平尺寸扩增后加设桩体等既有建筑基础桩体加固技术应用范围更加广泛,且加固效果更好。

该类方法加固技术很多,本节仅就锚杆静压桩托换技术、树根桩托换技术、灌注桩托换技术、高压旋喷桩托换技术等几种常用的技术进行简单介绍。

1. 锚杆静压桩托换技术

如图 11.4.7 所示,锚杆静压桩托换技术是先在既有建筑基础上布设和开凿(或施钻)压桩孔和锚杆孔,再在锚杆孔中埋设安装锚杆并安装靠锚杆固定的压装架,然后利用锚杆及压装架,借助既有建筑自重提供的反力,用千斤顶将预制桩逐段通过压桩孔压入地基土中,最后将新增设的桩和原基础连接在一起,靠原基础与新增设桩共同作用提高地基承载力并减少地基沉降。

用于托换技术的锚杆静压桩需满足如下设计和施工方面的要求。

(1)桩应能提供设计所需的承载力,即桩应满足单桩竖向承载力要求,承载力的确定见前面章节。

(2)压桩时应避免将上部结构顶起,压桩力需小于该部分结构自重。压桩时原基础应能抵抗压桩反力的作用,当基础强度不足时,需对基础补强加固。

(3)桩身制作需满足构造要求,如材料要求、尺寸要求、配筋量和材料强度要求等。

(4)原基础除满足原来的构造和承载力要求外,尚需满足承台构造和设计要求。

(5)桩与原基础的连接需有足够的强度,满足既有建筑地基基础规范要求。

(6)加固后基础需满足地基变形要求。

锚杆静压桩因机具轻巧,操作简便,施工几乎不影响环境,费用低,加固质量有保证,无附加沉降等优点,当前已广泛应用,如可用于沉降正在快速发展或倾斜正在发展的止沉止倾加固、建筑物沉降缝磕头处的基础加固、增层工程基础加固、电梯井基础补桩加固、基坑周围相邻建筑的基础加固、抗拔抗浮工程基础加固、纠倾工程基础加固等,甚至在部分高层建筑补桩工程加固中也有应用。

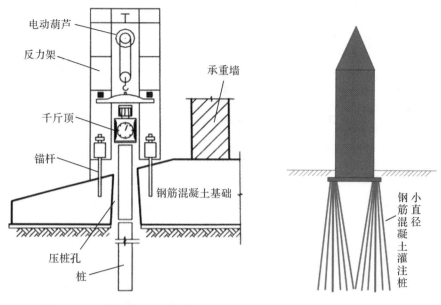

图 11.4.7　锚杆静压桩托换技术　　　　图 11.4.8　树根桩托换技术

2. 树根桩托换技术

树根桩是一种小直径的钻孔灌注桩,其直径一般为 100～300mm,可灵活采用竖直、倾斜等形态布置,因多桩时形似"树根"而得名(见图 11.4.8)。

树根桩施工机具对场地要求不高,施工对环境影响小,施工方便,因树根桩属于灌注桩,桩体与承台(基础)和墙体等可连成一体,加固后结构整体性好;树根桩根据加固要求,可以设置成竖桩和斜桩,可以布置成单根、多根、单排、多排,又可以布置成空间网状体系(见图 11.4.9),树根桩适用于碎石、砂土、粉土和黏性土等各种土质,应用广泛。

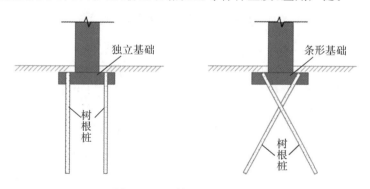

图 11.4.9　树根桩托换技术

树根桩基本上属于摩擦型桩,设计时可按摩擦型桩基或加筋地基进行设计。

3. 灌注桩托换技术

基础托换可以采用设置常规灌注桩和转换梁,依靠转换梁将荷载转移到新设置的灌注桩上的方法实现,如图 11.4.10 所示。

转换梁可以设置于基础底面,也可设置于原基础以上结构构件处。该种方法在有些情况下难度相对较大,但其改变了原有基础荷载传递路径,加固后的基础基本替代原来的基础,这对于新增荷载较大及对于既有建筑下有后穿隧道等工程情形特别有效。这种托换方法对很多其他类型的桩也是有效的。

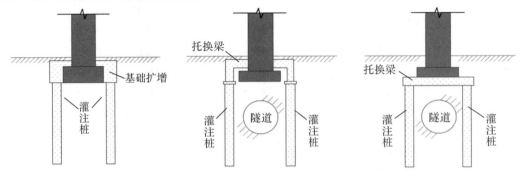

图 11.4.10　灌注桩托换技术

4. 高压旋喷桩托换技术

旋喷桩下钻孔径基本略大于钻头直径,而桩体是靠高压旋转喷射注浆(水)切割后由浆土混合而形成的,水泥土桩替代了原先的该部分地基土体。旋喷桩可以用于加固地基,也可以作为桩使用,通过在原基础上钻孔在原基础下增设高压旋喷桩可以有效增强地基承载力和减少地基变形(见图 11.4.3)。

高压旋喷桩基础的设计可以按照复合地基理论进行。高压旋喷桩的缺点是施工时钻孔孔口返浆,另外在有些情况下可能有附加沉降。

增设桩体加固技术方法很多,其设计关键还是正确分析确定加固后荷载的传递路径,原基础、桩的荷载分配量及基础桩和土的相互作用、变形协调性,设计原理与本书前述章节中介绍的基础及地基处理设计原理没有什么不同。

11.5　既有建筑纠倾方法与技术

在建筑物建造或使用过程中有时会因地基不均匀沉降而导致建筑倾斜,其原因要么是荷载偏心(包括邻近新增建筑荷载)、基础设计不合理,要么是地基土分布不均匀。建筑的倾斜给上部结构的安全和稳定带来了威胁,使建筑正常使用受到了影响,倾斜继续发展的话,严重时可能会导致建筑倾覆。另外建筑倾斜还可能在结构内部产生次生应力,导致结构破坏。建筑倾斜危害巨大,故应该采取措施纠正既有建筑的倾斜,并对纠正后的建筑地基基础予以加固,以免再次发生倾斜。本节简单介绍常用的几种既有建筑的纠倾方法和技术。

11.5.1　纠倾原理与方法

建筑倾斜时,一边相对下降,而另一边相对上升。要将其摆正,要么迫使相对上升一侧下降,要么抬高相对下降一侧,要么在迫降相对上升侧的同时抬高相对下降侧,这是建筑纠倾的基本思路和原理,如图 11.5.1 所示。故从原理上讲,建筑纠倾分为迫降法、顶升法和迫降顶升联合法等三类方法,第三种方法是前两种方法的组合。

如果在倾斜建筑相对较高一侧地面增加荷载,那么这一侧基础会下沉;如果在较高一侧

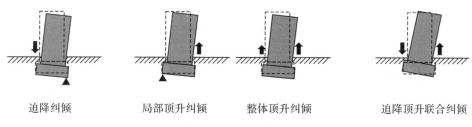

| 迫降纠倾 | 局部顶升纠倾 | 整体顶升纠倾 | 迫降顶升联合纠倾 |

图 11.5.1　纠倾原理

基础底面下土层或底面下附近土层中掏除一部分土,也会使这一侧基础下沉;对于湿陷性土来说,如果较高这一侧地基浸水,也会使这一侧基础下沉。降水可以使地表下沉,但降水可能会影响邻近建筑,且降水迫降区域难以控制,通常较少采用这种措施迫降。

如果将倾斜建筑相对较低一侧结构墙体(砌体结构)或底层柱(框架结构)截断,利用托换梁或托换牛腿进行抬升,抬升到预定位置后,接驳截断处上下结构,也可以达到纠正目的;如果在基础地基土中注入高压浆液或膨胀浆液,也可以达到顶升目的;顶升方法还有一些。纵观各顶升方法,要么顶升力有限,要么难于控制,所以各顶升方法中最常用的还是截断法。

显然,迫降法是通过处理地基实现纠倾的,即通过增大倾斜建筑相对较高一侧地基的应力或者去除该侧部分地基土层,迫使土体变形并向下位移,从而达到纠倾目的。而顶升法是通过处理结构来实现纠倾的,多数情况下是将倾斜建筑的基础和上部结构沿某一位置进行分离,并通过设置顶升托换梁(柱)体系,利用顶升设备通过托换梁顶升体系将结构顶升,从而达到纠倾目的。

与迫降法相比,顶升法难度大,工艺复杂,成本高,为此如果条件允许,工程中更多的还是选择迫降法。

11.5.2　迫降纠倾技术

通过某种措施迫使倾斜建筑相对较高侧基础下沉,达到纠倾目的的技术统称为迫降纠倾技术。该种技术常用的主要原理和方法及适用范围如下:

1. 通过增加附加应力加大倾斜建筑较高一侧地基沉降的方法

1)堆载纠倾法

通过堆载增加倾斜建筑相对较高一侧的地基附加应力,使该侧地基变形增大,达到纠正倾斜目的。该法工程量较大,且沉降量较难控制,一般适用于软土及松散填土等软弱地基上的小型建筑。

2)降低地下水位法

通过降低地下水位增大倾斜建筑相对较高一侧的地基土的自重应力(相当于增加附加应力),达到纠正倾斜目的。该法不适用于渗透系数太小或太大的情况。渗透系数太小则不宜降低水位;渗透系数太大,则水力坡度太小,会导致倾斜性建筑相对较低一侧产生较大沉降,并且会影响邻近建筑。

2. 利用特殊土的特殊性质的纠倾法

1)地基部分加固纠倾法

软土固结需要一定过程,对于固结沉降尚未稳定的地基,可以先加固倾斜建筑较低一侧地基,使其相对得到固定,而继续任由较高一侧继续固结沉降,至倾斜纠正后,再加固该侧地基。所以该法一般适用于沉降尚未稳定的软土地基和倾斜不大的建筑。该法地基自身主动迫降,持续时间较长,产生效果慢。

2)浸水纠倾法

通过在倾斜建筑较高一侧地基土内成孔或槽,使地基土浸水,利用土的湿陷性,迫使地基沉降,以达到纠偏目的。该法适用于湿陷性土地基。

3. 人为去除部分地基土体释放应力致使附近土体向地层损失部位产生位移的纠倾法

1)钻孔取土纠倾法

通过钻孔(直孔或斜孔)钻取倾斜建筑较高一侧基础底下或侧面地基土,使地基土产生挤向钻孔空间的位移和变形,达到迫降纠偏的目的。该法适用于软土地基。对于较硬的土不太适用。该法不太容易控制。

2)人工掏土纠倾法

通过人工对倾斜建筑较高一侧地基局部掏土,促使该侧局部地基土附加应力增加,迫使该侧土体侧向变形,达到迫降纠偏目的。该法适用于软土地基。

3)水冲掏土纠倾法

普通水冲掏土纠倾法利用水射流冲刷倾斜建筑较高一侧地基土体,使地基土局部被掏空,促使附近地基土向临空区域产生位移,达到纠倾目的。该法适用于砂土地基或有砂垫层的地基。

利用水射流时,也可以先设置沉井,利用在井壁上设置的射水孔,从沉井内在水平向上向基础底下地基土高压射流,解除部分地基应力,促使地基土向下产生位移和变形。该法适用性较强,可以用于黏性土、粉土、砂土、淤泥、淤泥质土及填土等多种土层。

4)高压水射流切割土体纠倾技术

在倾斜建筑基础下地基土中利用高压水射流旋喷切割土体,形成临空区域,迫使地基沉降,达到纠倾目的。这是一种将高压旋喷桩加固与纠倾相结合的技术,在纠倾阶段,利用高压水射流旋转切割基础下预定深度地基土体,切割下土渣部分或全部随反流从孔口流出,在切割区形成水或水土混合区,迫使地基土向该区产生位移和变形,达到纠倾目的(见图 11.5.2);在加固阶段可以增设旋喷桩达到地基基础加固目的。该法效果明显,适用于淤泥、淤泥质土、黏性土、粉土、砂土及填土等多种土层。

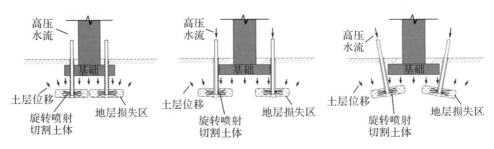

图 11.5.2 高压水射流切割土体纠倾技术

既有建筑迫降纠倾通常包括倾斜建筑较高一侧迫降、较低一侧地基基础弱加固、整个建筑地基基础最终加固三个过程。三个过程的顺序视既有建筑的倾斜程度确定,如果倾斜程度高,若先加固较低一侧,多数加固技术(锚杆静压桩技术除外)下,通常会因加固施工而导致该侧地基产生一定量的次生沉降,这样就进一步增加了建筑倾斜程度,所以倾斜程度高时,宜先迫降较高一侧一定量,再弱加固较低一侧地基,然后迫降较高一侧至目标值,最后对整个建筑地基基础加固;如果倾斜程度较低,不至于因迫降而产生危险,则可先弱加固较低一侧地基(也可以先不加固),然后迫降较高一侧至目标值,最后加固整个建筑地基基础。上面提到的倾斜建筑较低一侧在迫降前之所以宜弱加固,是因为强加固可能会导致在迫降时结构内部产生次生内力。

在制订迫降纠倾方案时,有三点需特别注意:一是保证整个建筑纠倾过程的一致性和协调性,以免产生结构次生内力;二是保证局部基础的下沉一致性,比如柱基迫降,对称施工需保证下沉时柱基底面的水平状态,以免产生局部结构次生内力;三是纠倾过程一定要循序渐进,不可暴力迫降,需全程信息化施工。总体来说,迫降纠倾技术是一种较难控制的技术,对施工过程要求很高,须将信息化施工技术贯穿始终,以保证整个建筑纠倾过程的协调性,避免因纠倾操作在结构中产生过大的次生内力而导致结构发生新的灾害。

因为迫降法操作针对的对象是地基,很难做出精确的设计,故采用该法时通常是在充分分析既有建筑现状及工程特点的基础上,先提出较合理的初步设计方案,然后在施工时充分结合信息化施工技术,不断修正和调整设计方案。

11.5.3　顶升纠倾技术

因为相对工艺简单、造价低、可靠性较高,易于实现,因此在纠倾技术中最常用的是迫降法。迫降法纠倾虽然有很多优点,但也有一些缺点,比如导致底层标高比设计标高低,施工中会对环境产生影响,对于桩基础不便应用等。如果是对环境或者建筑标高要求严格,整体沉降大,倾斜建筑基础为桩基础等不太适合采用迫降法的纠倾工程,可以考虑用顶升法纠倾。

顶升纠倾主要分两类:一类是利用预先设置顶升措施的构筑物的顶升纠倾,该类纠倾在国外亦称为维持性托换,这类纠倾非常简单,我们通常所说顶升纠倾非指此类;另一类是通过分离结构与基础,靠隔离的基础等下部结构提供反力,利用设置的托换顶升体系将分离的上部结构顶升的纠倾,这类纠倾难度较大,通常所说的顶升纠倾多指这种截断式顶升纠倾。

截断式顶升纠倾法虽然工艺流程烦琐,但其原理很简单,就是利用截断的下部基础等结构体系提供反力,利用千斤顶等顶升设备将截断的上部结构体系按需要的顶程顶升,直至达到纠倾目标。因为上下结构截断,不能将顶升设备直接置于截断断面,而且顶升时千斤顶等顶升设备顶底结构构件需有足够的强度来传递和承受荷载,故需在截断处附近设置连接于上部结构底部的托换钢筋混凝土托换牛腿和顶升梁,在截断处下部设置基础梁及钢筋混凝土承载底座。设置上下一对受力梁系的目的,一方面是将本应该通过截断处传给下部基础等结构的上部结构自重,通过托换牛腿和顶升梁传给千斤顶,进而再传给下部结构;另一方面是千斤顶等顶升设备依靠下部基础梁体系提供顶升反力,通过上顶上部顶升梁体系提供对上结构的顶升力。故截断式顶升纠倾法的结构体系需包括三部分,一是在截断处与上部结构相连的顶升梁体系,二是顶升设备体系,三是反力梁座体系。

因对象主要针对结构,故顶升纠倾法相对于迫降法,其设计计算要精确和细致得多。顶升纠倾法设计计算主要包括如下内容。

（1）顶升总体方案设计：①对既有工程结构体系、倾斜状况、纠正目标等工程条件进行充分分析，确定是整体顶升还是局部顶升，如果是局部顶升，确定顶升的区域；②确定顶升的最终标高目标；③进行顶升位置平面布置；④确定截断位置；⑤确定顶升设备数量；⑥设计顶升总体工艺流程等。

（2）原有结构评估及加固方案设计。

（3）顶升托换梁体系构造及结构设计计算。

（4）顶升设备系统设计。

（5）反力梁座体系构造及结构设计计算。

（6）纠倾详细工艺流程设计。顶升纠倾方法的对象不是单一简单构件，而是整个建筑结构体系，顶升过程中必须保证顶升工作在空间和时间上的整体协调性，必须避免出现顶升过程中结构破坏及难以达到纠倾目标的情况。所以，对顶升纠倾法而言，合理的工艺流程至关重要。

（7）纠倾结束后截断处上下结构连接构造与结构设计计算。

（8）地基基础加固设计。

参考文献

[1]《地基处理手册》（第二版）编写委员会. 地基处理手册[M]. 2版. 北京：中国建筑工业出版社，2000.

[2] 滕延京. 既有建筑地基基础改造加固技术[M]. 北京：中国建筑工业出版社，2012.

[3] 滕延京. 既有建筑地基基础加固技术规范理解与应用（按 JGJ 123—2012）[M]. 北京：中国建筑工业出版社，2013.

[4] 叶书麟，叶观宝. 地基处理与托换技术[M]. 3版. 北京：中国建筑工业出版社，2005.

[5] 张永钧，叶书麟. 既有建筑地基基础加固工程实例应用手册[M]. 2版. 北京：中国建筑工业出版社，2002.

[6] 住房和城乡建设部. 既有建筑地基基础加固技术规范：JGJ 123—2012[S]. 北京：中国建筑工业出版社，2013.

第12章 既有建筑迁移技术

12.1 发展概况

既有建筑迁移技术是指将建筑物搬迁至新址的技术,该技术应用于各种需要改变建筑物位置的工程中。

既有建筑迁移技术的历史可以追溯到一百年以前,当时的西方发达国家经过长期的发展已经形成了较为规范化的施工工艺,尤其是美国、日本和欧洲部分国家,已经成立了多家专业化工程公司。世界上最早的既有建筑迁移工程是 1873 年位于新西兰新普利茅斯市的一所一层农宅的移位工程,当时使用的牵引装置仅仅是蒸汽机车。随着建筑迁移技术的逐渐成熟,一些国家开始将自动力专用多轮平板拖车(见图 12.1.1)和专用拖换装置(见图 12.1.2)应用到相关的建筑迁移工程中,基本实现了机械化和自动化,迁移技术的应用范围也不仅仅局限在建筑工程中,目前已经拓展到大型设备迁移和其他领域。

国内最早采用既有建筑整体迁移技术是在 1991 年,出现了楼房滑动平移方法和"工业及民用建筑搬迁方法"的专利申请,该方法的主要思路是在建筑物基础下部修建新基座,基座下修建滑道,然后顶推平移到新位置。我国的既有建筑整体迁移技术同国外相比有一定的差距,其原因主要有:我国的既有建筑迁移技术起步较晚,尚未建立专门的设计和施工技术规程;我国迁移建筑物的结构形式大多为钢筋混凝土结构或砖混结构,自重较大,迁移难度也较高;我国建筑物平移的机械化和自动化程度相对较低,成本相对较高。尽管如此,自从 20 世纪 80 年代初建筑整体迁移技术在我国出现以来,我国在十几个省(市)已经有逾百个既有建筑整体迁移的成功实例,从完成迁移工程的数量、高度、自重以及结构形式的种类来看,我国的建筑整体迁移技术已经达到了较高的水平。

国外建筑迁移技术虽然起步较早,但完成的工程实例并不多。这可能与其城市规划、城市建设理论比较先进、成熟有关,同时与其文化背景亦有关。而我国的迁移技术虽然起步较晚,但发展迅猛,这与我国的特殊国情有关。

国内外既有建筑迁移技术的发展趋势有以下几个方面:

(1)建筑迁移技术由多层建筑向高层建筑发展。最初的建筑迁移技术应用的建筑通常是 5~6 层以下,现在已达到 10~20 层。

(2)结构形式由简单向复杂发展。

(3)小体量向大体量发展。

(4)移动轨迹由简单的直线移位向折线(转向)、曲线、组合移位发展。

(5)移位控制由人工向半自动化、全自动化发展。

(6)移位轨道由一次性的向可拆解组装式发展。

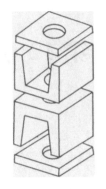

图 12.1.1　自动力专用多轮平板拖车　　图 12.1.2　专用托换装置

12.2　既有建筑迁移技术的类别

　　既有建筑迁移技术分两大类(见图 12.2.1)：一类是在保证主体结构完整性的前提下将建筑物迁移到新位置，另一类是将建筑物各个组成部分拆开、编号，运输到新位置后再整体复原。前者属于建筑工程领域，主要针对因城市规划、道路拓宽或社区改造需要而迁移的建筑物，一般情况下移动距离较短；后者则属于建筑工程和文物保护的交叉领域，移动距离可为任意距离。

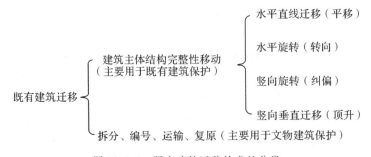

图 12.2.1　既有建筑迁移技术的分类

　　对于复杂的建筑物，迁移技术主要有斜向平移技术、多向平移技术、平移升降技术、建筑物水平旋转迁移技术、特殊构造与特殊结构的建筑物整体迁移技术。

1. 斜向平移技术

　　用于建筑物朝向不变，但新旧位置连线与建筑物的纵横轴线有一定夹角的整体迁移工程，如图 12.2.2 所示。在相同新旧位置条件下，可以选择斜向迁移，也可采用双向或多向迁移。采用斜向方案在一定条件下才能够保证结构受力较为合理，并具有经济性优势。

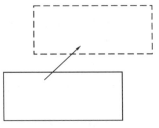

图 12.2.2　斜向平移

2. 多向平移技术

在建筑物朝向不变的水平迁移工程中,当建筑物的新旧位置之间存在障碍物时,或者由于各种原因采用单向平移方案不合理或根本不可行时,则采用纵横向多次转折的平移路线。最常用的多向平移是双向平移,包括先横向后纵向和先纵向后横向两种方案。

多向平移工程与单向平移工程的主要区别是需要进行一次或多次转向托换,从而调整滚轴方向,因而其最关键的技术就是转向托换技术。

3. 平移升降技术

由于周围环境变化或使用要求的变更,一些工程需要将建筑物的标高整体抬升或降低,还有一些工程希望将建筑物迁移至标高不同的场地,这些工程可以分为原地抬升工程、原地下降工程、平移抬升工程、平移下降工程。

4. 建筑物水平旋转迁移技术

用于建筑物朝向和平面位置均发生改变的整体迁移工程。建筑物水平旋转迁移工程设计中,首先应确定旋转中心,旋转中心的位置直接影响迁移路线。因此,在场地许可的情况下应首先确定迁移路线方案。

5. 特殊构造与特殊结构的建筑物整体迁移技术

用于带底层大空间结构的建筑物,带结构缝或组合体的建筑物,基底标高不同的建筑物,带地下室、电梯井的建筑物,高耸建筑物等的迁移。

12.3　迁移工程前期准备与结构鉴定

12.3.1　迁移工程前期准备

既有建筑整体迁移工程前期准备工作包括资料收集、现场勘察、可行性论证。

1. 资料收集

需要收集的资料主要有:建筑规划红线;建筑物的竣工资料(包括竣工图纸、竣工验收报告等);建筑物新旧位置和移动轨迹位置处地质勘察报告;使用期间的加固改造记录;原设计资料;其他相关技术文件。

2. 现场勘察

现场勘察主要内容有:结构形式;基础结构形式和埋深;平移期间建筑物受到的实际使用荷载;建筑物现状(沉降、倾斜、裂缝、材料强度、装修情况等);迁移路径上是否存在障碍物。

3. 可行性论证

迁移工程实施前应进行可行性论证,编写可行性报告。可行性报告应包括以下内容:

1)工程概况

工程概况中应说明建筑物体型、结构形式、基础和地基情况、新旧位置及周围建筑物情况、迁移原因、迁移要求等。

2）场地可行性

新址有足够的建设空间,移动路径上无影响迁移的障碍物。

3）技术可行性

技术可行性是迁移工程是否能够实施的关键,应从以下几个方面论证:可靠性鉴定是否满足迁移要求;现有技术水平能否安全可靠地实施迁移;迁移工程实施的难点、要点和关键问题解决的技术措施;迁移工程可能出现的技术问题及解决措施。

4）初步迁移方案

为使技术可行性具有足够的技术依据,可进行初步迁移方案设计,给出一种或几种切实可行的迁移方案,并论证初步方案的优缺点和可行性。初步方案包括迁移设计方案和施工方案。

5）经济可行性

经济可行性分析包括迁移工程造价概算,与其他处理方案的经济效益对比。经济效益包括直接效益和长期效益。

6）社会效益

社会效益分析的内容包括迁移工程对社会的影响,对业主和周围居民,工作人员的工作、生活、学习的影响,对环境的影响等。文物建筑、纪念性建筑应对其价值保护进行评估。

（7）可行性研究结论

综合各项分析结论,说明迁移工程是否可行。结构复杂、超高或重要建筑物的整体迁移工程应组织专家对可行性报告进行评审。

12.3.2 迁移工程结构鉴定

既有建筑整体迁移工程的结构鉴定分为既有建筑的结构可靠性鉴定和整体迁移工程结构的可靠性鉴定。

既有建筑的结构可靠性鉴定中,常见的建筑物结构形式有钢筋混凝土结构。砖混砌体结构,根据现行规范,建筑物结构可靠性鉴定包括安全性鉴定与正常使用鉴定,前者为迁移技术应用可行性论证提供依据,后者则为保证迁移就位后的工程满足适用性和耐久性的要求。

既有建筑的结构可靠性鉴定方法中,地基与基础、钢筋混凝土结构、砌体结构和围护结构作为独立子单元,具体鉴定方法可根据我国《民用建筑可靠性鉴定标准》(GB 50292—2015)的规定进行安全性评级和正常使用性鉴定评级,评级则按照构件、子单元和鉴定单元分为三个层次,具体可靠性鉴定评级层次、等级划分如表 12.3.1 所示。

构件安全性评级按承载力评定时,采用设计公式进行验算:

$$\gamma_0 \left(\gamma_G C_G G_k + \gamma_{Q1} C_{Q1} Q_{1k} + \sum_{i=2}^{n} \gamma_{Qi} C_{Qi} \psi_{ci} Q_{ik} \right) \leqslant R(\gamma_R, f_k, a_k, \cdots) \quad (12.3.1)$$

$$S = \gamma_G C_G G_k + \gamma_{Q1} C_{Q1} G_{1k} + \sum_{i=2}^{n} \gamma_{Qi} C_{Qi} \psi_{ci} Q_{ik} \quad (12.3.2)$$

式中,γ_0 为结构重要性系数;G_k 为永久荷载标准值(kN);Q_{1k}、Q_{ik} 为最大可变荷载标准值和第 i 个可变荷载标准值(kN);γ_G、γ_{Q1}、γ_{Qi} 为永久荷载 G_k、可变荷载 Q_{1k} 和其他第 i 个可变荷

载 Q_{ik} 的分项系数；C_G、C_{Q1}、C_Q 为永久荷载、G_k 可变荷载 Q_{1k} 和其他第 i 个可变荷载 Q_{ik} 的效应系数；ψ_{ci} 为第 i 个可变作用的组合系数；$R(\cdot)$ 为结构构件的承载力函数；γ_R 为材料抗力分项系数；f_k 为材料强度标准值（MPa）；a_k 为几何参数标准值；S 为结构构件上的作用效应（kN）。

表 12.3.1 建筑结构可靠性鉴定评级层次、等级划分及工作内容

层次		一	二		三
层名		构件	子单元		鉴定单元
安全性鉴定	等级	a_u、b_u、c_u、d_u	A_u、B_u、C_u、D_u		A_{su}、B_{su}、C_{su}、D_{su}
	地基基础	—	地基变形评级	地基基础评级	鉴定单元安全性评级
		按同类材料构件各向检查项目评定单个基础等级	边坡场地稳定性评级		
			地基承载力评级		
	上部承重结构	按承载力、构造、不适于继续承载的位移或残损等检查项目评定单个构件等级	每种构件集评级	上部承重结构评级	
			结构侧向位移评级		
		—	按结构布置、支撑、圈梁、结构间连系等检查项目评定结构整体性等级		
	围护系统承重部分	按上部承重结构检查项目及步骤评定围护系统承重部分各层次安全性等级			
使用性鉴定	等级	a_s、b_s、c_s	A_s、B_s、C_s		A_{ss}、B_{ss}、C_{ss}
	地基基础	—	按上部承重结构和围护系统工作状态评估地基基础等级		鉴定单元正常使用性评级
	上部承重结构	按位移、裂缝、风化、锈蚀等检查项目评定单个构件等级	每种构件集评级	上部承重结构评级	
			结构侧向位移评级		
	围护系统承重部分	—	按屋面防水、吊顶、墙、门窗、地下防水及其他防护设施等检查项目评定围护系统功能等级	围护系统评级	
		按上部承重结构检查项目及步骤评定围护系统承重部分各层次适用性等级			
可靠性鉴定	等级	a、b、c、d	A、B、C、D		Ⅰ、Ⅱ、Ⅲ、Ⅳ
	地基基础	以同层次安全性和正常使用性评定结果并列表达式，或按本标准规定原则确定其可靠性等级			鉴定单元可靠性评级
	上部承重结构				
	围护系统				

整体迁移工程结构的可靠性鉴定通常按图 12.3.1 的步骤进行。

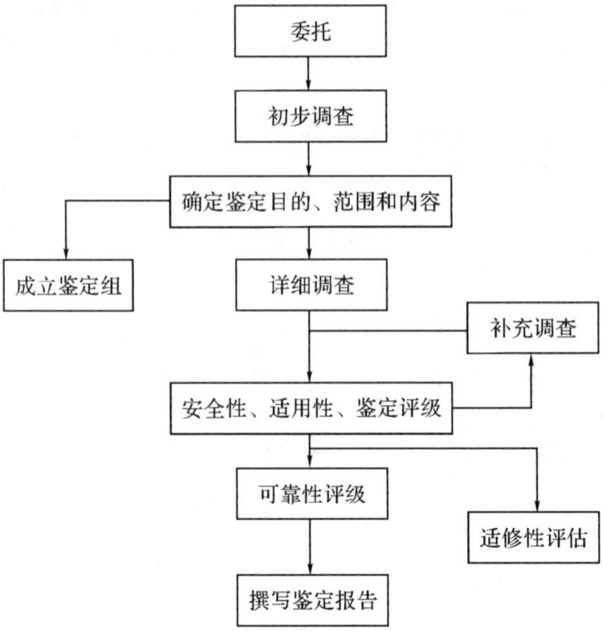

图 12.3.1　整体迁移工程结构的可靠性鉴定步骤

被迁移建筑物的结构可靠性鉴定具有特定的鉴定目的与要求,其中整体迁移工程结构的可靠性鉴定的具体目标有两个:一是确定结构整体或构件的安全性评级;二是明确结构损伤的位置、程度以及对结构安全和正常使用产生的影响,并且评估其适修性。而整体迁移工程可靠性鉴定的具体要求有以下两个:一是成立鉴定组,成员由有经验的工程师或专家组成;二是构件可靠性鉴定中应包含抗震鉴定和非抗震鉴定的内容,特殊情况下还需要进行动力测试和抗震验算。

12.4　迁移工程设计与施工

12.4.1　迁移工程设计

迁移工程设计包括荷载计算、平移牵引系统设计、托盘结构设计、底盘结构设计、迁移到新址的地基基础设计、新旧结构连接设计及动力设备和控制系统设计等。

1. 荷载计算

既有建筑迁移设计中需考虑的荷载包括恒荷载、楼面(屋面)活荷载、风荷载、地震作用及建筑物移动过程中的牵引荷载。在荷载取值时,恒荷载、楼面(屋面)活荷载应按现行《建筑结构荷载规范》(GB 50009—2012)的有关规定进行取值。对于活荷载,在进行施工中的中间构件设计时,可根据建筑物的实际使用情况取准永久值或乘以一个适当的降低系数。

1）风荷载

在设计建筑物的永久构件时应按新建建筑物取值；而在设计建筑物移动施工过程中的中间构件时，可按十年一遇取值。最好是根据当地的气象资料和施工时间，确定是否考虑风荷载及风荷载取值的大小。一般情况下，砖混结构和 4 层以下框架结构可不考虑风荷载的作用。

2）地震作用

在设计建筑物的永久构件时应按新建建筑物取值；而在设计建筑物移动施工过程中的中间构件时，可不考虑。对于平移牵引力所引起的建筑物的振动，由于平移的速度通常很慢，只有 0.8～1.6m/s，其引起的建筑物的加速度远小于 6 度地震时的加速度，因此在设计中可忽略不计。

3）牵引荷载

可按建筑物的重拉及移动系统的摩擦系数确定。平移方式和界面材料不同，摩擦系数差别较大。钢滚轴-钢板式移动系统，其建筑物平稳移动时的摩擦系数约为 1/20～1/10。

4）荷载组合

在设计建筑物的永久构件时应按新建建筑物进行组合；在设计建筑物移动施工过程中的中间构件时，可按荷载标准值或实际值进行组合。

2. 平移牵引系统设计

牵引系统设计主要包括牵引力的计算和牵引动力施加方式的设计。目前，许多平移工程中牵引力的确定大多依靠实验和经验，缺少简单实用的计算公式；而牵引动力的施加方法也在不断地改进完善。

目前国内外平移方式主要有三种：滚动式、滑动式、轮动式。其中在轨道平整度满足一定施工要求的前提下，滚动式平移的牵引力可用下式计算：

$$F = kfG \tag{12.4.1}$$

式中，F 为建筑物的牵引力（kN）。k 为综合调整系数，取 1.5～2.0，受滚轴压力、直径和轨道平整度的影响，由试验或施工经验确定。滚轴压力大，直径偏小，轨道平整度差时，k 取偏大值。f 为摩擦系数，取 1/15。G 为建筑物的重量（kN）。

上式中未考虑滚轴直径和轨道涂抹润滑油等的影响，现场实测表明，轨道涂抹润滑油可降低牵引力 25%。

常用的动力施加方法有推力式、拉力式、推拉结合式三种。推力式即是在建筑物移动方向后侧的基础上设置反力架，在反力架上固定千斤顶，通过千斤顶的行程来推动建筑物向前移动，此方法适用于建筑物移动距离较短时；拉力式即是在建筑物移动方向前侧的基础上设置反力架，在反力架上固定千斤顶，然后将高强钢筋或钢绞线一端固定在建筑物的后端，一端固定在千斤顶上，通过千斤顶的行程来拉动建筑物向前移动，但千斤顶的行程不能被有效利用，平移速度受影响；推拉结合式即是在建筑物移动方向前后侧的基础上都设置反力架和千斤顶，通过前后千斤顶同时施力来带动建筑物前进，此方法适用于建筑物重量较大，需要的牵引力较大时。

牵引点的设计首先根据动力设备的动力性能和建筑物的结构特点，设计施力点数量，然后进行施力点布置。布置原则为：

（1）对于平移工程，应尽量使每个轴线上的阻力和动力平衡，减小对结构的扭转效应和在托换结构中产生的附加应力。

（2）尽量使托换结构构件在平移过程中受压，不要产生拉应力。通常施力点均设置在建筑物移动方向的末端。当轴线荷载较大时，也可分段设置。

（3）牵引点的位置应尽量靠近上轨道梁，减小在托换结构中产生的弯矩。

3．托盘结构设计

托盘结构是建筑物在移位过程中的基础，它应能可靠地对上部结构进行托换和传递牵引力，因此它必须满足：与原结构的竖向受力构件有可靠的连接，保证原结构的荷载能有效地传递到托盘结构上；在平移工程中，能明确而有效地传递水平力，不对上部结构产生影响；具有足够的承载力，保证在上部结构荷载和牵引荷载的作用下不发生破坏；具有足够的刚度，不能因其变形过大而在上部结构中产生附加应力，造成上部结构破坏或增大移动阻力；具有足够的稳定性。

为保证托盘结构具有足够的整体性和稳定性，既能有效地传递牵引或顶升荷载，又能适应各托盘节点可能产生的不均匀位移，通常将各托盘结构彼此进行连接，形成沿水平方向的衔架体系。该体系包括柱下的托换梁或墙下的托换梁、连梁和斜撑，如图12.4.1所示。

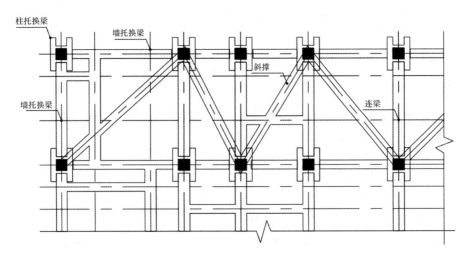

图 12.4.1　衔架体系

4．底盘结构设计

底盘结构的作用就是为上部结构提供移动的道路，同时把上部结构的荷载传递到地基，因此它的设计必须满足：和建筑物的移动方向一致，顶面尽量平整光滑，以减小建筑物移动的摩擦力；在平移工程中，能提供水平反力；具有足够的承载力，保证在上部结构荷载和牵引荷载的作用下不发生破坏；具有足够的刚度，不能因其变形过大而在上部结构中产生附加应力，造成上部结构破坏或增大移动阻力。

底盘基础的设计可分为三部分，即新址处的基础、移动过程中的基础和原位处的基础，如图12.4.2所示。底盘梁应对应托盘梁采用单梁或双梁，底盘梁的宽度宜大于托盘梁的宽度。

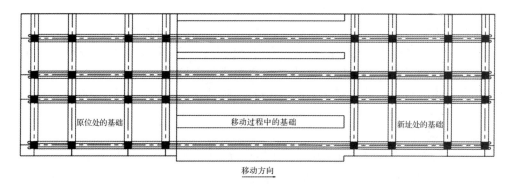

移动方向

图 12.4.2　底盘基础设计

5. 迁移到新址的地基基础设计

迁移工程的地基基础加固处理,主要包括迁移行走路线上地基基础的加固和迁移到新址的建筑物基础的地基基础加固两部分。

6. 新旧结构连接设计

建筑物就位后的连接,应满足稳定性和抗震的要求。对于多层砖混结构(高宽比不大于2,层数小于6层)的墙体和基础的空隙,应用不低于C20细石混凝土填密实,确保建筑物的安全;层数超过6层(高宽比大于2)的砖混结构、框架结构等,需经计算分析确定其连接形式。

7. 动力设备和控制系统设计

目前建筑物平移所使用的动力设备主要有液压动力设备和机械动力设备两大类。随着液压动力设备技术的不断完善,特别是液压自动控制技术的推广应用,目前国内外的建筑物整体平移工程中,主要采用同步液压系统作为平移的动力设备。机械式的动力设备由于其动力小且很难实现同步控制,目前已很少采用。近几年,国外甚至出现了一种自带动力设备且具有液压升降功能的多轮平板拖车,既是行走机构又能为移动提供动力。

目前,国内外的平移工程多采用 PLC(programmable logic controller,可编程逻辑控制器)液压控制系统进行控制。

12.4.2　迁移工程施工

迁移工程施工前应编制施工技术方案和施工组织设计,并应对迁移过程中可能出现的各种不利情况制定应急措施。在房屋发生开裂、变形、沉降、偏斜时,托盘和底盘梁出现开裂、变形或不均匀沉降时,机械设备出现故障、意外断电时,出现暴雨、雷电、强风、地震等灾害性状况时,发生漏电、火灾等意外事故时,应事先制定应急措施。

1. 迁移施工分类

迁移施工按迁移方式可分为水平移位、平面转向移位、垂直升降移位三大类。结构移位根据新位置和原位置的关系可以分为结构的整体平移、顶升和旋转。整体平移是指把结构从一处整体沿水平向移动至另一处,在移位的过程中,结构的任何一点始终在某一水平面内运动。整体顶升是指把结构从一处整体沿竖向移动至另一处,在移位的过程中,结构的任何一点始终在某一铅锤线上运动。整体转动是指把结构以某一根轴为中心整体转动一个角

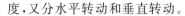

度，又分水平转动和垂直转动。

水平移位方式有滚动式和滑动式等。滚动式移位是在建筑物移位过程中，上下轨道系统间在移动方向的摩擦力主要为滚动摩擦力的移位方法。滚动方式分滚轴滚动、滚动轮滚动等。滑动式移位是在建筑物移位过程中，上下轨道系统间在移动方向的摩擦力主要为滑动摩擦力的移位方法。滑动方式分为钢轨式滑动，移动悬浮式滑动支座、铁滑脚与新型滑动材料组成的滑动方式。

2. 迁移系统组成

(1)托盘系统：对上部结构进行托换，在结构墙、柱切断后作为临时基础对结构进行承托，由托换梁系和连系梁组成平面框架或形成筏板，又可称为托换梁、托换体系、托盘等。

(2)上轨道系统：移动面与托盘系统的连系部分，可以为托盘系统的部分，也可以在托盘系统间或托盘系统下制作，通常由上轨道梁、滑脚与连系梁组成，又称为上轨道或上滑道。

(3)下轨道系统：移动面与地基基础的连系部分，承受移动中的竖向荷载和水平力，可以为筏板，也可以由下轨道梁与其间的连系梁和支撑组成，又可称为下轨道或下滑道。

(4)移位装置：为便于施工在上轨道梁下与下轨道系统间制作的并与上轨道梁下和下轨道系统相接触的装置，可为钢结构，也可为与上轨道梁一起浇筑的混凝土结构，可以固定在上轨道梁上，也可楔于上下轨道梁间，作为上轨道梁的支座，通常称为临时支墩、靴子等。

3. 水平移位施工

水平移位施工应满足下列条件：托盘及底盘结构体系移位前必须通过验收；对移动装置、反力装置、卸荷装器、动力系统、控制系统、应急措施等，各方面进行认真检查，确认完好。卸荷装置一般指卸荷柱及测力系统；动力系统一般指泵站、油管路总成、电机等；控制系统一般指机械控制、电脑控制等；检测施力系统的工作状态和可靠性，在正式平移前应进行试验平移，检验相关参数与平移可行性；平移施工应遵循均匀、缓慢、同步的原则，速率不宜大于60mm/min，应及时纠正前进中产生的偏斜；移动摩擦面应平整、直顺、光洁，不应有凸起、翘曲、空鼓；为减小移位阻力，应选择摩擦系数较小的材料并辅以润滑剂，为减小摩擦阻力可适当选择润滑剂，如润滑油、硅脂、石蜡、石墨等；平移设备应有测力装置，应保证同步精度；平移到位后，应立即对建筑物的位置和倾斜度等进行阶段验收。

4. 升降移位施工

升降移位施工应满足下列条件：根据荷载情况在顶升点上、下部位设置托架，避免原结构局部裂损；顶升设备应安装牢固、垂直；顶升设备应保证顶升的同步精度，避免托盘结构体系变形破坏；顶升过程中应采取有效措施，确保临时支撑的稳定；顶升或下降应均匀、同步、施力缓慢，标志明确。

12.5 迁移工程检测与验收

12.5.1 工程检测

检测工作的目的是检测房屋移位施工全过程的有关参数，合理评价结构受外力(基坑开挖、墙柱切割、平移等)作用的影响，及时、主动地采取措施降低或消除不利因素的影响，以确保结构的安全。

检测的主要内容包括：

(1)变形检测,即平移过程中对结构整体姿态的检测,包括结构的平动、转动和倾斜。

(2)在基础、上下滑梁施工阶段,平移阶段,对基础、上下滑梁进行沉降检测。

(3)应力检测,即在托换及平移进程中,针对结构、抱柱梁、卸荷柱、上下滑梁及一些关键部位进行应力检测,预设报警值,保证房屋结构的绝对安全。

(4)对建筑物实施移位前进行检测及鉴定,检测部位主要是地基基础、上部承重结构和围护结构三部分,检测的内容主要是材料强度、构件尺寸、变形与裂损情况。

(5)地基基础检测鉴定制约条件较多,应突出重点。对因条件限制而无法检测的,可重点检查上部结构的反应,并通过查阅原有设计图纸或资料了解基础类型、尺寸和埋置深度等。对于特别需要检测基础的项目,可采取特殊的方法进行检测。

(6)施工检测应符合下列规定：

①应进行沉降和裂缝检测。对于特别重要的建筑物,还应对结构内力进行检测。

②测点应布置在对移位较敏感或结构薄弱的部位,测点数和监测频率应根据设计要求确定。

③应对建筑物各轴线移位的均匀性、方向性进行检测,有偏移或倾斜应及时调整处理。

④应对托盘和底盘结构体系进行检测,发现安全隐患应及时处理。

⑤根据具体情况规定预警值、报警值,并及时反馈检测结果。

⑥现场应设专职人员检测整个移位过程,及时发现和排除影响移位正常进行的因素。

⑦为了保证平移及顶升过程建筑物的安全,在施工中对以下项目进行检测：基础沉降、房屋姿态、结构裂缝变化、结构应力应变、自振频率、平移起始加速度、千斤顶承受荷载、压力、移位速度、距离、偏移量及精度等。在称重阶段及柱切割阶段,对顶点位移和抱柱效果分别进行检测。施工实践表明,这些检测措施可保证整个移位过程结构的安全。

12.5.2　鉴定与验收

结构可靠性鉴定和抗震鉴定是根据检测结果,综合考虑结构体系、构造措施以及建筑现存缺陷等,通过验算、分析,找出薄弱环节,对结构安全性、适用性和耐久性等做出评价,为建筑物病害治理、工程加固维修或改造提供依据。国家现行鉴定标准有《民用建筑可靠性鉴定标准》(GB 50292—2015)、《工业建筑可靠性鉴定标准》(GB 50144—2019)及《建筑抗震鉴定标准》(GB 50023—2009)等。

结构鉴定与设计的主要差别在于,结构鉴定应根据结构实际受力状况与构件实际材料性能和尺寸确定承载力,结构承受的荷载通过实地调查结果取值,构件截面采用扣除损伤后的有效面积,材料强度通过现场检测确定;而结构设计时所用参数均为规范规定的或设计人员拟定的设计值。

既有建筑经过多年使用后,其地基承载力会有所变化,一般情况下可根据建筑物下已使用的年限、岩土的类别、基础底面实际压应力,考虑地基承载力长期压密提高系数。

当所鉴定的建筑物可靠性等级为Ⅰ级、Ⅱ级,且综合抗震能力达到抗震要求时,可进行建筑物的移位、纠倾和增层改造;当所鉴定的建筑物为Ⅲ级、Ⅳ级或抗震能力达不到要求时,应先对其进行加固处理,在达到相关规定后,才可进行建筑物的移位、纠倾和增层改造。

12.5.3　迁移工程质量控制

(1)建筑物就位后的水平位置偏差应控制在±40mm 以内。
(2)建筑物就位的标高偏差应控制在±30mm 以内。
(3)因移位产生的原结构裂损应进行修补或加固。

12.6　典型工程案例

实例 1　深圳市白鸽湖村两座碉楼平移工程

随着我国城市规划建设及城市更新的推进,一些仍具有使用价值或保护性的既有建筑面临拆除重建的问题。由于这些建筑物的特殊性及其在城市规划地块中的特殊地位,常常使规划设计顾此失彼,矛盾重重,因而建筑物整体移位技术在国内应运而生,并在保护性建筑规划改造中发挥重要作用。上海先为土木工程有限公司以深圳市白鸽湖村两座碉楼文物建筑为工程背景,对城市更新中文物建筑长距离移位保护方案进行了系统的研究,并就车载法移位过程中,如何保持碉楼整体稳定、保证托换结构安全适用等方面提出了解决方法,相关技术方案及施工方法可为文物建筑规划改造提供参考。

1. 工程概况

深圳市白鸽湖村两座碉楼位于拟建公园工程红线内,属深圳市市级文物建筑,为了公园整体布局和保护性建筑保护需要,将该两座碉楼分别平移 282m、233m 至规划位置(见图 12.6.1)。

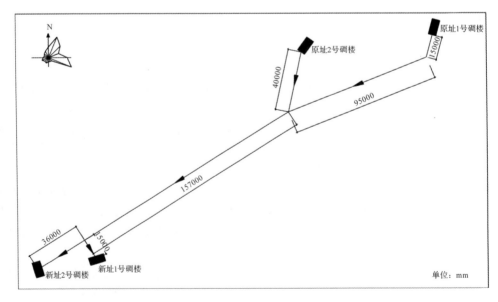

图 12.6.1　碉楼移位

两座碉楼建于民国时期,均为三合土夯实墙式建筑,1 号碉楼的平面尺寸为 5.05m×

10.21m,高度为 13m,墙厚 700mm,共 5 层,建筑面积约为 258m²;2 号碉楼的平面尺寸为
5.35m×10.16m,高度为 19m,墙厚 800mm,共 7 层,建筑面积约为 380m²。该工程中的碉
楼结构有许多薄弱处,房屋高宽比大,结构整体稳定性差,因此在移位前须采取相应加固措
施,使得碉楼的整体性和局部强度达到移位需要,并且结构整体性差的碉楼不宜整体顶升,
须优化车载法移位方案。

2. 整体移位方案

采用车载法对两座碉楼进行平移(见图 12.6.2),其中单座碉楼的施工步骤如下:

(1)在±0.000 以下对托盘梁系施工。原址处进行室内外土方开挖,开挖深度为 1.1m,
施工托盘梁系由夹墙梁、抱柱梁、连系梁、抬墙梁组成,托盘梁系底标高为-1.0m,顶标高为
-0.2m。

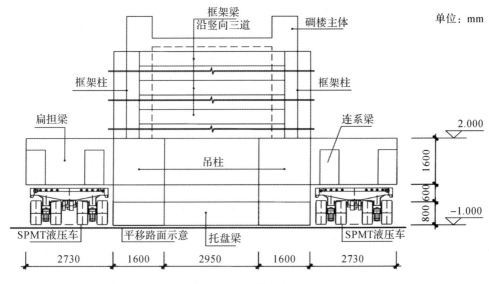

图 12.6.2　移位方案

(2)同时对吊柱、扁担梁、连系梁进行施工,与托盘梁系共同形成碉楼的托换结构。扁担
梁、连系梁与碉楼外立面之间采用模板隔离,以保护碉楼外立面不受破坏。

(3)在碉楼外围进行临时加固结构施工。框架柱植筋于扁担梁,沿建筑高度每间隔
3.5m施一道框架梁。

(4)进行平移线路的土方开挖并夯实,使地面承载力达到10t/m²,同步对两座碉楼终址
位置处的基础进行施工。

(5)自行式液压平板车(self-propelled modular transporter,SPMT)驶入扁担梁底部,使
用自动升降功能使液压车顶面与扁担梁密贴,切割托盘梁以下的基础,完成托换后进行试平
移。在试平移监控数据均正常的条件下,控制平移速度在 500cm/min,将两座碉楼先后平
移至目标位置。

(6)建筑物平移至终址后进行精确就位,并调整建筑物标高至设计高度,采用就位连接
技术将碉楼与新基础进行连接,并拆除托换结构、加固结构,回填平移路线的土方,恢复
原貌。

实例2　上海市黄浦区094-01地块内四栋历史建筑平移工程

该工程采用"华容道"的方式先将两栋保留建筑平移出原址,让出历史保护建筑的平移路线,然后将保留建筑恢复到原位置。对中心城区城市更新中历史建筑平移技术进行系统研究后,确定采用传统顶推方式和车载快速移位方式相结合的方法,并对周边复杂的施工条件提出了解决方法,可为中心城区历史建筑城市更新提供借鉴。

1. 工程概况

上海市黄浦区094-01地块内两处文物保护建筑分别是中共上海区委党校(旧址是复兴中路239弄4号)和又新印刷所(旧址是复兴中路221弄12号),按有关要求要平移至地块西北侧紧邻复兴中路黄陂南路交界处,与黄陂南路575号保留房屋一起修缮,建成红色爱国主义教育基地。又新印刷所平移过程中需要将路线上的两栋保留建筑先平移出来(即复兴中路285弄65-66号和5-7号),整个工程需平移四栋建筑物。

四栋文物建筑均约建于20世纪20年代,且均为砖木结构,建筑物原结构有明显缺陷,墙体、木构件存在一定程度的老化、开裂现象,同时建筑物平移距离远,需多次进行顶升。为保留建筑物,在迁出及回迁阶段应保证移位过程安全平稳,需对不同的施工环境、工期要求、经济合理性等方面进行分析研究,采用传统顶推和车载快速平移相结合的平移方式。

2. 整体移位方案

目前,国内针对文物建筑的短距离移位主要采用千斤顶顶推移位(以下简称顶推法),长距离移位主要采用SPMT液压平板车移位(以下简称车载法),两种移位方法均能满足建筑移位的安全技术要求。具体如表12.6.1所示。

表 12.6.1　顶推法和车载法

名称	优点	缺点
顶推法	工艺成熟,平移过程平稳,易于纠偏,安全性高	不适用于建筑物长距离平移,若采用顶推法长距离平移会使工期延长、造价增加;对下底盘的平整度要求非常高;顶推摩擦力大,需要较大的顶推力
车载法	可根据需要无限制组合使用;可遥控操作;对平移路线地面承载要求低	不适用于体量大的建筑物平移工程;车载车辆自重较大,进出场运输费用高,装卸需要70t以上大吨位吊车;需考虑1.2m高SPMT车,移位时需将建筑物整体抬升和降低,增加了工作量

又新印刷所平移约128.9m,平移距离较远,房屋存在微弱角度调整,且房屋建筑面积体量不大,重量较轻;中共上海区委党校平移约80m,建筑面积约为218m²,体量较小。综合考虑造价和工期因素,对该两栋建筑采用车载移位法。保护建筑一平移距离约为48m,保护建筑二平移距离约为49.3m,平移距离相对较小,两栋保护建筑存在平移路线重合,不利于车载同时移位(没有空间能让液压车开进),且两栋保护建筑平移时按折线进行临时存放,扣除原址底盘和临时存放底盘,补浇的筏板面积并不大,因此该两栋保护建筑采用顶推位移法。

参考文献

[1] 胡斌. 城市工程建设中文物建筑保护技术综述[C]//中国土木工程学会隧道及地下工程分会, 中国岩石力学与工程学会地下工程分会, 台湾隧道协会. 第十二届海峡两岸隧道与地下工程学术与技术研讨会论文集. [出版地不详]:[出版者不详], 2013:201-206.

[2] 李爱群, 吴二军, 高仁华. 建筑物整体迁移技术[M]. 北京: 中国建筑工业出版社, 2006.

[3] 彭勇平. 自行式模块化平板小车在古建筑长距离移位工程中的应用[J]. 建筑工程, 2018, 40(7):1195-1197.

[4] 任文. 古建筑整体平移过程中托换结构受力性能分析[D]. 天津: 天津大学, 2014.

[5] 孙葆玮. 古建保护的整体平移技术探析[J]. 遗产与保护研究, 2016, 1(4):63-74.

[6] 吴良伟, 彭勇平. SPMT 模块平板车在建筑物平移中的应用[C]//中国老教授协会土木建筑专业委员会, 中国土木工程学会工程质量分会, 北京交通大学土木建筑工程学院. 第十一届建筑物改造与病害处理学术研讨会暨第六届工程质量学术会议论文集. 北京: 施工技术杂志社, 2016:110-112.

[7] 徐至钧. 建构筑物整体移位技术与工程应用[M]. 北京: 中国标准出版社, 2013.

[8] 尹天军. 大同展览馆分体平移旋转合龙工程改造技术[J]. 施工技术, 2020, 49(14):110-113.

[9] 尹天军, 朱启华, 郑华奇. 北京英国使馆旧址整体平移工程设计与实施[J]. 建筑技术, 2005(6):412-415.

[10] 张鑫, 蓝戊己. 建筑物移位工程设计与施工[M]. 北京: 中国建筑工业出版社, 2011.

[11] 张永波. 建筑物远距离整体平移关键技术研究[D]. 广州: 华南理工大学, 2019.

[12] 郑礼旺. 建筑物整体平移技术的应用及分析[J]. 产业科技创新, 2020, 2(21):44-45.